혼자 공부하는

대학물리학 II

University Physics

황성태 지음

북스힐

머 리 말

본 저서는 혼자서 물리학의 기본과정을 이수해 나갈 수 있도록 구성하였고, 자연과학의 기본 원리와 법칙에 대한 명확한 기초를 제공하도록 설계되어 있습니다. 급변하는 시대를 살아갈 학생들에게 첨단 과학기술에서 요구되는 물리학의 엄밀한 개념과 과학적 접근방법을 학습하는 것은 무척이나 중요한 일입니다. 세계를 뒷받침하는 원리와 법칙을 탐구해 보고, 문제에 적용하여 논리적이고 창의적인 융합 사고 능력을 함양하는 것이 본 저서의 목표입니다. 여러분은 자연현상의 기본 원리를 탐구하고 새로운 문제에 적용하고 해결할 수 있는 능력을 배양하며, '자기 학습 속도'에 맞는 '자기주도학습'을 하면 됩니다.

본 저서에는 학생들의 학습 과정에 도움을 주고자, 동영상을 제작하여 첨부해 놓았습니다. 동영상은 사고실험(Gedanken Experiment) 모델을 바탕으로 하나의 영상에 하나의 주제를 설명하고, 15분에서 20분용으로 제작하였습니다. 본 영상은 한성대학교에서 다년간 수업에 활용한 자료를 중심으로 개인적으로 만든 자료이며, YouTube와 KOCW에도 '교육받을 기회의 평등화'를 위하여 공개되어 있습니다.

Flipped Learning	생각하는 물리학 / 황성태 교수
URL	https://www.youtube.com/@csacademy999

내용의 구성은 1장부터 4장까지 전기력을 정의한 쿨롱의 법칙과 전기장을 계산할 수 있는 가우스 법칙에 대해서 학습합니다. 전기 위치에너지와 전기 포텐셜(전위)에 대해서 알아보고 전기용량을 계산합니다. 5장과 6장은 전류와 저항 그리고 회로해석을 공부합니다. 옴의 법칙과 키르히호프 법칙에 대해서 학습하고 활용 방법에 대해서 논합니다. 7장과

8장은 자기력과 자기장을 정의하고, 앙페르 법칙을 이용하여 전류가 흐르는 다양한 도선에서 자기장을 계산합니다. 9장과 10장에서는 패러데이의 전자기 유도 법칙을 학습하고, 운동기전력에 적용합니다. 자체유도와 상호유도에 대해서 논하고, 유도계수와 유도기전력을 계신합니다. 11장은 교류회로에 대해서 공부합니다. 직렬로 연결된 RLC 회로를 중심으로 전압과 전류의 위상관계와 리액턴스 그리고 임피던스에 관해 배웁니다. 12장부터 14장은 빛을 정의하고, 기초 광학에 대해서 논합니다. 거울과 렌즈가 만드는 상에 대해서 공부하고, 간섭과 회절 현상 그리고 편광에 관하여 학습합니다.

본 저서의 보충 과학 부분에는 아인슈타인의 특수 상대성 이론과 일반 상대성 이론의 주요 내용들을 소개해 놓았습니다. 여러분이 본 저서를 통해 학습하게 되는 전기와 자기 그리고 광학에 대한 이론이 결국에는 아인슈타인의 상대성이론에 영향을 주었기 때문입니다. 또한, 상대성 이론과 함께 현대 과학의 또 다른 축인 양자론에 대한 기본 자료도 첨부해 놓았습니다. 본 자료도 한성대학교에서 '과학의 역사'와 '우주'에 관한 교과목을 다년간 진행하며, 수업에 활용한 자료로 학업에 도움이 되길 바라며 중요 사건들만 요약 정리하였습니다.

보충 심화에 수록된 일부 내용은 일반물리학보다 고급물리 과정인 전자기학 내용을 포함하고 있습니다. 수학적 풀이는 차후로 미루고 부담 없이 흐름을 이해해 보길 바랍니다. 수학적 표기는 자연을 표현하는 도구이며, 우선시 되어야 할 것은 자연에 대한 이해입니다.

여러분은 인생의 출발점에 있습니다. 이때가 가장 좋은 시기입니다. 자유롭게 미래의 모습을 상상해 보고 적성과 진로 그리고 살아가고 싶은 인생을 폭넓게 구상해 보길 바랍니다.

이제 '질문여행'을 떠나 봅니다. 자연을 넘나들 여행의 조건은 한 가지입니다. 끊임없이 질문하고 생각해 보는 것입니다. 질문이 이어지면 지적 여정도 끊임없이 계속될 것입니다. 질문을 멈추면 깨달음도 거기에서 끝나게 됩니다. 과학이란! 끊임없이 질문하며, 스스로 깨쳐가는 과정입니다. 즐거운 배움의 과정이 되길 바라고, 가치 있고 보람 있는 학창 시절이 되길 바랍니다.

본 저서를 출판하는 데 많은 도움을 주신 김동준 전무님, 이승한 부장님 그리고 북스힐 관계자 여러분께 심심한 감사의 마음을 전합니다. 수업과 학생들에 대해 격려의 말씀을 해주시는 김상현 교수님께 감사의 마음을 전합니다. 교재의 내용과 구성에 관해 토론해 주신 신성 교수님, 문학과 글쓰기에 대해 말씀해 주신 강호정 교수님께 많은 도움을 받았습니다. 교육과 교육자에 대해서 토의 해주시는 이찬수 교수님, 호기심 많고 다양한 조언을 해주시는 최정섭 교수님께 감사드립니다. 이상 기온과 날씨! 지쳐 가는 나날 속에서 함께 해주신 이 교수님, 최원석 교수님, 그리고 현명하게 판단해 주시는 윤인식 교수님 덕분에 즐거운 작업을 할 수 있었습니다.

본 저서의 오류나 오타 등 수정사항은 아래 메일로 보내주시면 감사하겠습니다. 더 나은 교재를 편찬하는 데 활용하겠습니다. '교육받을 기회의 평등화'를 위해 노력하시는 모든 분께 감사와 격려의 마음을 전합니다.

sthwang@hansung.ac.kr

한성대학교, 물리학 실험실에서 즐거운 나날을 보내며, 황성태

서 문

▶ 물리학이란 무엇을 연구하는 학문인가?

물리학은 자연현상을 이해하고 일반화시키는 학문입니다. 물리학은 실험적인 관측과 정량적인 측정에 기초를 두고 있습니다. 물리학은 실험 물리학과 이론 물리학으로 구분할 수도 있는데 아인슈타인의 표현을 빌리면 "이론이란 무엇인 관측 가능한가?"를 연구하는 분야입니다. 다시 말해서 물리학이란 자연현상을 지배하는 일반적인 법칙과 원리를 찾아내고 우리 주변의 현상에 적용하여 미래를 예측할 수 있는 이론을 개발하고 실험으로 구현하는 학문입니다.

| 알베르트 아인슈타인(Albert Einstein), 1879~1955 |

▶ 무엇을 배울 것인가?

물리학은 고전 물리학과 현대 물리학으로 나누어집니다. 고전 물리학은 양자론을 제외한 1900년 이전에 밝혀진 역학, 전자기학, 열역학, 유체역학, 광학 등과 같은 분야와 폭넓은 의미에서는 특수상대성 이론을 포함합니다. 고전 물리학을 완성한 중심인물 중 첫 번째 업적은 아이작 뉴턴(Isaac Newton, 1643년~1727년)을 꼽을 수 있습니다. 뉴턴은 1687년 발간된 '자연철학의 수학적 원리(Principia)'를 통하여 자연에 대한 심오한 통찰력을 보여주었습니다. 그는 힘과 운동에 관한 역학 체계를 완성하였고, 만유인력 법칙을 발견하여 최초의 통일법칙을 제시하였습니다. 또한, 빛을 연구하여 광학에 대한 이론체계와 빛은 작은 입자의 흐름이라고 하는 미립자설을 정립하였고, 현재 이학과 공학의 중요 연구 수단인 미적분학을 창안하였습니다.

◆ 뉴턴 역학혁명 고전역학의 완성

영국 울즈소프에 있는 생가

Reputed descendants of Newton's apple tree

『자연철학의 수학적 원리』 or 『프린키피아』
(Philosophiae Naturalis Principia Mathematica) (1687년 출판)

Newton's Annotated copy of his Principia Mathematica

고전역학의 완성과정에서 두 번째 중요한 업적은 '전기와 자기' 현상을 통합하여 전자기학을 완성하게 되는 마이클 패러데이(Michael Faraday, 1791~1867)와 제임스 클락 맥스웰(James Clerk Maxwell, 1831~1879)입니다. 패러데이는 자석이 움직이면 전선에 전류가 유도된다는 '유도법칙'을 발견하였고, 이는 발전기와 변압기의 작동원리에 기초가 되어 전기문명의 혜택을 인류에게 주었습니다. 또한, '크리스마스 강연'을 통하여 과학의 대중화에 공헌하였고, 이 전통은 오늘날까지도 이어지고 있습니다. 맥스웰은 전기와 자기 현상을 통합하여 두 번째 통일법칙을 제시하였고, 1873년 '전기자기론'으로 출간합니다. 이 업적을 간단하게 '맥스웰 방정식'이라고 부릅니다. 이 연구를 통하여 전기장과 자기장이 전자기파로 공간을 이동할 수 있다고 예측하고, 빛이 짧은 파장의 전자기파로 구성되어 있다고 제안합니다. 1886년경 헤르츠(Heinrich Rudolf Hertz, 867~1894)가 공명자를 이용한 최초의 전자기파 발생 실험에 성공하며 현대 통신 및 정보 문명의 초석을 만들게 됩니다.

전자기 유도

Michael Faraday
1791~1867

전기와 자기 통합

James Clerk Maxwell
1831~1879

전자기파 발생

Heinrich Rudolf Hertz
1857~1894

현대 물리학은 20세기에 태동한 상대성 이론과 양자론을 기반으로 한 학문 분야입니다. 아인슈타인의 상대성 이론은 빛에 관한 연구에서 시작하여 시간과 공간에 대한 개념을 완전히 바꾸어 놓았으며 거시 세계인 우주를 이해할 수 있는 기반을 만들었습니다. 막스 플랑크의 흑체복사 연구에서 시작한 양자론은 아인슈타인의 '빛의 이중성'이라는 혁명적 사고를 통해 발전하게 되었고, 닐스 보어에 의해서 체계화되었으며 하이젠베르크와 슈뢰딩거가 이론적 체계를 완성하였습니다. 양자론은 원자나 전자 같은 아주 작은 미시 세계를 연구하는 물리학의 한 분야로 반도체 공학, 전자공학 등의 모태가 되었으며 현재 양자 컴퓨터, 양자 정보통신 등 미래의 첨단 기술을 선도하고 있습니다.

플랑크 상수 발견

Max Planck
1858-1947

코펜하겐 해석

Niels Bohr
1885-1962

행렬역학

Werner Karl Heisenberg
1901-1976

파동역학

Erwin Schrödinger
1887-1961

여러분들은 이러한 물리학 분야 중에서 전기와 자기 현상을 중심으로 전기력과 전기장, 전위와 전기용량, 자기력과 자기장, 패러데이 유도 법칙, 전류와 저항 및 기초 회로 이론, 반사와 굴절, 상의 형성 그리고 간섭과 회절 현상 등을 배우게 됩니다. 폭넓은 의미에서 기본적인 '전자기학 및 광학' 분야를 배운다고 생각하면 됩니다. 물리학은 현대 과학과 문명의 기틀을 만들고 생물학과 컴퓨터 과학 등의 분야에서 기초를 다지고 있습니다. 여러분도 여러분의 분야에서 물리학에서 배운 자연의 원리와 법칙을 적극 활용해 보길 바랍니다.

상대성 이론

Albert Einstein
1879~1955

양자론

Niels Bohr
1885~1962

DNA

James Dewey Watson
1928 ~

컴퓨터 과학

Alan Turing
1912~1954

1927년 브뤼셀에서 열린 솔베이 회의, 세계 최고 물리학자들의 모임

차 례

3장 전기 위치 에너지와 전위

4장 전기용량과 저장된 에너지

5장 전류와 저항

6장 회로해석

7장 자기장

8장 전류에 의한 자기장과 앙페르의 법칙

9장 패러데이의 전자기 유도 법칙과 운동기전력

10장 유도계수와 *RL* 회로

11장 교류 *RLC* 회로

12장 빛의 본성과 기본 법칙

13장 거울과 렌즈에 의한 상

14장 파동광학

1장

쿨롱의 법칙과 전기장

Flipped Learning	개념 총정리/전기력/전기장/전위/전기용량
URL	https://youtu.be/VgGDKQe0eI4

◆ 주요 학습 내용

1. 전하와 전하 보존
2. 대전체
3. 쿨롱의 법칙
4. 대전된 두 도체구
5. 전기장선
6. 전기장
7. 연속적 전하분포에 의한 전기장
8. 대전 입자의 운동

Charles-Augustin de Coulomb
1736년 ~ 1806년

학습목표

1. 전하에 대한 개념을 이해하고 설명할 수 있다.
2. 전하를 이동시킬 수 있는 능력에 따라 물질을 구별하고, 대전현상을 분석할 수 있다.
3. 쿨롱의 법칙을 이해하고 문제에 적용할 수 있다.
4. 전기장선의 특징을 설명할 수 있다.
5. 전기장의 개념을 이해하고 계산할 수 있다.
6. 연속 전하분포에 의한 전기장을 이해하고 적용할 수 있다.

내용요약

- 고립계의 알짜전하는 변하지 않고 일정하게 유지된다. 이를 전하 보존 법칙이라고 한다.
- 물질은 전자를 이동시킬 수 있는 능력에 따라서 도체, 절연체, 반도체로 분류할 수 있다.
- 쿨롱의 법칙은 두 점전하 q_1, q_2가 거리 r 만큼 떨어져 있을 때 $F = k\frac{|q_1||q_2|}{r^2}$이다. 쿨롱 상수는 $k = \frac{1}{4\pi\varepsilon_o}$이고, ε_0는 자유공간에서 유전율을 뜻한다.
- 전기장(electric field)은 전하가 힘을 받은 공간을 뜻하고, 전기장선(electric field lines)은 전기장을 시각화한 것이다.
- 전기장은 $\vec{E} \equiv \frac{\vec{F}}{q_o}$로 정의되고, SI 단위는 $\mathrm{N/C}$이다.
- 전기장 안에 있는 시험전하가 받는 전기력은 $\vec{F} = q_0\vec{E}$이다.
- 미소전하 dq가 연속적으로 존재하는 경우에 전기장의 기본 형태는 $\vec{E} = \frac{1}{4\pi\varepsilon_o}\int\frac{dq}{r^2}\hat{r}$이다.

1 전하와 전하 보존

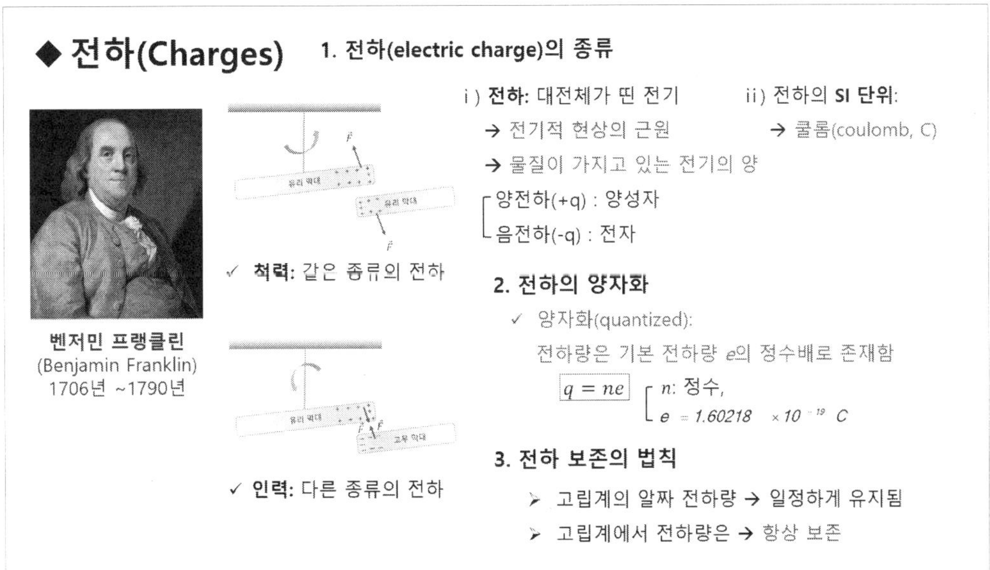

겨울철과 같이 건조한 날에 문고리를 잡으려고 하면 정전기가 일어난다. 이러한 현상들은 눈에는 보이지 않지만, 물체에 전하(electric charge)가 있음을 의미한다. 전하란 물질이 가지고 있는 전기의 양을 뜻한다. 이러한 전하는 전기현상을 일으키는 원인이며, 물질을 구성하고 있는 입자들의 고유한 특성이다.

물리량 중에서 질량과 같이 전하는 양성자와 전자의 고유한 성질이며, 양성자는 양전하를 전자는 음전하를 가지고 있다. 실험적으로 양성자와 전자의 전하 크기는 정확하게 같음이 밝혀졌다. 기호로 전하를 표시할 때는 양전하는 $+q$로 음전하는 $-q$로 표시한다. 양(positive)과 음(negative)의 명명은 벤저민 프랭클린(Benjamin Franklin)이 실험적 제안에 의해서 붙여졌다. 프랭클린은 비단 천으로 유리막대와 고무막대를 문질러 유리막대에 생기는 전하를 양전하, 고무막대에 생긴 전하를 음전하로 명명하였다. 이와 같이 전하는 서로 다른 두 종류가 있으며 같은 종류의 전하는 척력이 작용하고[그림 1.1 참조], 다른 종류의 전하끼리는 인력이 작용한다[그림 1.2 참조]. 또한, 고립계에서 전하량은 항상 보존(conservation of charge)된다.

전하 보존의 법칙

고립계의 알짜전하는 변하지 않고 일정하게 유지된다.

1909년 로버트 밀리컨(Robert Millikan)은 전하는 양자화(quantized)되어 있다는 사실을 발견하였다. 양자화란 전하는 기본 전하량 e의 정수배로 존재한다는 의미이다. 식으로 쓰면

$$q = \pm n e, \quad n = \pm 1, \pm 2, \cdots \tag{1.1}$$

와 같이 표현된다. 단위는 C로 쓰고 쿨롬(coulomb)이라고 읽는다.

e는 기본전하로

$$e = 1.602 \times 10^{-19}\,\mathrm{C} \tag{1.2}$$

의 값을 갖는다. 전하의 양을 전하량이라 하고, 임의 공간에 가상의 점이 갖는 전하를 점전하(point charge)라고 한다.

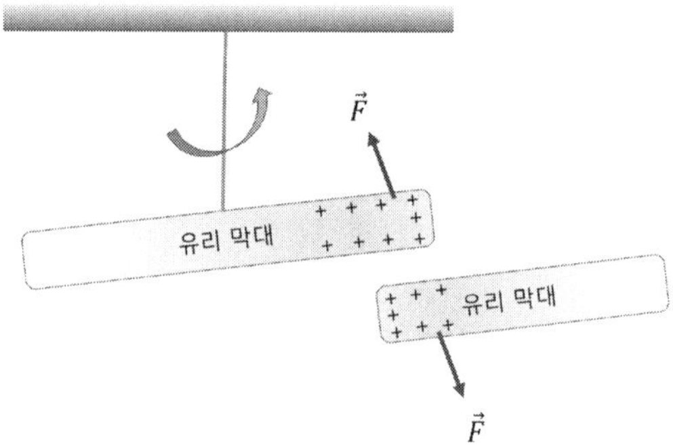

그림 1.1 같은 종류의 전하, 척력

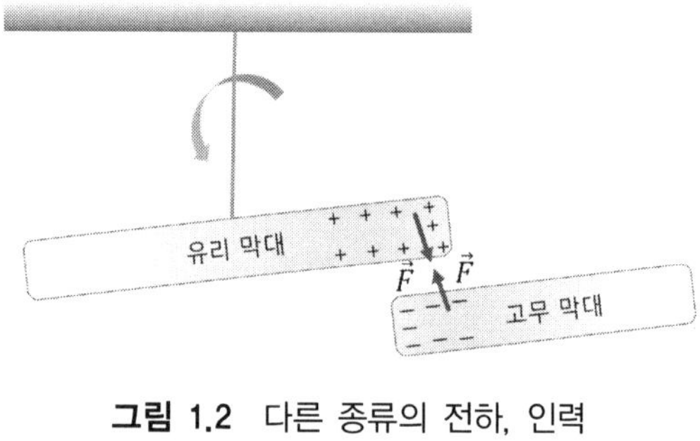

그림 1.2 다른 종류의 전하, 인력

문제에 적용시켜 보자. 크기가 같은 두 개의 도체구가 있다. 도체구 A에는 전하량이 $+8.4\times10^{-6}$ C, 도체구 B에는 전하량 -4.2×10^{-6} C만큼 있다. 이 둘을 접촉시킨 다음, 진공 중에서 멀리 떼어 놓으면 두 도체구에는 각각 얼마의 전하가 남을까? 전하량 보존에 관한 개념을 이용하여 해결할 수 있는 문제이다. 두 도체구를 접촉시키면

$$(8.4-4.2)\times10^{-6}\ \mathrm{C} \tag{1.3}$$

에서, 총 전하는

$$4.2\times10^{-6}\ \mathrm{C} \tag{1.4}$$

이다. 진공 중에서 멀리 떼어 놓게 되면 전하량을 나누어 가져야 하므로 반으로 나누어져 각각의 대전체는

$$2.1\times10^{-6}\ \mathrm{C} \tag{1.5}$$

씩 대전된다.

2 대전체

Flipped Learning	대전현상 / 도체와 절연체
URL	https://youtu.be/QalqzuNVZ64

일반적으로 물질은 핵과 전자로 구성되어 있다. 핵에 전자가 얼마나 구속되어 있느냐에 따라서 물질의 성질은 달라진다. 물질을 분류하는 데 있어서 전자를 이동시킬 수 있는 능력에 따라서 분류하면 편리하다.

금속과 같이 물질 내부에서 전자가 핵에 구속되지 않고 자유롭게 움직일 수 있는 자유전자가 있는 물질을 도체(conductor)라고 한다. 유리, 플라스틱 등과 같이 물질 내부에서 전자가 핵에 구속되어 있어 자유롭게 움직일 수 없는 물질을 절연체(insulator)라고 한다. 또한,

실리콘 및 게르마늄 등과 같이 도체와 절연체의 중간 성질을 가지는 물질을 반도체(semiconductor)라고 한다.

그림 1.3과 같이 양으로 대전된 대전체를 고립된 도체 가까이에 놓으면 전자가 이동하는 현상이 일어난다. 양으로 대전된 대전체는 도체의 전자들을 끌어당기게 되어 왼쪽에는 전자들이 쌓여 음의 극성을 갖게 되고, 오른쪽에서는 전자들이 이동하여 양의 극성을 갖게 된다. 이렇게 도체는 자유전자의 이동으로 분극(polarization) 현상이 일어난다. 분극 된 물질은 알짜전하가 0이더라도 정전기력에 반응할 수 있다. 또한, 그림 1.4와 같이 절연체에서도 유도분극 현상이 나타난다. 대전체를 종잇조각에 접근시키면 대전체의 전하에 의해서 종이의 분극이 유도되어 극성을 갖게 되고 달라붙게 된다.

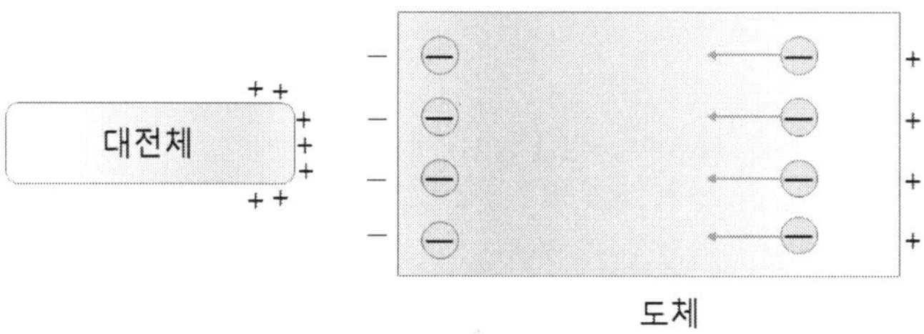

그림 1.3 도체의 정전기 유도

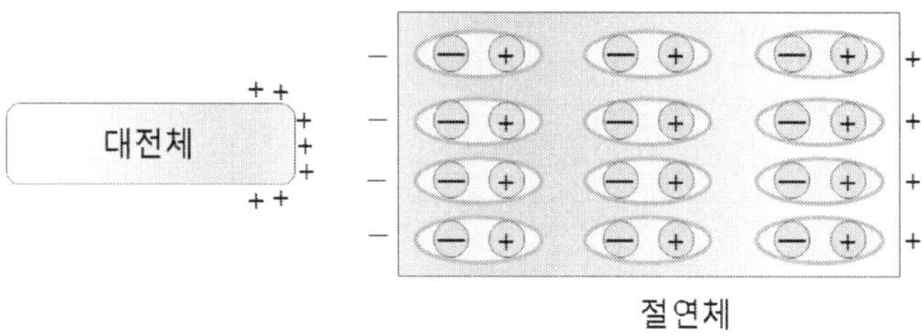

그림 1.4 절연체의 정전기 유도

3 쿨롱의 법칙

Flipped Learning	쿨롱의 법칙과 만유인력의 법칙 비교 이해
URL	https://youtu.be/tk61D-2hf3E

◆ Coulomb's Law

Charles-Augustin de Coulomb,
1736 ~ 1806

• 쿨롱의 법칙

$$F = \frac{1}{4\pi\varepsilon_o}\frac{|q_1||q_2|}{r^2}$$

✓ 쿨롱 상수: $k = \frac{1}{4\pi\varepsilon_o}$

$$k_e = 8.9875 \times 10^9 \mathrm{N \cdot m^2/C^2}$$

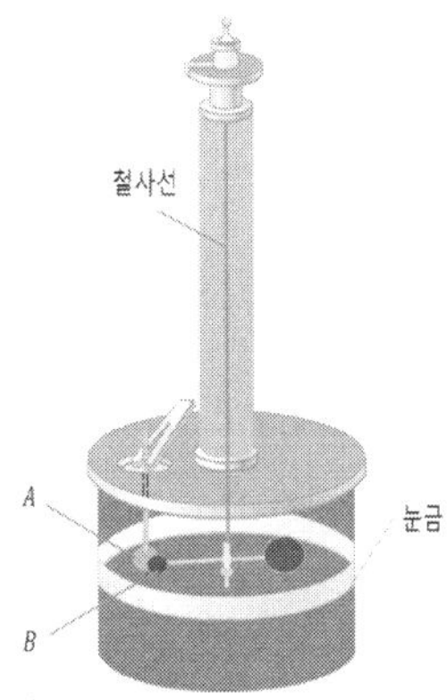

◆ 쿨롱의 법칙의 벡터 형태

✓ 척력: 전하의 부호가 같은 경우
++ 또는 --

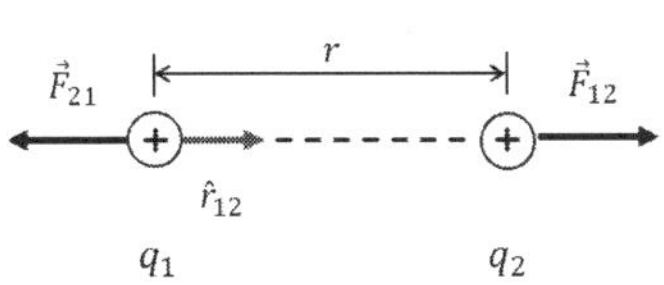

✓ 인력: 전하의 부호가 다른 경우

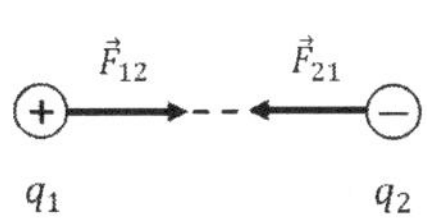

$$\vec{F} = \frac{1}{4\pi\varepsilon_o}\frac{q_1 q_2}{r^2}\hat{r}$$

$$\mathbf{F}_{12} = k_e \frac{q_1 q_2}{r^2}\hat{\mathbf{r}}_{12}$$

$$\mathbf{F}_{12} = -\mathbf{F}_{21}$$

✓ n개의 입자가 입자 1에 작용하는 합력:

$$\vec{F}_{net,1} = \vec{F}_{21} + \vec{F}_{31} + \cdots + \vec{F}_{n1}$$

$$\vec{F}_{net,1} = \sum_{i=2}^{n}\vec{F}_{i1}$$

프랑스의 물리학자 쿨롱(Coulomb, 1736~1806)은 1785년 그림 1.5와 같은 비틀림 저울을 고안하여 대전된 물체 사이에 작용하는 전기력의 크기를 측정하였다. 비틀림 저울의 작동원리는 만유인력 상수를 측정한 캐번디시 실험과 동일하다. 단지 차이점은 만유인력 상수 측정에서 사용된 두 물체를 전기적으로 대전된 구로 바꾼 것이다. 이 실험으로 쿨롱은 전기력의 크기가 거리의 제곱에 반비례하는 역 제곱 법칙(inverse-square law)

$$F \propto \frac{1}{r^2} \tag{3.1}$$

에 따른다는 것을 알아냈다. 또한, 정지한 두 점전하 q_1, q_2 사이에 작용하는 전기력(electric force)을 일반화할 수 있었는데 식으로 표현하면 두 점전하 q_1, q_2가 거리 r 만큼 떨어져 있을 때 전기력은

$$\vec{F} = k\frac{q_1 q_2}{r^2}\hat{r} \tag{3.2}$$

로 표현된다. 이 식을 쿨롱의 법칙이라고 부르며 만유인력과 같은 보존력이다. 식에서 k는 쿨롱상수(Coulomb constant)로 알려진 상수로

$$k = \frac{1}{4\pi\varepsilon_o} \approx 8.99 \times 10^9 \ \mathrm{N \cdot m^2/C^2} \tag{3.3}$$

의 값을 갖는다. ε_o는 자유공간(free space)의 유전상수(dielectric constant)이고 유전율(permittivity)이라고 한다.

$$\varepsilon_o \approx 8.85 \times 10^{-12} \ \mathrm{C^2/N \cdot m^2} \tag{3.4}$$

자유공간이란 아무것도 없이 완전히 비어있는 공간 즉 완전한 진공상태의 공간을 의미한다.

쿨롱상수를 대입하여 쿨롱의 법칙을 다시 쓰면

$$\vec{F} = \frac{1}{4\pi\varepsilon_o}\frac{q_1 q_2}{r^2}\hat{r} \tag{3.5}$$

이다. 크기로 표현하면

$$F = \frac{1}{4\pi\varepsilon_o}\frac{|q_1||q_2|}{r^2} \tag{3.6}$$

이다. 두 점전하 사이에 작용하는 힘을 구할 때는 식 3.6을 이용하여 크기를 구하고, 방향은 두 점전하 사이의 부호를 고려하여 구하면 편리하다.

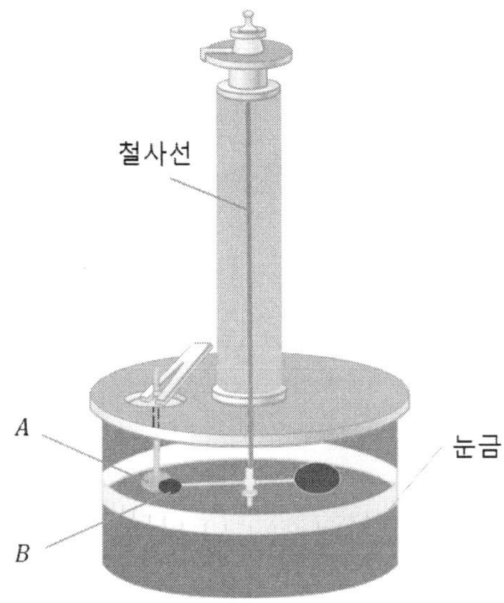

그림 1.5 쿨롱의 비틀림 저울

여러 개의 다른 전하가 하나의 전하에 작용하는 합력을 구해보자. 다른 여러 종류의 힘들과 마찬가지로 전기력도 힘에 대한 표현이므로 중첩의 원리(superposition principle)가 적용된다. 즉, n개의 입자가 입자 1에 작용하는 합력은

$$\vec{F}_{1,net} = \vec{F}_{12} + \vec{F}_{13} + \cdots + \vec{F}_{1n} \tag{3.7}$$

와 같이 모두 더해 주면 된다. 간단히 쓰면

$$\vec{F}_{1,net} = \sum_{i=2}^{n} \vec{F}_{1i} \tag{3.8}$$

이다.

그림 1.6과 같은 간단한 예에 적용하여 쿨롱의 힘을 이해해 보자. 전하량이 $+2q$인 전하와 $-q$인 전하가 거리 r만큼 떨어져 있다고 가정하고 $+2q$인 전하가 받는 전기력을 구해보면, 쿨롱의 법칙

$$F = \frac{1}{4\pi\varepsilon_o}\frac{|q_1||q_2|}{r^2} \tag{3.9}$$

에 의해서

$$F = k\frac{+2q \times (-q)}{r^2} \tag{3.10}$$

이고, 두 전하 사이에 작용하는 쿨롱의 힘은

$$F = -k\frac{2q^2}{r^2} \tag{3.11}$$

이 된다.

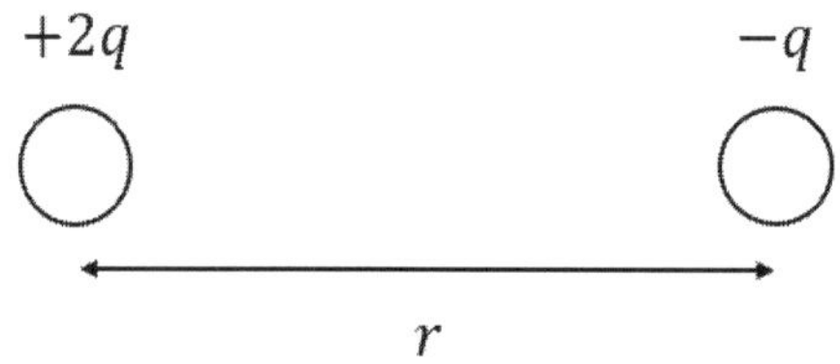

그림 1.6 두 전하 사이의 쿨롱의 힘

이번에는 그림 1.7과 같이 진공 중에 x축을 따라서 세 개의 전하가 놓여있고 가정하고, 전하 q_1에 작용하는 알짜 전기력의 크기를 구해보자. 두 개의 전하 q_1와 q_2 사이에 작용하는 전기력의 크기는 쿨롱의 법칙에서

$$F_{12} = (8.99 \times 10^9\ \mathrm{N \cdot m^2/C^2})\frac{(2.50 \times 10^{-6}\ \mathrm{C})(3.70 \times 10^{-6}\ \mathrm{C})}{(0.350\ \mathrm{m})^2} \tag{3.12}$$

이고, $F_{12} = 0.679\ \mathrm{N}$이다. 전기력 F_{12}의 방향은 x축에 대하여 음(−)의 방향이다. 두 개의 전하 q_1와 q_3 사이에 작용하는 전기력의 크기는

$$F_{13} = (8.99 \times 10^9\ \mathrm{N \cdot m^2/C^2})\frac{(2.50 \times 10^{-6}\ \mathrm{C})(8.50 \times 10^{-6}\ \mathrm{C})}{(0.240\ \mathrm{m})^2} \tag{3.13}$$

이고, $F_{13} = 3.32\ \mathrm{N}$이다. F_{13}는 $+x$방향이다. 세 전하 사이의 알짜 전기력은

$$F = F_{12} + F_{13} = (-0.679\ \mathrm{N}) + (3.32\ \mathrm{N}) = 2.64\ \mathrm{N} \tag{3.14}$$

이고, 방향은 오른쪽을 향한다.

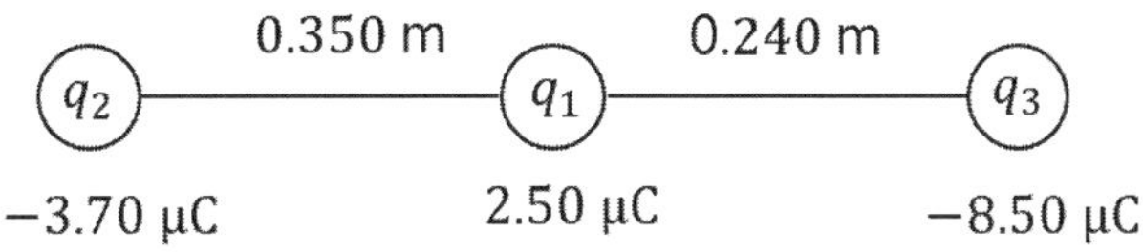

그림 1.7 세 전하 사이에 작용하는 쿨롱의 힘

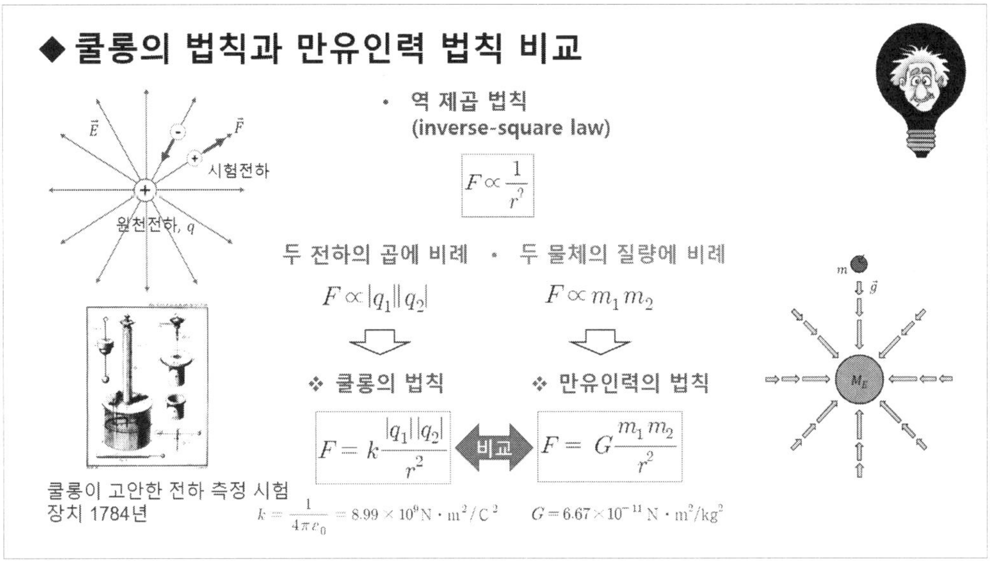

문제 크기가 같은 두 도체구의 전하량이 각각 $+4.0\times10^{-6}$ C, -1.6×10^{-6} C일 때, 이 둘을 접촉시킨 다음, 진공 중에서 1.2 m의 거리로 떼어 놓으면 두 도체구 사이에 작용하는 전기력을 구하라.

풀 이 두 도체구를 접촉시켰으므로 $(4-1.6)\times10^{-6}$ C을 나누어 가지게 되어, 각각의 대전체에는

$$1.2\times10^{-6}\ \mathrm{C}$$

씩 대전된다.

전기력은 쿨롱의 법칙

$$F = \frac{1}{4\pi\varepsilon_o}\frac{|q_1||q_2|}{r^2}$$

에서

$$F = \frac{(1.2\times10^{-6})^2}{(1.2)^2}\,8.99\times10^9 = 8.99\times10^{-3}\ \mathrm{N}$$

이다.

4 대전된 두 도체구

Flipped Learning	대전된 두 개의 구 사이의 거리 구하기
URL	https://youtu.be/v8HusRS1ZIc

그림 1.8과 같이 질량이 m인 두 개의 금속구가 길이 L인 줄에 매달려 있는 경우를 고려해 보자. 두 금속구는 $+q$로 대전 되어있고 두 줄 사이의 각도가 2θ라고 할 때, 대전된 구 사이의 거리와 전하량에 대해서 논해 보자. 두 구에 대해서 운동방정식을 세우면

$$\sum F_x = T\sin\theta - F_e = 0 \tag{4.1}$$

$$\sum F_y = T\sin\theta - mg = 0 \tag{4.2}$$

이다. 식 4.2로 식 4.1을 나누어 주면

$$F_e = mg\tan\theta \tag{4.3}$$

이고, 쿨롱의 법칙에서 도체구 A에 작용하는 전기력은

$$F = k\frac{q^2}{x^2} \tag{4.4}$$

이다. 중력은 mg이므로 작용하는 힘의 관계

$$mg\tan\theta = F = k\frac{q^2}{x^2} \tag{4.5}$$

에서, 두 물체 사이의 거리는

$$x^2 = \frac{kq^2}{mg\tan\theta} \tag{4.6}$$

이고, 정리하면

$$x = \sqrt{\frac{kq^2}{mg\tan\theta}} \tag{4.7}$$

이 된다. 전하량은 식 4.4에서

$$|q| = \sqrt{\frac{F_e x^2}{k}} \tag{4.8}$$

이다.

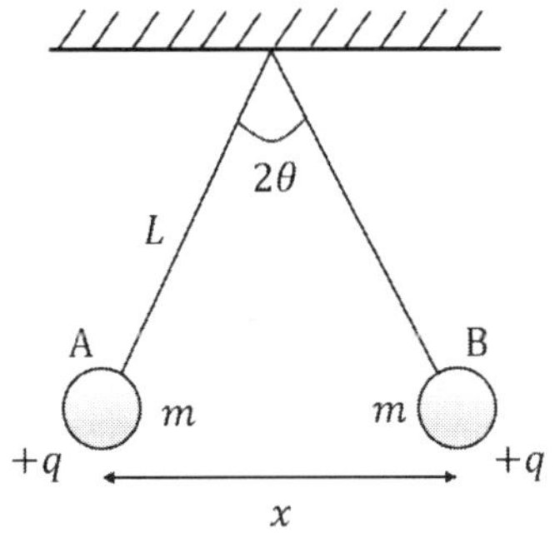

그림 1.8 대전된 두 도체구

Flipped Learning	평행판 사이에서 대전된 구가 받는 전기력
URL	https://youtu.be/ppeiaEqJRwA

문제 질량이 m 이고 $q_{공}$ 의 전하를 가진 작은 플라스틱 공이 절연체 실에 매달려 축전기판 사이에 늘어뜨려져 있다. 실에 매달린 공은 연직선에 대해 θ 각을 이루며 평형 상태에 있다. 평행판의 전하 q를 유도하라.

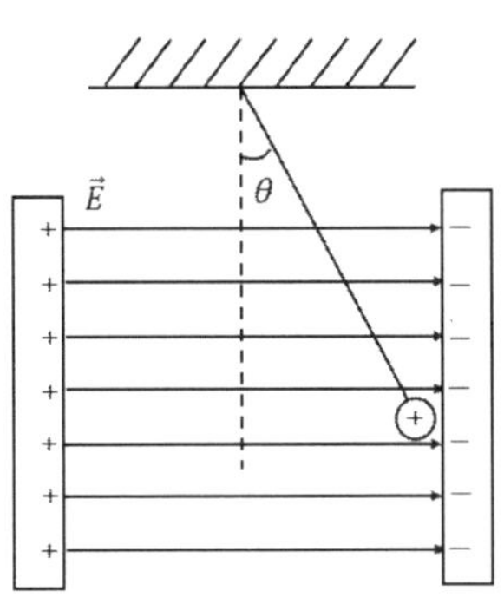

풀 이 $q = \dfrac{\varepsilon_0 A m g \tan\theta}{q_{공}}$

5 전기장선

Flipped Learning	전기장과 전기장(력)선
URL	https://youtu.be/AzoGhRuOwxg

◆ 전기장(력)선(The Electric Field Lines)

Michael Faraday, 1791-1867
by Thomas Phillips oil on canvas
1841-1842

1) 양전하와 음전하의 전기장선

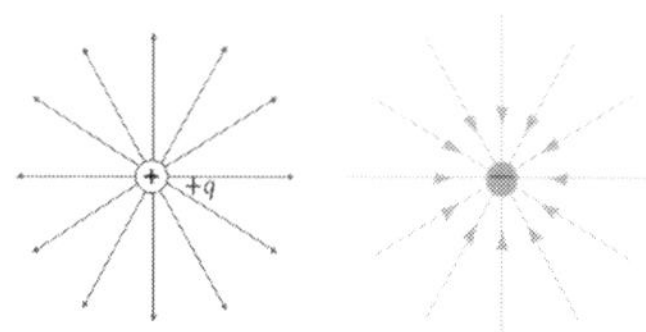

2) 양전하와 음전하의 전기장선

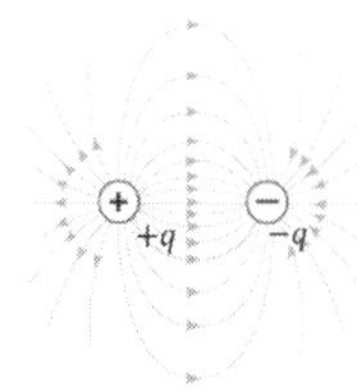

3) 양전하와 양전하의 전기장선

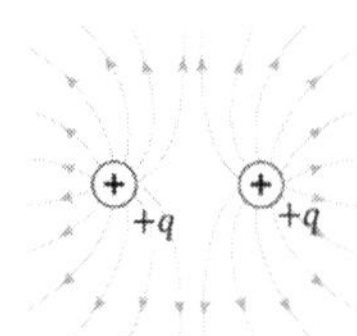

✓ 전기장(electric field): 전하가 힘을 받은 공간을 뜻함

✓ 전기장선(electric field lines): 전기장을 시각화한 것

힘은 접촉력과 비접촉력의 두 가지 형태로 전달된다. 장(field)의 힘은 비접촉력의 일종인데 물리적인 접촉이 없어도 공간을 통하여 상호작용한다. 전기장의 개념을 도입한 과학자는 역사상 가장 위대한 실험 물리학자 중 한 명인 영국의 마이클 패러데이(Michael Faraday, 1791–1867)이다.

전기장과 전기장선(전기력선이라고도 함)의 개념을 요약하면 다음과 같다.

> 전기장(electric field)은 전하가 힘을 받은 공간을 뜻한다.
> 전기장선(electric field lines)은 전기장을 시각화한 것이다.

먼저 눈에는 보이지 않는 전기장을 시각화한 전기장선을 그리는 방법에 대해서 알아보자. 그림 1.9와 같이 전기장선은 양(positive)의 전하에서는 나가는 방향으로 화살표를 그리고, 음(negative)의 전하에서는 들어가는 방향으로 화살표를 그린다. 그림 1.10은 양전하와 음전하 사이의 전기장선의 모양을 보여준다. 두 전하 사이에는 인력이 작용한다. 양전하와 양전하 사이에는 척력이 작용한다. 음전하와 음전하 사이도 척력이 작용한다.

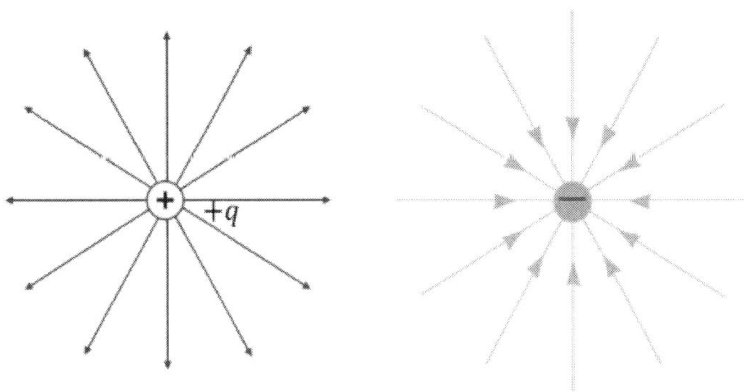

그림 1.9 양전하와 음전하의 전기장선

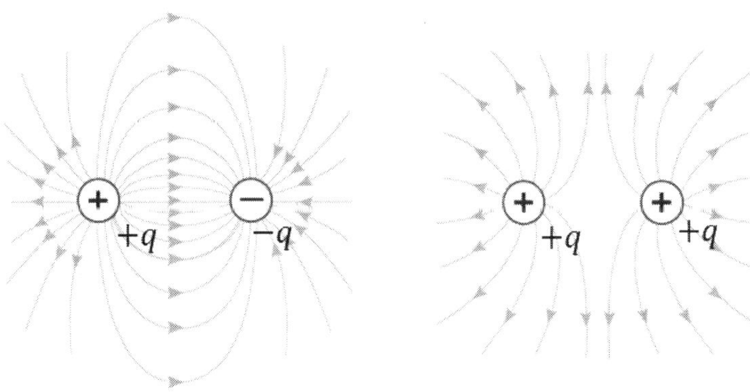

그림 1.10 양전하와 음전하, 양전하와 양전하의 전기장선

문제 두 전하의 전하량이 $+2q$, $-q$인 경우, 전기력선을 그려라.

풀 이

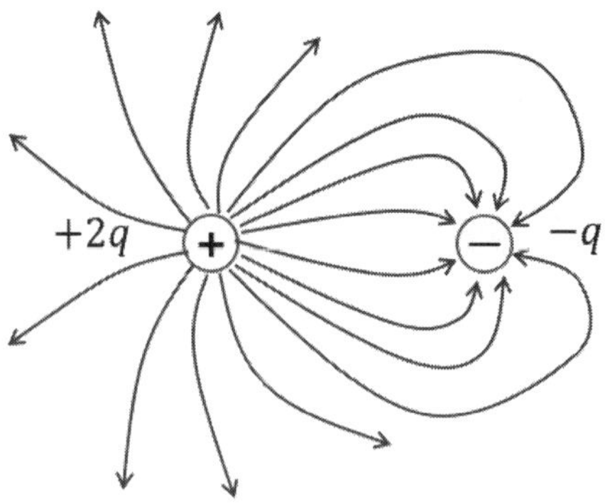

6 전기장

Flipped Learning	전기장
URL	https://youtu.be/w5U4gufDgxI

◆ 전기장(The Electric Field)

1. Michael Faraday의 설명:

Michael Faraday, 1791-1867
Photograph by Maull & Polyblank

1) 대전된 물체의 주변 공간에는
→ 전기장(electric field)이 생성됨

2) 다른 대전된 물체가 → 전기장 속으로 들어가면
→ 전기력의 영향을 받게 됨

$\vec{E} = \dfrac{\vec{F}}{q_o}$ ⟺ $\vec{F} = q_0 \vec{E}$

✓ SI 단위: N/C

2. 점전하가 만드는 전기장

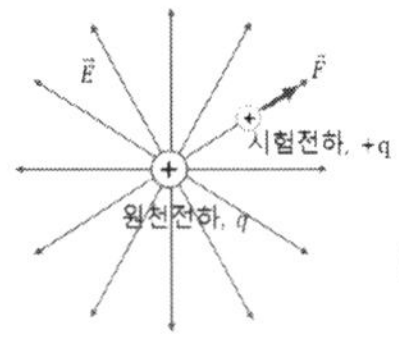

1) 쿨롱의 법칙에서 $F = \frac{1}{4\pi\varepsilon_o}\frac{|q||q_0|}{r^2}$

2) 전기장 정의에서

$$\vec{E} = \frac{\vec{F}}{q_o} = \frac{\left(\frac{1}{4\pi\varepsilon_o}\frac{qq_o}{r^2}\hat{r}\right)}{q_o}$$

3) 의미

$$\vec{E} = \frac{1}{4\pi\varepsilon_o}\frac{q}{r^2}\hat{r}$$

✓ 전기장은 역제곱법칙에 따라 줄어 듦 : $\frac{1}{r^2}$

3. n개의 전하가 만드는 전기장

$$\vec{E} = \frac{\vec{F}_0}{q_0} = \frac{\vec{F}_{01}}{q_0} + \frac{\vec{F}_{02}}{q_0} + \cdots + \frac{\vec{F}_{0n}}{q_0}$$

✓ 중첩의 원리:

$$\vec{E} = \vec{E}_1 + \vec{E}_2 + \cdots + \vec{E}_i + \cdots = \sum_{i=1}^{n}\vec{E}_i$$

$$\vec{E} = \frac{1}{4\pi\varepsilon_o}\sum_{i=1}^{n}\frac{q_i}{r_i^2}\hat{r}$$

그림 1.11과 같이 원천전하(source charge) q가 만드는 전기장 속에 양의 시험전하(test charge) q_o를 넣었다고 가정해 보고 시험전하에 작용하는 정전기력을 정의해 보자. 원천전하 q와 시험전하 q_o 사이에 작용하는 정전기력이 $\vec{F}$인 경우, 원천전하가 시험전하가 놓여있는 위치 P에 만드는 전기장 $\vec{E}$는

$$\vec{E} \equiv \frac{\vec{F}}{q_o} \tag{6.1}$$

와 같이 정의된다. 전기장 $\vec{E}$의 SI 단위는 N/C이고, 전기장의 방향은 양의 시험전하가 받는 힘의 방향이다. 식 6.1에서 전기장 안에 있는 시험전하가 받는 힘은

$$\vec{F} = q_0\vec{E} \tag{6.2}$$

로 구할 수 있다.

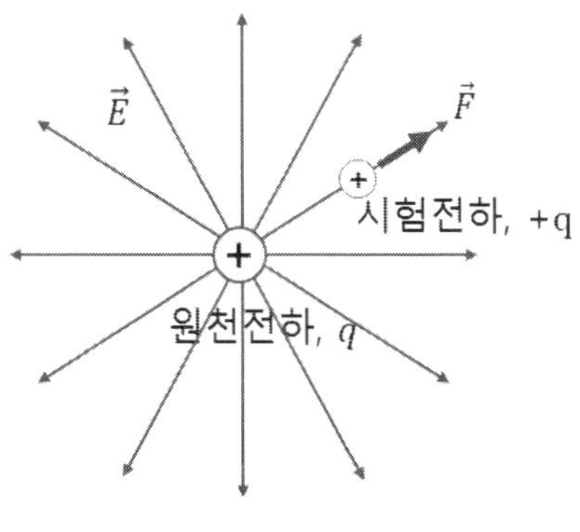

그림 1.11 원천전하가 만드는 전기장

개념을 좀 더 명료하게 이해하기 위해서 식 6.1에 두 전하 사이의 전기력 $\vec{F}$를 대입해 보자.

$$\vec{E} = \frac{\vec{F}}{q_o} = \frac{\left(\dfrac{1}{4\pi\varepsilon_o}\dfrac{qq_o}{r^2}\hat{r}\right)}{q_o} \tag{6.3}$$

가 되고, 구하고자 하는 전기장 $\vec{E}$는

$$\vec{E} = \frac{1}{4\pi\varepsilon_o}\frac{q}{r^2}\hat{r} \tag{6.4}$$

이 됨을 알 수 있다. 식에서 시험전하 q_0는 삭제되어 없어지고 원천전하 q만 남는 것에 유의하자. 방향은 단위 벡터 $\hat{r}$이 원천전하 q에서 점 P 쪽으로 향하는 벡터이므로, 원천전하 q가 만드는 전기장은 $\hat{r}$의 방향과 같음을 알 수 있다. 시험전하로 음전하를 넣은 경우에 $\hat{r}$과 반대 방향이 된다.

n개의 점전하가 모여서 이루어진 점전하 계가 주어진 점에 대해서 만드는 알짜 전기장은

$$\vec{E} = \frac{\vec{F}_0}{q_0} = \frac{\vec{F}_{01}}{q_0} + \frac{\vec{F}_{02}}{q_0} + \cdots + \frac{\vec{F}_{0n}}{q_0} \tag{6.5}$$

와 같이 중첩의 원리를 적용할 수 있다. 정리하면

$$\vec{E} = \vec{E}_1 + \vec{E}_2 + \cdots + \vec{E}_i + \cdots = \sum_{i=1}^{n}\vec{E}_i \tag{6.6}$$

로 쓸 수 있고

$$\vec{E} = \frac{1}{4\pi\varepsilon_o}\sum_{i=1}^{n}\frac{q_i}{r_i^2}\hat{r} \tag{6.7}$$

로 계산한다.

전기장과 전기장선을 그리는 방법과 주요 개념을 정리하면 아래와 같다.

- 전기장선은 양전하(positive charge)에서 시작하여 음전하(negative charge)로 들어가며 끝난다.
- 전기장의 방향은 전기장선의 접선 방향과 같다.

- 전기장의 크기는 단위 면적을 통과하는 전기장선의 수에 비례한다.
- 전기장선은 서로 교차할 수 없다.
- 전기장선은 하나에서 두 개로 갈라질 수 없다.

학습한 내용을 문제에 적용하여 보자. 공간의 한 점에 -3.50×10^{-10} C의 전하를 놓았더니 오른쪽으로 1.20×10^{-8} N의 힘을 받았다. 이 점에서 전기장을 계산해 보면, 전기장의 세기

$$E=\frac{F}{q} \tag{6.8}$$

$$E=\frac{1.20\times 10^{-8}N}{-3.50\times 10^{-10}} \tag{6.9}$$

에서, $E=-34.3$ N/C이다. 음(−)의 부호이므로 전기장의 방향이 왼쪽임을 뜻한다.

문제 전하량 5.50 nC인 점전하가 거리 3.50 m 떨어진 지점에 만드는 전기장을 구하라.

풀 이 전기장의 정의는

$$\vec{E}=\frac{\vec{F}}{q_o}$$

이다. 크기로 정리해서 다시 쓰면

$$E=k\frac{|q|}{r^2}$$

이다. 문제조건에서 값을 대입하면

$$E=(8.99\times 10^9\ \mathrm{N\cdot m^2/C^2})\,\frac{5.50\times 10^{-9}\ \mathrm{C}}{(3.50\ \mathrm{m})^2}$$

에서

$$E=4.04\ \mathrm{N/C}$$

이다.

7 연속 전하분포에 의한 전기장

◆ 연속적인 전하 분포에 의한 전기장

$$\vec{E} = \frac{1}{4\pi\varepsilon_o}\int \frac{dq}{r^2}\hat{r} \qquad dq = \rho dV \quad dq = \sigma dA \quad dq = \lambda d\ell$$

1) 선전하가 만드는 전기장

$$\vec{E} = \frac{1}{4\pi\varepsilon_o}\int \frac{dq}{r^2}\hat{r} = \frac{1}{4\pi\varepsilon_o}\int_l \frac{\lambda dl}{r^2}\hat{r}$$

선 전하 밀도 (linear charge density) $\lambda \equiv \frac{Q}{\ell}$

2) 면전하가 만드는 전기장

$$\vec{E} = \frac{1}{4\pi\varepsilon_o}\int \frac{dq}{r^2}\hat{r} = \frac{1}{4\pi\varepsilon_o}\int_A \frac{\sigma dA}{r^2}\hat{r}$$

면 전하 밀도 (surface charge density) $\sigma \equiv \frac{Q}{A}$

3) 부피전하가 만드는 전기장

$$\vec{E} = \frac{1}{4\pi\varepsilon_o}\int \frac{dq}{r^2}\hat{r} = \frac{1}{4\pi\varepsilon_o}\int_V \frac{\rho dV}{r^2}\hat{r}$$

부피 전하 밀도 (volume charge density) $\rho \equiv \frac{Q}{V}$

전하가 선, 면 그리고 부피에 분포하고 있는 경우 전기장을 어떻게 계산하면 될까? 우선 연속적인 전하분포는 미소전하 dq가 연속적으로 존재하는 상황에 해당하므로 전기장의 기본 형태는

$$\vec{E} = \frac{1}{4\pi\varepsilon_o}\int \frac{dq}{r^2}\hat{r} \tag{7.1}$$

와 같이 주어질 것이다. 식 7.1에서 전하가 분포하고 있는 구조에 따라 미소전하 dq를 결정하면 전기장을 계산할 수 있다. 즉, 전하밀도 개념을 이용하면 전기장을 구할 수 있다.

7.1 선전하가 만드는 전기장

선전하가 만드는 전기장을 계산해 보자. 선전하 밀도(linear charge density) λ는 단위 길이에 분포하는 전하량을 의미한다. 즉,

$$\lambda = \frac{Q}{l} \tag{7.2}$$

로 정의된다. Q는 선에 분포하는 총 전하를 뜻하고, l는 선의 길이이다. λ의 단위는 C/m이다. 미소길이 dl에 분포하는 전하량은 $dq = \lambda dl$ 이므로 식 7.1에 대입하면 전기장은

$$\vec{E} = \frac{1}{4\pi\varepsilon_o}\int \frac{dq}{r^2}\hat{r} = \frac{1}{4\pi\varepsilon_o}\int_l \frac{\lambda dl}{r^2}\hat{r} \tag{7.3}$$

와 같이 구할 수 있다.

7.2 면전하가 만드는 전기장

면전하가 만드는 전기장을 구해보자. 면전하 밀도(surface charge density) σ는 단위 면적 A에 분포하는 전하량을 의미하고

$$\sigma = \frac{Q}{A} \tag{7.4}$$

로 정의된다. 단위는 C/m^2이다. 미소면적 dA에 분포하는 전하량은 $dq = \sigma dA$ 이므로 전기장은

$$\vec{E} = \frac{1}{4\pi\varepsilon_o}\int \frac{dq}{r^2}\hat{r} = \frac{1}{4\pi\varepsilon_o}\int_A \frac{\sigma dA}{r^2}\hat{r} \tag{7.5}$$

와 같이 구할 수 있다.

7.3 부피전하가 만드는 전기장

부피전하가 만드는 전기장을 구해보자. 부피전하 밀도(volume charge density) ρ는 단위 체적 V에 분포하는 전하량으로

$$\rho = \frac{Q}{V} \tag{7.6}$$

로 정의되고, 단위는 C/m^3이다. 미소부피 dV에 존재하는 전하량은 $dq = \rho dV$ 이므로 전기장은

$$\vec{E} = \frac{1}{4\pi\varepsilon_o}\int \frac{dq}{r^2}\hat{r} = \frac{1}{4\pi\varepsilon_o}\int_V \frac{\rho dV}{r^2}\hat{r} \tag{7.7}$$

와 같이 구할 수 있다.

8 대전 입자의 운동

그림 1.12와 같이 균일한 전기장 $\vec{E}$ 속에 전하량이 q이고 질량이 m인 양(+)의 대전 입자를 넣었다고 생각해 보자. 입자의 가속도는 얼마일까? 뉴턴의 제2법칙과 전하에 작용하는 전기력에 관한 식을 이용하면

$$\vec{F} = q\vec{E} = m\vec{a} \tag{8.1}$$

와 같은 관계가 성립한다. 구하고자 하는 대전 입자의 가속도 $\vec{a}$는

$$\vec{a} = \frac{q\vec{E}}{m} \tag{8.2}$$

이다. 만약 대전된 입자가 음전하이면 가속도는 전기장과 반대 방향이 된다.

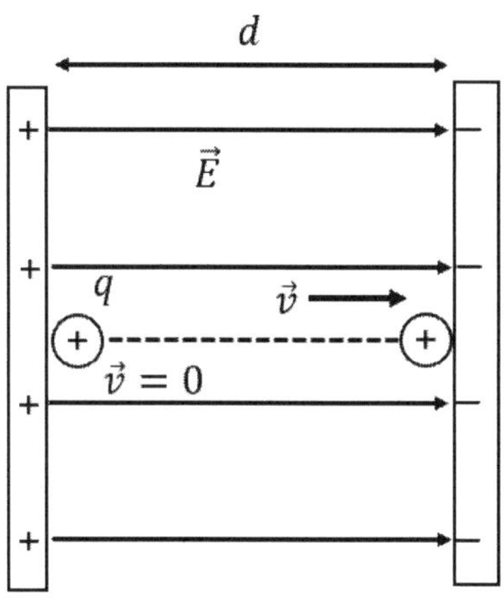

그림 1.12 균일한 전기장 속에서 대전 입자의 운동

◆전자기학을 완성한 인물

[Michael Faraday, 1791~1867]

[James Clerk Maxwell, 1831~1879]

- 전자기학을 완성한 Faraday의 실험적 업적과 Maxwell의 이론적 업적에 대해서 조사해 보고 토론해 보세요.

보충 과학

◆ <뉴턴> 기적의 해(Annus Mirabilis) <아인슈타인>

- 뉴턴의 기적의 해(1666년)

「자연철학의 수학적 원리」or「프린키피아」(1687년)
「광학」(1704년)

(1689년)

Isaac Newton, 1642~1727

- 만유인력 법칙
- 광학의 체계화
- 미적분법 발견

i) 만유인력 법칙
천상계의 역학 = 지상계의 역 → 통합
ii) 뉴턴의 종합
실험적 전통 + 수학적 전통 → 결합

- 아인슈타인의 기적의 해(1905년)

「물리학 연보(Annalen der Physik)」(출판일 기준)

- 광전효과(광양자 가설)
  6월 9일
- 브라운 운동 이론
  7월 18일
- 특수 상대성 이론
  9월 26일
- 질량-에너지 등가성
  11월 21일

(1904 or 1905)

Albert Einstein, 1879-1955

✓ 공간, 시간, 질량 및 에너지의 기본 개념에 대한 이해 → 혁명

◆ 아인슈타인 기적의 해(Annus Mirabilis, 1905)

Albert Einstein
1879-1955
노벨 물리학상을 받은 아인슈타인의 공식 조상화 1921년

➢ **광전효과**(photoelectric effect, 3월 18일-6월9일)
- 제목: 「빛의 생성과 변형에 관한 발견적 관점에서」
- 빛은 진동수에 비례하는 에너지를 갖는 광량자

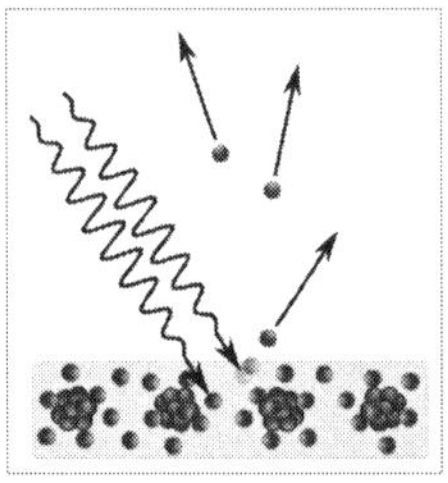

금속 판에서 전자의 방출[wiki]

- **광전효과:** 금속에 빛을 조사하면 전자가 방출되는 현상 1887년 하인리히 헤르츠의 음극선 실험 도중 발견

⇩

- 빛이 전자기파라는 고전물리학으로는 설명할 수 없었던 현상

⇩

- **해결 :** 아인슈타인($E = h\nu$) **광양자설을 통해 빛의 입자성을 제시하며 규명**
- **재해석:** 금속 등의 물질이 **한계 진동수(문턱 진동수)보다 큰 진동수를 가진 전자기파를 흡수**했을 때 전자를 내보내는 현상[wiki]

◆ 아인슈타인 기적의 해(Annus Mirabilis, 1905)

Albert Einstein
1879-1955

노벨 물리학상을 받은
아인슈타인의 공식 초상화
1921년

➢ **브라운 운동 이론**(5월 11일-7월 18일)

- 제목:「열의 분자 운동론에서 요구하는 정지 액체에 떠있는 작은 입자의 운동에 관하여」
- 원자의 존재 증명

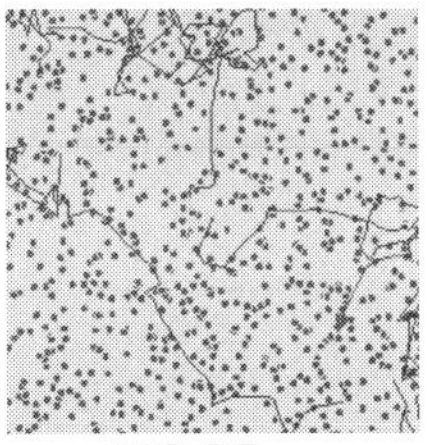

브라운 운동[wiki]

- **브라운 운동:** 액체나 기체 속에서 미소입자들이 불규칙하게 운동하는 현상
  1827년 스코틀랜드 식물학자 로버트 브라운이 발견

- **이전:** 극미동물로 생각
- **브라운:** 꽃가루
  → 유리, 금속, 무기물, 바위 등을 갈아서 실험함
  → 살아있는 생물이 아님을 밝혀 냄
- **이후:** 열에 의한 대류의 결과라고 생각

- 해결: 아인슈타인
  원자의 실재와 **통계적 요동을 바탕으로 설명**

보충 문제

Flipped Learning	두 점전하 사이의 전기력 계산
URL	https://youtu.be/pUJo0EHWI_g

01 두 개의 점전하 $q_1 = 12\ \text{nC}$와 $q_2 = -49\ \text{nC}$가 $5.0\ \text{cm}$만큼 떨어져 있다. 두 전하 사이의 전기력의 크기를 구하라

풀이 두 전하의 정전기력의 크기는 쿨롱의 법칙

$$F = \frac{1}{4\pi\varepsilon_o}\frac{|q_1||q_2|}{r^2}$$

에서 구할 수 있다. 즉,

$$F_e = (8.99\times10^9\ \text{N}\cdot\text{m}^2/\text{C}^2)|(12\times10^{-9}|$$

에서

$$F_e = 2.11\times10^{-3}\text{N}$$

이다.

02 진공 중에 x축을 따라서 세 개의 전하가 놓여있다. 전하 q_1에 작용하는 알짜 전기력의 크기를 구하라.

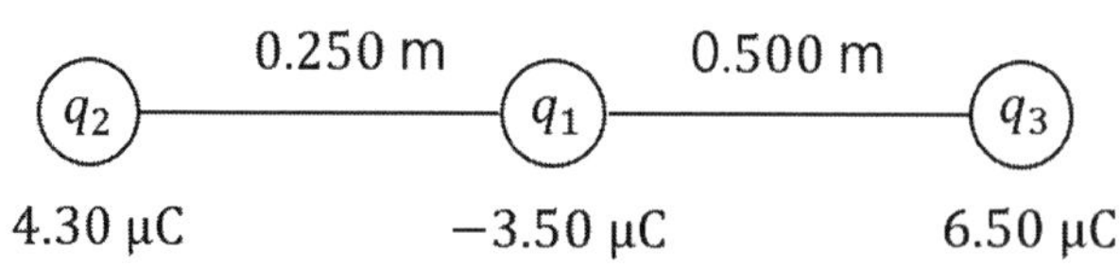

풀이 두 개의 전하 q_1와 q_2 사이에 작용하는 전기력의 크기는 쿨롱의 법칙

$$F_{12} = k\frac{|q_1||q_2|}{r_{12}^2}$$

에서

$$F_{12} = (8.99 \times 10^9\ \mathrm{N \cdot m^2/C^2})\ \frac{(4.30 \times 10^{-6}\ \mathrm{C})(3.50 \times 10^{-6}\ \mathrm{C})}{(0.250\ \mathrm{m})^2}$$

이고

$$F_{12} = 2.16\ \mathrm{N}$$

이다. 전기력 F_{12}의 방향은 x축에 대하여 음(−)의 방향이다.

두 개의 전하 q_1와 q_3 사이에 작용하는 전기력의 크기는

$$F_{13} = k\frac{|q_1||q_3|}{r_{13}^2}$$

에서

$$F_{13} = (8.99 \times 10^9\ \mathrm{N \cdot m^2/C^2})\ \frac{(3.50 \times 10^{-6}\ \mathrm{C})(6.50 \times 10^{-6}\ \mathrm{C})}{(0.500\ \mathrm{m})^2}$$

이고

$$F_{13} = 0.818\ \mathrm{N}$$

이다. F_{13}는 $+x$방향이다.

세 전하 사이의 알짜 전기력은

$$F = F_{12} + F_{13} = (-\ 2.16\ \mathrm{N}) + (0.818\ \mathrm{N}) = -1.34\ \mathrm{N}$$

이고 왼쪽을 향한다.

03 전하량 4.80 nC인 점전하가 거리 2.80 m 떨어진 지점에 만드는 전기장을 구하라.

풀이 전기장의 정의는

$$\vec{E} = \frac{\vec{F}}{q_o}$$

이다. 크기로 정리해서 다시 쓰면

$$E = k\frac{|q|}{r^2}$$

이다. 문제조건에서 값을 대입하면

$$E = (8.99\times10^{9}\,\mathrm{N\cdot m^2/C^2})\frac{4.80\times10^{-9}\,\mathrm{C}}{(2.80\,\mathrm{m})^2}$$

에서

$$E = 5.50\,\mathrm{N/C}$$

이다.

04 임의 공간에 -4.50×10^{-10} C의 전하를 놓았더니 왼쪽으로 1.50×10^{-8} N의 힘을 받았다. 이점에서의 전기장을 구하라

풀이 전기장의 정의는

$$E = \frac{F}{q}$$

이고, 방향과 전하량을 고려하면

$$E = \frac{F}{q} = \frac{-1.50\times10^{-8}\mathrm{N}}{-4.50\times10^{-10}\mathrm{C}} = 33.3\,\mathrm{N/C}$$

이다.

Flipped Learning	전기력과 만유인력 크기의 비 계산
URL	https://youtu.be/VVkXv4O_4hU

05 양성자의 전하량은 $e = 1.6\times10^{-19}$ C이고 4.0×10^{-15} m 만큼 떨어져 있다고 할 때, 두 양성자에 작용하는 전기적 반발력과 만유인력에 대한 크기의 비 $\frac{F_e}{F_g}$을 구하라.

풀이 두 전하의 정전기력은 쿨롱의 법칙에 의해서

$$F = \frac{1}{4\pi\varepsilon_o}\frac{|q_1||q_2|}{r^2} = k\frac{q^2}{r^2}$$

으로 구할 수 있고, 두 물체 사이에 작용하는 중력은 뉴턴의 법칙에 의하여

$$F = G\frac{m_1 m_2}{r^2}$$

이다. 그러므로 전기적 반발력과 중력의 비는

$$\frac{F_e}{F_g} = \frac{k}{G}\frac{q^2}{m^2}$$

이다.

$$\frac{F_e}{F_g} = \frac{8.99\times 10^9\ \mathrm{N\cdot m^2/C^2}}{6.67\times 10^{-11}\ \mathrm{N\cdot m^2/kg^2}}\frac{(1.602\times 10^{-19}\ \mathrm{C})^2}{(1.67\times 10^{-27}\ \mathrm{kg})^2}$$

에서

$$\frac{F_e}{F_g} = 1.24\times 10^{36}$$

이다. 즉 원자 세계에서 만유인력은 전기력에 비해 무시할 정도로 작다.

Flipped Learning	정의를 이용한 전기장 구하기
URL	https://youtu.be/fN_YyHDYVzA

06 전하량 5.0 nC인 점전하가 거리 2.5 m 떨어진 지점에 만드는 전기장의 크기를 구하라.

풀이 전기장의 정의는

$$\vec{E} = \frac{\vec{F}}{q_o}$$

이다. 크기로 정리해서 다시 쓰면

$$E = k\frac{|q|}{r^2}$$

이다. 문제 조건에서 값을 대입하면

$$E = (8.99\times 10^9\ \mathrm{N\cdot m^2/C^2})\frac{5.0\times 10^{-9}\ \mathrm{C}}{(2.5\ \mathrm{m})^2}$$

에서

$$E = 7.2\ \mathrm{N/C}$$

이다.

07 질량이 m이고 q_1의 전하를 가진 작은 구형 절연체가 질량을 무시할 수 있는 가는 줄에 매달려 있다. q_2의 전하가 구로부터 오른쪽으로 r 만큼 떨어져 놓여있어, 줄이 그림과 같이 수직선과 각 θ을 이루고 있다. 각 θ을 유도하라.

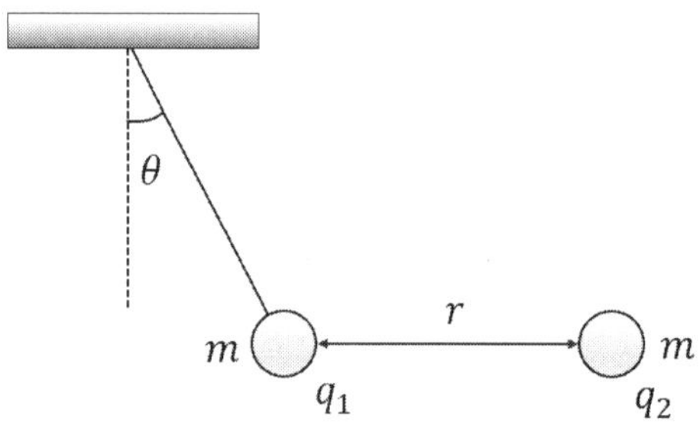

힌트 힘(장력)을 분해하여 자유물체그림으로 그려보면 T_x엔 쿨롱이 힘이 작용하고, T_y엔 중력 mg가 작용한다.

$$\theta = \tan^{-1}\left(\frac{k|q_1||q_2|}{mgr^2}\right)$$

보충 심화

- 쿨롱의 법칙을 이해하는 것은 매우 중요합니다. 쿨롱이 했던 실험에 대해서 조사해 보고 토론해 보세요.

◆ 쿨롱의 법칙: 실험방법 구상

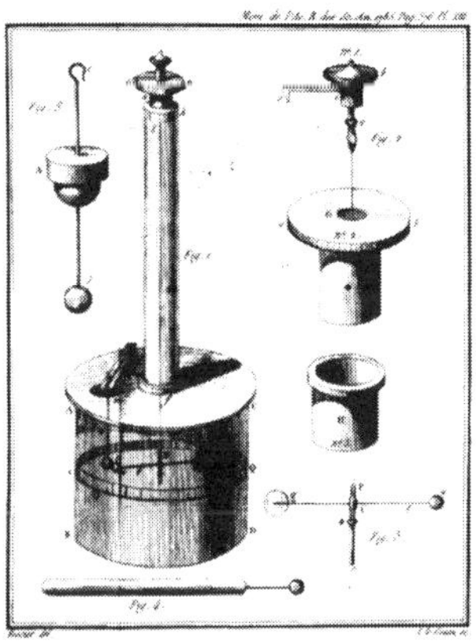
쿨롱이 고안한 전하 측정 시험장치
1784년, 출처:위키백과

- 역 제곱 법칙(inverse-square law)
  → 전기력의 크기가 **거리의 제곱에 반비례**

  $F \propto \frac{1}{r^2}$

- 두 전하의 곱에 비례

  $F \propto q_1 q_2$

- 쿨롱의 법칙

  $$\boxed{F = k\frac{q_1 q_2}{r^2}}$$

✓ 쿨롱 상수 : $k = \frac{1}{4\pi\varepsilon_o} \approx 8.99 \times 10^9\ \mathrm{m/F}$

✓ 유전율 (permittivity) : $\varepsilon_o \approx 8.85 \times 10^{-12}\mathrm{F/m}$

- 맥스웰 방정식의 의미에 대해 조사해 보고 토론해 보세요.

◆ Summary : Maxwell 방정식 적분형

$$\Phi_E = \oint \vec{E} \cdot d\vec{s} = \frac{q_{in}}{\varepsilon_0}$$

- 전하는 주위 공간에 **전기장**을 만든다.

$$\Phi_B = \oint \vec{B} \cdot d\vec{s} = 0$$

- **자기장**을 만드는 점원(point source)은 없다.

$$\oint \vec{E} \cdot d\vec{l} = -\frac{d\Phi_B}{dt}$$

- **시간에 따라 변하는 자기장**은 **전기장**을 만든다.

$$\oint \vec{B} \cdot d\vec{l} = \mu_0 i + \mu_0 \varepsilon_0 \frac{d\Phi_E}{dt}$$

- **전기장이 시간에 따라 변하면** **자기장**이 생긴다 .

✓ **변위전류** : $i_d = \mu_0\varepsilon_0 \frac{d\Phi_E}{dt}$

◆ Summary : Maxwell 방정식 미분형

$\vec{\nabla} \cdot \vec{D} = \rho_v$ • **전기장에 대한 Gauss 법칙**

$\vec{\nabla} \cdot \vec{B} = 0$ • **자기장에 대한 Gauss 법칙**

$\vec{\nabla} \times \vec{E} = -\frac{\partial \vec{B}}{\partial t}$ • **Faraday 법칙**

$\vec{\nabla} \times \vec{H} = \vec{J} + \frac{\partial \vec{D}}{\partial t}$ • **Maxwell-Ampere 법칙**

∇ : 벡터 미분 연산자
$\vec{D}$: 전속밀도
$\vec{B}$: 자속밀도
$\vec{E}$: 전기장의 세기
$\vec{H}$: 자기장의 세기
ρ_v : 체적전하밀도
$\vec{J}$: 전류밀도

2장

전기선속과 가우스의 법칙

Flipped Learning	전기장 구하기/점/선/면/구/가우스 법칙
URL	https://youtu.be/fmKjFvfQbqw

◆주요 학습 내용

1. 전기선속
2. 가우스의 법칙
3. 가우스의 법칙과 쿨롱의 법칙의 비교
4. 정전기적 평형인 도체
5. 대전된 고립 도체
6. 가우스의 법칙 응용

Johann Carl Friedrich Gauss
1777년 ~ 1855년

학습목표

1. 전기선속의 개념을 이해하고 설명할 수 있다.
2. 가우스 법칙을 이해하고 설명할 수 있다.
3. 가우스 법칙과 쿨롱의 법칙을 비교 분석할 수 있다.
4. 가우스 법칙을 문제에 적용하여 전기장을 계산할 수 있다.

내용요약

- 전기선속(electric flux)은 전기장의 크기 E와 수직으로 놓인 면의 넓이 A의 곱으로 $\Phi_E = EA$이고, SI 단위는 $\mathrm{N \cdot m^2/C}$이다.
- 닫힌곡면(closed surface) A를 통과하는 전기선속은 $\Phi_E = \oint \vec{E} \cdot d\vec{A}$이다.
- 전하분포가 대칭적인 경우에 가우스 법칙(Gauss's Law)을 이용하면 전기장을 쉽게 계산할 수 있다.
- 가우스 법칙은 $\Phi_E = \dfrac{q_{in}}{\varepsilon_0}$이다. Φ_E는 전기선속, q_{in}은 가우스면 안쪽에 있는 전하 그리고 ε_0는 자유공간의 유전율(permittivity of free space)을 뜻한다.
- 가우스 법칙을 일반화시키면 $\oint \vec{E} \cdot d\vec{A} = \dfrac{q_{in}}{\varepsilon_0}$이다. 식에서 우변은 가우스면(Gaussian surface)까지 폐곡면 적분을 뜻한다.
- 가우스의 법칙과 쿨롱의 법칙은 동일한 물리현상을 설명하는 법칙이다.
- 정전기적 평형상태에 있는 도체 내부의 전기장은 0이다.
- 선전하 밀도 λ로 대전 되어있는 무한히 긴 원통형 도선과 같이 '원통대칭성(cylindrical symmetry)'이 있는 경우에 가우스 법칙을 적용하면 $E(2\pi rl) = \dfrac{\lambda l}{\varepsilon_0}$와 같이 표현되는데 각 항의 의미를 이해해야 한다.
- 면전하 밀도 σ로 대전된 무한히 크고 얇은 절연체 판과 같이 '면대칭성(planar symmetry)'이 있는 경우에 가우스 법칙을 적용하면 $(EA + EA) = \dfrac{\sigma A}{\varepsilon_0}$와 같이 표현되는데, 왜 이렇게 표현되는지 이해해야 한다.

- 반지름이 R이고 전하 Q로 대전된 도체 구와 같이 '구대칭성(spherical symmetry)'이 있는 경우 $r > R$ 인 영역에서 가우스 법칙을 정용하면 $E(4\pi r^2) = \dfrac{Q}{\varepsilon_0}$와 같이 표현되는데, 왜 이렇게 표현되는지 이해해야 한다. $r < R$ 인 내부에서의 전기장은 0이다. 도체구의 내부에는 전하가 없기 때문이다.
- 절연체 구의 내부($r < R$)에서는 부피에 비례하는 만큼 전하가 존재하므로 $\dfrac{4\pi R^3}{3} : Q = \dfrac{4\pi r^3}{3} : Q_{in}$에서, 안쪽에 있는 전하는 $Q_{in} = \dfrac{Qr^3}{R^3}$이 된다. 외부 영역($r > R$)에서는 도체와 같은 형태로 계산된다.

1 전기선속

Flipped Learning	전기선속(electric flux) 개념 총정리
URL	https://youtu.be/RNE4Crbbq-k

◆ 전기선속(Electric Flux)

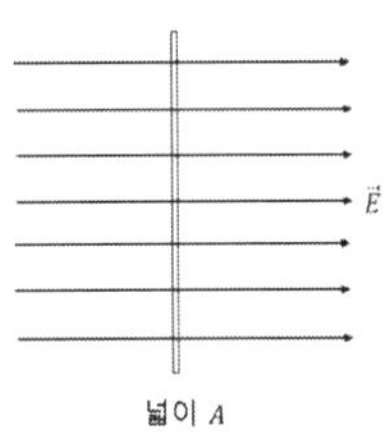

$\Phi_E = EA$ (단위: N·m²/C)

$\Phi_E = EA_\perp = EA\cos\theta$

$\Phi_E = \int \vec{E} \cdot d\vec{A}$

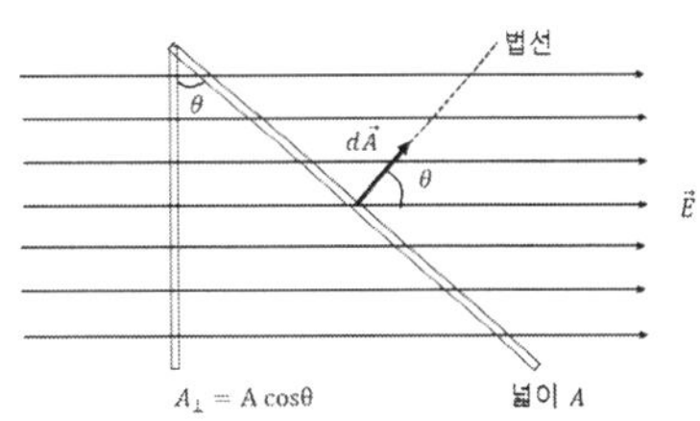

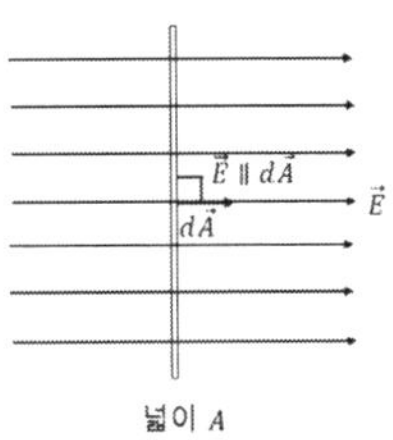

- 닫힌곡면 A를 통과하는 전기선속 : $\Phi_E = \oint \vec{E} \cdot d\vec{A}$

✓ **적분 부호에서 원 기호 :**
표면을 지나가는 알짜 선속을 구하기 위해서는 폐곡면 전체에 대해서 적분해야 한다는 것을 의미전기선속(electric flux; 전기다발이라고도 함)의 개념을 이해해 보자. 전기선속은 가우스 법칙과 관계가 있는 중요한 개념이다. 먼저 전기장이 균일한 경우를 고려하여 문제를 단순화시킨 후, 전기장이 균일하지 않은 경우로 확대하여 일반화시킬 것이다.

그림 2.1과 같이 크기와 방향이 일정한 전기장이 수직으로 놓여있는 단면적 A를 통과한다고 하자. 전기선속의 정의는 전기장의 크기 E와 수직으로 놓인 면의 넓이 A의 곱으로

$$\Phi_E = EA \tag{1.1}$$

와 같이 표현된다. SI 단위는 $\mathrm{N \cdot m^2/C}$이다. 전기선속은 임의의 면을 통과하는 전기장선의 수에 비례한다.

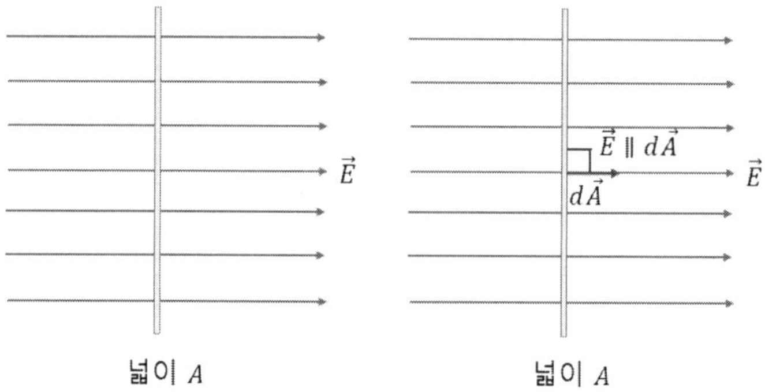

그림 2.1 전기선속

이제 그림 2.2와 같이 면 A가 전기장과 θ의 각도를 이루고 있는 경우를 고려해 보자. 이 경우 면 A를 통과하는 전기장선의 수는 전기장의 방향에 수직인 면 $A_\perp$을 통과하는

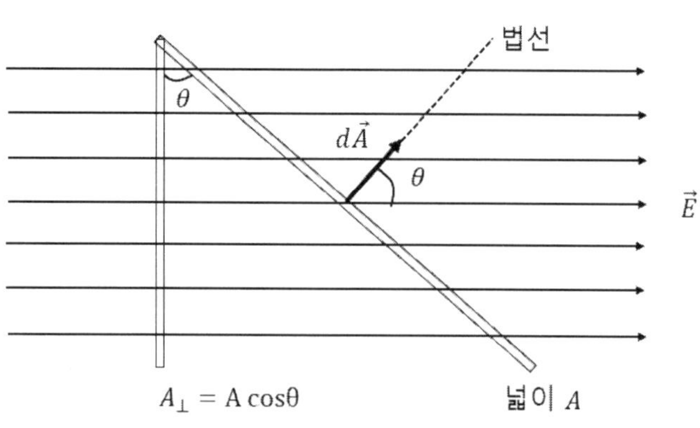

그림 2.2 전기선속

전기장선의 수와 같으므로 $A_{\perp} = A\cos\theta$가 성립한다. 이와 같은 관계를 이용하여 위 식을 다시 쓰면

$$\Phi_E = EA_{\perp} = EAcos\theta \tag{1.2}$$

와 같이 된다.

식 1.2를 내적 $\vec{A} \cdot \vec{B} = AB\cos\theta$를 이용하여 다시 쓰면

$$\Phi_E = EA_{\perp} = EAcos\theta = \vec{E} \cdot \vec{A} \tag{1.3}$$

가 된다. $\vec{A}$는 면적 벡터이다. 적분의 형태로 일반화시키면

$$\Phi_E = \int \vec{E} \cdot d\vec{A} \tag{1.4}$$

와 같이 된다. 닫힌곡면(closed surface) A를 통과하는 전기선속은

$$\Phi_E = \oint \vec{E} \cdot d\vec{A} \tag{1.5}$$

와 같이 정의된다. 적분 부호에서 원 기호는 표면을 지나가는 알짜 선속 Φ_E을 구하기 위해서는 폐곡면 전체에 대해서 적분해야 한다는 것을 의미한다.

그림 2.3과 같이 간단한 예에 적용하여 전기선속의 개념을 이해해 보자. 한 변의 길이가 2 m인 정육면체로 구성된 가우스면을 가정하고, 공간에 형성된 전기장이 $\vec{E} = 3x\hat{\mathrm{i}} + 4\hat{\mathrm{j}}$ (N/C)인 경우에 오른쪽과 왼쪽 면을 통과하는 전기선속을 계산한다. 오른쪽 면에서 $x = 3$이므로 전기장은

$$\vec{E} = 9\hat{\mathrm{i}} + 4\hat{\mathrm{j}} \tag{1.6}$$

이고, 면적벡터는 $+x$ 방향을 향하므로 오른쪽 면에 대한 전기선속 Φ_R은

$$\begin{aligned}\Phi_R &= \int \vec{E} \cdot d\vec{A} = \int \left(9\hat{\mathrm{i}} + 4\hat{\mathrm{j}}\right) \cdot dA\,\hat{\mathrm{i}} \\ &= 9\int dA = 9A = 9(2^2) = 36\ (\mathrm{N \cdot m^2/C})\end{aligned} \tag{1.7}$$

이다. 왼쪽 면에서 $x = 1$이므로 전기장은

$$\vec{E} = 3\hat{\mathrm{i}} + 4\hat{\mathrm{j}} \tag{1.8}$$

이고, 면적벡터는 $-x$ 방향을 향하므로 왼쪽 면에 대한 전기선속 Φ_L은

$$\begin{aligned}\Phi_L &= \int \vec{E}\cdot d\vec{A} = \int (3\,\hat{\mathrm{i}} + 4\,\hat{\mathrm{j}})\cdot(-dA\,\hat{\mathrm{i}}) \\ &= -3\int dA = -3A = -12\ (\mathrm{N\cdot m^2/C})\end{aligned} \tag{1.9}$$

이 된다.

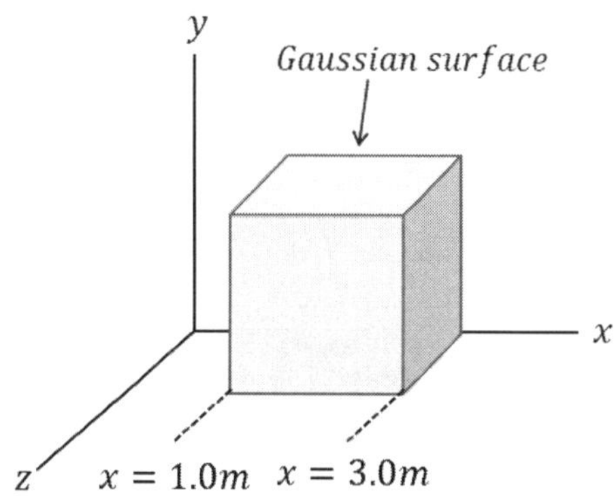

그림 2.3 정육면체에서 전기선속

Flipped Learning	전기선속 구하기
URL	https://youtu.be/2PjXHrkUArU

문제 크기가 +Q, +3Q, −5Q인 세 개의 전하가 폐곡면 S_1, S_2, S_3 안에 놓여있을 때, 각 면에 대한 전기선속 Φ을 구하라.

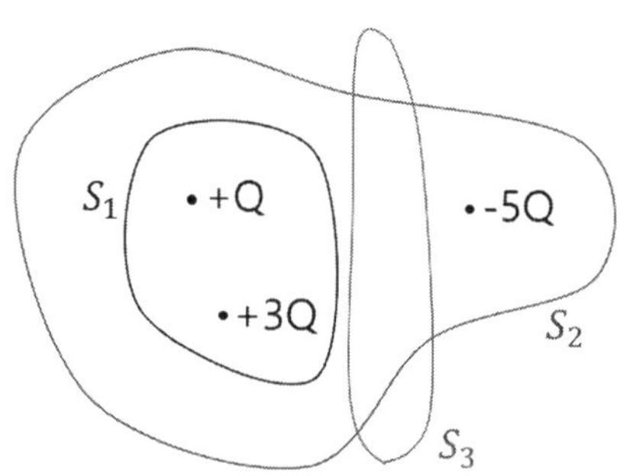

풀 이 1) $\Phi_{S1} = \dfrac{4Q}{\varepsilon_0}$

2) $\Phi_{S2} = -\dfrac{Q}{\varepsilon_0}$

3) $\Phi_{S3} = 0$

---

2 가우스의 법칙

Flipped Learning	가우스 법칙(Gauss's Law) 개념 총정리
URL	https://youtu.be/Kby4xl1t_vM

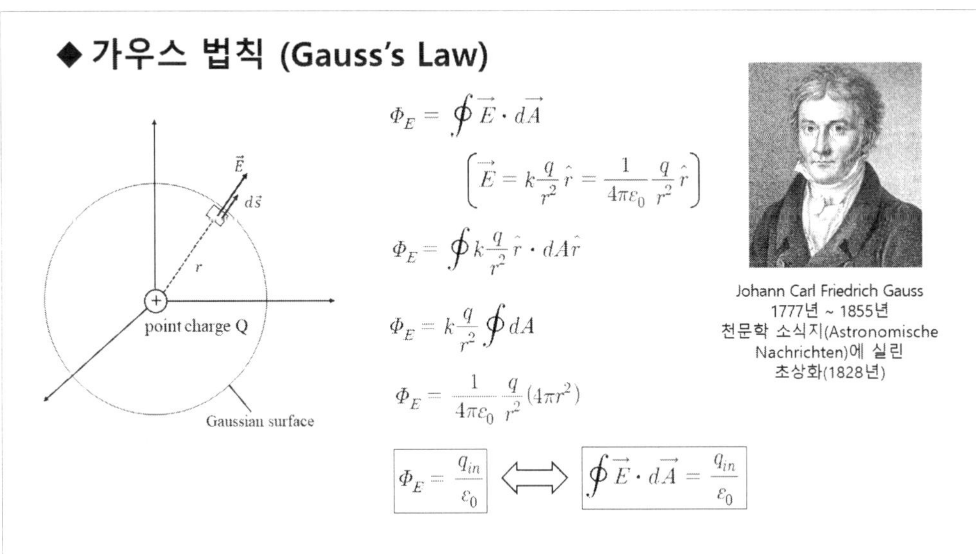

전기장을 계산하는 방법에 대해서 알아보자. 전하분포가 대칭적인 경우 가우스 법칙(Gauss's Law)을 이용하면 전기장을 쉽게 계산할 수 있다. 그림 2.4와 같이 양의 점전하 q가 반지름이 r인 구의 중심에 있는 모델을 가정하여 가우스의 법칙을 유도해 보자. 이과

같은 경우 점전하 q가 만드는 전기장선은 구면에 수직하게 바깥 방향으로 향하게 된다. 앞 문장에서 구면으로 표현된 폐곡면을 가우스면(Gaussian surface)이라고 부른다.

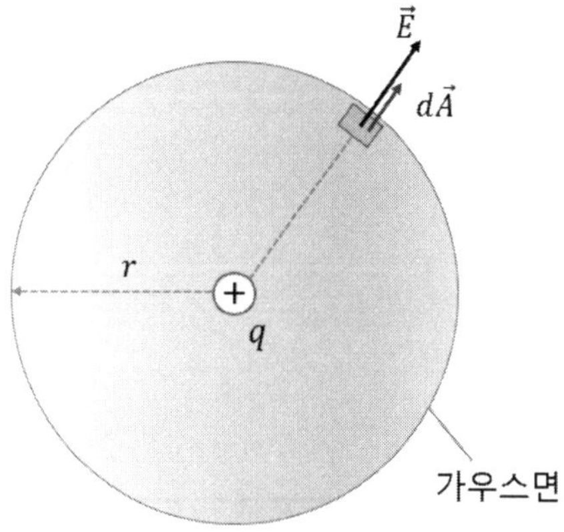

그림 2.4 반지름 r인 가우스면

이제 위 가정을 이용하여 가우스면을 통과하는 알짜 전기선속을 구해보면

$$\Phi_E = \oint \vec{E} \cdot d\vec{A} \tag{2.1}$$

에서, 점전하 q가 만드는 전기장 $\vec{E} = k\frac{q}{r^2}\hat{\mathrm{r}} = \frac{1}{4\pi\varepsilon_0}\frac{q}{r^2}\hat{\mathrm{r}}$을 대입하고, 미소면적 벡터 $d\vec{A}$을 크기와 방향 $dA\hat{\mathrm{r}}$로 쓰면

$$\Phi_E = \oint k\frac{q}{r^2}\hat{\mathrm{r}} \cdot dA\hat{\mathrm{r}} \tag{2.2}$$

이다. 단위 벡터의 내적은 $\hat{\mathrm{r}} \cdot \hat{\mathrm{r}} = 1$이므로

$$\Phi_E = k\frac{q}{r^2}\oint dA \tag{2.3}$$

와 같이 알짜 전기선속을 스칼라량으로 계산할 수 있다. 식에서 $\oint dA$는 구의 표면적을 뜻하고, k는 $1/4\pi\varepsilon_0$이므로

$$\Phi_E = \frac{1}{4\pi\varepsilon_0}\frac{q}{r^2}(4\pi r^2) \tag{2.4}$$

이 된다. 단순화시키면

$$\Phi_E = \frac{q_{in}}{\varepsilon_0} \tag{2.5}$$

이다. 이 식을 가우스의 법칙이라고 한다. 적분 형태로 일반화시키면

$$\oint \vec{E} \cdot d\vec{A} = \frac{q_{in}}{\varepsilon_0} \tag{2.6}$$

이다.

이제 점전하에 가우스 법칙을 적용하여 전기장을 구해보자. 그림 2.5와 같이 점전하 q가 만드는 전기장은 식 2.6에 적용하면 q_{in}은 q가 되므로

$$E \oint dA = E(4\pi r^2) = \frac{q}{\varepsilon_0} \tag{2.7}$$

이 되어. 점전하가 만드는 전기장은

$$E = \frac{q}{4\pi\varepsilon_0 r^2} \tag{2.8}$$

이 된다.

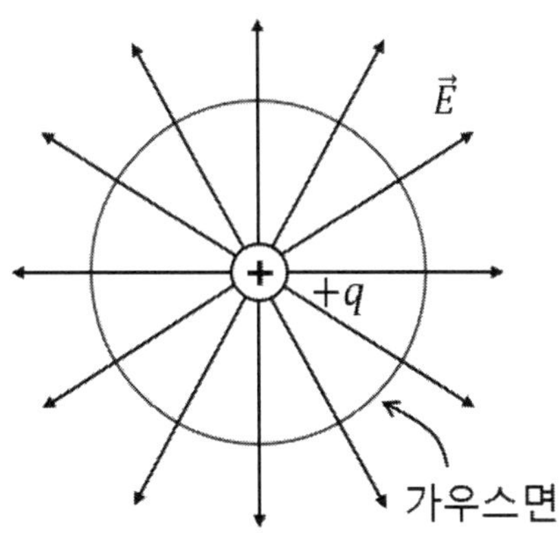

그림 2.5 점전하가 만드는 전기장

3 가우스의 법칙과 쿨롱의 법칙 비교

◆ Gauss의 법칙과 Coulomb의 법칙 비교

- 점 전하 하나가 만드는 전기장을 → 쿨롱의 법칙을 이용하여 유도

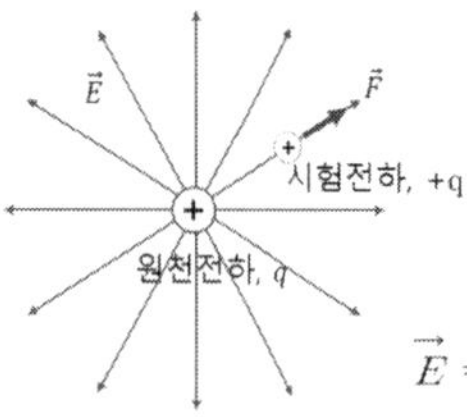

$$\vec{E} = \frac{\vec{F}}{q_o}$$

$$\vec{E} = \frac{\vec{F}}{q_o} = \frac{\left(\frac{1}{4\pi\varepsilon_o}\frac{qq_o}{r^2}\hat{r}\right)}{q_o}$$

$$\vec{E} = \frac{1}{4\pi\varepsilon_o}\frac{q}{r^2}\hat{r}$$

- 점전하 하나가 만드는 전기장을 → 가우스의 법칙을 이용하여 유도

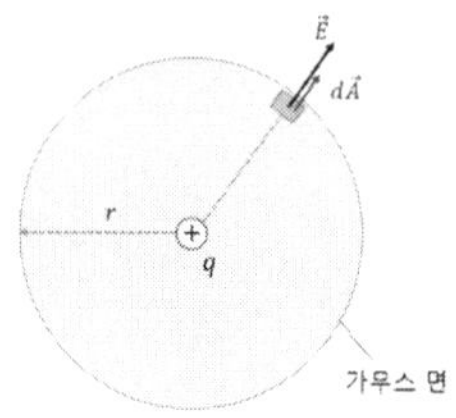

$$\frac{q}{\varepsilon_0} = \oint \vec{E}\cdot d\vec{A} = \oint E\,dA$$

$$\frac{q}{\varepsilon_0} = E(4\pi r^2)$$

$$\vec{E} = \frac{1}{4\pi\varepsilon_o}\frac{q}{r^2}\hat{r}$$

양의 점전하 q가 반지름이 r인 구의 중심에 있는 가장 단순한 모델을 가정하고 전기장을 구해보자. 이 경우 전기장의 크기 E를 두 가지 방법으로 구해보자. 먼저 전기장의 정의를 이용해서 값을 구해보고, 가우스 법칙을 이용해서 값을 구한 다음 서로 비교해 보자.

전기장의 정의를 이용해서 점전하가 만드는 전기장을 유도하는 방법은 쿨롱의 법칙을 이용하여 전기력 F을 계산하고, 시험전하 q_0로 나누어주면 된다. 그 결과는 이미 1장 5절에서 구해보았다. 거리 r인 지점에서 점전하 q가 만드는 전기장의 크기는

$$E = k\frac{q}{r^2} = \frac{1}{4\pi\varepsilon_o}\frac{q}{r^2} \tag{3.1}$$

이었다.

그렇다면 가우스의 법칙을 이용해서 구한 전기장도 같은 결과가 나올까? 점전하 q가 만드는 전기장은 구면 대칭성이 있다. 이와 같은 경우 전기장은 점전하 사이의 거리 r에만 의존하게 되고 방향과는 무관하게 된다. 그리고 가우스면 안쪽에 존재하는 알짜전하는 $q_{in} = q$이다. 이와 같이 물리적 개념을 먼저 생각해 보고 가우스의 법칙에 적용하면 다음과 같이 정리할 수 있다.

$$\frac{q}{\varepsilon_0} = \oint \vec{E} \cdot d\vec{A} = \oint E\, dA \tag{3.2}$$

식에서 전기장 $\vec{E}$와 미소면적벡터 $d\vec{A}$는 서로 수평이다. 다시 정리하면

$$\frac{q}{\varepsilon_0} = E \oint dA \tag{3.3}$$

이다. $\oint dA$는 닫힌 폐곡면에 대한 면적 적분을 뜻한다. 즉, 가우스면까지 구의 면적이 되므로 $4\pi r^2$가 되어

$$\frac{q}{\varepsilon_0} = E(4\pi r^2) \tag{3.4}$$

이다. 구하고자 하는 전기장은

$$E = \frac{1}{4\pi\varepsilon_o}\frac{q}{r^2} \tag{3.5}$$

이다.

이 결과는 쿨롱의 법칙을 사용하여 구한 값과 동일하다. 그러므로 가우스의 법칙과 쿨롱의 법칙은 동일한 물리현상을 설명하는 법칙이라는 것을 알 수 있다.

쿨롱의 법칙은 전기장을 정의할 수 있는 근본 법칙이기는 하나 실제 문제에 적용하여 전기장을 계산하는 데는 한계가 있다. 그림 2.6과 같은 경우에도 쿨롱의 법칙을 이용하여 전기장을 계산할 수 있을까? 문제조건은 다음과 같다. 내부 반지름이 a 이고 외부 반지름이 b 인 속인 빈 도체구의 표면에 $+Q$ 의 전하가 분포해 있다. 만일 $-2Q$ 의 전하를 도체구의 중심에 추가할 경우, $r > b$ 영역에서 전기장을 구하라. 어떻게 계산해야 할까? 이러한 유형의 대부분의 문제는 가우스 법칙을 적용하여 전기장을 쉽게 구할 수 있다. 가우스 법칙을 문제에 적용해 보자. 가우스 법칙

$$\oint \vec{E} \cdot d\vec{A} = \frac{q_{in}}{\varepsilon_0} \tag{3.6}$$

에서, 전기장은

$$E(4\pi r^2) = \frac{q_{in}}{\varepsilon_0} \tag{3.7}$$

이다. 도체의 중심에 $-2Q$ 의 전하를 넣으면

$$E(4\pi r^2) = \frac{q_{in}}{\varepsilon_0} = \frac{+Q-2Q}{\varepsilon_0} \tag{3.8}$$

이 되어, 새로운 전기장은

$$E = -\frac{Q}{4\pi\varepsilon_0 r^2} \tag{3.9}$$

이 된다. 문제의 의미를 자세히 살펴보길 바란다. 전하분포에 대칭성이 있는 경우, 가우스 법칙을 적용하여 전기장을 계산하는 방법은 6절에서 자세히 다룬다.

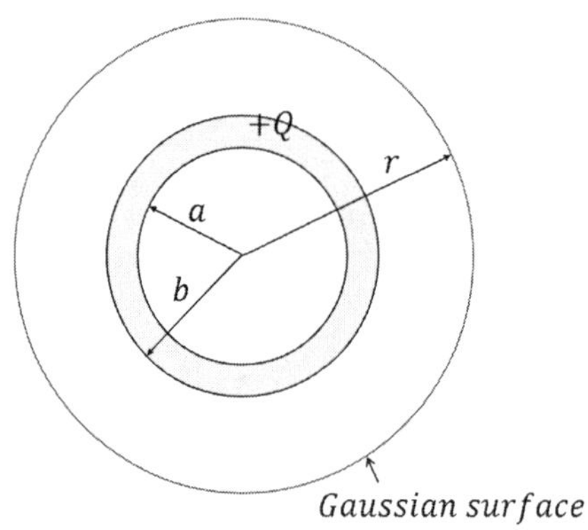

그림 2.6 반지름 r인 가우스면

◆ Gauss 법칙과 Coulomb의 법칙 비교

1) 점 전하 만드는 전기장
→ Coulomb의 법칙으로 유도

2) 점 전하 만드는 전기장
→ Gauss의 법칙으로 유도

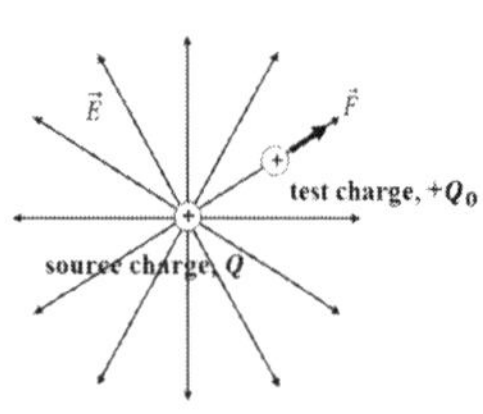

$$\vec{E} = \frac{\vec{F}}{q_o}$$

$$\vec{E} = \frac{\vec{F}}{q_0} = \frac{\frac{1}{4\pi\varepsilon_0}\frac{QQ_0}{r^2}\vec{a_r}}{Q_0}$$

$$\vec{E} = \frac{1}{4\pi\varepsilon_0}\frac{Q}{r^2}\vec{a_r}$$

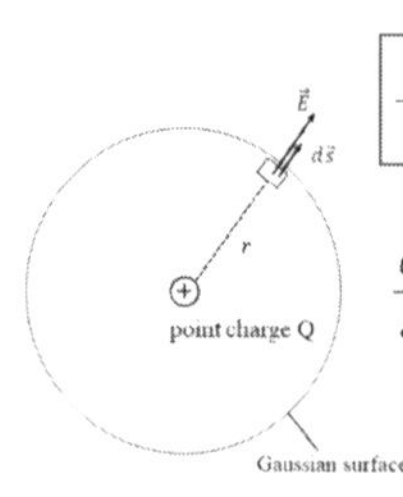

$$\frac{Q_{in}}{\varepsilon_0} = \oint \vec{E}\cdot\vec{ds} = \oint E\,ds$$

$$\frac{Q_{in}}{\varepsilon_0} = E(4\pi r^2)$$

$$\vec{E} = \frac{Q}{4\pi\varepsilon_0 r^2}\vec{a_r}$$

Coulomb's Law = Gauss's Law

같은 현상에 대한 다른 표현

4 정전기적 평형인 도체

◆ 정전기적 평행인 도체

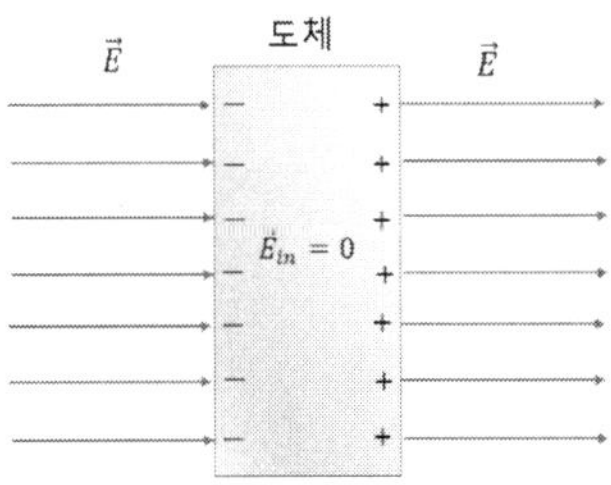

외부 전기장 $\vec{E}$ 내의 도체 평판

- 정전기적 평형상태에 있는 **도체** → 내부의 전기장은 0
- 정적기적 평형상태에 있는 **도체** → 표면에만 알짜 전하가 분포
- 도체 표면에서의 **전기장의 방향** → 표면에 수직
- 불규칙한 모양의 도체에서 **표면전하 밀도** → 곡률이 큰 곳이 더 높음

정전기적 평형상태(conductors in electrostatic equilibrium)에 놓여있는 도체의 특징을 알아보자. 정전기적 평행상태란 도체 내에서 전하의 알짜 운동이 없는 상태를 말한다. 그림 2.7과 같이 도체가 외부 전기장 $\vec{E}$안에 놓여있는 경우를 고려해 보자. 외부 전기장을 걸어주기 전에는 도체 속의 자유 전자들은 균일하게 분포하고 있을 것이다. 그런데 그림과 같이 외부 전기장이 가해지면 자유전자들은 왼쪽으로 이동하게 되어 도체의 왼쪽 표면을 음으로 대전시킨다. 오른쪽 표면은 전자부족으로 양으로 대전된다. 음과 양으로 대전된 표면은 외부 전기장과 반대로 오른쪽에서 왼쪽으로 전기장을 만들게 된다. 전자들은 외부와 내부 전기장이 같아질 때까지 이동하게 되고, 결과적으로 내부 전기장은 서로 상쇄되어 0이 된다.

전자의 이동부터 내부 전기장이 0이 될 때까지 걸리는 시간은 10^{-16}s로 매우 짧은 시간에 일어난다. 이와 같이 도체가 외부 전기장에 놓이거나, 알짜전하를 갖게 되면, 전하는 안정된 분포가 될 때까지 이동하여 정전기적 평형상태에 이르게 된다.

이와 같이 정전기적 평형상태에 있는 도체는 다음과 같은 특성이 있다.

- 정전기적 평형상태에 있는 도체 내부의 전기장은 0이다.
- 정적기적 평형상태에 있는 도체는 표면에만 알짜전하가 분포한다.
- 도체 표면에서 전기장의 방향은 표면에 수직이다.
- 불규칙한 모양의 도체에서 표면전하 밀도는 곡률이 큰 곳이 더 높다.

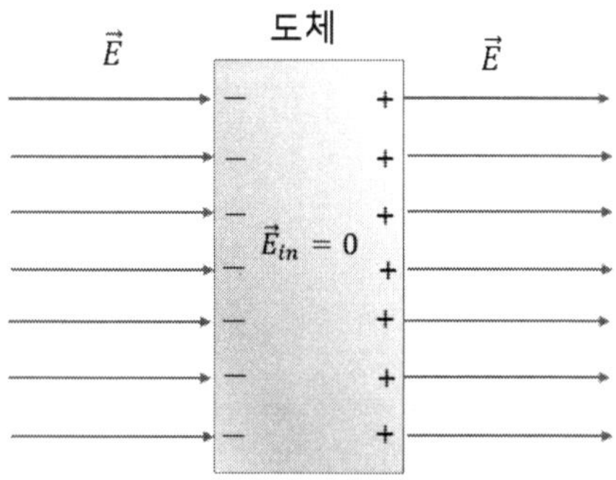

그림 2.7 외부 전기장 $\vec{E}$내의 도체 평판

5 대전된 고립 도체

◆ 대전된 고립 도체

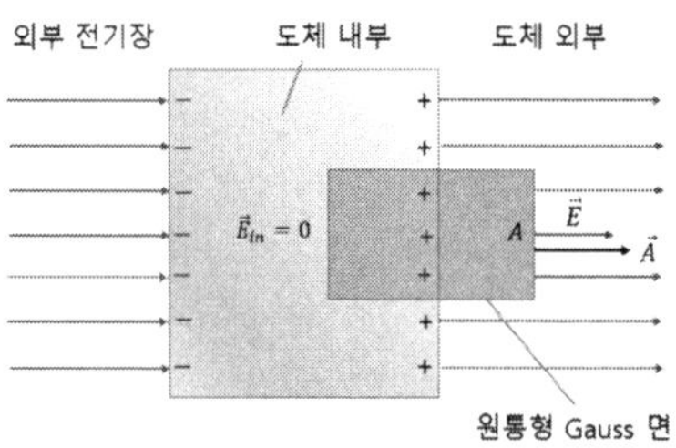

$$\oint \vec{E} \cdot d\vec{A} = \int_{\text{도체안 원통면}} \vec{E} \cdot d\vec{A} + \int_{\text{원통의 옆면}} \vec{E} \cdot d\vec{A} + \int_{\text{도체의 외부면}} \vec{E} \cdot d\vec{A}$$

$$\frac{\sigma A}{\varepsilon_0} = \int_{\text{도체의 외부면}} E dA = E \int_{\text{도체의 외부면}} dA$$

$$\frac{\sigma A}{\varepsilon_0} = EA$$

$$\therefore E = \frac{\sigma}{\varepsilon_o}$$

대전되고 고립된 도체의 특성을 이해하기 위하여 그림 2.8과 같이 면전하밀도가 σ로 균일한 도체에서 원통 모양의 작은 가우스면을 고려하여 전기장을 계산해 보자. 가우스의 법칙을 적용해 보면

$$\frac{q_{in}}{\varepsilon_0} = \frac{\sigma A}{\varepsilon_0} = \oint \vec{E} \cdot d\vec{A} \tag{5.1}$$

이다. 오른쪽 항은 세 부분으로 나누어 생각해야 한다.

$$\oint \vec{E} \cdot d\vec{A} = \int_{\text{도체안 원통면}} \vec{E} \cdot d\vec{A} + \int_{\text{원통의 옆면}} \vec{E} \cdot d\vec{A} + \int_{\text{도체의 외부면}} \vec{E} \cdot d\vec{A} \tag{5.2}$$

식 5.2에서 오른쪽 첫 번째 항은 도체 내부의 전기장은 0이므로 도체 안에 있는 가우스 원통면을 통과하는 선속은 없다. 그러므로 전기장의 선속은 0이다. 두 번째 항인 원통의 옆면을 통과하는 선속도 0이다. 이는 옆면은 두 영역으로 구성이 되어있는데 도체 내부에 있는 영역은 도체 내부에 전기장이 없기 때문이고, 외부 전기장에 포함된 영역은 전기장과 가우스면이 평행하기 때문이다. 세 번째 항은 전기장의 선속이 존재한다. 그러므로 식을 다시 쓰면

$$\frac{\sigma A}{\varepsilon_0} = \int_{\text{도체의 외부면}} E\, dA = E \int_{\text{도체의 외부면}} dA \tag{5.3}$$

이다. $\int_{\text{도체의 외부면}}$ 은 A이므로

$$\frac{\sigma A}{\varepsilon_0} = EA \tag{5.4}$$

가 되고, 정리하면

$$E = \frac{\sigma}{\varepsilon_o} \tag{5.5}$$

이다.

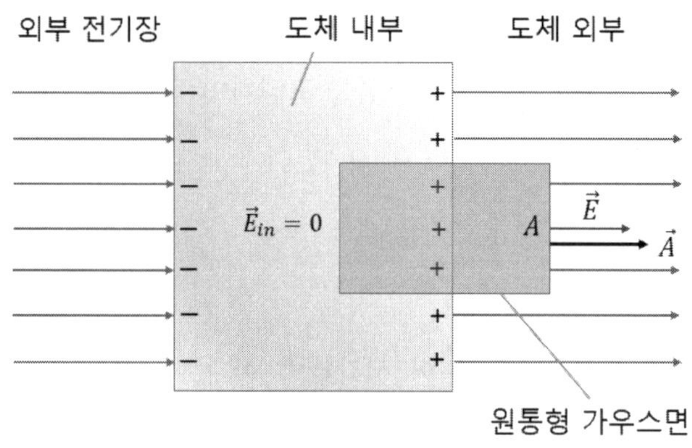

그림 2.8 대전된 고립 도체

6 가우스의 법칙 응용

전기장을 계산할 때 전하분포가 대칭적인 경우에는 가우스의 법칙을 적용하면 매우 쉽게 전기장을 계산할 수 있다. 전기장을 계산하기 위해서는 가우스면을 설정해야 하는데 전하분포가 대칭적이면 $\oint \vec{E} \cdot d\vec{A}$ 에서 전기장을 밖으로 빼낼 수 있어 전기장을 쉽게 계산할 수 있다.

6.1 원통대칭성

Flipped Learning	원통대칭/직선 도선에서 전기장 구하기
URL	https://youtu.be/Q9Z4JbJw3gc

◆ Gauss의 법칙의 응용

- **원통대칭성 : 단위 길이당 양(+) 전하가 λ의 크기로 균일하게 대전되어 있는 무한히 길고 곧은 도선으로부터 거리가 r 만큼 떨어진 점에서의 전기장을 구하라.**

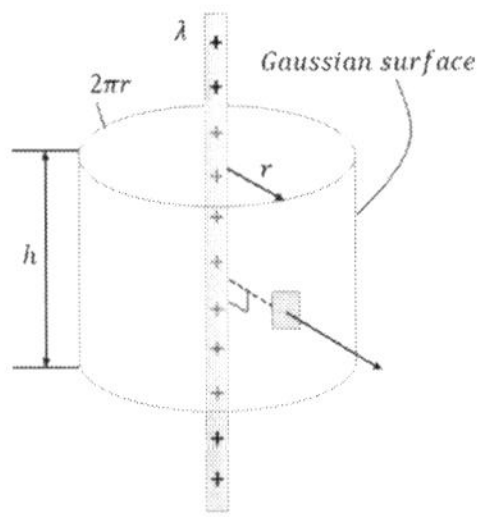

$$\oint \vec{E} \cdot d\vec{A} = E\oint dA = \frac{q_{in}}{\varepsilon_0}$$

$$E(2\pi rl) = \frac{\lambda l}{\varepsilon_0}$$

$$\therefore E = \frac{\lambda}{2\pi\varepsilon_0 r}$$

원통대칭성이 있는 경우 전기장을 계산해 보자. 그림 2.9와 같이 선전하 밀도 λ로 대전되어있는 무한히 긴 원통형 도선이 있다. 도선의 중심축으로부터 거리 r인 곳에서 전기장의 크기를 구해보자. 전하분포와 전기장에는 원통대칭성이 있으므로 높이 h, 반지름 r 인 원통으로 가우스면을 잡는다. 가우스면과 도선의 중심축은 같다.

전기장은 원통에 수직인 방향으로 통과한다. 원통의 윗면과 아랫면으로는 전기장이 통과하지 않으므로 선속은 0이다. 가우스의 법칙을 적용해 보자. 전기장 $\vec{E}$ 와 면적 벡터 $d\vec{A}$ 는 평행하므로

$$\oint \vec{E} \cdot d\vec{A} = E\oint dA = \frac{q_{in}}{\varepsilon_0} \tag{6.1}$$

이다. $\oint dA$ 는 원통의 표면적을 뜻하므로 $2\pi rl$ 이고, 가우스면 안쪽의 전하는 $q_{in} = \lambda l$ 이다. 이를 적용하면

$$E(2\pi rl) = \frac{\lambda l}{\varepsilon_0} \tag{6.2}$$

이고, 정리하면 도선에서의 전기장 E 는

$$E = \frac{\lambda}{2\pi\varepsilon_0 r} \tag{6.3}$$

이다.

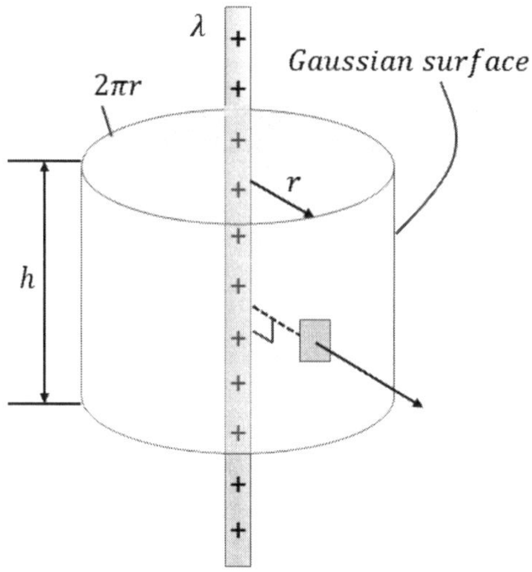

그림 2.9 원통대칭성

6.2 면대칭성

Flipped Learning	면대칭/평면판에서 전기장 구하기
URL	https://youtu.be/JzL9QKuasNk

◆ Gauss의 법칙의 응용

- **면대칭성 :** **무한히 크고 얇은 절연체 판에서 거리 r만큼 떨어진 곳에서 전기장을 구해보자. 면전하 밀도 σ는 균일하다고 가정한다.**

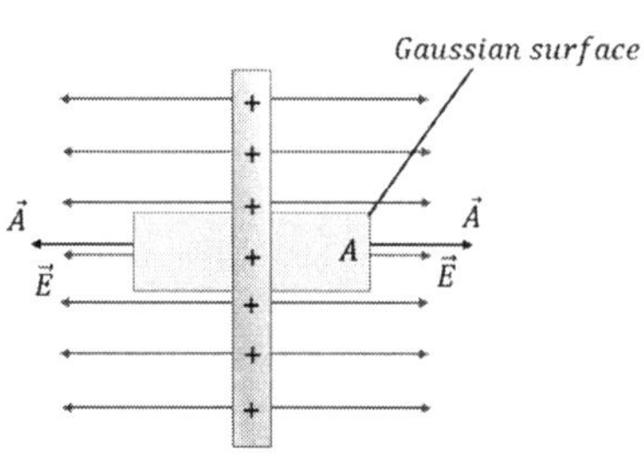

$$\oint \vec{E} \cdot d\vec{A} = \frac{q_{in}}{\varepsilon_0}$$

$$E \oint dA = \frac{q_{in}}{\varepsilon_o}$$

$$(EA + EA) = \frac{\sigma A}{\varepsilon_0}$$

$$\left(EA + EA\right) = \frac{\sigma A}{\varepsilon_0}$$

$$\therefore E = \frac{\sigma}{2\varepsilon_0}$$

그림 2.10과 같이 무한히 크고 얇은 절연체 판에서 거리 r만큼 떨어진 곳에서 전기장 $\vec{E}$ 를 구해보자. 면전하 밀도 σ 는 균일하다고 가정한다. 가우스면은 절연체 판을 수직으로 뚫는 원통으로 잡았고 원통의 면적은 A 이다. 가우스의 법칙

$$\oint \vec{E} \cdot d\vec{A} = \frac{q_{in}}{\varepsilon_0} \tag{6.4}$$

에서, 전기장의 선속은 원형 가우스면의 옆면을 통과하지 않으므로 옆면의 전기선속은 0이다. $\vec{E} \cdot d\vec{A}$는 서로 같은 방향이므로 EdA 이다. 즉

$$E\oint dA = \frac{q_{in}}{\varepsilon_o} \tag{6.5}$$

이다. 가우스면 안쪽의 전하는 $q_{in} = \sigma A$ 이므로

$$(EA + EA) = \frac{\sigma A}{\varepsilon_0} \tag{6.6}$$

이다. $2EA$가 되는 이유는 양쪽 면으로 전기장 선속이 생성되기 때문이다. 식을 정리하면

$$E = \frac{\sigma}{2\varepsilon_0} \tag{6.7}$$

이다. 이 식은 판에서 일정한 거리가 떨어진 모든 점에 적용된다.

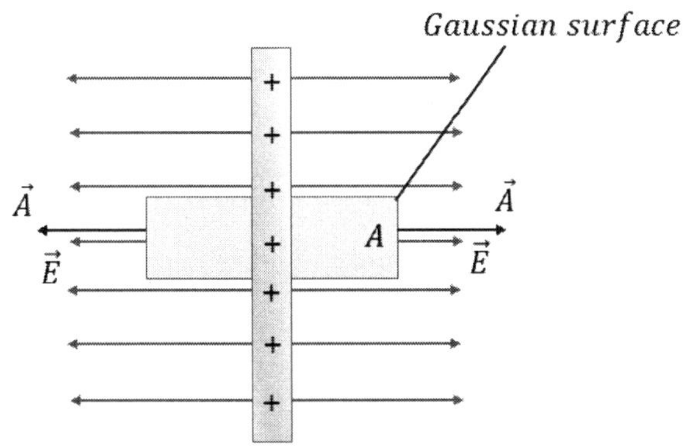

그림 2.10 면대칭

그림 2.11과 같이 면전하 밀도가 σ은 얇고 무한히 넓은 두 도체판이 평행하게 놓여있을 때, 가우스 법칙을 이용하여 전기장을 유도해 보자. 도체판의 양쪽 밖에서는 전기장은 $E=0$이고, 도체판 모서리의 가장자리 효과는 무시한다. 전기장은 도체판 사이에서만 존재하므로 가우스의 법칙

$$\oint \vec{E} \cdot d\vec{A} = \frac{q_{in}}{\varepsilon_0} \tag{6.8}$$

을 적용하면 전기장의 크기는

$$E\int dA = \frac{q_{in}}{\varepsilon_0} \tag{6.9}$$

이고, 면전하 밀도를 고려하면 $q_{in} = \sigma A$에서

$$EA = \frac{\sigma A}{\varepsilon_0} \tag{6.10}$$

이다. 정리하면

$$E = \frac{\sigma}{\varepsilon_0} \tag{6.11}$$

임을 알 수 있다

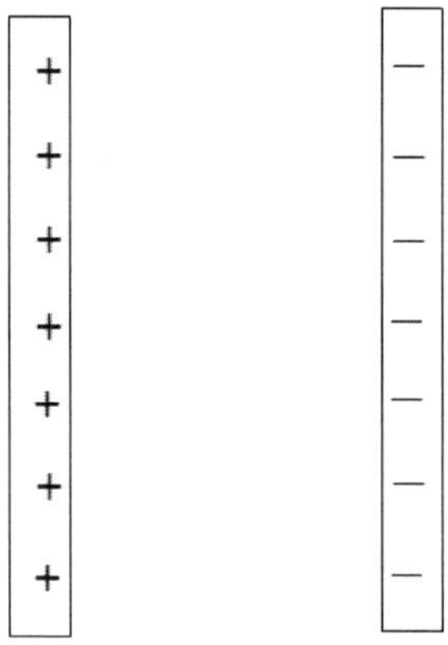

그림 2.11 평행판에서 전기장

6.3 구대칭성

Flipped Learning	구대칭/도체구와 절연체 구에서 전기장 구하기
URL	https://youtu.be/Diy7pnKSxdo

◆ Gauss의 법칙의 응용

- **구대칭성 / 도체구 :** **반지름 R인 속이 찬 도체 구가 있다. 전하 양(+)은 Q이다. 1) 구 밖의 한 점에서 전기장의 크기를 구하라. 2) 구 내부의 한 점에서 전기장의 크기를 구하라.**

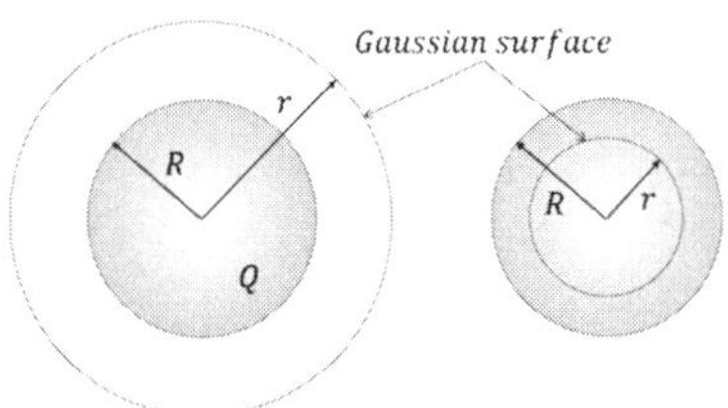

1) 구의 외부: r > R

$$\oint \vec{E}\cdot d\vec{A} = E\oint dA = \frac{Q}{\varepsilon_0}$$

$$E(4\pi r^2) = \frac{Q}{\varepsilon_0}$$

$$\therefore E = \frac{Q}{4\pi\varepsilon_0 r^2}$$

2) 구의 내부: r < R

$$\therefore E = 0$$

◆ Gauss의 법칙의 응용

- **구대칭성 / 절연체구 :** **절연체 구 내부의 한 점에서 전기장의 크기를 구하라.**

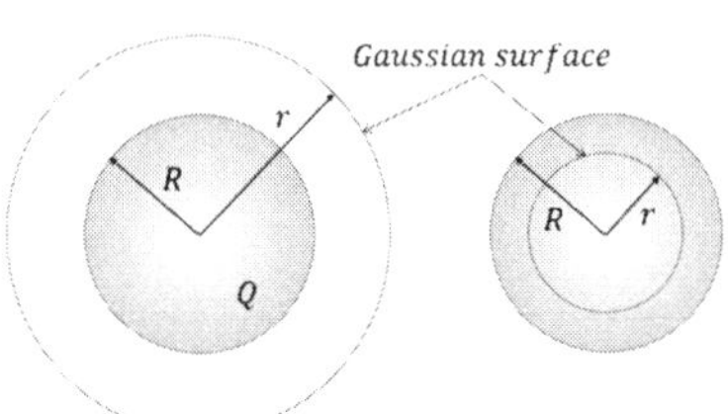

1) 구의 내부: r < R

$$\frac{4\pi R^3}{3} : Q = \frac{4\pi r^3}{3} : Q_{in}$$

$$Q_{in} = \frac{Qr^3}{R^3}$$

$$\frac{Qr^3}{\varepsilon R^3} = \oint E\,dA = E(4\pi r^2)$$

$$\therefore E = \frac{Q}{4\pi\varepsilon_0}\frac{r}{R^3}$$

2) 구의 외부: r > R 에서의 전기장은 도체구와 같다.

$$\therefore E = \frac{Q}{4\pi\varepsilon_0 r^2}$$

구대칭성이 있는 경우 전기장을 계산해 보기 위해서 그림 2.12와 같이 대전 되어있는 속이 찬 도체 구를 가정해 보자. 구의 반지름은 R이고, 총 전하량은 Q이다. 가우스의 법칙을 이용하여 구의 내부와 외부에서 전기장을 구해보자.

가우스면을 $r > R$ 경우로 잡으면 $q_{in} = Q$이고

$$\oint \vec{E} \cdot d\vec{A} = E\oint dA = \frac{Q}{\varepsilon_0} \tag{6.12}$$

이다. $\oint dA$ 는 가우스면으로 둘러싼 구의 표면적이므로

$$E(4\pi r^2) = \frac{Q}{\varepsilon_0} \tag{6.13}$$

이다. 전기장 E로 정리하면

$$E = \frac{Q}{4\pi\varepsilon_0 r^2} \tag{6.14}$$

이다. 정전기력은 구 껍질에 분포하는 모든 전하가 구의 중심에 모여 있는 것처럼 구 껍질 외부전하에 작용한다.

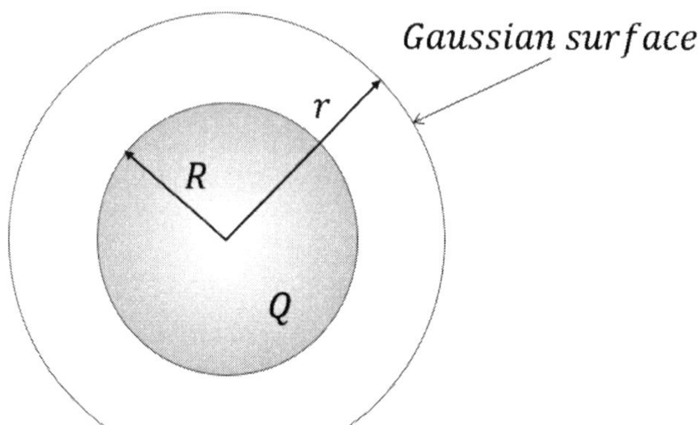

그림 2.12 구대칭성

그림 2.13과 같이 가우스면을 $r < R$인 경우로 설정하고 전기장을 구해보자. 전기장은 어떻게 될까? 0이다. 왜 0일까? 도체구이기 때문이다. 도체구 안에 있는 전하들은 척력에

의해서 도체구의 표면에만 존재하므로 내부에는 전하가 없다($q_{in}=0$). 그러므로 가우스면을 도체구의 표면으로 잡지 않는 이상 전하가 없으므로 전기장은 0이다.

그렇다면 문제조건을 변경해 보자. 만약 도체구가 아니고 절연체 구라고 하면 어떻게 될까? 이와 같은 경우 부피에 비례하는 만큼 전하가 존재한다. 즉,

$$\frac{4\pi R^3}{3} : Q = \frac{4\pi r^3}{3} : Q_{in} \tag{6.15}$$

에서

$$Q_{in} = \frac{Qr^3}{R^3} \tag{6.16}$$

이다. 가우스의 법칙에 적용하면

$$\frac{Qr^3}{\varepsilon R^3} = \oint E\, dA = E(4\pi r^2) \tag{6.17}$$

이고, 내부전하가 만드는 전기장은

$$E = \frac{Q}{4\pi\varepsilon_0}\frac{r}{R^3} \tag{6.18}$$

이다.

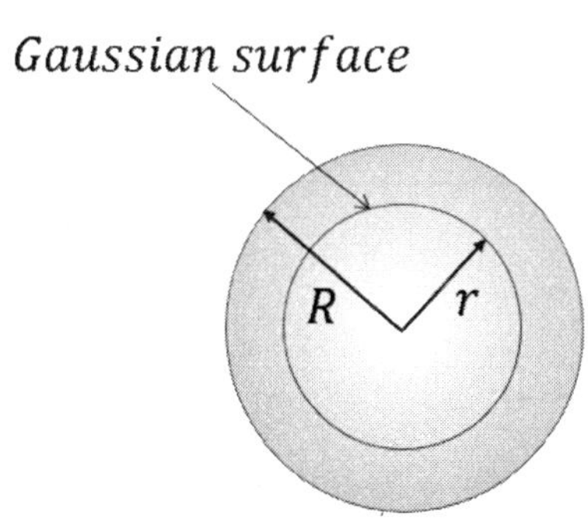

그림 2.13 구대칭성

◆ 구의 체적과 표면적 구하기

▪ 구의 표면적 S을 구하라.

$$S=\int\int ds$$
$$=\int_{\theta=0}^{\pi}\int_{\phi=0}^{2\pi} r^2\sin\theta d\theta d\phi$$
$$=r^2\int_{\theta=0}^{\pi}\sin\theta d\theta\int_{\phi=0}^{2\pi}d\phi$$
$$=4\pi r^2$$

❖ Gauss's Law

$$\Longleftrightarrow \oint\vec{E}\cdot\vec{ds}=\frac{q_{in}}{\varepsilon_0} \Longleftrightarrow$$

$$q_{in}=\int_v \rho_v dv$$

▪ 구의 체적 V을 구하라.

$$V=\int\int\int dv$$
$$=\int_{r=0}^{r}\int_{\theta=0}^{\pi}\int_{\phi=0}^{2\pi} r^2\sin\theta dr d\theta d\phi$$
$$=\int_{r=0}^{r} r^2 dr\int_{\theta=0}^{\pi}\sin\theta d\theta\int_{\phi=0}^{2\pi}d\phi$$
$$=\frac{r^3}{3}[-\cos\theta]_0^{\pi}[\phi]_0^{2\pi}$$
$$=\frac{4}{3}\pi r^3$$

Flipped Learning	동심 도체구에서 전기장 구하기
URL	https://youtu.be/znrwRe3aXZE

문제 동심구상 도체구가 있다. 최외각 구에만 전하 $+Q$가 있다. 가우스면까지의 거리 r을 1) $r>c$ 2) $r<c$와 같이 잡았을 때 전기장의 크기를 구하라.

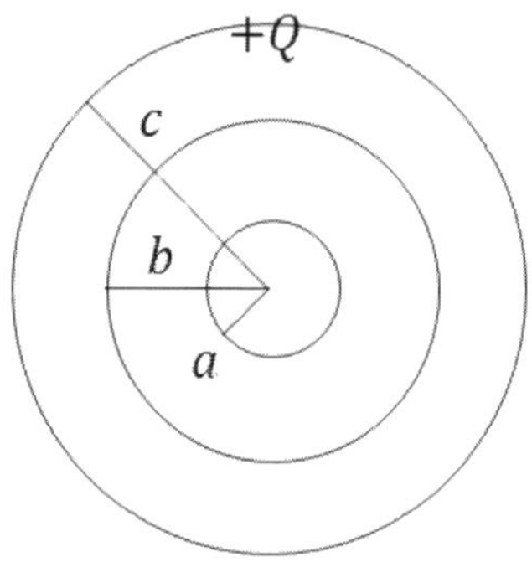

풀 이 1) $r>c$: $E=\dfrac{Q}{4\pi\varepsilon_0 r^2}$

2) $r<c$: $E=0$

◆ 쿨롱의 법칙과 가우스 법칙

Charles-Augustin de Coulomb
1736년 ~ 1806년

Carl Friedrich Gauss(1777-1855)
독일의 수학자·천문학자·물리학자

- 쿨롱의 법칙과 가우스의 법칙을 이해하는 것은 매우 중요합니다. 두 과학자의 생애와 업적을 조사해 보고 조사해 보고 토론해 보세요.

보충 과학

◆ 아인슈타인 기적의 해(Annus Mirabilis, 1905)

Albert Einstein
1879-1955

노벨 물리학상을 받은
아인슈타인의 공식 초상화
1921년

➢ **특수 상대성 이론**(6월 30일-9월 26일)

- 제목: 「움직이는 물체의 전기역학에 대하여」
- 시간팽창, 길이수축, 질량증가

▪ **시간팽창(Time Dilation)**

$$t = \frac{t_0}{\sqrt{1 - \frac{v^2}{c^2}}}$$

▪ **길이수축(Length Contraction)**

$$L = L_p\sqrt{1 - \frac{v^2}{c^2}}$$

▪ **질량증가(Mass increase)**

$$m = \frac{m_0}{\sqrt{1 - \frac{v^2}{c^2}}}$$

◆ 아인슈타인 기적의 해(Annus Mirabilis, 1905)

Albert Einstein
1879-1955

노벨 물리학상을 받은
아인슈타인의 공식 초상화
1921년

➢ **특수 상대성 이론**(6월 30일-9월 26일)

- 제목: 「움직이는 물체의 전기역학에 대하여」
- 시간팽창, 길이수축, 질량증가

▪ **시간팽창(Time Dilation)**

$$t = \frac{t_0}{\sqrt{1 - \frac{v^2}{c^2}}}$$

▪ **길이수축(Length Contraction)**

$$L = L_p\sqrt{1 - \frac{v^2}{c^2}}$$

▪ **질량증가(Mass increase)**

$$m = \frac{m_0}{\sqrt{1 - \frac{v^2}{c^2}}}$$

보충 문제

01 각각의 영역에서 전기선속 Φ_E을 구하라. 전하량은 $+q$와 $-q$이고, 면적은 A로 한다.

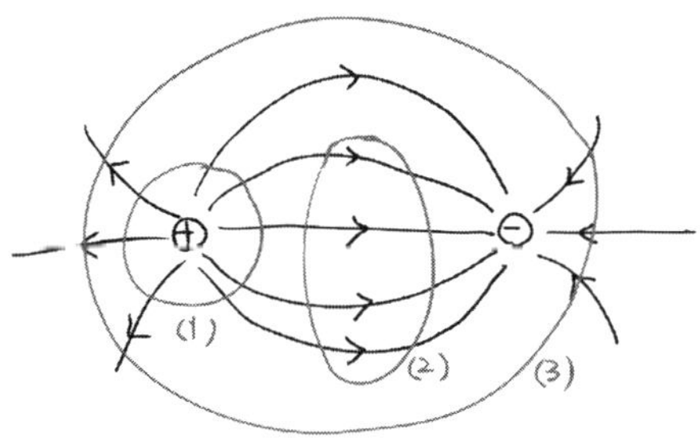

풀이 1) $\Phi_{E1} = EA$

2) $\Phi_{E2} = 0$

3) $\Phi_{E3} = 0$

Flipped Learning	전기선속 구하기
URL	https://youtu.be/gkbLwXAdDxk

02 정육면체로 구성된 면에서 전기장의 선속을 구해보자. 한 변의 길이는 3 m이다. 전기장이 $\vec{E} = 2x\hat{i} + 3\hat{j}$ (N/C)인 경우, 1) 오른쪽 면과 2) 왼쪽 면 3) 그리고 위쪽 면을 통과하는 전기선속을 구하라.

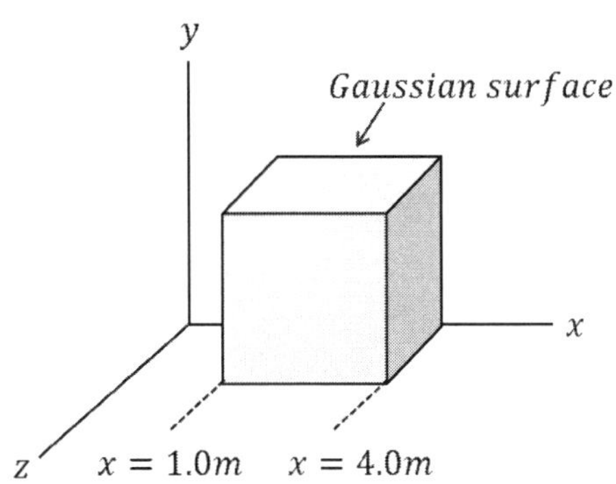

풀이 1) 전기선속의 정의는

$$\Phi = \int \vec{E} \cdot d\vec{A}$$

이다. $d\vec{A}$는 면적에 수직인 벡터이다. 오른쪽 면을 통과하는 전기 선속 $\Phi_{오른쪽}$은 $x = 4$이므로 전기장은

$$\vec{E} = 2(4)\hat{\mathrm{i}} + 3\hat{\mathrm{j}} = 8\hat{\mathrm{i}} + 3\hat{\mathrm{j}}$$

이고, 면적벡터 $d\vec{A}$는 $+x$ 방향이다.

$$\begin{aligned}\Phi_{오른쪽} &= \int_{오른쪽} \vec{E} \cdot d\vec{A} = \int_{오른쪽} (8\hat{\mathrm{i}} + 3\hat{\mathrm{j}}) \cdot dA\,\hat{\mathrm{i}} \\ &= 8\int_{오른쪽} A = 8A = 8(3^2)\end{aligned}$$

에서,

$$\Phi_{오른쪽} = 72\ (\mathrm{N \cdot m^2/C})$$

이다.

2) 왼쪽 면을 통과하는 전기 선속 $\Phi_{왼쪽}$은 $x = 1$이므로

$$\vec{E} = 2\hat{\mathrm{i}} + 3\hat{\mathrm{j}}$$

이고 면적벡터 $d\vec{A}$는 $-x$ 방향이다.

$$\begin{aligned}\Phi_{왼쪽} &= \int_{왼쪽} \vec{E} \cdot d\vec{A} = \int_{왼쪽} (2\hat{\mathrm{i}} + 3\hat{\mathrm{j}}) \cdot (-dA\,\hat{\mathrm{i}}) \\ &= -2\int_{l} dA = -2(3^2)\end{aligned}$$

이고,

$$\Phi_{왼쪽} = -18\ (\mathrm{N \cdot m^2/C})$$

이다.

3) 윗면을 통과하는 전기 선속 $\Phi_{위쪽}$은 면적벡터가 $+y$ 방향이므로 $d\vec{A} = dA\,\hat{\mathrm{j}}$이다.

$$\Phi_{위쪽} = \int_{위쪽} \vec{E} \cdot d\vec{A} = \int_{위쪽} (2x\,\hat{\mathrm{i}} + 3\,\hat{\mathrm{j}}) \cdot (dA\,\hat{\mathrm{j}})$$

$$= 3\int_{위쪽} dA = 3(3^2)$$

에서

$$\Phi_{위쪽} = 27\ (\mathrm{N \cdot m^2/C})$$

이다.

03 점전하 $q = -3.50\ \mu\mathrm{C}$을 중심에 가진 반지름 $r = 4.50\ \mathrm{cm}$인 구로부터 나오는 전기선속을 구하라.

풀이 전기장

$$E = \frac{kq}{r^2}$$

에서, 전기선속은

$$\Phi_E = EA$$

이므로

$$\Phi_E = \frac{kq}{r^2}(4\pi r^2) = 4\pi kq$$

이다.

$$\Phi_E = 4\pi kq = 4\pi(8.99 \times 10^9\ \mathrm{N \cdot m^2/C^2})(-3.50 \times 10^{-6}\ \mathrm{C})$$

에서

$$\Phi_E = -3.95 \times 10^{-5}(\mathrm{N \cdot m^2/C})$$

이다.

04 그림은 양전하가 전기적으로 중성인 속빈 구형 도체의 정 중앙에 있을 때와 중심에서 벗어나 있을 때이다. 도체에는 양전하 8개, 음전하 8개만 있다고 가정한다. 1) 도체 내부와 외부 벽에 유도되는 전하분포를 그리고 2) 내부공간과 외부공간에 유도되는 전기장선을 그려라.

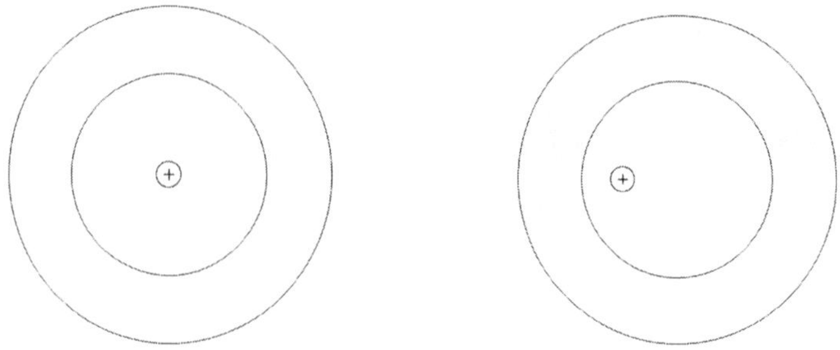

a) b)

* 그림을 그려보고 가우스 법칙을 이해해 본다.

05 무한 크기의 도체 평면에 총 전하 $+Q$가 균일하게 분포해 있다. 전기장을 구하라.

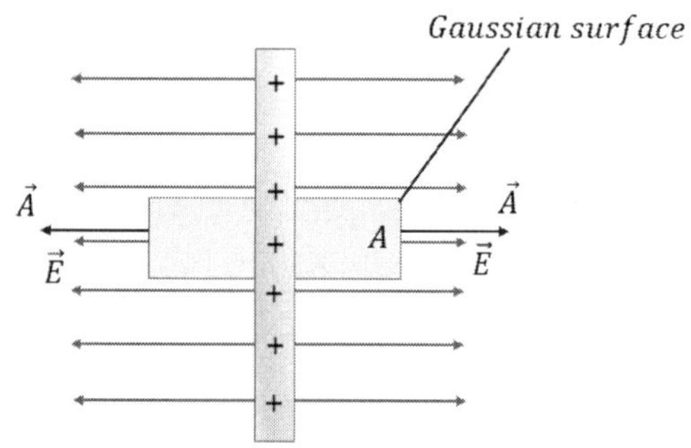

풀이 가우스의 법칙

$$\oint \vec{E} \cdot d\vec{A} = \frac{q_{in}}{\varepsilon_0}$$

에서, 전기장의 선속은 원형 가우스면의 옆면을 통과하지 않으므로 옆면의 전기선속은 0이다. $\vec{E} \cdot d\vec{A}$는 서로 같은 방향이므로 EdA이다. 즉

$$E\oint dA = \frac{q_{in}}{\varepsilon}$$

이다. 가우스면 안쪽의 전하는 Q이므로

$$(EA + EA) = \frac{Q}{\varepsilon_0}$$

에서

$$E = \frac{Q}{2A\varepsilon_0}$$

이다.

06 면적이 A이고 얇고 무한히 넓은 두 도체판이 평행하게 놓여있다. 도체판의 전하량은 각각 $+Q$와 $-Q$이다. 주어진 세 영역에서 전기장을 구하라.

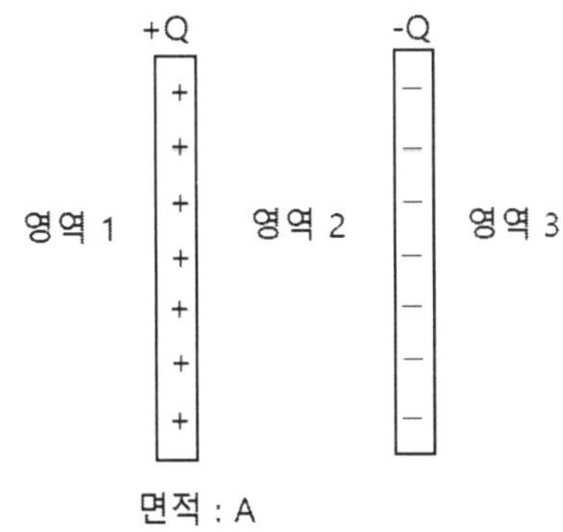

풀이 1) 영역 1: $E_1 = 0$

2) 영역 2:

$$E_2 \int dA = \frac{q_{in}}{\varepsilon_0}$$

에서 전하량은 Q이므로

$$E_2 A = \frac{Q}{\varepsilon_0}$$

이다. 정리하면

$$E_2 = \frac{Q}{A\varepsilon_0}$$

이다.

3) 영역 3: $E_3 = 0$

07 점 P에서 전기장의 세기를 구하라. 왼쪽 무한평면과 오른쪽 도체구 표면의 면전하밀도는 $+\sigma$이다. 공간의 유전율은 ε_0이고, 구의 총 전하는 $Q = 4\pi d^2 \sigma$이다.

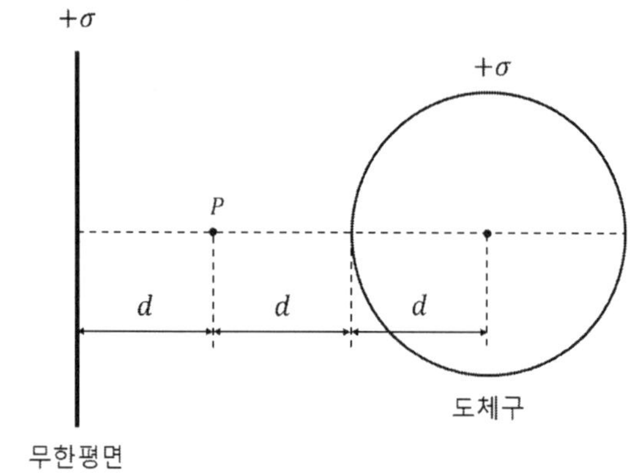

풀이 무한평면에서 전기장은

$$E_{\text{평면}} = \frac{\sigma}{2\varepsilon_0}$$

이고, 도체구 밖의 전기장은

$$E_{\text{도체구}} = \frac{1}{4\pi\varepsilon_0}\frac{Q}{(2d)^2}$$

이고, 구 껍질의 총 전하는

$$Q = 4pd^2\sigma$$

이다. 더하면

$$E = E_{\text{평면}} - E_{\text{도체구}} = \frac{\sigma}{2\varepsilon_0} - \frac{\sigma}{4\varepsilon_0} = \frac{\sigma}{4\varepsilon_0}$$

이다.

Flipped Learning	속이 비어있는 도체구에서 전기장 계산
URL	https://youtu.be/oPQYmeN-TaQ

08 내부 반지름이 a이고 외부 반지름이 b인 속인 빈 도체구의 표면에 $+Q$의 전하가 분포해 있다. 1) 도체구 안 $r < a$과 도체구 밖 $r > b$에서 전기장의 크기를 구하라. 2) 만일 $-3Q$의 전하를 도체 구의 중심에 추가할 경우, $r > b$에서 전기장의 크기를 다시 계산하라.

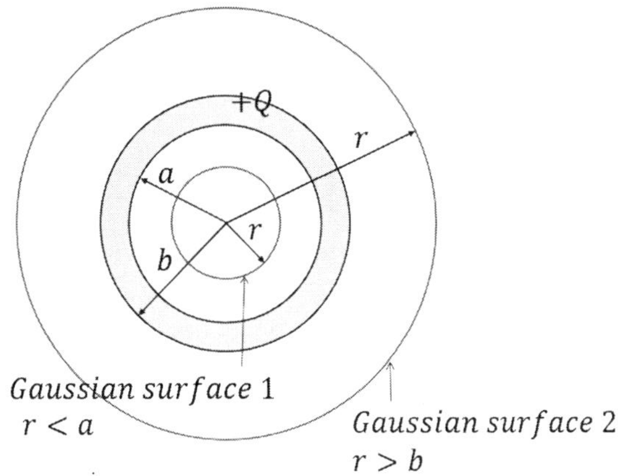

풀이 1) 가우스의 법칙은

$$\oint \vec{E} \cdot d\vec{A} = \frac{q_{in}}{\varepsilon_0}$$

이다. 도체구 안쪽 $r < a$에 가우스면을 잡은 경우

$$E_{in} = 0$$

이다. 외부 $r > b$에서의 전기장은

$$E_{out}(4\pi r^2) = \frac{q_{in}}{\varepsilon_0}$$

에서, 가우스면 안쪽의 전하량은 $+Q$이므로

$$E_{out} = \frac{Q}{4\pi\varepsilon_0 r^2}$$

이다.

2) $-3Q$ 의 전하를 도체 구의 중심에 넣으면

$$E(4\pi r^2) = \frac{q_{in}}{\varepsilon_0} = \frac{Q - 3Q}{\varepsilon_0}$$

이 되어, 새로운 전기장은

$$E = -\frac{2Q}{4\pi\varepsilon_0 r^2}$$

이다.

보충 심화

• 가우스의 법칙은 벡터의 내적을 포함하고 있다. 벡터의 내적에 대해서 조사를 해보고 토론해 본다.

◆ 벡터 곱셈_스칼라곱(내적)

✓ 두 벡터 A와 B의 스칼라곱

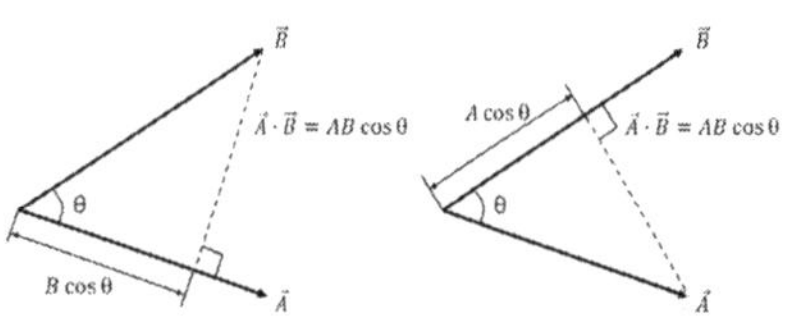

❖ 스칼라 곱

$$\boxed{\vec{A}\cdot\vec{B} = AB\cos\theta}$$

• **교환법칙:**

$$\vec{A}\cdot\vec{B} = \vec{B}\cdot\vec{A}$$

• **결합법칙:**

$$\vec{A}\cdot(\vec{B}+\vec{C}) = \vec{A}\cdot\vec{B} + \vec{A}\cdot\vec{C}$$

❖ 임의 두 벡터의 스칼라곱을 구해보면

$$\vec{A} = A_x\hat{i} + A_y\hat{j} + A_z\hat{k}$$

$$\vec{B} = B_x\hat{i} + B_y\hat{j} + B_z\hat{k}$$

⇩

$$\vec{A}\cdot\vec{B} = (A_x\hat{i} + A_y\hat{j} + A_z\hat{k})\cdot(B_x\hat{i} + B_y\hat{j} + B_z\hat{k})$$

⇩

✓ 단위벡터

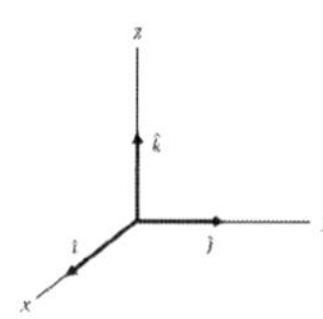

$$\hat{i}\cdot\hat{i} = (1)(1)\cos 0^\circ = (1)(1)(1) = 1$$

$$\hat{i}\cdot\hat{j} = (1)(1)\cos 90^\circ = (1)(1)(0) = 0$$

$$\hat{i}\cdot\hat{i} = \hat{j}\cdot\hat{j} = \hat{k}\cdot\hat{k} = 1$$

$$\hat{i}\cdot\hat{j} = \hat{i}\cdot\hat{k} = \hat{j}\cdot\hat{k} = 0$$

⇩

$$\boxed{\vec{A}\cdot\vec{B} = A_xB_x + A_yB_y + A_zB_z}$$

◆ 벡터 곱셈_스칼라곱(내적)

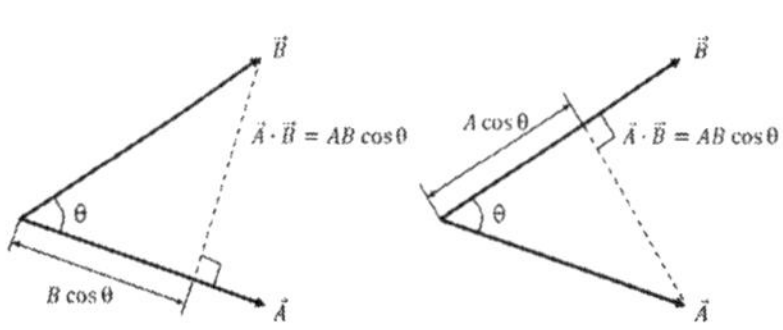

$$\boxed{\vec{A}\cdot\vec{B} = AB\cos\theta}$$

$$\boxed{\vec{A}\cdot\vec{B} = A_xB_x + A_yB_y + A_zB_z}$$

✓ 두 벡터의 사이 각은?

$$\vec{A} = A_x\hat{i} + A_y\hat{j} + A_z\hat{k}$$

$$\vec{B} = B_x\hat{i} + B_y\hat{j} + B_z\hat{k}$$

$$\cos\theta = \frac{\vec{A}\cdot\vec{B}}{|A||B|}$$

$$\boxed{\theta = \cos^{-1}\left(\frac{\vec{A}\cdot\vec{B}}{|A||B|}\right)}$$

3장

전기 위치 에너지와 전위

Flipped Learning	전기 위치 에너지와 전위 개념 총정리
URL	https://youtu.be/HPSFzKapWEI

◆주요 학습 내용

1. 전기 위치 에너지와 전위
2. 등전위면과 일
3. 점전하에 의한 전위
4. 전기쌍극자가 만드는 전위
5. 연속적인 전하분포가 만드는 전위
6. 전위에서 전기장 계산

Alessandro Giuseppe Antonio Anastasio Volta,
1745년 ~ 1827년

학습목표

1. 전기 위치 에너지와 전위 사이의 관계를 이해하고 설명할 수 있다.
2. 전기장선과 전기장 그리고 등전위면을 그릴 수 있다.
3. 등전위면과 일의 관계를 해석할 수 있다.
4. 점전하가 만드는 장을 이해하고 전위를 계산할 수 있다.
5. 쌍극자가 만드는 전위를 유도할 수 있다.
6. 연속적인 전하분포가 만드는 전기장과 전위를 계산할 수 있다.
7. 전위와 전기장 사이의 관계를 해석할 수 있다.

내용요약

- 전기력이 전하에 한 일은 $W = q_0 \int_i^f \vec{E} \cdot \vec{ds}$ 이다.
- 전기 위치 에너지의 변화량은 $\Delta U = -q_0 \int_i^f \vec{E} \cdot \vec{ds}$ 와 같이 전기력이 한 일로 표현할 수 있다.
- 전위차(potential difference)의 정의는 $\Delta V = \frac{\Delta U}{q_0}$ 이고, SI 단위는 J/C 또는 V(볼트)이다.
- 전위차의 일반적인 정의는 $\Delta V = -\int_i^f \vec{E} \cdot \vec{ds}$ 이다.
- 등전위면(equipotential surface)이란 전위가 같은 점들로 이루어진 면으로, 전기장선을 먼저 그리고 전위가 같은 점을 연결하여 그린다.
- 등전위선은 서로 교차하거나 분리되거나 합쳐질 수 없다.
- 양의 시험전하 q_0을 초기위치 r에서 무한대로 이동시킬 경우 전위를 구하는 식은 $\Delta V = -\frac{q}{4\pi\varepsilon_0} \int_r^\infty \frac{1}{r^2} dr$ 로 표현되고, 식의 의미를 잘 이해해야 한다. 식에서 q는 원천전하이다.
- 전기쌍극자 모멘트 $\vec{p}$ 의 크기는 $p = qd$ 이고, 쌍극자가 만드는 전위는 $V = \frac{1}{4\pi\varepsilon_o} \frac{p\cos\theta}{r^2}$ 이다.
- 연속적인 전하분포가 만드는 전위를 구하기 위해서는 $dV = \frac{1}{4\pi\varepsilon_o} \frac{dq}{r}$ 을 적분하면 되는데 $V = \frac{1}{4\pi\varepsilon_o} \int \frac{dq}{r}$ 로 표현되고, 식을 적분할 때는 선, 면 그리고 부피에 대한 전하밀도를 고려해야 한다.
- 전위 V를 이용해서 전기장 E를 구할 때는 $E_s = -\frac{dV}{ds}$ 와 같이 전위를 거리 s에 대해서 미분하면 된다. 음의 부호는 전기장의 방향이 전위가 감소하는 방향을 가리킴을 뜻한다.

1 전기 위치 에너지와 전위

◆ 전기 위치 에너지와 전위

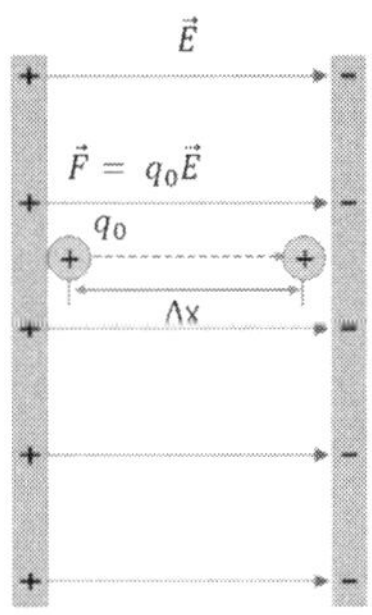

1) 전기력이 전하에 한 일

$$W = \vec{F} \cdot \Delta\vec{s}$$

$$W = q_0 \int_i^f \vec{E} \cdot d\vec{x}$$

2) 전기 위치 에너지
(electric potential energy)

$$\Delta U = -W$$

$$\Delta U = -q_0 \int_i^f \vec{E} \cdot d\vec{x}$$

3) 전위차(potential difference)

$$\Delta V = \frac{\Delta U}{q_0}$$

$$\Delta V = \frac{\Delta U}{q_0} = -\int_i^f \vec{E} \cdot d\vec{s}$$

◆ 전위차 개념

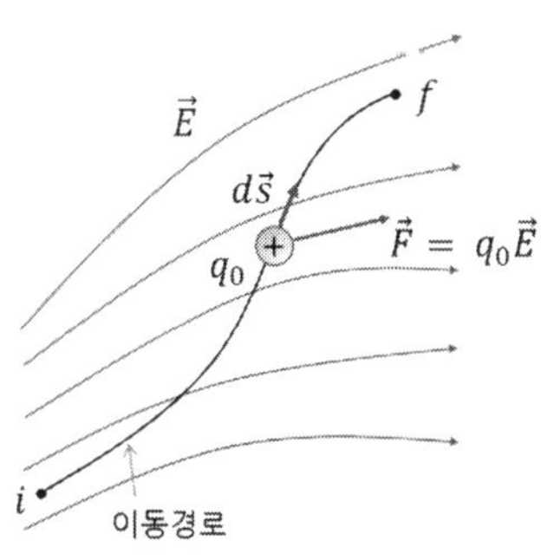

- 불균일한 전기장 내에서 전위차

- **전위차 정의**(점 A와 B 사이의 전위차 ΔV) : 전하 q를 A에서 B로 이동할 때 → 전기 위치 에너지의 변화를 전하 q로 나눈 값

$$\Delta V = V_B - V_A = \frac{\Delta U}{q} \quad (1\,\text{J/C} = 1\,\text{V})$$

#주의: 전위는 스칼라량이다.

✓ 균일한 전기장의 경우:

$$\frac{\Delta U}{q} = -E_x \Delta x = \Delta V$$

전기 위치 에너지와 전위에 대한 개념을 이해해 보자. 그림 3.1과 같이 두 개의 평행판을 이용하여 균일한 전기장을 만들고 그 안에 양(+)의 시험전하 q_0을 넣어보자. 평행판은 왼쪽에는 양의 전하가, 오른쪽에는 음의 전하로 대전되어 있다. 시험전하는 평행판의 척력과 인력에 의해서 왼쪽에서 오른쪽으로 이동하게 된다.

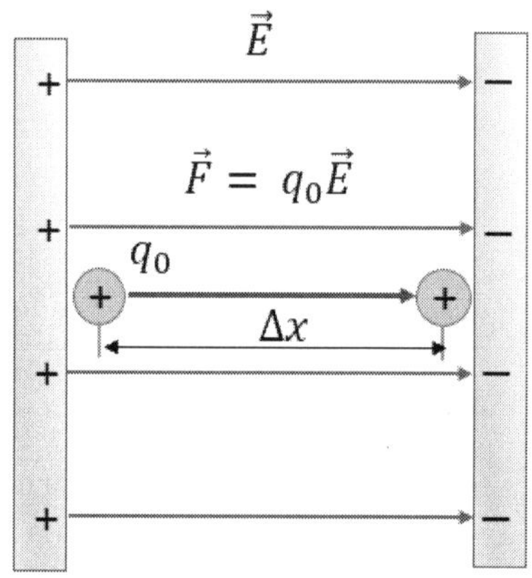

그림 3.1 균일한 전기장에서의 전위차

먼저 전기력이 전하에 한 일에 대해서 생각해 보자. 일에 대한 정의는 힘과 변위의 스칼라 곱으로 표현되므로

$$W = \vec{F} \cdot \Delta\vec{s} \tag{1.1}$$

이다. 여기서 힘은 $\vec{F_e} = q_0\vec{E}$ 이고, 변위는 x축 방향으로 작은 변위만큼 이동한다고 보면 $\vec{dx}$이다. 힘과 변위를 대입하면 전기력이 전하에 한 일에 대한 식을 경로 적분의 형태

$$W = q_0\int_i^f \vec{E} \cdot \vec{dx} \tag{1.2}$$

로 구할 수 있다.

개념을 확대하여 전기 위치 에너지(electric potential energy)를 구해보자. 전기 위치 에너지의 변화량과 일과의 관계는

$$\Delta U = -W \tag{1.3}$$

이다. 두 식에서 전하가 초기위치 i에서 나중위치 f로 이동하는 경우를 고려하면

$$\triangle U = -q_0 \int_i^f \vec{E} \cdot d\vec{x} \tag{1.4}$$

이다.

현재의 실험모델에서는 시험전하는 x축을 따라서 직선으로 이동하고 있다. 만약 곡선으로 이동한다고 하면 어떻게 될까? 힘 $\vec{F}_E$가 보존력이므로 초기위치 i에서 나중위치 f로 이동하는 경로와 무관하게 위 식은 성립한다.

전하로 전기 위치 에너지를 나누어 주면

$$\triangle V = \frac{\triangle U}{q_0} \tag{1.5}$$

이 되는데, 이를 전위차(potential difference)라고 한다. x축을 따라 이동하는 경우

$$\triangle V = V_f - V_i = -q_0 \int_i^f \vec{E} \cdot d\vec{x} \tag{1.6}$$

이다. 간단하게 쓰면

$$V = \frac{U}{q_0} \tag{1.7}$$

와 같이 표현되는데, 이 식이 전위(electric potential)의 정의이다. 전위차와 전위의 SI 단위는 J/C인데 간단히 V(볼트)라고 한다. 전위의 또 다른 단위는

$$E = -\frac{\triangle V}{\triangle x} \tag{1.8}$$

에서 V/m로 쓸 수 있다.

그림 3.2와 같이 불균일한 전기장 내에서 전하가 이동하는 경우를 고려하여 식 1.5를 일반화시키면

$$\triangle V = \frac{\triangle U}{q_0} = -\int_i^f \vec{E} \cdot d\vec{s} \tag{1.9}$$

와 같이 표현된다. $d\vec{s}$는 공간상에서 전하가 이동한 시작점과 끝점 사이의 경로를 의미한다. 전위는 역학에서 위치 에너지와 마찬가지로 공간상 차이에만 의존한다.

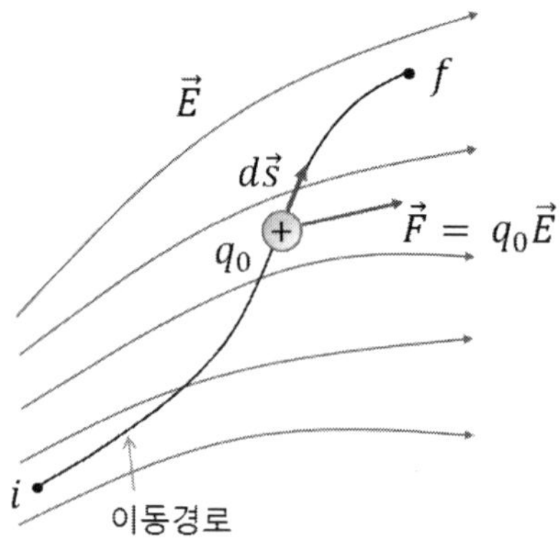

그림 3.2 불균일한 전기장 내에서 전위차

◆ 이동 경로에 따른 전위

➤ **점 전하 Q_0가 전기장 d만큼 움직일 때**

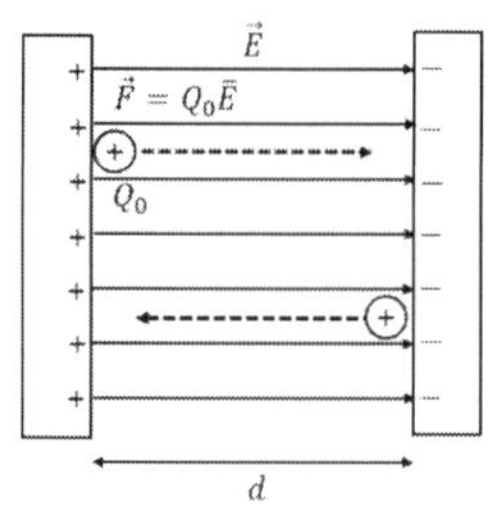

1) 전기장이 한 일

$$W = Fd = Q_0Ed$$

2) 전기위치에너지의 변화

$$\Delta U = -W = -Q_0Ed$$

3) 전위변화

$$\Delta V = \frac{\Delta U}{Q_0} = -Ed$$

✓ **V < 0 : 위치에너지 감소 → 전기장이 한 일**

1) 외력이 한 일

$$W = -Fd = -Q_0Ed$$

2) 전기위치에너지의 변화

$$\Delta U = -W = Q_0Ed$$

3) 전위변화

$$\Delta V = \frac{\Delta U}{Q_0} = Ed$$

✓ **V > 0 : 위치에너지 증가 → 외력이 한 일**

학습한 내용을 문제에 적용해 보자. 그림 3.3과 같은 구조에서 시험전하 $q_0 = 3.50 \times 10^{-6}$C가 점 A에서 점 B로 이동할 때 전기력이 한 일이 $W = 4.50 \times 10^{-5}$ J라는 조건에서 두 점 사이에 전하가 갖는 위치 에너지와 두 점 사이의 전위차를 계산해 보자.

일의 정의

$$W = -\Delta U \tag{1.10}$$

에서, $\Delta U = -4.50 \times 10^{-5}$ J이고, 전위차의 정의

$$\Delta V = \frac{\Delta U}{q_0} \tag{1.11}$$

에서

$$\Delta V = \frac{-4.5 \times 10^{-5}\ \mathrm{J}}{3.50 \times 10^{-6}\ \mathrm{C}} = -12.9\ \mathrm{V} \qquad (1.12)$$

이다. 이 문제는 중력에 의한 위치 에너지와 유사한 형태다. 중력 위치 에너지를 참조하여 전기 위치 에너지와 전위를 이해할 수 있어야 한다.

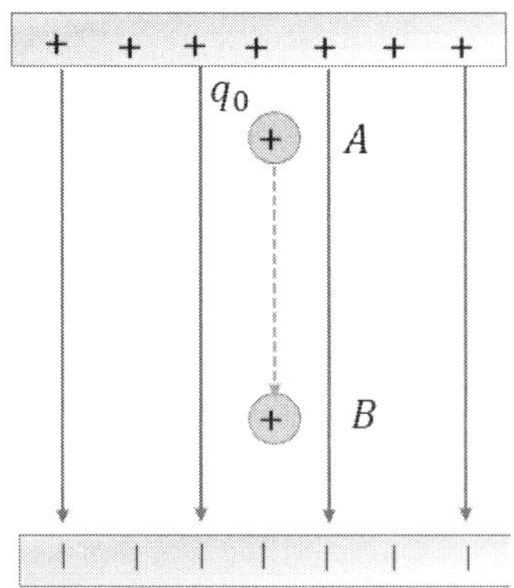

그림 3.3 불균일한 전기장 내에서 전위차

간단한 계산 문제로 평행판 축전기에서 전위에 대한 개념을 이해해 보았는데, 평행판 축전기에서 전위에 대한 유도는 매우 중요한 문제이다. 전위를 유도할 수 있어야 전기용량을 계산할 수 있기 때문이다. 이와 관련된 문제는 4장에서 자세히 다룬다.

◆ 요약: Electric Potential

$$V = \frac{U}{q_0}$$

i) **단위** : J/C or V

볼타(Volta, 1745-1827)의 이름

→ 볼트(기호 V)라 함

ii) **전위** :

- 스칼라량
- 공간에서 방향을 가지지 않음
- 전위는 양이나 음일 수 있고
- 대수적으로 합함

Alessandro Volta, 1745년 ~ 1827년

▪ **전자볼트(The Electron Volt: eV)**

→ 전자가 1 V의 전위차를 통하여 가속될 때 얻는 운동 에너지

$$1\ \mathrm{eV} = 1.60 \times 10^{-19}\ \mathrm{C} \times 1\ \mathrm{V} = 1.60 \times 10^{-19}\ \mathrm{J}$$

2 등전위면과 일

Flipped Learning	등전위면과 일
URL	https://youtu.be/wbP2cvkOCvI

◆ 등전위면

➢ **등전위면(equipotential surface): 모든 점들이 같은 전위에 있는 면**

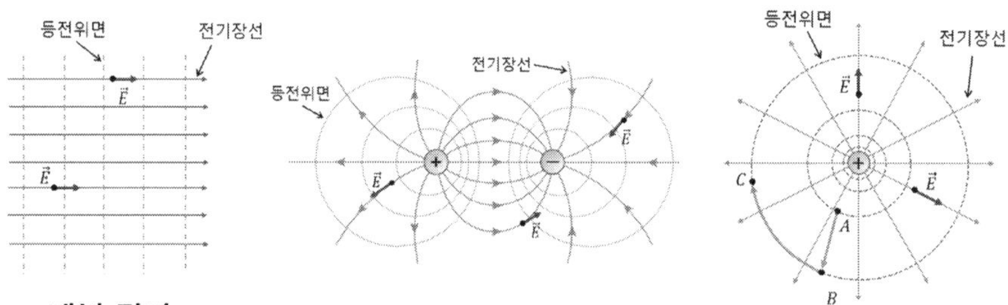

➢ **개념 정리 :**

1) **등전위면은** → 전기력선과 모든 점에서 **수직**
2) **장이 더 강한 곳**에서 → 등전위면이 **밀집**함
3) 전기장은 항상 **최대 전위가** → **감소하는 방향**을 가리킴

등전위면(equipotential surface)이란 전위가 같은 점들로 이루어진 면을 말한다. 등전위선을 그리기 위해서는 전기장선을 먼저 그리고 전위가 같은 점을 연결하면 된다. 그림 3.4에서 볼 수 있듯이 균일한 전기장이 만드는 등전위면은 전기장선에 수직하다. 또한, 임의의 점에서 전기장 $\vec{E}$은 전기장선과 같은 방향이고 등전위면에 수직하게 된다. 화살표의 방향은 전위가 높은 쪽에서 낮은 쪽으로 그린다.

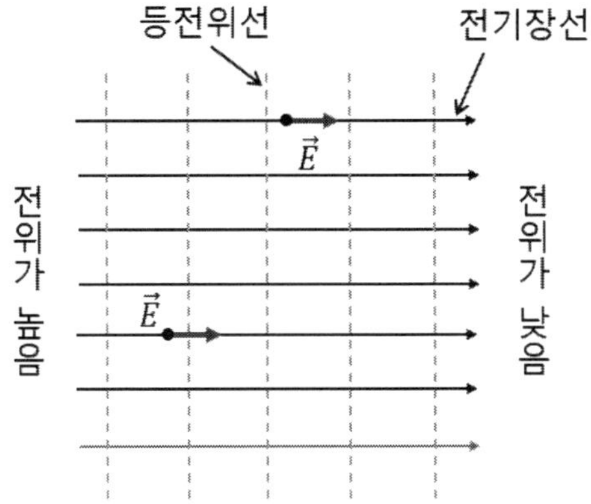

그림 3.4 균일한 전기장에서 등전위면

그림 3.5는 양전하가 만드는 전기장선과 등전위면을 도식화한 것이다. 전기장 $\vec{E}$ 의 방향은 전기장선에 접선 방향이고, 화살표는 전위가 높은 쪽에서 낮은 쪽으로 그린다. 이제 등전위면

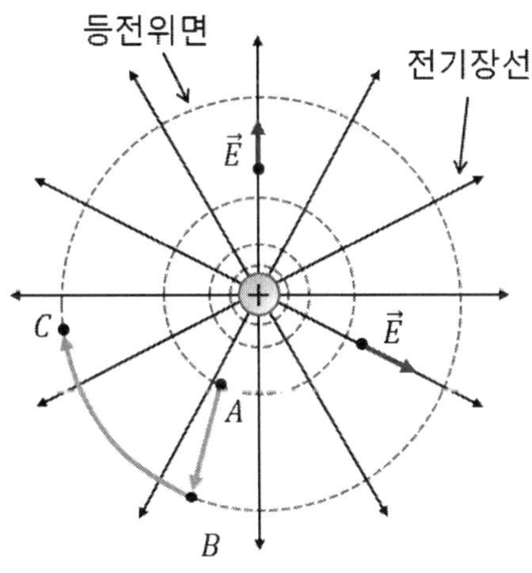

그림 3.5 양전하가 만드는 등전위면

에서 전하가 이동하는 경우를 생각해 보자. 알짜 전하는 등전위면에서 움직일 경우 일을 하지 않는다. 왜냐하면 점 B에서 C로 이동할 때 전위차를 구해보면 $V_C - V_B = -W_{BC}/q_0$ 인데, V_B와 V_C가 서로 같으므로 $V_B = V_C = 0$이다. 그러므로 B에서 C로 이동할 때 전기력이 한 일 W_{BC}는 0 J이 되어 같은 등전위면에서 이동할 때는 일을 하지 않게 된다. 그러나 전하가 점 A에서 B로 이동하는 경우는 다른 등전위면을 이동하는 경우이므로 전위차가 발생하여 전기력은 일을 하게 된다. 그리고 음의 전하일 경우에는 전기장선과

전기장의 방향을 반대로 그려주면 된다.

그림 3.6은 양전하와 음전하로 구성된 전기쌍극자에 의한 등전위면을 도식화한 것이다. 의미를 고려해 보면

첫째, 전기장선은 양전하에서 시작하여 음전하에서 끝난다.
둘째, 등전위선의 모양은 전기장선이 지름방향이 아니기 때문에 동심원이 아니다.
셋째, 등전위면은 전기장선에 항상 수직이어야 하고,
넷째, 등전위선 사이의 간격 폭은 전기장의 세기를 나타낸다.

즉, 촘촘할수록 전기장이 더 강하다는 의미이다.

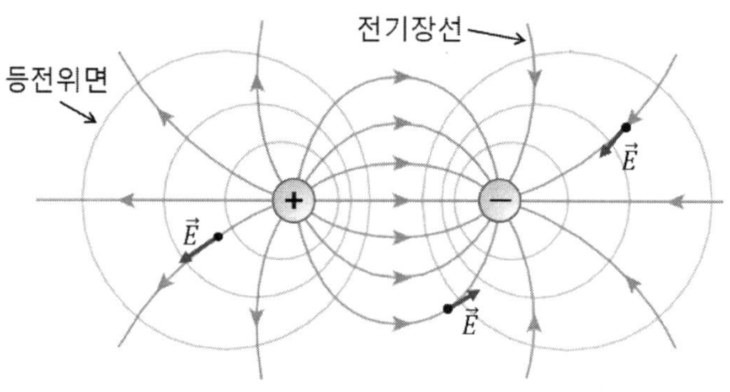

그림 3.6 전기쌍극자에 의한 등전위면

문제 대전된 평행판 중앙에 속이 빈 원형 도체가 놓여있다. 속이 빈 도체의 전하분포를 +와 -로 표시하고, 전기력선과 등전위선을 그려라.

풀 이

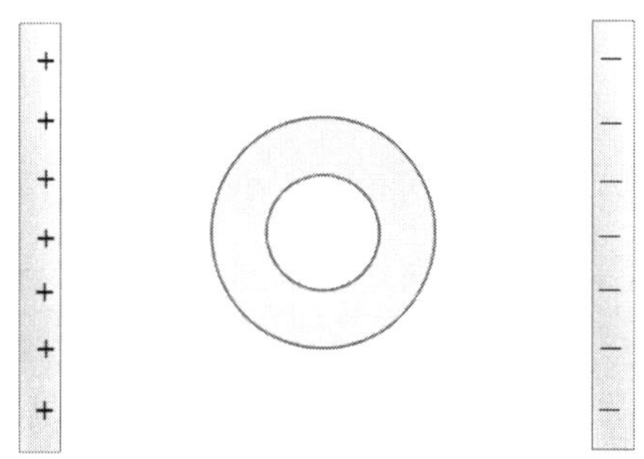

*등전위선 측정실험에서 확인합니다.

3 점전하에 의한 전위

Flipped Learning	점전하와 전기쌍극자가 만드는 전위
URL	https://youtu.be/l7U68N2wGpo

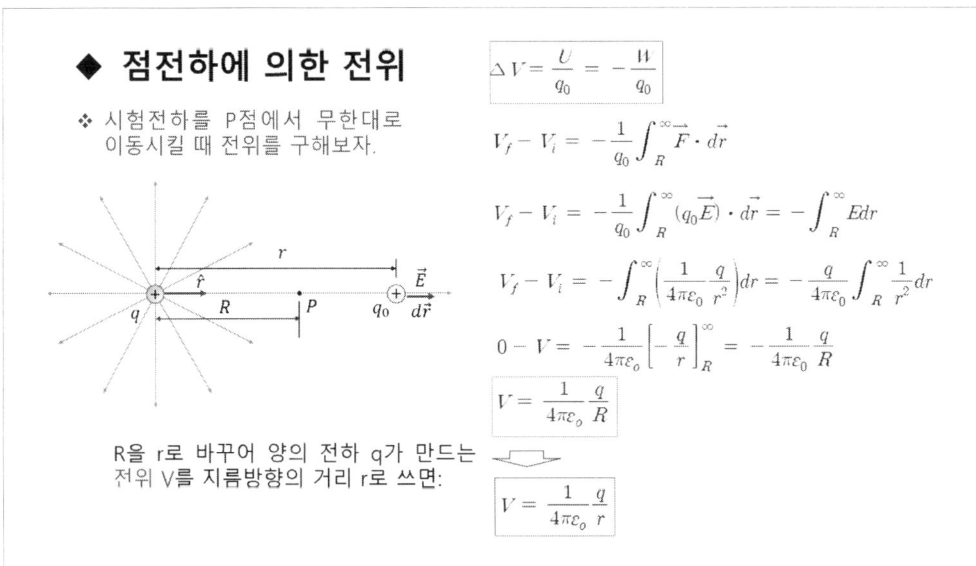

그림 3.7과 같이 양의 점전하 q가 P 점에서 전기장 $\vec{E}$과 전위 V을 만들고 있다. 시험전하 q_0을 점에서 무한대로 이동시킬 때 전위를 구해보자.

전위차에 대한 식

$$\Delta V = \frac{\Delta U}{q_0} = -\frac{W}{q_0} \tag{3.1}$$

에서

$$V_f - V_i = -\frac{1}{q_0}\int_R^{\infty} \vec{F}\cdot d\vec{r} \tag{3.2}$$

이 된다. $d\vec{r}$로 쓴 이유는 경로가 지름 방향이기 때문이다. $\vec{F}$는 $q_0\vec{E}$이고, 전기장 $\vec{E}$와

$\vec{dr}$의 스칼라 곱을 계산할 때 두 벡터는 같은 방향이므로 $\cos\theta$는 0이다. 이 개념을 식 3.2에 적용하면

$$V_f - V_i = -\frac{1}{q_0}\int_R^\infty (q_0\vec{E})\cdot \vec{dr} = -\int_R^\infty E dr \tag{3.3}$$

이다. 식에서 시험전하 q_0는 약분하였다. 점전하가 만드는 전기장의 값을 대입하면

$$V_f - V_i = -\int_R^\infty \left(\frac{1}{4\pi\varepsilon_0}\frac{q}{r^2}\right)dr = -\frac{q}{4\pi\varepsilon_0}\int_R^\infty \frac{1}{r^2}dr \tag{3.4}$$

이다. 무한대에서 전위 V_f는 0이고 V_i을 V로 쓰고 적분을 계산한다. 적분 $\int \frac{1}{r^2}dr$은 $-\frac{1}{r}$이므로

$$0 - V = -\frac{1}{4\pi\varepsilon_o}\left[-\frac{q}{r}\right]_R^\infty = -\frac{1}{4\pi\varepsilon_0}\frac{q}{R} \tag{3.5}$$

이다. 정리하면

$$V = \frac{1}{4\pi\varepsilon_o}\frac{q}{R} \tag{3.6}$$

이다. R을 r로 바꾸어 양의 전하 q가 만드는 전위 V을 지름방향의 거리 r로 쓰면

$$V = \frac{1}{4\pi\varepsilon_o}\frac{q}{r} \tag{3.7}$$

와 같이 점전하 q가 만드는 전위를 구할 수 있다. 음의 전하에 대해서는 q의 값을 음수(−)로 놓고 같은 방법으로 계산하면 된다.

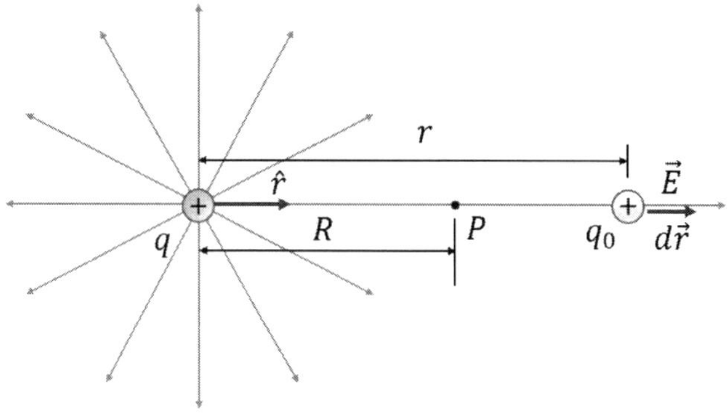

그림 3.7 점전하에 의한 전위

또한, 중첩의 원리를 이용하며 점전하 무리가 만드는 알짜 전위를 계산할 수 있다. 계산하는 방법은 위에서 구한 식 3.7을 이용한다. 주의할 점은 식을 이용할 때 점전하에 따른 양과 음의 부호를 고려해 주어야 한다. 그리고 구하고자 하는 위치에서 각 전하가 만드는 전위를 계산하고 모두 더하면 된다. 만약 n개의 점전하가 만드는 알짜 전위를 예로 들면

$$V = V_1 + V_2 + \cdots + V_i + \cdots = \sum_{i=1}^{n} V_i \tag{3.8}$$

와 같이 계산하면 된다. 간단하게 정리하면

$$V = \frac{1}{4\pi\varepsilon_o}\sum_{i=1}^{n}\frac{q_i}{r_i} \tag{3.9}$$

이다.

전위는 거리만의 함수이다. 이 개념을 이해하기 위하여 그림 3.8과 같은 조건에서 전위의 비율을 계산해 보자. 그림에서 점 A, B, C는 양전하 q가 만드는 전기장 속에서 각각 r, $2r$, $3r$ 만큼 떨어져 있다. 각 점에서 전위의 거리에 따른 비율은, 점전하가 만드는 전위는

$$V = \frac{kq}{r} \tag{3.10}$$

이 식에서 알 수 있듯이 거리에 반비례하므로

$$V_A : V_B : V_C = \frac{1}{r} : \frac{1}{2r} : \frac{1}{3r} = 6:3:2 \tag{3.11}$$

가 된다.

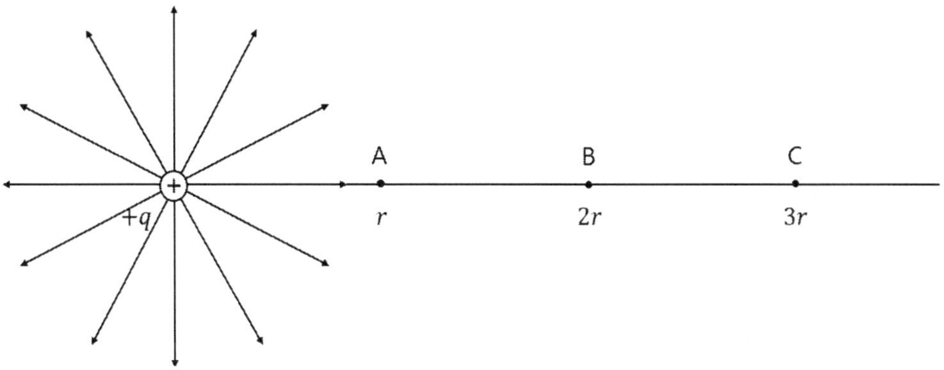

그림 3.8 거리에 따른 점전하가 만드는 전위의 변화

문제 점전하로부터 임의 거리에서 점전하에 의한 전위는 2.80 V이고, 전기장은 12.5 V/m이다. 1) 점전하까지 거리 d와 2) 전하량 q을 구하라.

풀 이 1) 점전하까지의 거리는

$$V = Ed$$

에서

$$d = \frac{V}{E} = \frac{2.80\ \text{V}}{12.5\ \text{N/C}} = 0.224\ \text{m}$$

이다.

2) 전하량은

$$V = \frac{kq}{d}$$

에서

$$q = \frac{Vd}{k} = \frac{(2.80\ \text{V})(0.224\ \text{m})}{8.99 \times 10^{9}\ \text{N} \cdot \text{m}^2} = 6.98 \times 10^{-11}\ \text{C}$$

이다.

◆ 요약: 점 전하에 의한 전위와 전기 위치에너지

➢ **점 전하에 의한 전위:**

i) 점 전하 q(시험전하)가 다른 점전하 Q(원천전하)주위에 있을 때 위치에너지: $U = \frac{kQq}{r}$

ii) 점 전하 Q로부터 거리 r만큼 떨어진 위치에서 전위: $V = \frac{kQ}{r}$

➢ **n개의 점 전하에 의한 점 P에서의 전위:**

$$V = V_1 + V_2 + \cdots + V_i + \cdots = \sum_{i=1}^{n} V_i$$ ← 중첩의 원리(superposition principle)

$$V = \frac{1}{4\pi\varepsilon_o}\sum_{i=1}^{n}\frac{q_i}{r_i}$$

4 전기쌍극자가 만드는 전위

◆ 전기쌍극자가 만드는 전위

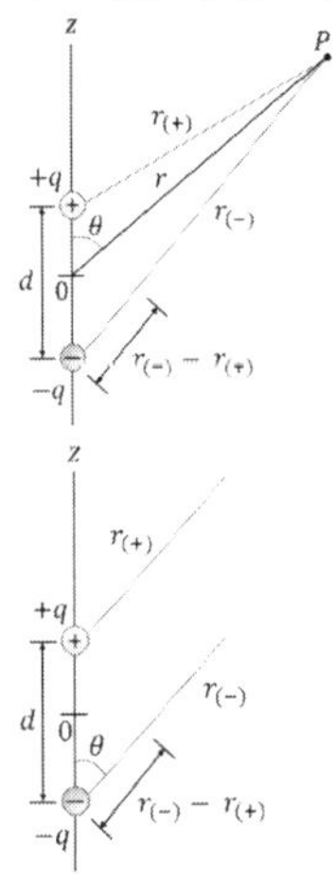

$$V = \sum_{i=1}^{2} = V_+ + V_-$$

$$V = \frac{1}{4\pi\varepsilon_o}\frac{+q}{r_+} + \frac{1}{4\pi\varepsilon_o}\frac{-q}{r_-}$$

$$V = \frac{q}{4\pi\varepsilon_o}\left(\frac{1}{r_+} - \frac{1}{r_-}\right) = \frac{q}{4\pi\varepsilon_o}\frac{r_- - r_+}{r_+ r_-}$$

$$V = \frac{q}{4\pi\varepsilon_o}\frac{d\cos\theta}{r^2}$$

전기 쌍극자 모멘트 $\vec{p}$의 크기
→ $p = qd$

$$V = \frac{1}{4\pi\varepsilon_o}\frac{p\cos\theta}{r^2}$$

그림 3.9와 같이 전기쌍극자가 만드는 전위를 P점에서 구해보자. 쌍극자의 방향은 $+z$축 방향을 향하고 중심은 원점 0에 있다고 하자. 양전하는 거리 $r_{(+)}$ 만큼 떨어진 P점에 전위 $V_{(+)}$을 만들고, 음전하는 $r_{(-)}$ 만큼 떨어진 P 점에 전위 $V_{(-)}$을 만든다. 두 전하가 만드는 전위는

$$V = \sum_{i=1}^{2} = V_+ + V_- \tag{4.1}$$

이다. 식 3.19에 점전하가 만드는 전위 값을 대입하면

$$V = \frac{1}{4\pi\varepsilon_o}\frac{+q}{r_+} + \frac{1}{4\pi\varepsilon_o}\frac{-q}{r_-} \tag{4.2}$$

이다. 정리하면

$$V = \frac{q}{4\pi\varepsilon_o}\left(\frac{1}{r_+} - \frac{1}{r_-}\right) = \frac{q}{4\pi\varepsilon_o}\frac{r_- - r_+}{r_+ r_-} \tag{4.3}$$

이다.

쌍극자 사이의 거리 d보다 쌍극자의 중심에서 P점까지의 거리 r이 훨씬 길다. 즉, $r \gg d$인 관계가 성립하므로 $r_+ \approx r_- \approx r$로 놓을 수 있다. 또한, 이와 같은 조건에서 r_+와 r_-는 평행하다고 볼 수 있으므로 $r_- - r_+$는 근사적으로 $d\cos\theta$로 놓을 수 있다. 이와 같은 관계를 고려하여 식 4.3을 다시 정리하면 점 P에서의 전위는

$$V = \frac{q}{4\pi\varepsilon_o}\frac{d\cos\theta}{r^2} \tag{4.4}$$

이다. 전기쌍극자 모멘트 $\vec{p}$의 크기는 $p = qd$이므로 대입하면

$$V = \frac{1}{4\pi\varepsilon_o}\frac{p\cos\theta}{r^2} \tag{4.5}$$

와 같이 P점에서 쌍극자가 만드는 전위를 구할 수 있다.

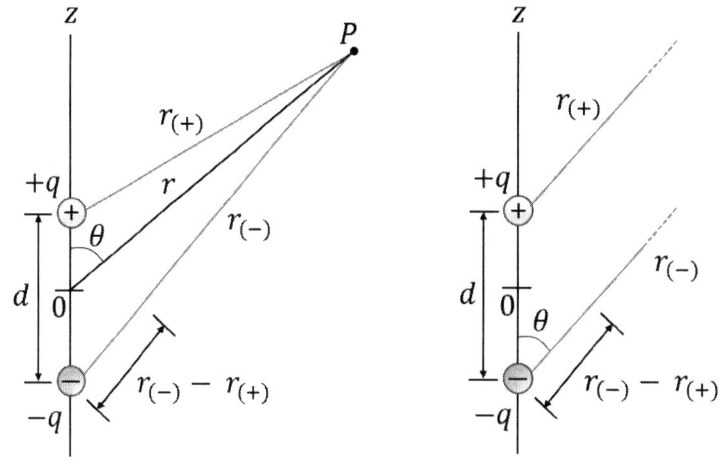

그림 3.9 전기쌍극자가 만드는 전위

5 연속적인 전하분포가 만드는 전위

◆ 연속적인 전하분포가 만드는 전위

$$dV = \frac{1}{4\pi\varepsilon_o}\frac{dq}{r} \quad \Rightarrow \quad V = \int dV = \frac{1}{4\pi\varepsilon_o}\int\frac{dq}{r}$$

1) 선전하가 만드는 전위 $\quad V = \frac{1}{4\pi\varepsilon_o}\int_{선}\frac{\lambda ds}{r}$

2) 면전하가 만드는 전위 $\quad V = \frac{1}{4\pi\varepsilon_o}\int_{면}\frac{\sigma dA}{r}$

3) 부피전하가 만드는 전위 $\quad V = \frac{1}{4\pi\varepsilon_o}\int_{부피}\frac{\rho dV}{r}$

연속적인 전하분포가 만드는 전위를 구해보자. 우선 전하분포의 미분 요소 dq을 선, 면, 부피로 구뷰하여 선택한다. 선택한 후 dq가 점 P에 만드는 전위 dV는

$$dV = \frac{1}{4\pi\varepsilon_o}\frac{dq}{r} \tag{5.1}$$

와 같이 표현되므로 이 식을 적분하면 전위 V을 구할 수 있다. 즉,

$$V = \int dV = \frac{1}{4\pi\varepsilon_o}\int\frac{dq}{r} \tag{5.2}$$

이다. 식에서 r은 dq에서 전위를 구하고자 하는 지점까지의 거리이다.

5.1 선전하가 만드는 전위

선전하가 만드는 전위는 단위 길이 당 선전하밀도를 λ라 하면 $dq = \lambda ds$ 이므로

$$V = \frac{1}{4\pi\varepsilon_o}\int_{선}\frac{\lambda ds}{r} \tag{5.3}$$

이다.

5.2 면전하가 만드는 전위

면전하가 만드는 전위는 단위 면적당 전하밀도를 σ 라 하면 $dq = \sigma dA$ 인 관계가 성립하므로

$$V = \frac{1}{4\pi\varepsilon_o}\int_{면}\frac{\sigma dA}{r} \tag{5.4}$$

이다.

5.3 부피전하가 만드는 전위

부피전하가 만드는 전위는 단위 부피당 전하밀도를 ρ 라 하면 $dq = \rho dV$ 이므로

$$V = \frac{1}{4\pi\varepsilon_o}\int_{부피}\frac{\rho dV}{r} \tag{5.5}$$

에 의해서 전위를 구할 수 있다.

6 전위에서 전기장 계산

◆ 전위에서 전기장 계산

전위 V를 이용해서 전기장을 구해보자.

i) 거리 ds만큼 떨어져 있는 **두 점 사이의 전위차**: $dV = -\vec{E} \cdot \vec{ds}$

ii) 전기장이 **x방향으로 하나의 성분**만 갖는다면: $E_x = -\frac{dV}{dx}$

iii) 만약 전기장이 **y와 z방향 함수**라면
→ 전위 V를 y, z에 대하여 **편미분하고 음의 부호**를 붙이면 됨 $E_y = -\frac{\partial V}{\partial y},\ E_z = -\frac{\partial V}{\partial z}$

iv) 전기장을 만드는 전하분포가 **구 대칭**이면 **전기장**: $E_r = -\frac{dV}{dr}$

전기장 $\vec{E}$을 적분하면 전위 V를 구할 수 있었다. 이제 반대로 전위 V를 이용해서 전기장을 구해보자. 거리 ds 만큼 떨어져 있는 두 점 사이의 전위차 dV는

$$dV = -\vec{E} \cdot \vec{ds} \tag{6.1}$$

와 같이 표현된다. 전기장이 x 방향으로 하나의 성분만 갖는다고 하면

$$E_x = -\frac{dV}{dx} \tag{6.2}$$

이다. 식에서 음의 부호는 전기장의 방향이 전위가 감소하는 방향을 가리킴을 뜻한다. 즉, 전기장 $\vec{E}$의 방향은 전위 V가 높은 쪽에서 낮은 쪽을 향한다. 만약 전기장이 y와 z방향 함수라면 전위 V를 y, z에 대하여 미분하고 음의 부호를 붙이면 된다.

$$E_y = -\frac{\partial V}{\partial y}, \quad E_z = -\frac{\partial V}{\partial z} \tag{6.3}$$

전기장을 만드는 전하분포가 구대칭이면 전기장은 지름 방향이므로

$$E_r = -\frac{dV}{dr} \tag{6.4}$$

이다.

문제 점전하로부터 임의 거리에서 점전하에 의한 전위는 3.67 V이고, 전기장은 13.5 V/m이다. 1) 점전하까지 거리와 2) 전하의 크기를 구하라.

풀 이 1) 점전하까지 거리는 전기장의 정의

$$E = \frac{V}{d}$$

에서

$$d = \frac{V}{E} = \frac{3.67\ \text{V}}{13.5\ \text{N/C}} = 0.272\ \text{m}$$

이다.

2) 전하는 전위의 정의

$$V = \frac{kq}{d}$$

에서

$$q = \frac{Vd}{k} = \frac{(3.67\ \text{V})(0.272\ \text{m})}{8.99 \times 10^9\ \text{N} \cdot \text{m}^2} = 4.38 \times 10^{-10}\ \text{C}$$

이다.

◆ 볼타와 볼타 전지

Alessandro Volta, 1745년 ~ 1827년

Volta Battery 2005, GuidoB

- 전기를 저장할 수 있는 방법은 매우 중요합니다. 볼타의 생애와 업적을 조사해 보고, 볼타 전지의 구조에 대해서 토론해 보세요.

보충 과학

◆ 특수 상대성 이론(theory of special relativity)

❖ 특수 상대성 이론의 가설

1. 상대성 원리(Principle of Relativity):
   물리 법칙은 모든 관성 기준틀에서 동일

Galileo Galilei
1564년~1642년

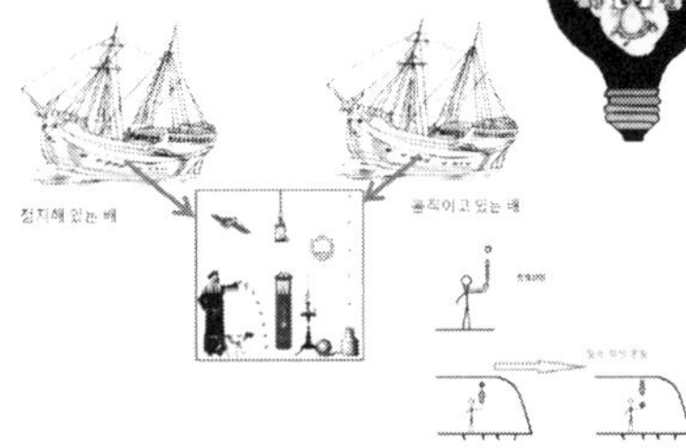

2. 광속의 불변성(Invariance of the Speed of Light):
   진공에서 빛의 속도는 모든 관성 기준틀에서 광원이나 관찰자의 속도에 관계없이 일정
   C = 299,792,458 m/s

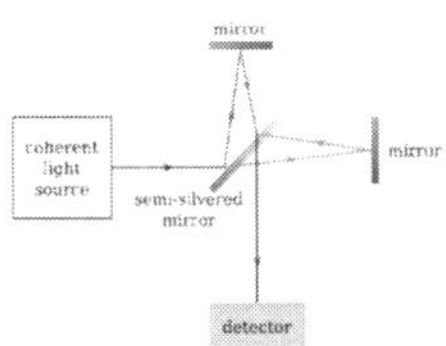

- **마이컬슨-몰리 실험**, 1887년
  - 물리학의 역사상 가장 중요한 실험 중 하나
  - 실험의 결과 : 광학적 **에테르 이론을 부정**하는 최초의 유력한 증거가 됨
  - 1907년, 노벨 물리학상 수상

◆ 특수 상대성 이론(theory of special relativity)

❖ 특수 상대성 이론의 가설

1. 상대성 원리(Principle of Relativity):
   물리 법칙은 모든 관성 기준틀에서 동일

Galileo Galilei
1564년~1642년

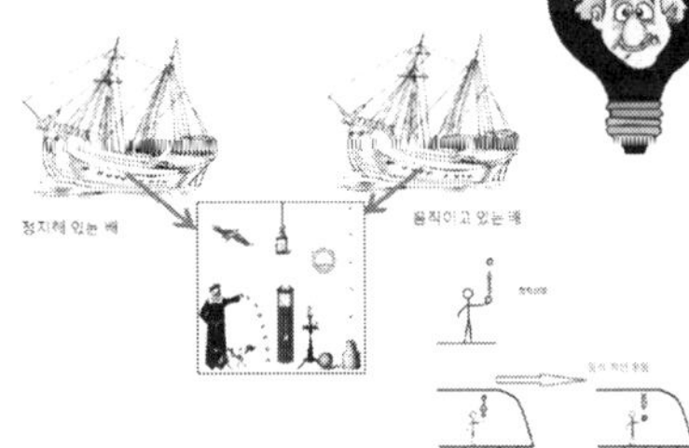

2. 광속의 불변성(Invariance of the Speed of Light):
   진공에서 빛의 속도는 모든 관성 기준틀에서 광원이나 관찰자의 속도에 관계없이 일정
   C = 299,792,458 m/s

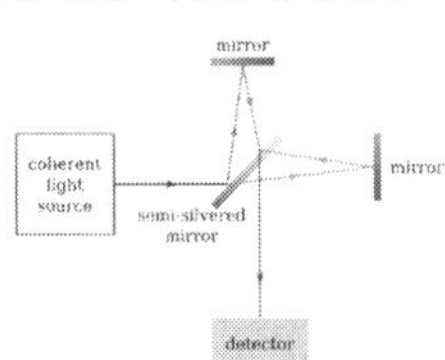

- **마이컬슨-몰리 실험**, 1887년
  - 물리학의 역사상 가장 중요한 실험 중 하나
  - 실험의 결과 : 광학적 **에테르 이론을 부정**하는 최초의 유력한 증거가 됨
  - 1907년, 노벨 물리학상 수상

보충 문제

01 점전하 $+q$가 전기장 E의 방향으로 거리 d만큼 움직일 때 1) 전기장이 한 일 W과 2) 전기 위치 에너지 ΔU와 3) 전위차 ΔV을 구하라.

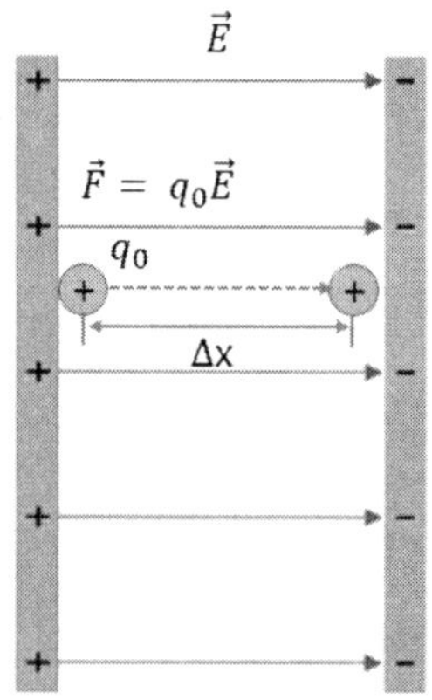

풀이 1) $W = qEd$

2) $\Delta U = -qEd$

3) $\Delta V = -Ed$

02 균일한 전기장 $2.30 \times 10^3\,\mathrm{N/C}$ 속에서, 전하량이 $1.60 \times 10^{-19}\,\mathrm{C}$인 양전하가 x축 방향으로 $-3.00\,\mathrm{cm}$인 위치에 정지 상태로 놓여있다. 이 양전하가 x축 방향으로 $6.00\,\mathrm{cm}$에 도달할 때, 전기 위치 에너지 ΔU를 구하라.

풀이 전기 위치 에너지는

$$\Delta U = -W$$

에서

$$\Delta U = -qE\Delta x = -qE(x_f - x_i)$$

이다. 문제조건을 이용하여 값을 구하면

$$\Delta U = -(1.60 \times 10^{-19}\,\mathrm{C})(2.3 \times 10^3\,\mathrm{N/C})[0.0600\,\mathrm{m} - (-0.0300\,\mathrm{m})]$$

이고

$$\Delta U = -3.31 \times 10^{17}\ \text{J}$$

이다.

03 두 축전기 판들 사이 간격 Δs는 0.04m 떨어져 있고, 두 판 사이의 전위차는 $\Delta V = V_B - V_A = -84\ \text{V}$ 이다. 두 등전위면 사이의 전위차가 $-4.2\ \text{V}$일 때 등전위면 사이 간격 Δr을 구하라.

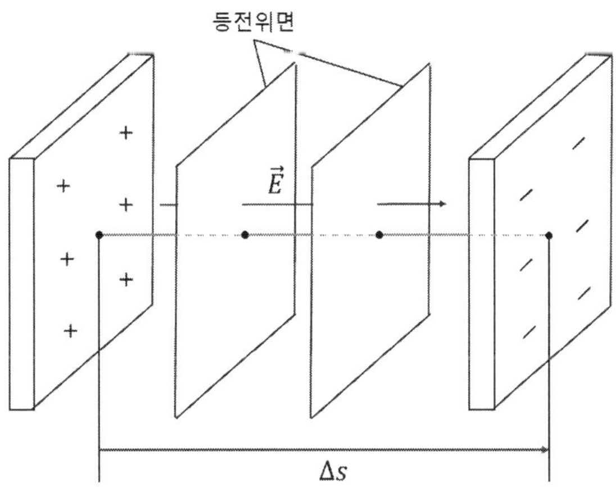

풀이 전기장은

$$E - -\frac{\Delta V}{\Delta s}$$

이다. 두 축전기 판들 사이의 전기장은

$$E = \frac{-84\ \text{V}}{0.04\ \text{m}} = 2.1 \times 10^{3}\ \text{V/m}$$

이다. 두 등전위판 사이의 간격은

$$\Delta r_{(\text{등전위면})} = -\frac{\Delta V}{E}$$

에서

$$\Delta r_{(\text{등전위면})} = -\frac{4.2\ \text{V}}{2.1 \times 10^{3}\ \text{V/m}} = 2.0 \times 10^{-3}\ \text{m}$$

이다.

04 전위차의 정의에서 시작하여, 시험전하를 P점에서 무한대로 이동시킬 때, 전위(전기퍼텐셜)를 구하라.

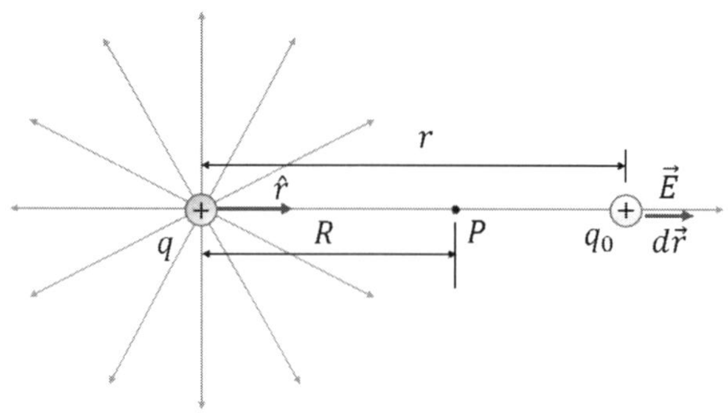

풀이 $V = \dfrac{1}{4\pi\varepsilon_0}\dfrac{q}{r}$

☞ 본문 내용 참조

05 한 변의 길이가 $d = 2.0\ \mathrm{m}$ 인 정사각형의 꼭지점에 점전하 4 개가 있다. 정사각형의 중심 P 에서 전위를 구하라. 각 전하의 전하량은 $q_1 = +6.0\ \mathrm{nC}$, $q_2 = 15\ \mathrm{nC}$, $q_3 = -19\ \mathrm{nC}$, $q_4 = +29\ \mathrm{nC}$ 이다.

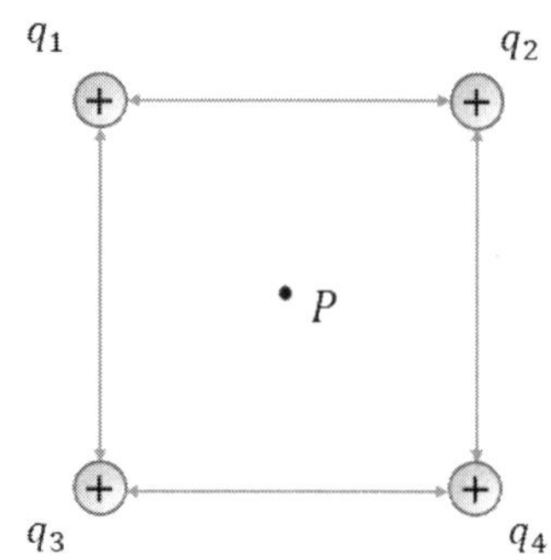

풀이 점 P 에서 전위는

$$V = V_1 + V_2 + V_3 + V_4$$

이다. 점전하의 전위

$$V = \frac{1}{4\pi\varepsilon_o}\frac{q}{r}$$

을 대입하면

$$V = \frac{1}{4\pi\epsilon_o}\left(\frac{q_1}{r} + \frac{q_2}{r} + \frac{q_3}{r} + \frac{q_4}{r}\right)$$

이다. 식에서 r은 정사각형의 꼭지점에서 정사각형의 중심까지의 거리이므로 $r = d/\sqrt{2}$ 이다. d는 정사각형의 한 변의 길이이다. 식에 대입하고 정리하면

$$V = \frac{1}{4\pi\varepsilon_o}\frac{1}{d/\sqrt{2}}(q_1 + q_2 + q_3 + q_4)$$

이다. 전하의 부호를 고려하여 전하량을 대입하면

$$V = (9.0\times10^9)\frac{\sqrt{2}}{2.0}\left[(6 + 15 - 19 + 29)\times10^{-9}\right] = 197\,(\mathrm{V})$$

이다.

06 1) 그림 a와 같이 P점에서 q_1에 대한 전위를 구하라. 2) 그림 b와 같이 두 번째 전하 q_2을 가속도 없이 무한대에서 점 P까지 가져오는데 필요한 에너지 U을 구하라.

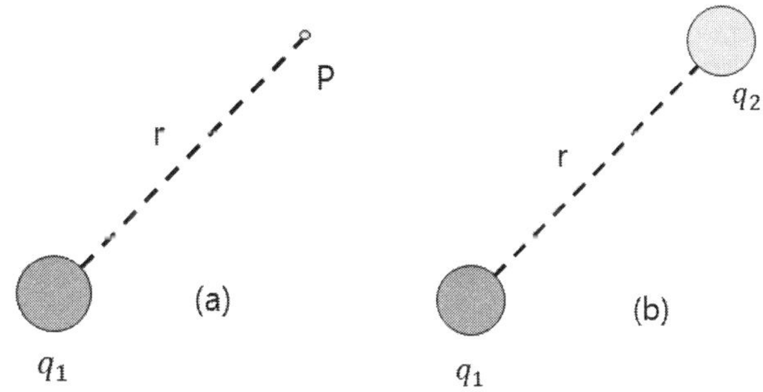

풀이 1) $V = k\,\frac{q_1}{r}$

2) $U = k\,\frac{q_1 q_2}{r}$

☞ 본문 내용 참조

07 전기 쌍극자가 만드는 전위를 구하라. 쌍극자 모멘트는 $p = qd$다. 조건 : 쌍극자 사이의 거리 d보다 쌍극자의 중심에서 P 점까지의 거리 r이 훨씬 길다. 즉, $r \gg d$이다.

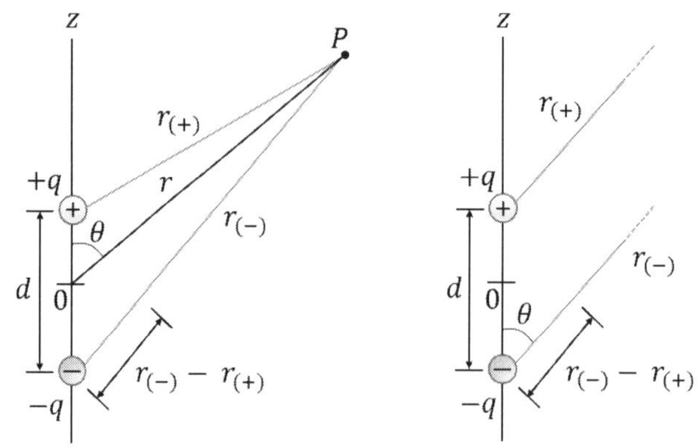

풀이 $V = \dfrac{q}{4\pi\varepsilon_0}\dfrac{d\cos\theta}{r^2} = \dfrac{1}{4\pi\varepsilon_0}\dfrac{p\cos\theta}{r^2}$

☞ 본문 내용 참조

보충 심화

- 전위의 개념을 이해하고 문제에 적용하는 것은 매우 중요합니다. 전위의 개념에 대해서 토론해 보고 문제에 적용해 보세요.

◆ 전위(electric potential)

➢ 전기력이 전하에 한 일

$$W = Q_0 \int_i^f \vec{E} \cdot d\vec{l}$$

1) 외력이 일 (위치 에너지) $W = -Q_0 \int_i^f \vec{E} \cdot d\vec{l}$

2) 전위차 $\Delta V = \dfrac{W}{Q_0} = -\int_i^f \vec{E} \cdot d\vec{l}$

3) 전위 $V = -\int_\infty^r \vec{E} \cdot d\vec{l}$

✓ 경로와 무관

→ $\vec{E}$: 보존장

✓ 단위 : V(볼트), J/C

i) V > 0 : 위치에너지 증가 → **외력이 한 일**

ii) V < 0 : 위치에너지 감소 → **전기장이 한 일**

무한원점에서 전위가 0이라고 가정**하면**

⇩

점전하로부터 거리 r만큼 떨어진 점의 **전위는**

⇩

시험전하를 무한원점에서

⇩

그 점까지 옮길 때

⇩

외부의 작용에 의하여

⇩

단위전하당 행해진 일이다.

◆ 점전하에 의한 전위

1) 점전하가 원점에 있는 경우

$$\Delta V = -\int_{r_i}^{r} \vec{E} \cdot d\vec{l}$$

$$\vec{E} = \frac{\vec{F}}{Q_0} = \frac{\frac{1}{4\pi\varepsilon_0}\frac{QQ_0}{r^2}\vec{a}_r}{Q_0}$$

$$\vec{E} = \frac{1}{4\pi\varepsilon_0}\frac{Q}{r^2}\vec{a}_r$$

$$\Delta V = -\int_{r_i}^{r_f}\left(\frac{1}{4\pi\varepsilon_0}\frac{Q}{r^2}\right)\vec{a}_r \cdot dr\vec{a}_r$$

$$= -\frac{Q}{4\pi\varepsilon_0}\int_{r_i}^{r_f}\frac{1}{r^2}dr = \frac{Q}{4\pi\varepsilon_o}\left[\frac{1}{r_f} - \frac{1}{r_i}\right]$$

$$\therefore V = \frac{Q}{4\pi\varepsilon_o}\frac{1}{r} \quad \left[r_i \to \infty \quad V_i = 0\right]$$

2) 점전하가 r′의 위치에 있는 경우

$$V = \frac{Q}{4\pi\varepsilon_o}\frac{1}{|\vec{r} - \vec{r}'|}$$

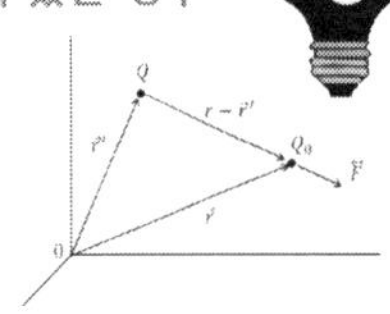

3) n 개의 점전하

$$V = V_1 + V_2 + \cdots + V_i + \cdots = \sum_{i=1}^{n} V_i$$

$$V = \frac{1}{4\pi\varepsilon_0}\sum_{i=1}^{n}\frac{Q_i}{|\vec{r} - \vec{r}'|}$$

4장

전기용량과 저장된 에너지

Flipped Learning	전기용량 계산하는 방법 총정리
URL	https://youtu.be/Zg2ANAdzlB4

◆ 주요 학습 내용

1. 축전기와 전기용량 개념이해
2. 전기용량 계산하는 방법
3. 평행판 축전기의 전기용량 계산
4. 구형 축전기의 전기용량 계산
5. 축전기의 직렬과 병렬 연결
6. 축전기에 저장된 에너지와 에너지 밀도
7. 유전체를 넣은 축전기
8. 유전체의 원자적 기술

Michael Faraday, 1791~1867

학습목표

1. 축전기의 구조를 이해하고 전기용량의 정의를 설명할 수 있다.
2. 전기용량을 계산하는 방법을 이해하고 문제에 적용하는 방법을 설명할 수 있다.
3. 평행판 축전기, 원통형 축전기 그리고 구형 축전기에서 전기용량을 계산할 수 있다.
4. 축전기의 직렬과 병렬연결에서 등가 전기용량을 유도하고 계산할 수 있다.
5. 축전기의 에너지와 에너지 밀도를 유도할 수 있다.
6. 축전기에 유전체를 삽입한 전후를 비교해 보고, 전압과 전기용량의 변화를 설명할 수 있다.

내용요약

- 축전기의 전기용량은 $C = \frac{Q}{|\triangle V|}$로 정의되고, SI 단위는 C/V 또는 F(패럿) 이다.
- 전기용량을 계산하는 순서는 1) 가우스의 법칙 $\oint \vec{E} \cdot d\vec{A} = \frac{q_{in}}{\varepsilon_0}$ 을 이용하여 전기장 $\vec{E}$을 구하고 3) 전위차 $\triangle V = -\int_i^f \vec{E} \cdot d\vec{s}$을 계산하고 4) 전기용량 $C = \frac{Q}{\triangle V}$에 전위차 $\triangle V$을 대입하면 된다.
- 평행판 축전기의 전기용량은 $C = \varepsilon_0 \frac{A}{d}$이고, 평행판의 면적에 비례하고 평행판 사이의 거리에 반비례한다.
- 물질에서의 유전율은 자유공간 유전율보다 항상 크기 때문에, 평행판 사이에 유전물질을 넣게 되면 전기용량은 더 커진다.
- 병렬연결(Parallel Combination)로 연결된 축전기의 등가 전기용량은 $C_{eq} = \sum_{i=1}^{n} C_i$이다.
- 직렬연결(Series Combination)로 연결된 축전기의 등가 전기용량은 $\frac{1}{C_{eq}} = \sum_{i=1}^{n} \frac{1}{C_i}$이다.
- 축전기에 저장된 에너지는 $U = \frac{1}{2} C \triangle V^2$이고, 에너지 밀도는 $u = \frac{1}{2} \varepsilon_o E^2$이다.
- 축전기에 유전체를 채우면 총 전하는 변하지 않지만, 전위차는 감소하게 되므로 전기용량은 유전상수는 κ배 만큼 상대적으로 증가하게 된다.

1 축전기와 전기용량 개념이해

Flipped Learning	축전기와 전기용량
URL	https://youtu.be/2TQpgtnzPz4

◆ 축전기와 전기용량

1) 축전기

분리된 양전하와 음전하를 저장하여 전기위치에너지를 저장하는 장치

2) 축전기의 구조

가까이에 있는 두 금속판

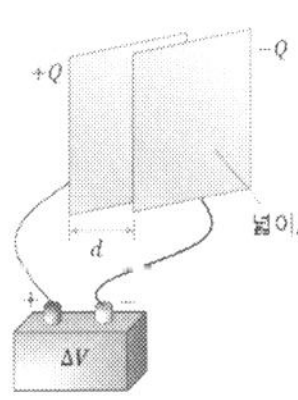

3) 축전기의 종류

Electrolytic capacitors mounted on a printed circuit board, 제공: Giovanna, 2021

제공: Eric Schrader, 2011

4) 전기용량 (Capacitance)

$$Q = C\Delta V \Leftrightarrow C \equiv \frac{Q}{\Delta V}$$

C : 전기용량
→ 축전기의 모양과 재료에 따라 정해짐

5) 전기용량의 단위

1 farad (F) = 1 coulomb/volt (C / V)

$\mu F = 10^{-6}F$
$nF = 10^{-9}F$
$pF = 10^{-12}F$

전기용량(capacitance)의 개념에 대해서 이해해 보자. 두 개의 도체판과 전지 그리고 연결할 도선을 고려하자. 그림 4.1과 같이 두 개의 도체판을 평행하게 배열하고 전지를 연결하자. 전지가 만드는 전기장에 의해서 전자(음전하)가 이동하기 시작한다. 이동한 전자는 전지의 단자와 도선과 도체판 사이에 전위가 같아질 때까지 도체판에 축적된다. 전위차가 같아지면 전자는 더 이상 이동하지 않는다. 반대쪽 도체판에도 음(−)의 전하와 같은 양만큼 양(+)전하가 쌓여 두 도체판 사이에는 전위차 ΔV가 발생한다. 이와 같이 크기는 같고 부호는 서로 다른 양전하와 음전하로 대전된 장치를 축전기(capacitor)라고 부른다.

축전기의 전기용량 C는

$$C = \frac{Q}{|\Delta V|} \tag{1.1}$$

로 정의된다. Q는 어느 한쪽 도체판의 전하량의 크기이고, ΔV는 두 도체판 사이의 전위차의 크기이다. 그러므로 전기용량은 항상 양의 값을 갖게 된다. 두 도체판에 양의 전하와 음의 전하가 같은 양만큼 충전되어 있으므로 알짜전하가 0이기 때문에 전기용량도 0이라고 생각하는 것은 잘못된 생각이다.

전기용량의 SI 단위는 C/V이다. 또는 패러데이(Michael Faraday)를 기념하기 위해 F(패럿)이라고 한다. 패럿은 매우 큰 단위이므로 실제 회로소자에서는 μF(10^{-6} F)이나 pF(10^{-9} F)을 사용한다.

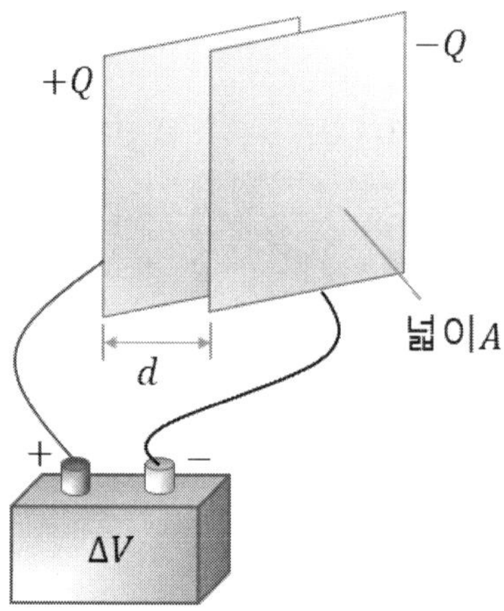

그림 4.1 평행판 축전기

2 전기용량 계산하는 방법

Flipped Learning	전기용량 계산 총정리/평행판 축전기/전기장/전위/전기용량 구하기
URL	https://youtu.be/Ek98pyGhudw

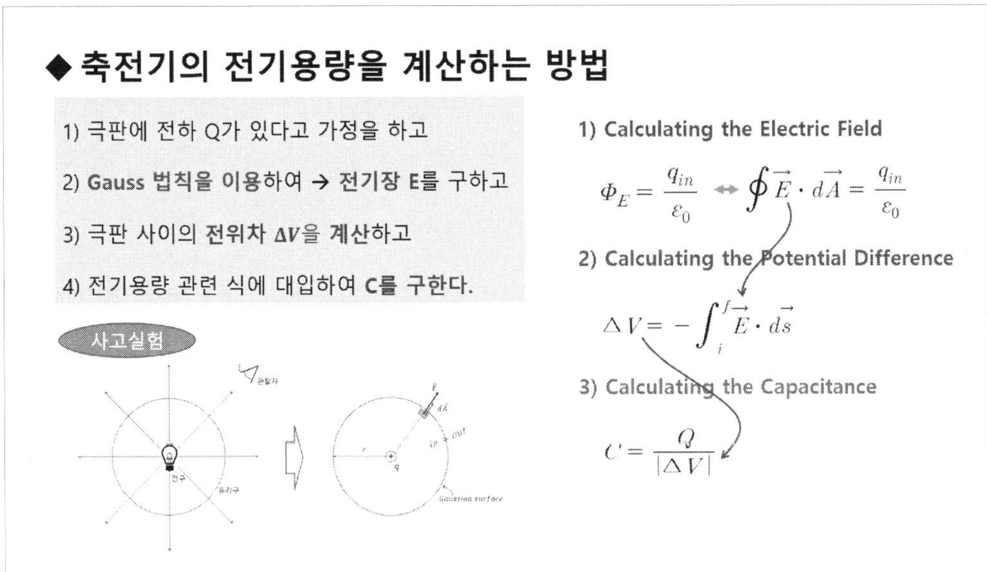

전기용량을 계산하는 방법에 대해서 정리해 보자. 계산하는 방법에 대해서 일정한 폼을 만들어 놓으면 편리할 것이다. 전기용량을 구하기 위해서는

> 1) 극판에 전하 q가 있다고 가정을 하고
> 2) 가우스의 법칙을 이용하여 전기장 $\vec{E}$을 구하고
> 3) 극판 사이의 전위차 ΔV을 계산하고
> 4) 전기용량 관련 식에 대입하여 C를 구하면

된다.

2.1 전기장 구하기

전기장을 구하는 방법에는 두 가지가 있다. 첫째, 전기장의 정의를 이용하는 방법이다. 즉

$$\vec{E} = \frac{\vec{F}}{q_o} \tag{2.1}$$

을 이용한다. 쿨롱의 힘을 먼저 계산하고 전기장을 구해야 하므로 전하가 몇 개만 주어진

경우에 가능한 식이다. 둘째, 일반적으로는 축전기에는 전하가 많이 분포하고 있고, 대칭적인 분포일 때를 가정하여 전기장을 계산할 것이므로 가우스의 법칙을 이용하여 전기장을 계산한다.

$$\oint \vec{E} \cdot d\vec{A} = \frac{q_{in}}{\varepsilon_0} \tag{2.2}$$

식 2.2에서 q_{in}의 의미는 가우스면으로 둘러싸인 안쪽에 있는 전하를 뜻한다. 적분 $\oint$은 가우스면으로 둘러싸인 폐곡면에 대한 적분으로 면적분을 의미한다. 또한 $\oint \vec{E} \cdot d\vec{A}$의 의미는 전기장의 선속 Φ_E를 뜻하므로 전기장 $\vec{E}$와 미소 면적벡터 $\vec{A}$가 평행한 경우 간단하게 $\Phi_E = EA$ 로 계산할 수 있다. 그러므로 식을 다시 쓰면

$$\Phi_E = \frac{q_{in}}{\varepsilon_0} \tag{2.3}$$

와 같이 된다.

2.2 전위차 구하기

전위차를 구하는 방법도 두 가지 경우로 생각해 볼 수 있다. 첫째, 전위차의 정의

$$\Delta V = \frac{\Delta U}{q_0} \tag{2.4}$$

와 같이 시험전하로 전기 위치 에너지를 나누어 주면 된다. 둘째, 위치 에너지와 일 사이의 관계 $\Delta U = -W$을 이용하여

$$\Delta V = -\int_i^f \vec{E} \cdot d\vec{s} \tag{2.5}$$

와 같이 구할 수 있다. 적분 $\int_i^f$는 전하가 이동하는 경로적분이다. 계산 값이 양이 나오게 하기 위해서는 전위가 낮은 음극판에서 전위가 높은 양극판 쪽으로 전기장선을 따라 적분한다. 이렇게 하면 전기장 $\vec{E}$의 방향과 미소 길이벡터 $d\vec{s}$이 방향이 서로 반대가 되므로 $\vec{E} \cdot d\vec{s}$는 $-E\,ds$가 되어 식에서 오른쪽 항은 양의 값이 된다.

2.3 전기용량 구하기

축전기의 전기장은 두 극판 사이에 균일하다고 본다. 모서리에서 휘는 전기장은 두 극판 사이의 전기장에 비해 아주 작으므로 무시한다. 식은

$$C = \frac{Q}{\Delta V} \tag{2.6}$$

와 같이 주어진다.

3 평행판 축전기의 전기용량 계산

Flipped Learning	평행판 축전기/전기장/전위/전기용량 구하기
URL	https://youtu.be/ClOEISMJdNQ

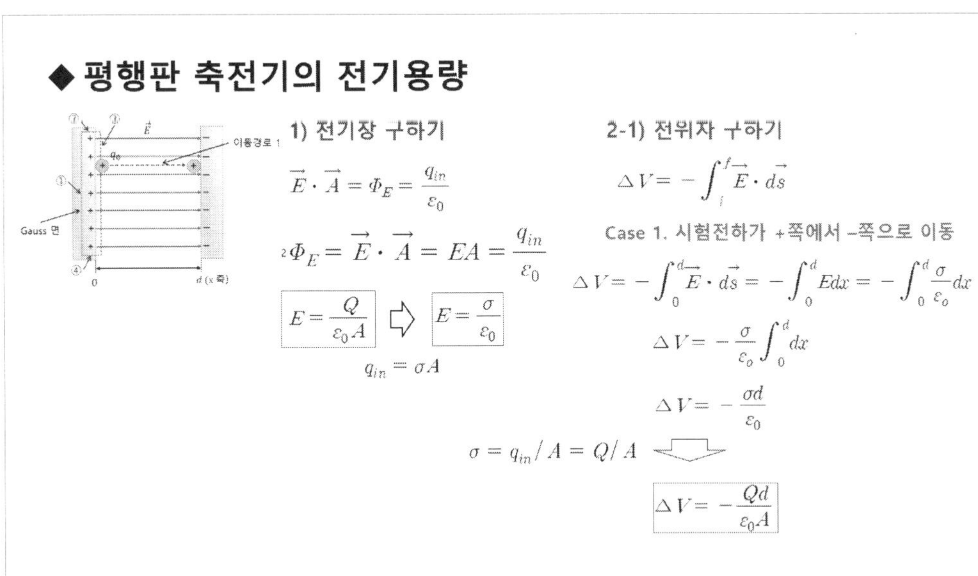

◆ 평행판 축전기의 전기용량

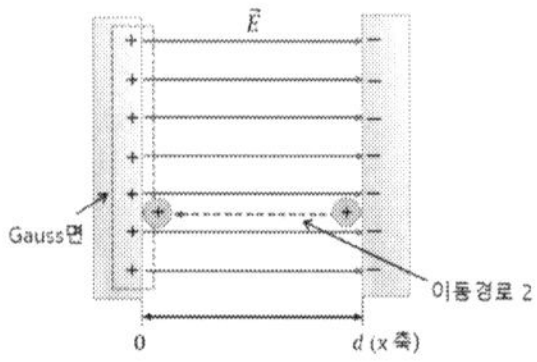

2-2) 전위차 구하기

$$\Delta V = -\int_i^f \vec{E} \cdot \vec{ds}$$

Case 2. 시험전하가 -쪽에서 +쪽으로

$$\Delta V = -\int_d^0 \vec{E} \cdot \vec{ds} = -\int_d^0 E dx = -\int_d^0 \frac{\sigma}{\varepsilon_0} dx$$

$\sigma = Q/A$

$$\boxed{\Delta V = +\frac{Qd}{\varepsilon_0 A}}$$

3) 전기용량 구하기

$$C = \frac{Q}{\Delta V}$$

$$C = \frac{Q}{Qd/\varepsilon_0 A}$$

$$\boxed{C = \varepsilon_0 \frac{A}{d}}$$

평행판 축전기에서 전기장과 전위차와 전기용량을 계산해 보자. 그림 4.2와 같이 두 도체 평행 판의 넓이는 A 라하고, 평행판 사이의 거리는 d 만큼 떨어져 있다고 하자. 한쪽 평행판에는 양의 전하 $+Q$ 가 다른 쪽 평행판에는 $-Q$ 의 전하가 대전 되어있다. 평행판 사이의 거리가 면적 A에 비해서 아주 가깝다고 한다면, 평행판 내부의 전기장은 균일하다고 볼 수 있다. 그 이외의 전기장은 내부의 전기장에 비해서 상대적으로 아주 작아서 0이라고 하자.

3.1 전기장 구하기

먼저 가우스의 법칙을 이용하여 전기장을 구해보자. 가우스의 법칙은 가우스면 안쪽의 전하가 가우스면 바깥쪽으로 전기장의 선속을 만든다는 개념이므로

$$\vec{E} \cdot \vec{A} = \Phi_E = \frac{q_{in}}{\varepsilon_0} \tag{3.1}$$

이다. 전기장의 알짜 선속을 계산해 보면

$$\Phi_E = \Phi_{E1} + \Phi_{E2} + \Phi_{E3} + \Phi_{E4} \tag{3.2}$$

이다. 식에서 도체 내부를 통과하는 전기장이 없으므로 Φ_{E1}은 0이다. Φ_{E2}와 Φ_{E4}는 전기장과 면적벡터의 방향이 90°이므로 0이다. Φ_{E3}은 전기장과 면적벡터의 방향이 0°이므로

EA의 값을 갖는다. 이 값을 식 3.1에 대입하면

$$\Phi_E = \vec{E} \cdot \vec{A} = EA = \frac{q_{in}}{\varepsilon_0} \tag{3.3}$$

이 되고, $q_{in} = Q$을 대입하고 전기장으로 정리해주면

$$E = \frac{Q}{\varepsilon_0 A} \tag{3.4}$$

이다. 만약 평행판에 면전하 밀도가 σ로 주어면 $q_{in} = \sigma A$가 되어

$$E = \frac{\sigma}{\varepsilon_0} \tag{3.5}$$

로 쓸 수 있다.

3.2 전위차 구하기

전위차를 계산해 보자. 전위차는

$$\Delta V = -\int_i^f \vec{E} \cdot \vec{ds} \tag{3.6}$$

이므로, 위에서 구한 전기장을 대입하여 구할 수 있다. 여기서 $\int_i^f$는 경로적분(선적분)을 뜻하므로 두 개의 경로(+쪽에서 −쪽과, −쪽에서 +쪽)를 설정하여 전위차를 구해보자.

▶ Case I

먼저 양으로 대전된 시험전하가 +쪽에서 −쪽으로 이동하는 경우를 생각해 보자. 초기위치 i를 0으로 하고, 평행판 사이의 거리 d를 나중위치 f로 하고, 전기장을 대입하면

$$\Delta V = -\int_0^d \vec{E} \cdot \vec{ds} = -\int_0^d E dx = -\int_0^d \frac{\sigma}{\varepsilon_o} dx \tag{3.7}$$

가 된다. 전하의 이동경로는 x축으로 잡았다. 간단하게 정리하면

$$\triangle V = -\frac{\sigma}{\varepsilon_o}\int_0^d dx \tag{3.8}$$

이 되고, 적분하면 전위차는

$$\triangle V = -\frac{\sigma d}{\varepsilon_0} \tag{3.9}$$

이다. 여기에 면전하 밀도 $\sigma = q_{in}/A = Q/A$를 대입하면

$$\triangle V = -\frac{Qd}{\varepsilon_0 A} \tag{3.10}$$

로 전위차를 구할 수 있다.

▶ Case II

이번에는 대전된 전하가 −쪽에서 +쪽으로 이동하는 경우를 고려해 보자. 전하의 초기위치 i는 d에 있고 나중위치 f가 0이므로

$$\triangle V = -\int_d^0 \vec{E}\cdot d\vec{s} = -\int_d^0 E dx = -\int_d^0 \frac{\sigma}{\varepsilon_o} dx \tag{3.11}$$

가 된다. 적분하고, $\sigma = Q/A$ 값을 대입하여 정리하면 전위차는

$$\triangle V = +\frac{Qd}{\varepsilon_0 A} \tag{3.12}$$

이다. 식 3.10과 3.12를 비교해 보면 크기는 같고 부호만 다르다. 부호의 의미를 전위의 입장에서 생각해 보면, 음의 부호(−)는 전위가 높은 쪽에서 낮은 쪽으로 전하가 이동했음을 뜻하고, 양의 부호(+)는 전위가 낮은 쪽에서 높은 쪽으로 전하가 이동했음을 뜻한다. 전기장의 입장에서 고려해 보면 음의 부호(−)는 전기장의 방향과 같은 방향으로 이동함을 뜻하고, 양의 부호(+)는 전기장의 방향과 반대 방향으로 이동함을 뜻한다.

3.3 전기용량 구하기

이제 전기용량을 구해보자. 전기용량의 정의

$$C = \frac{Q}{\triangle V} \tag{3.13}$$

에, 위에서 구한 전위차의 크기를 대입하면

$$C = \frac{Q}{Qd/\varepsilon_0 A} \tag{3.14}$$

이다. 정리하면 전기용량은

$$C = \varepsilon_0 \frac{A}{d} \tag{3.15}$$

이다.

식에서 알 수 있듯이 평행판의 면적이 커지면 전기용량도 커지고(비례하고), 평행판 사이의 거리가 가까워야(반비례) 전기용량도 커진다. 또한, 자유공간에서 유전율 ε_0과 물질에서의 유전율 ε 사이에는 $\kappa = \varepsilon/\varepsilon_0$인 관계가 있다. 기호 κ는 유전 상수이다. 물질에서의 유전율은 자유공간에서의 유전율보다 항상 크다($\varepsilon_0 < \varepsilon$). 그러므로 평행판 사이에 유전물질을 넣게 되면 전기용량은 더 커진다.

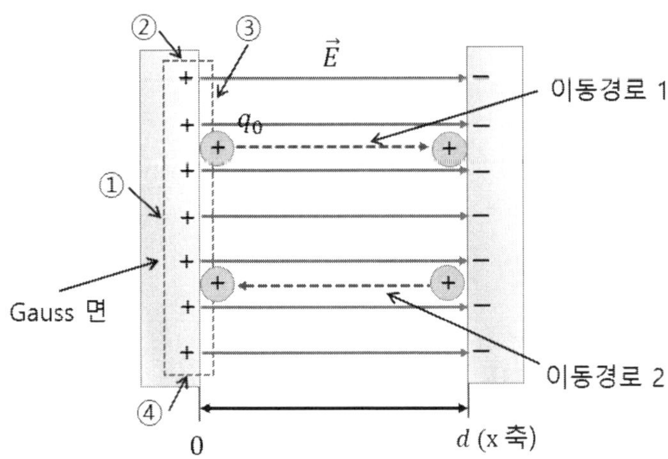

그림 4.2 평행판 축전기

학습한 내용을 바탕으로 축전기의 넓이를 계산해 보자. 전극 사이의 거리가 2.50×10^{-3} m일 때, 전기용량이 1.50 pF인 평행판 축전기를 만들려면 넓이는 얼마로 해야 할까? 이 문제는 전기용량의 정의에서 쉽게 계산해 낼 수 있다. 식 3.15를 면적에 대한 식으로 바꾸면

$$A = \frac{Cd}{\varepsilon_0} \tag{3.16}$$

이고, 조건에서 주어진 값을 대입하면

$$A = \frac{(1.50 \times 10^{-121}\,\mathrm{F})(2.50 \times 10^{-3}\,\mathrm{m})}{8.85 \times 10^{-12}\,\mathrm{F/m}} \tag{3.17}$$

에서, 면적은 $4.24 \times 10^{-4}\,\mathrm{m}^2$로 제작해야 한다.

4 구형 축전기의 전기용량 계산

Flipped Learning	구형 축전기에서 전기장/전위차/전기용량 구하기
URL	https://youtu.be/TnXZb9kZrrI

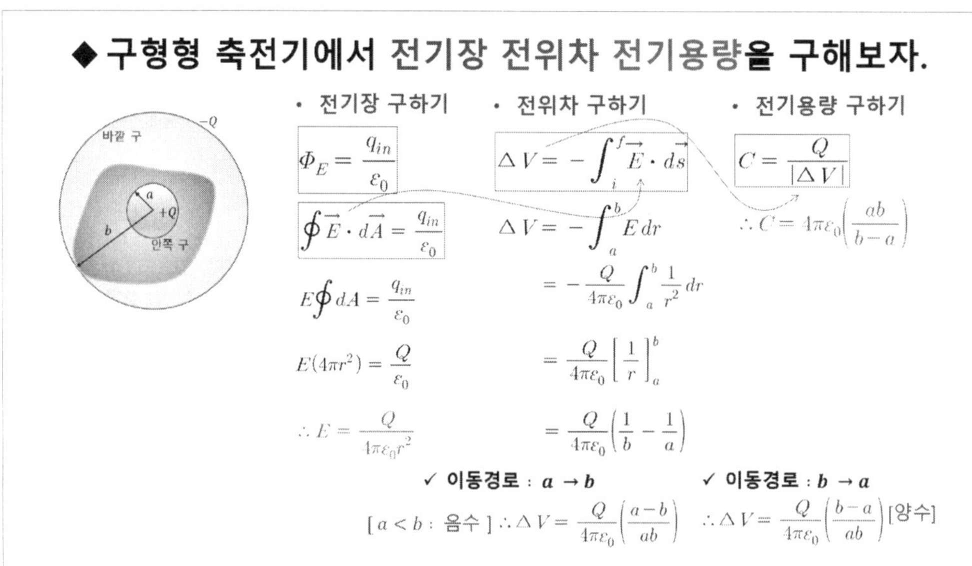

그림 4.3과 같이 동심 축을 이루고 있는 구형 축전기의 안쪽 반지름은 a이고 전하량 $+Q$로 대전 되어있다. 바깥쪽 반지름은 b이고 $-Q$로 대전 되어있다. 전기용량을 계산해 보자. 먼저 전기장을 계산하기 위하여 $a < r < b$ 영역에 가우스의 법칙을 적용하면

$$\oint \vec{E} \cdot d\vec{A} = \frac{q_{in}}{\varepsilon_0} \tag{4.1}$$

에서, 전기장의 방향과 미소면적 벡터의 방향이 같으므로

$$E \oint dA = \frac{q_{in}}{\varepsilon_0} \tag{4.2}$$

이다. 식 4.2에서 $\oint dA$ 은 가우스면까지 구의 면적을 뜻하고, 가우스면 안쪽에 있는 전하는 $q_{in} = Q$ 이므로

$$E(4\pi r^2) = \frac{Q}{\varepsilon_0} \tag{4.3}$$

이 되어, 전기장은

$$E = \frac{Q}{4\pi\varepsilon_0 r^2} \tag{4.4}$$

이다.

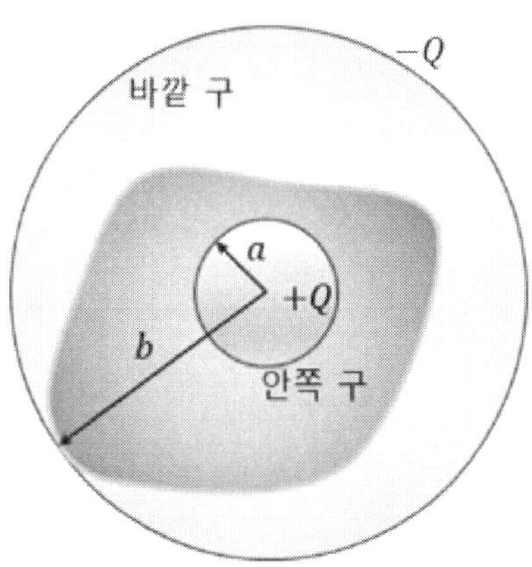

그림 4.3 구형 축전기

전위차는 정의

$$\Delta V = -\int_i^f \vec{E} \cdot \vec{ds} \tag{4.5}$$

에서, 전기장 식 4.4를 대입하여 구할 수 있다. 식 4.5에서 경로적분 $\int_i^f$은 a에서 b로 이동할 때를 산정하여 구해본다. 양으로 대전된 시험전하가 a쪽에서 b쪽으로 이동하는 경우

$$\Delta V = -\int_a^b E\,ds = -\frac{Q}{4\pi\varepsilon_0}\int_a^b \frac{1}{r^2}dr \tag{4.6}$$

가 되고, 전위차는

$$\Delta V = \frac{Q}{4\pi\varepsilon_0}\left(\frac{a-b}{ab}\right) \tag{4.7}$$

이다. 이 값은 a가 b보다 작으므로 음수이다. 전기용량을 계산할 때는 전기용량의 양의 값으로 정의되어 있으므로

$$\Delta V = \frac{Q}{4\pi\varepsilon_0}\left(\frac{b-a}{ab}\right) \tag{4.8}$$

로 대입해야 한다.

이제 구형 축전기에서 전기용량을 구하면 $C = Q/|\Delta V|$에서

$$C = 4\pi\varepsilon_0\left(\frac{ab}{b-a}\right) \tag{4.9}$$

이다.

Flipped Learning	원통형 축전기에서 전기장/전위/전기용량 구하기
URL	https://youtu.be/OClKvTUYI0A

문제 동심 축을 이루고 있는 원통형 축전기의 안쪽 반지름은 a이고 전하량 $+Q$로 대전 되어있다. 바깥쪽 반지름은 b이고 $-Q$로 대전 되어있다. 원통의 길이를 L이라고 할 때, 축전기의 1) 전기장을 구하고, 2) 전위를 구하고, 3) 전기용량을 구하라.

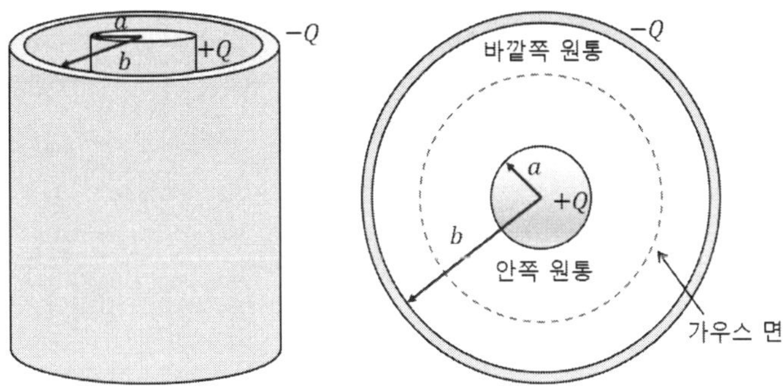

풀 이 1) 전기장

$$E = \frac{q}{2\pi\varepsilon_0 L}\left(\frac{1}{r}\right)$$

2) 전위차

$$\triangle V = \frac{q}{2\pi\varepsilon_0 L} ln\left(\frac{b}{a}\right)$$

3) 전기용량

$$C = 2\pi\varepsilon_0\left(\frac{L}{\ln(b/a)}\right)$$

5 축전기의 직렬과 병렬연결

Flipped Learning	축전기의 직렬과 병렬연결에서 등가 전기용량 구하기
URL	https://youtu.be/ukkeBuU6KFA

◆ 축전기의 연결

1) 직렬연결(Series Combination)

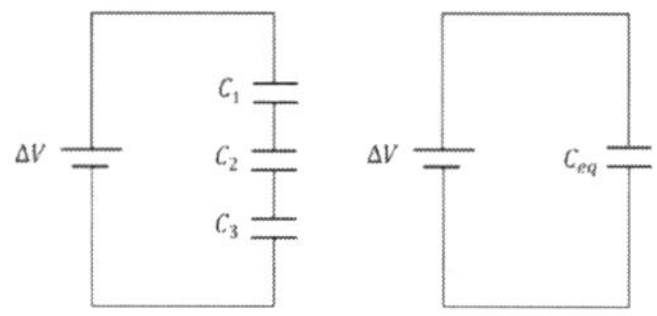

(a) 축전기의 직렬연결 (b) 등가 축전기

$$\begin{cases} \Delta Q = \Delta Q_1 = \Delta Q_2 = \Delta Q_3 \\ \Delta V = \Delta V_1 + \Delta V_2 + \Delta V_3 \end{cases}$$

$$Q = C_1 V_1 = C_2 V_2 = C_3 V_3$$

$$\Delta V = \frac{Q}{C_{eq}}$$

$$\frac{Q}{C_{eq}} = \Delta V_1 + \Delta V_2 + \Delta V_2 = \frac{Q_1}{C_1} + \frac{Q_2}{C_2} + \frac{Q_3}{C_3}$$

$$\boxed{\frac{1}{C_{eq}} = \frac{1}{C_1} + \frac{1}{C_2} + \frac{1}{C_3}}$$

$$\boxed{\frac{1}{C_{eq}} = \sum_{i=1}^{n} \frac{1}{C_i}}$$

◆ 축전기의 연결

2) 병렬연결(Parallel Combination)

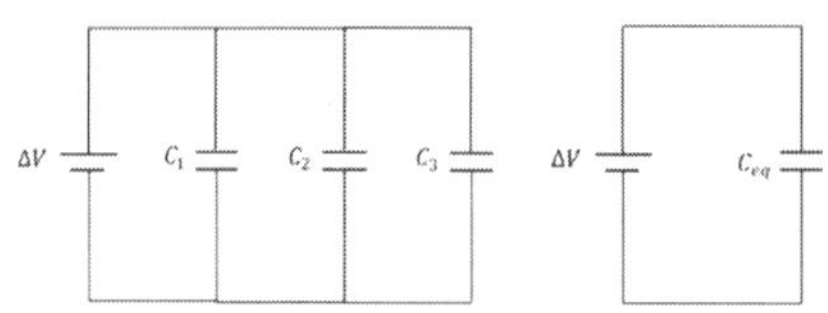

(a) 축전기의 병렬연결과 (b) 등가 축전기

$$\begin{cases} \Delta V = \Delta V_1 = \Delta V_2 = \Delta V_3 \\ Q = Q_1 + Q_2 + Q_3 \end{cases}$$

$$Q_1 = C_1 V \quad Q_2 = C_2 V \quad Q_3 = C_3 V$$

$$Q = C_{eq} V$$

$$C_{eq} V = C_1 V + C_2 V + C_3 V$$

$$\boxed{C_{eq} = C_1 + C_2 + C_3}$$

$$\boxed{C_{eq} = \sum_{i=1}^{n} C_i}$$

축전기는 양전하와 음전하를 분리 저장하여 전기 위치 에너지를 저장하는 장치이다. 회로에 두 개 이상의 축전지가 연결되어 있을 때 등가 전기용량을 구하는 방법을 생각해 보자. 등가 전기용량이란 하나의 축전기로 여러 개의 축전기가 가지는 전기용량을 대표해서 표현하는 것을 뜻한다.

5.1 병렬연결

먼저 축전기의 병렬연결(parallel combination)을 고려해 보자. 그림 4.4와 같이 전지와 세 개의 축전기가 병렬로 연결된 실험모델을 고려하자. 이와 같이 전기회로를 단순화시킨 그림을 회로도(circuit diagram)라고 한다. 그림에서 각 축적기의 용량은 C_1, C_2, C_3이고, C_{eq}는 등가 축전기이다.

그림에서 알 수 있듯이 병렬로 연결된 축전기는 모두 같은 전위 V가 걸린다. 즉,

$$\Delta V = \Delta V_1 = \Delta V_2 = \Delta V_3 \tag{5.1}$$

이다. 등가 전기용량(equivalent capacitance)을 구하기 위하여 세 개의 축적기에 대한 전기용량을 구하면

$$Q_1 = C_1 V, \quad Q_2 = C_2 V, \quad Q_3 = C_3 V \tag{5.2}$$

이고, 등가 축전기의 전기용량은

$$Q = C_{eq} V \tag{5.3}$$

이다. 전체 전하는 $Q = Q_1 + Q_2 + Q_3$와 같은 관계식이 성립해야 하므로, 세 개의 축전기에 저장된 전기용량은 등가 축전기의 전기용량과 같아야 한다. 즉,

$$C_{eq} V = C_1 V + C_2 V + C_3 V \tag{5.4}$$

이다. 전위 V를 약분하고 다시 쓰면

$$C_{eq} = C_1 + C_2 + C_3 \tag{5.5}$$

이다. 축전기가 병렬로 연결되어 있을 때, 등가 축전기의 전기용량은 모두 더해 주면 된다. 축전기가 n개가 병렬로 연결되어 있다고 하면

$$C_{eq} = \sum_{i=1}^{n} C_i \tag{5.6}$$

와 같이 일반화하여 표현할 수 있다.

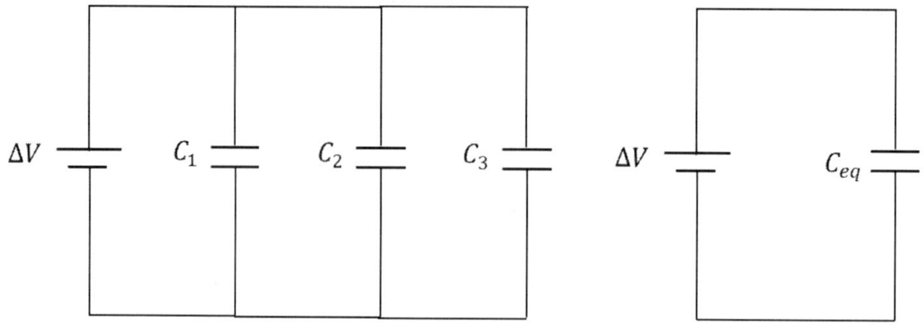

그림 4.4 (a) 축전기의 병렬연결과 (b) 등가 축전기

문제 그림과 같이 병렬로 연결된 축전기에서 1) 등가 축전용량 2) 8.00 μF 축전기에 쌓인 전하 3) 축전기 배열에 포함된 전체 전하를 구하라.

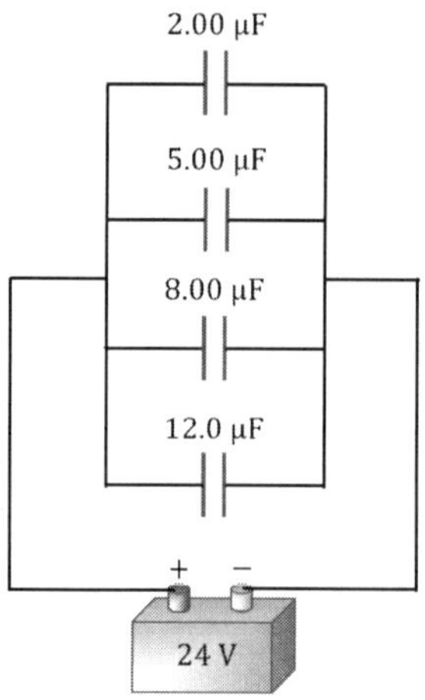

풀 이 1) 축전기가 n개가 병렬로 연결되어 있을 때 등가 축전용량은

$$C_{eq} = \sum_{i=1}^{n} C_i$$

이고, 문제 조건에서

$$C_{eq} = 2.00\ \mu\text{F} + 5.00\ \mu\text{F} + 8.00\ \mu\text{F} + 12.0\ \mu\text{F} = 27.0\ \mu\text{F}$$

이다.

2) 축전기 8.00 μF에 쌓인 전하는

$$Q = C\Delta V = (8.00\ \mu\text{F})(24.0\ \text{V}) = 192\ \mu\text{C}$$

이다.

3) 전체 전하는

$$C_{eq} = \frac{Q}{\Delta V}$$

에서

$$Q = C_{eq}\Delta V = (27.0\ \mu\text{F})(24.0\text{V}) = 6.48 \times 10^{2}\ \mu\text{C}$$

이다. 병렬로 연결된 축전기들은 그들 사이의 전위차가 동일하다.

5.2 직렬연결

축전기의 직렬연결(series combination)을 고려해 보자. 그림 4.5와 같이 전지와 세 개의 축전기가 직렬로 연결된 실험모델을 고려하자. 그림에서 각 축적기의 용량은 C_1, C_2, C_3이고, C_{eq}는 등가 축전기이다.

직렬로 연결된 축전기에 흐르는 전류는 모두 같기 때문에 축전기에 저장된 전하량은 모두 같게 되고

$$\Delta Q = \Delta Q_1 = \Delta Q_2 = \Delta Q_3 \tag{5.7}$$

이 성립한다. 전압은 세 개의 축전기에 분할되므로

$$\Delta V = \Delta V_1 + \Delta V_2 + \Delta V_3 \tag{5.8}$$

이다. 등가 전기용량(equivalent capacitance)을 구하기 위하여 세 개의 축적기에 대한 전기용량은

$$Q = C_1 V_1 = C_2 V_2 = C_3 V_3 \tag{5.9}$$

이다. 등가 축전기의 전기용량은 $Q = C_{eq}\Delta V$에서

$$\Delta V_{tot} = \frac{Q}{C_{eq}} \tag{5.10}$$

이다. 전압 V를 대입하면

$$\frac{Q}{C_{eq}} = \Delta V_1 + \Delta V_2 + \Delta V_2 = \frac{Q_1}{C_1} + \frac{Q_2}{C_2} + \frac{Q_3}{C_3} \tag{5.11}$$

이다. Q를 약분하면

$$\frac{1}{C_{eq}} = \frac{1}{C_1} + \frac{1}{C_2} + \frac{1}{C_3} \tag{5.12}$$

이다. 축전기 n개가 병렬로 연결되어 있다고 하면

$$\frac{1}{C_{eq}} = \sum_{i=1}^{n} \frac{1}{C_i} \tag{5.13}$$

와 같이 일반화하여 표현할 수 있다.

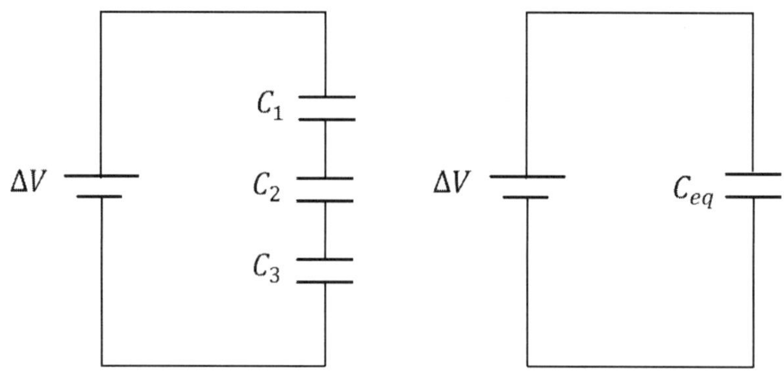

그림 4.5 (a) 축전기의 직렬연결과 (b) 등가 축전기

문제 축전기가 24 V의 전지와 직렬로 연결되어 있고, $C_1 = 3.50\ \mu\text{F}$, $C_2 = 6.50\ \mu\text{F}$ 그리고 $C_3 = 12.0\ \mu\text{F}$이다. 1) 등가 축전기의 용량과 2) $3.50\ \mu\text{F}$ 축전기의 전하량과 2) $3.50\ \mu\text{F}$ 축전기 양단의 전압강하를 구하라.

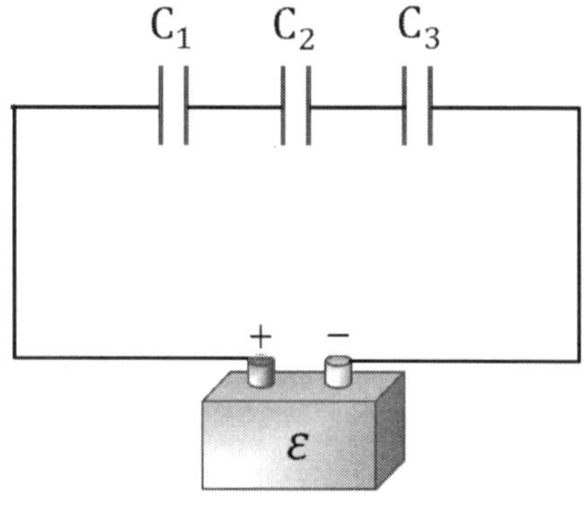

풀 이 1) 축전기가 병렬로 연결되어 있을 때 등가 축전기의 용량은

$$\frac{1}{C_{eq}} = \sum_{i=1}^{n} \frac{1}{C_i}$$

이므로,

$$\frac{1}{C_{eq}} = \frac{1}{3.50\,\mu\text{F}} + \frac{1}{6.50\,\mu\text{F}} + \frac{1}{12.0\mu\text{F}}$$

에서

$$C_{eq} = 1.91\ \mu\text{F}$$

이다.

2) 3.50 μF 축전기의 전하는 등가 축전기의 전하와 같으므로

$$Q = C_{eq}\triangle V$$

에서

$$Q = (1.91 \times 10^{-6}\ \text{F})(24.0\ \text{V}) = 45.8\ \mu\text{C}$$

이다.

3) 3.50 μF 축전기 양단의 전압강하는

$$C = \frac{Q}{\triangle V}$$

에서, $\triangle V = \dfrac{Q}{C}$ 이므로

$$\triangle V = \frac{45.8\ \mu\text{F}}{3.50\,\mu\text{F}} = 13.1\ \text{V}$$

이다.

6 축전기에 저장된 에너지와 에너지 밀도

◆ 축전기에 저장된 에너지

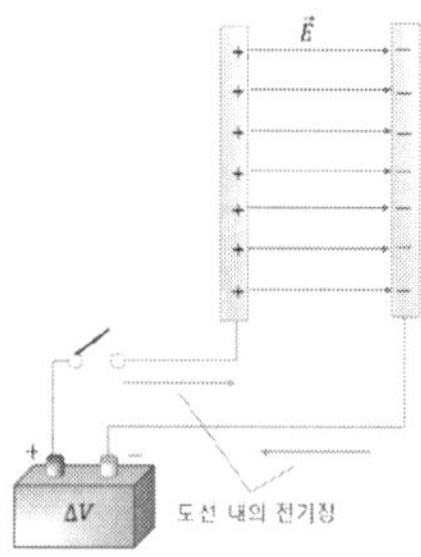

1) 축전기에 저장된 에너지

$$dU = \triangle V dq = \frac{q}{C}dq$$

$$U = \int_0^q \frac{q}{C}dq = \frac{1}{C}\left[\frac{q^2}{2}\right]_0^q$$

$$\boxed{U = \frac{q^2}{2C}}$$

$q = Q$까지 충전하는 전체에너지를 구하면

$$\boxed{U = \frac{Q^2}{2C}}$$

$Q = C\triangle V$의 관계를 고려하면

$$\boxed{U = \frac{(C\triangle V)^2}{2C} = \frac{1}{2}C\triangle V^2}$$

2) 전기장 내의 에너지 밀도

$$u = \frac{U}{Ad} = \frac{CV^2}{2Ad} = \frac{(\varepsilon_0 A/d)(Ed)^2}{2Ad}$$

$$\boxed{u = \frac{1}{2}\varepsilon_0 E^2}$$

축전기에 저장된 에너지를 구해보자. 그림 4.6과 같은 회로를 고려해 보자. 회로에서 스위치가 열려 있으면 축전기는 충전되지 않으므로 아무런 변화가 없다. 스위치를 닫으면 전자가 도체판으로 이동하여 도체 판에는 전하 분리에 따른 전기 위치 에너지가 생기게 된다. 이때 전지의 화학에너지는 감소한다.

음으로 대전된 극판 쪽에서 양으로 대전된 극판으로 전하 dq을 옮긴다고 가정해 보자. 전하를 옮기는 데 필요한 에너지는

$$dU = \triangle V dq = \frac{q}{C}dq \tag{6.1}$$

이다. 식을 적분하면

$$U = \int_0^q \frac{q}{C}dq = \frac{1}{C}\left[\frac{q^2}{2}\right]_0^q \tag{6.2}$$

이다. 식을 정리하여 전기용량이 C 인 축전기가 q만큼 충전되었을 때, 축전기에 저장된 전기 위치 에너지를 구하면

$$U = \frac{q^2}{2C} \tag{6.3}$$

이다. 만약 $q = Q$까지 충전하는 전체 에너지를 구하면

$$U = \frac{Q^2}{2C} \tag{6.4}$$

이다. $Q = C \triangle V$의 관계를 고려하면

$$U = \frac{(C \triangle V)^2}{2C} = \frac{1}{2} C \triangle V^2 \tag{6.5}$$

로도 쓸 수 있다.

전기장 내의 에너지 밀도 u는 어떻게 될까? 에너지 밀도란 '단위 부피당 에너지'의 개념이므로 전체 전기 위치 에너지를 부피 Ad로 나누면 된다. 즉, $u = U/Ad$ 이다. 물론 에너지 밀도 u는 균일하다고 본다. 식에 평행판 축전기의 전위차 $\triangle V = Ed$와 전기용량 $C = \varepsilon_0 A/d$을 대입하면

$$u = \frac{U}{Ad} = \frac{CV^2}{2Ad} = \frac{(\varepsilon_o A/d)(Ed)^2}{2Ad} \tag{6.6}$$

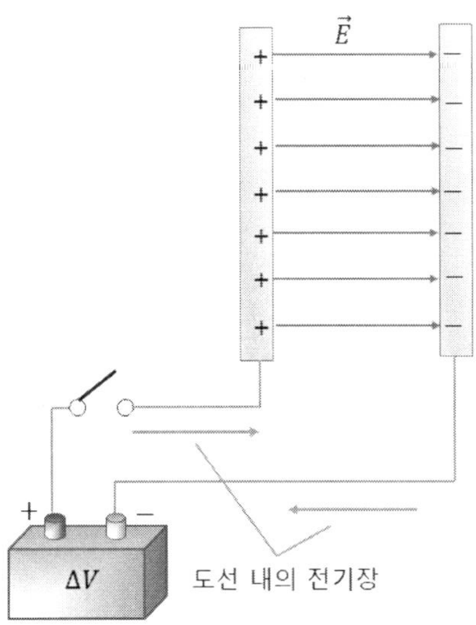

그림 4.6 축전기에 저장된 에너지

이다. 정리하면

$$u = \frac{1}{2}\varepsilon_o E^2 \tag{6.7}$$

이 되어, 전기장 내의 에너지 밀도는 전기장 크기의 제곱에 비례함을 알 수 있다. 또한, 이 식은 평행판 축전지뿐만 아니라 전기장의 원천에 상관없이 일반적으로 성립한다.

이번에는 그림 4.7과 같은 구형 축전기를 Q로 대전시키기 위한 에너지를 구해보자. 구형 축전기의 전기용량은

$$C = 4\pi\varepsilon_0\left(\frac{ab}{b-a}\right) \tag{6.8}$$

이므로, 축전기에 저장되는 에너지

$$U = \frac{Q^2}{2C} \tag{6.9}$$

에서

$$U = \frac{Q^2(b-a)}{8\pi\varepsilon_0 ab} \tag{6.10}$$

이 된다.

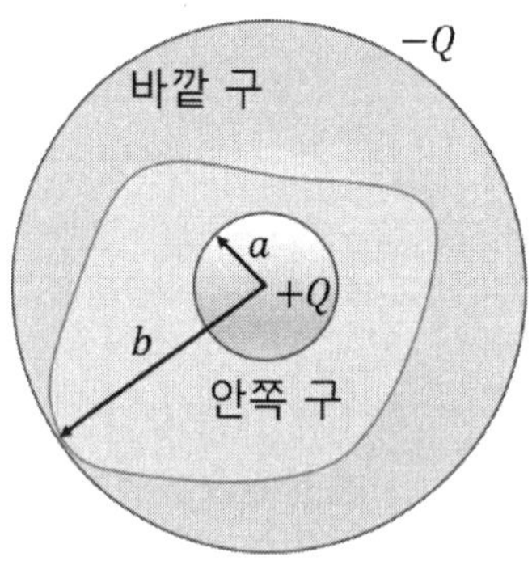

그림 4.7 구형 축전기에 저장된 에너지

7 유전체를 넣은 축전기

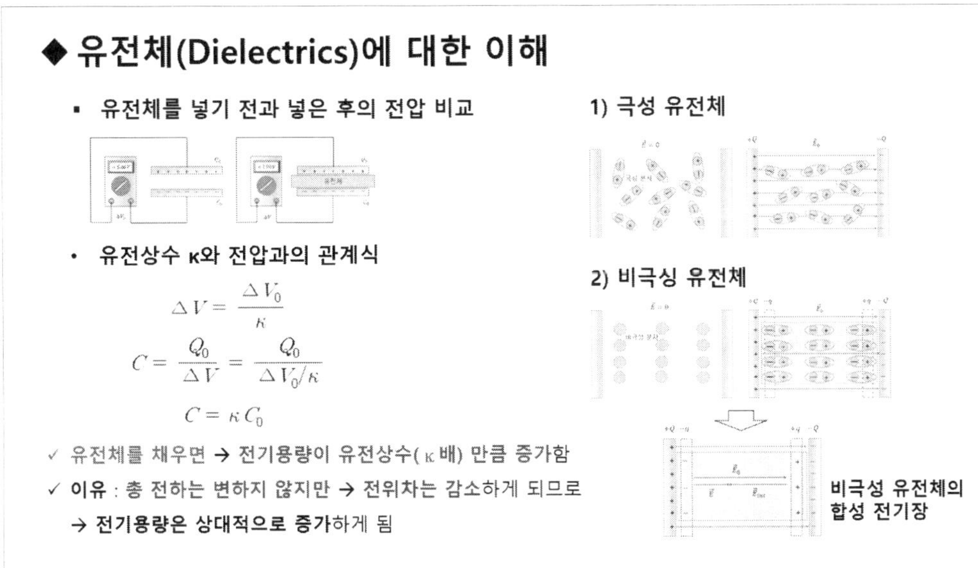

축전기에 저장되는 전기용량을 늘리려면 어떻게 하면 될까? 그림 4.8과 같이 축전기의 극판 사이에 유진체를 넣어주면 전기용량이 증가한다. 유전체(dielectric)란 비전도성 물질로 고무, 유리와 같은 절연체 물질을 뜻한다. 유전물질을 처음 연구한 사람은 1837년 마이클 패러데이(Michael Faraday)다.

패러데이는 단순한 실험을 통하여 평행판 사이에 유전체를 넣은 경우와 넣지 않은 경우에 전기용량이 κ배 증가하는 것을 발견하였다. 여기서 κ는 물질의 유전상수(dielectric constant)라 한다. 유전상수는 차원이 없고, 물질마다 값이 다르다.

유전상수 κ를 전압과의 관계식으로 쓰면

$$\Delta V = \frac{\Delta V_0}{\kappa} \tag{7.1}$$

이다. ΔV_0는 유전체를 넣지 않았을 때의 전압이고, ΔV은 유전체를 넣었을 때의 전압이다. 그림과 같이 축전기에 유전체을 넣으면 전위차가 감소하므로 넣지 않았을 때와 비교하면 $\Delta V < \Delta V_0$인 관계가 성립하게 되므로 유전상수 κ는 항상 1보다 크게 된다.

식 6.1을 전기용량에 대한 식 $C = Q_0/\Delta V$에 대입하면

$$C = \frac{Q_0}{\Delta V} = \frac{Q_0}{\Delta V_0/\kappa} \tag{7.2}$$

이다. Q_0는 축전기에 충전된 총 전하로 변하지 않는 양이다. 식을 정리하면

$$C = \kappa C_0 \tag{7.3}$$

이다. 즉, 유전체를 채우게 되면 전기용량이 유전상수 κ배 만큼 증가하게 된다. 이유는 축전기의 극판 사이에 유전체를 넣으면 총 전하는 변하지 않지만, 전위차는 감소하게 되므로 전기용량은 상대적으로 증가하게 되기 때문이다.

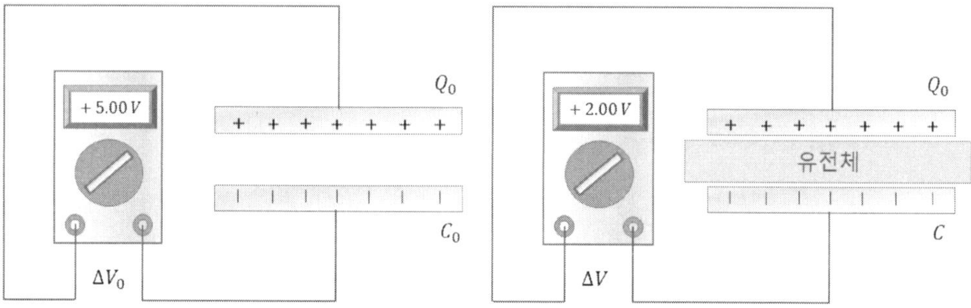

그림 4.8 유전체를 넣기 전과 넣은 후의 전압 비교

표 4.1 20C°에서 유전상수와 유전강도

물질	유전상수 κ	유전강도(kV/mm)
진공	1	−
대기	1.00054	3
종이	3.6	16
내열유리	4.7	14
다이아몬드	5.7	100
네오프렌 고무	6.7	12
물	80	−
타이타늄산스트론튬	233	8

8 유전체의 원자적 기술

평행판에 유전체를 넣으면 전기용량이 증가하는 것을 알았다. 왜 그럴까? 이 질문에 답하기 위해서 원자적 관점에서 유전체 내부의 구조 변화에 대해서 생각해 보자.

앞 절에서 축전기의 양 극판 사이에 유전체를 넣으면 $\Delta V = \Delta V_0 / \kappa$ 만큼 전위차가 줄어드는 것을 보았다. 이 식을 전기장에 대한 식으로 변환하면 $\Delta V = Ed$ 에서

$$E = \frac{E_o}{\kappa} \tag{8.1}$$

와 같이 쓸 수 있다. E_0는 유전체가 없을 때의 전기장이고, E 는 유전체가 있을 때의 전기장이다.

8.1 극성 유전체

그림 4.9는 극성 유전체에서 전기장의 유무에 따른 전기 쌍극자의 배열을 보여준다. 극성 유전체란 물과 같이 영구 쌍극자 모멘트를 갖고 있는 물질을 뜻한다. 외부 전기장이 없을 때는 극성 유선제는 무실서하게 배열되어 있다. 외부 전기장이 걸리면 외부 전기장의 방향으로 어느 정도 정렬을 한다. 전기장의 크기를 증가시키거나, 온도를 낮추게 되면 분자의 운동이 줄어들어 더 잘 정렬한다. 이때 쌍극자들의 정렬 방향은 외부 전기장의 방향에 반대이고, 전체적으로 약하지만 새로운 전기장을 만든다.

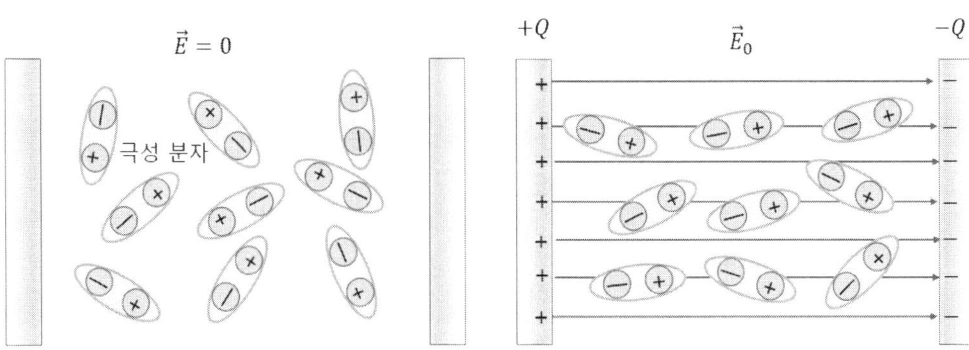

그림 4.9 극성 유전체

8.2 비극성 유전체

그림 4.10은 비극성 유전체에서 전기장에 대한 유도분극을 보여준다. 비극성 유전체가 전기장 사이에 놓이면 쌍극자 모멘트가 유도되는데, 이는 외부 전기장이 분자 내의 양전하와 음전하를 양쪽으로 잡아당기기 때문이다.

유전체에 작용하는 알짜효과는 그림 4.11과 같이 왼쪽 면에 $-q$, 오른쪽에 $+q$의 전하가 형성된다. 즉, 외부 전기장 $\vec{E}_0$의 방향과 반대 방향으로 내부 전기장 $\vec{E}_{int}$이 형성된다. 그 결과 합성 전기장 $\vec{E}$의 크기는

$$E = E_0 - E_{int} \tag{8.2}$$

이다. 합성 전기장 $\vec{E}$는 방향은 외부 전기장 $\vec{E}_0$와 같고 크기는 더 작아진다.

그러므로 축전지 사이에 극성 유전체나 비극성 유전체를 넣게 되면 전기장은 약화 된다. 전기장의 세기가 약하게 되면 전위차가 작아지게 되어 전기용량은 늘어나게 된다.

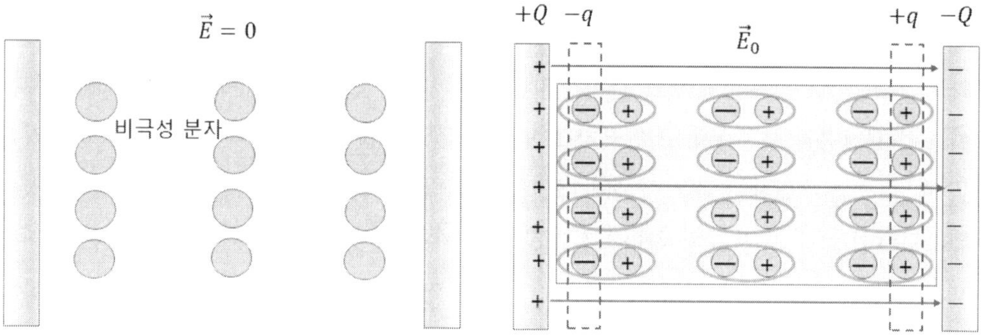

그림 4.10 비극성 유전체, 쌍극자 정렬

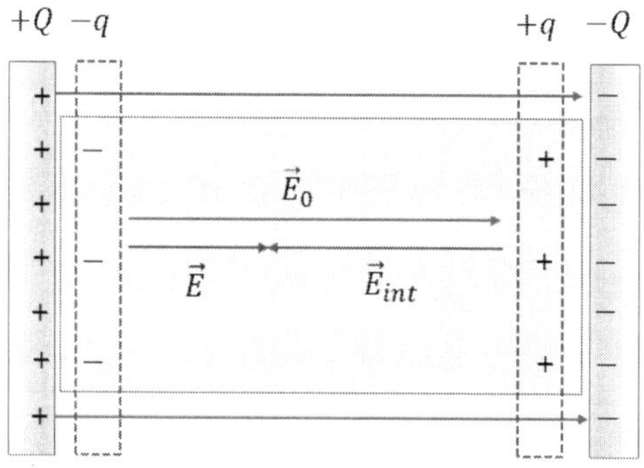

그림 4.11 비극성 유전체 내의 합성 전기장 $\vec{E}$

• 뉴턴은 만유인력의 법칙으로 지상계와 천상계를 통합하여 과학혁명을 완성합니다. 패러데이와 맥스웰을 전기와 자기 현상을 통합하고, 아인슈타인은 상대성이론을 닐스 보어는 양자역학을 이끌며 현대 문명을 창조해 냅니다. 여성 과학자 마리 퀴리는 노벨 물리학상과 화학상을 모두 받은 유일한 인물이며 방사선 연구를 선도합니다. 이들의 생애와 업적은 시공간 속에서 서로 연결되어 있습니다. 조사해 보고 토론해 보세요.

과학 혁명

아이작 뉴턴(Isaac Newton)1642-1727

전자기 유도

마이클 패러데이(Michael Farada)y1791-1867

전기와 자기 통합

제임스 클러크 맥스웰(James Clerk Maxwell)1831-1879

라듐

마리 퀴리(Maria Skłodowska-Curie 1867-1934

기적의 해

알베르트 아인슈타인(Albert Einstein)1879-1955

코펜하겐 해석

닐스 보어(Niels Bohr)1885-1962

보충 과학

◆ 특수 상대성 이론(theory of special relativity)

❖ 시간팽창(Time Dilation)

$$t = \frac{t_0}{\sqrt{1 - \frac{v^2}{c^2}}}$$

관찰자가 자신의 시계에 비해

→ 상대적으로 움직이는 다른 사람의 시계가

→ 자신의 시계보다 느리게 가는 현상

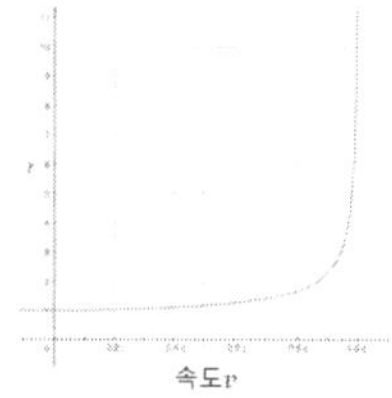

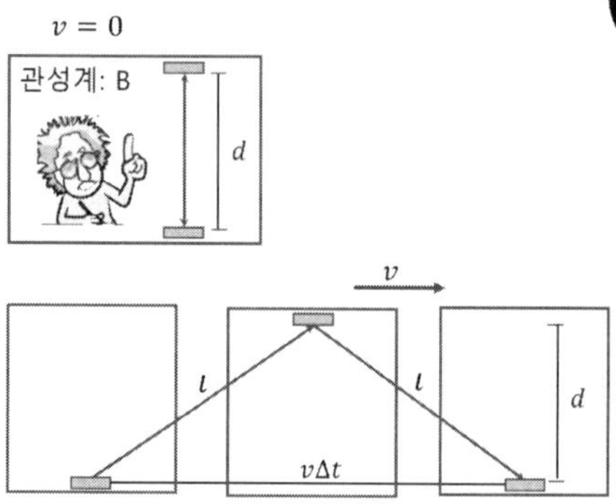

✓ 어떤 관성계에서 상대속도를 가지는 다른 관성계를 관측할 때 → 시간이 팽창된 것으로 관측

◆ 특수 상대성 이론(theory of special relativity)

❖ 길이수축(Length Contraction)

$$L = L_0\sqrt{1 - \frac{v^2}{c^2}}$$

관찰자에 대해 움직이는 물체가

→ 정지해 있을 때보다

→ 더 짧게 측정되는 현상

❖ 질량증가(Length Contraction)

$$m = \frac{m_0}{\sqrt{1 - \frac{v^2}{c^2}}}$$

관찰자에 대해 움직이는 물체가

→ 정지해 있을 때보다

→ 질량이 증가하는 현상

보충 문제

01 넓이가 A인 두 개의 평행판이 거리 d 만큼 떨어져 있다. 이동 경로에 따라 1) 전기장 2) 전위차 3) 전기용량 C를 구하라.

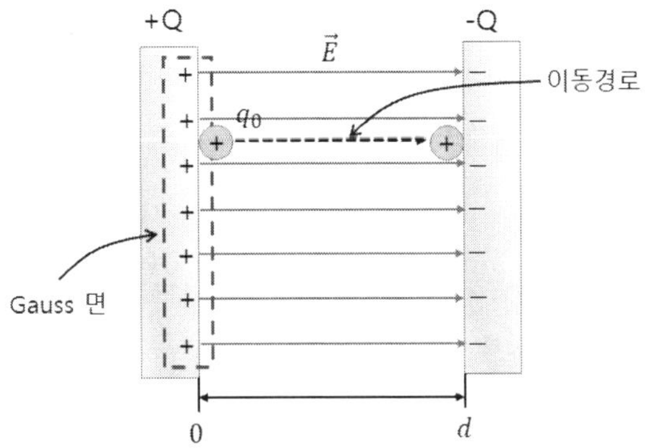

풀이 1) 전기장: $E = \dfrac{Q}{\varepsilon_0 A}$

2) 전위차: $\triangle V = -\dfrac{Qd}{\varepsilon_0 A}$

3) 전기용량 $C = \varepsilon_0 \dfrac{A}{d}$

☞ 본문 내용 참조

02 2.5 V의 전원을 전기용량이 2.50 μF인 평행판 축전기에 걸었다. 1) 축전기에 저장된 전하량을 구하라. 2) 평행판 사이의 거리가 3.50 mm일 때 평행판 사이의 전기장을 구하라.

풀이 1) 전하량은

$$Q = CV$$

에서

$$Q = (2.50 \times 10^{-6}\ \text{F})(12.5\ \text{V}) = 31.25\ \mu\text{C} = 31.3\ \mu\text{C}$$

이다.

2) 전위의 크기는

$$V = Ed$$

이므로, 전기장은

$$E = \frac{12.5\ \text{V}}{3.50 \times 10^{-3}\ \text{m}} = 3.57 \times 10^{3}\ \text{V/m}$$

이다.

03 용량이 2.50pF의 평행판 축전기를 만들려면, 전극 사이의 거리가 3.50mm일 때 전극의 넓이가 얼마가 되어야 하는지 구하라.

풀이 평행판 축전기의 전기용량은

$$C = \varepsilon_0 \frac{A}{d}$$

이고, 판의 넓이는

$$A = \frac{Cd}{\varepsilon_0}$$

이므로

$$A = \frac{(2.50 \times 10^{-12}\ \text{F})(3.50 \times 10^{-3}\ \text{m})}{8.85 \times 10^{-12}\ \text{F/m}} = 9.89 \times 10^{-4}\text{m}^2$$

이다.

04 3.5V의 전원을 전기용량이 3.50μF인 평행판 축전기에 걸었다. 1) 축전기에 저장된 전하량을 구하라. 2) 평행판 사이의 거리가 3.00mm일 때 평행판 사이의 전기장을 구하라.

풀이 1) 전기용량의 정의에서 전하량은

$$Q = CV$$

이므로

$$Q = (3.50 \times 10^{-6}\ \text{F})(13.5\ \text{V}) = 47.3\ \mu\text{C}$$

이다.

2) 전위는

$$V = Ed$$

이므로

$$E = \frac{13.5\ \text{V}}{3.00 \times 10^{-3}\ \text{m}} = 4.50 \times 10^{3}\ \text{V/m}$$

이다.

05 기전력 $\varepsilon = 12\ \text{V}$인 회로에 축전기가 $C_1 = 2.50\ \mu\text{F}$, $C_2 = 4.50\ \mu\text{F}$ 그리고 $C_3 = 15.0\ \mu\text{F}$로 병렬로 연결되어 있다. 1) 등가 축전용량과 2) 15.0 μF 축전기에 쌓인 전하 3) 축전기 배열에 포함된 전체 전하를 구하라.

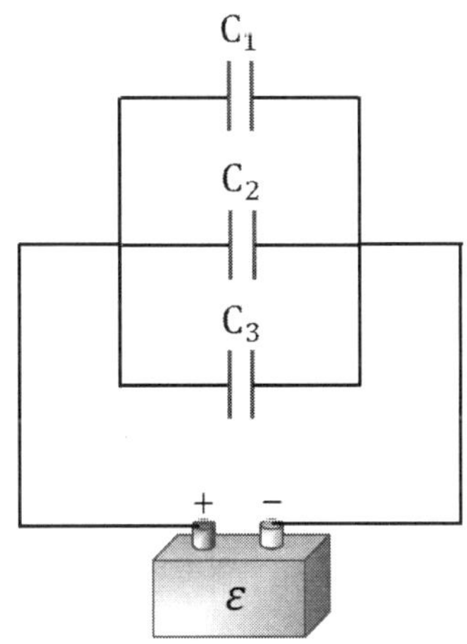

풀이 1) 등가저항: $C_{eq} = 22.0\ \mu\text{F}$

2) 축전기 15.0 μF에 쌓인 전하: $Q = 180\ \mu\text{C}$

3) 전체 전하: $Q = 3.30 \times 10^{2}\ \mu\text{C}$

06 네 개의 축전기가 전지와 직렬로 연결되어 있다. 1) 등가 축전기의 용량을 구하라. 2) 6 μF 축전기의 전하량을 구하라. 2) 6 μF 축전기 양단의 전압강하를 구하라.

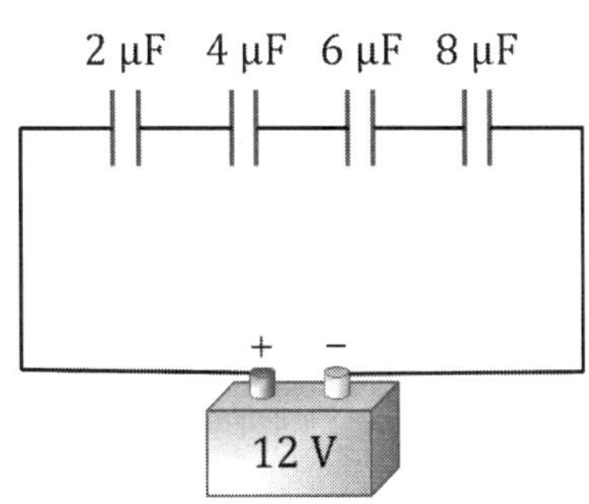

풀이 1) 축전기가 병렬로 연결되어 있을 때

$$\frac{1}{C_{eq}} = \frac{1}{2.0\,\mu\text{F}} + \frac{1}{4.0\,\mu\text{F}} + \frac{1}{6.0\,\mu\text{F}} + \frac{1}{8.0\,\mu\text{F}}$$

에서

$$C_{eq} = 0.960\,\mu\text{F}$$

이다.

2) 6 μF 축전기의 전하는

$$Q = (0.96 \times 10^{-6}\,\text{F})(12\,\text{V}) = 11.5\,\mu\text{C}$$

이다.

3) 6 μF 축전기 양단의 전압강하는

$$\triangle V = \frac{11.5\,\mu\text{F}}{6\,\mu\text{F}} = 1.92\,\text{V}$$

이다.

07 원통형 축전기를 Q로 대전시키기 위한 에너지를 구하라.

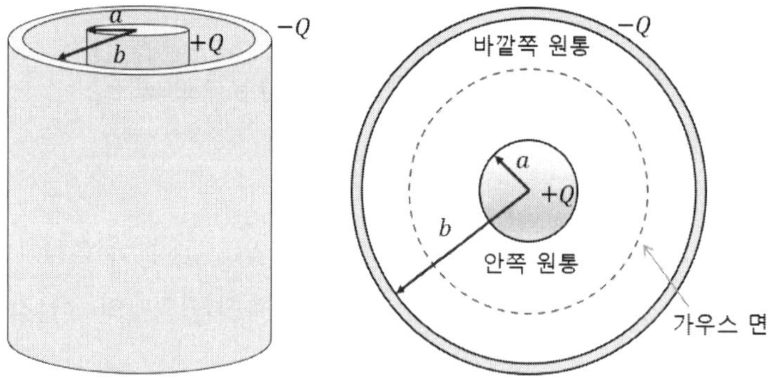

풀이 구형 축전기의 전기용량은

$$C = 2\pi\varepsilon_0\left(\frac{L}{\ln(b/a)}\right)$$

이다. 축전기에 저장되는 에너지는

$$U = \frac{Q^2}{2C}$$

이므로, 대입하면

$$U = \frac{Q^2 \ln(b/a)}{4\pi\varepsilon_0 L}$$

이다.

보충 심화

• 전기용량을 계산하려면 전위를 계산할 수 있어야 하고 전위를 계산하기 위해서는 전기장을 계산할 수 있어야 합니다. 논리를 잘 이해하고 평행판, 원통형 그리고 구형 축전기에서 전기용량을 구해보세요.

◆ 전기용량(정전용량)

▪ **Calculating the Capacitance**

$$Q = CV \Rightarrow C = \frac{Q}{V} = \frac{\varepsilon \oint \vec{E} \cdot d\vec{s}}{\int \vec{E} \cdot d\vec{l}}$$

단위 : $F(farad)$

▪ **Calculating the Potential Difference**

$$V = -\int_{\infty}^{r} \vec{E} \cdot d\vec{l}$$

✓ 경로와 무관
→ $\vec{E}$: 보존장
✓ 단위 : V(볼트), J/C

i) V > 0 : 위치에너지 증가 → **외력이 한 일**
ii) V < 0 : 위치에너지 감소 → **전기장이 한 일**

▪ **Calculating the Electric Field**

$$\vec{E} = \frac{\vec{F}}{Q_0}$$

• 전기장의 세기(전계강도) (electric field density)

✓ 단위: N/C or V/m

➢ 전기선속[전속]electric flux

$$\Phi_E = \int_s \vec{E} \cdot d\vec{s} \qquad \psi = \int_s \vec{D} \cdot d\vec{s}$$

❖ **Gauss's Law**

$$\therefore \oint_s \vec{E} \cdot d\vec{s} = \frac{Q_{in}}{\varepsilon_0} \qquad \therefore \oint_s \vec{D} \cdot d\vec{s} = Q_{in}$$

$$\left(Q_{in} = \int_v \rho_v dv \right) \qquad \left(\vec{D} = \varepsilon_0 \vec{E} \right)$$

◆ 평행판 축전기의 전기용량

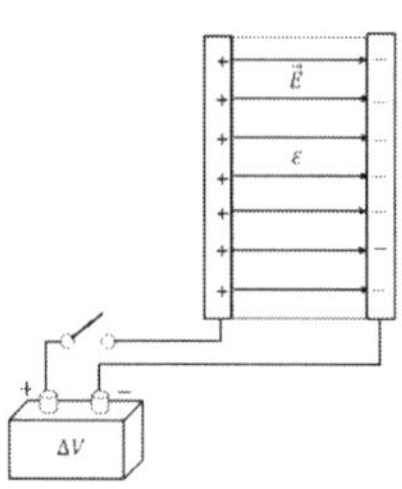

1) 전기장 구하기

$$\vec{E} \cdot \vec{s} = \psi_E = \frac{Q_{in}}{\varepsilon_0}$$

$$\psi_E = \vec{E} \cdot \vec{s} = Es = \frac{Q_{in}}{\varepsilon}$$

$$E = \frac{Q}{\varepsilon s} \Rightarrow E = \frac{\rho_s}{\varepsilon_0}$$

$$(Q = \rho_s s)$$

2) 전위차 구하기

$$\Delta V = -\int_i^f \vec{E} \cdot d\vec{s}$$

Case 1. 시험전하가 +쪽에서 –쪽으로 이동

$$\Delta V = -\int_0^d \vec{E} \cdot d\vec{l}$$

$$= -\int_0^d E dx = -\int_0^d \frac{\rho_s}{\varepsilon} dx$$

$$= -\frac{\rho_s}{\varepsilon} \int_0^d dx$$

$$\Delta V = -\frac{\rho_s d}{\varepsilon} \qquad (\rho_s = Q_{in}/s = Q/s)$$

$$\Delta V = -\frac{Qd}{\varepsilon s}$$

Case 2. 시험전하가 -쪽에서 +쪽으로

$$\Delta V = -\int_d^0 \vec{E} \cdot d\vec{l}$$

$$= -\int_d^0 E dx = -\int_d^0 \frac{\rho_s}{\varepsilon} dx$$

$$\Delta V = +\frac{Qd}{\varepsilon s} \qquad (\rho_s = Q/s)$$

3) 전기용량 구하기

$$C = \frac{Q}{\Delta V} \Rightarrow C = \frac{Q}{Qd/\varepsilon s}$$

$$\therefore C = \varepsilon \frac{s}{d}$$

◆ Coaxial Capacitor

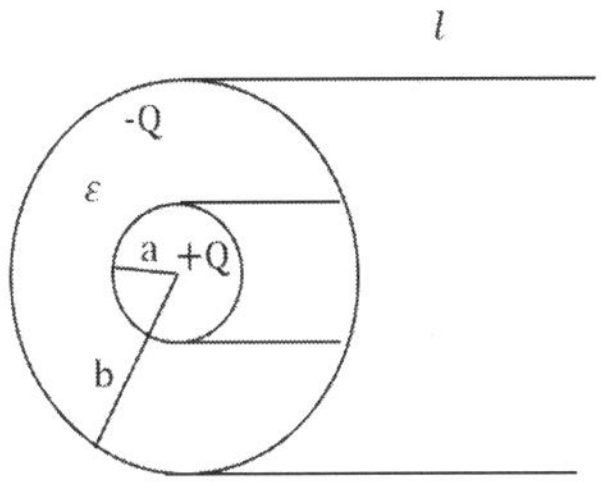

1) 전기장: $\oint \vec{E} \cdot \vec{ds} = \Phi_E = \frac{Q_{in}}{\varepsilon_0}$

$E(2\pi\rho l) = \frac{Q}{\varepsilon}$ ⇨ $\therefore \vec{E} = \frac{Q}{2\pi\rho l\varepsilon}\vec{a}_\rho$

2) 전위: $V = -\int_{\infty}^{r} \vec{E} \cdot \vec{dl}$

$= -\int_b^a \left[\frac{Q}{2\pi\varepsilon\rho l}\vec{a}_\rho\right] \cdot d\rho(\vec{a}_\rho)$

$\therefore V = \frac{Q}{2\pi l\varepsilon}\ln\frac{b}{a}$

3) 전기용량: $C = \frac{Q}{\Delta V}$

$\therefore C = \frac{2\pi l\varepsilon}{\ln\frac{b}{a}}$

◆ Spherical Capacitor

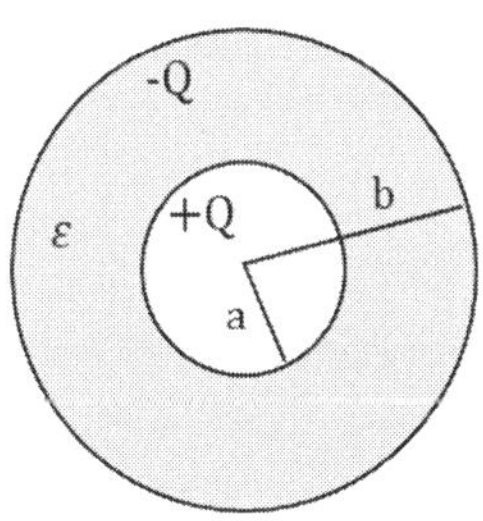

1) 전기장: $\oint \vec{E} \cdot \vec{ds} = \Phi_E = \frac{Q_{in}}{\varepsilon_0}$

$E(4\pi r^2) = \frac{Q}{\varepsilon}$ ⇨ $\therefore \vec{E} = \frac{Q}{4\pi\varepsilon r^2}\vec{a}_r$

2) 전위: $V = -\int_{\infty}^{r} \vec{E} \cdot \vec{dl}$

$= -\int_b^a \left[\frac{Q}{4\pi\varepsilon r^2}\vec{a}_r\right] \cdot dr(\vec{a}_r)$

$\therefore V = \frac{Q}{4\pi\varepsilon}\left(\frac{1}{a} - \frac{1}{b}\right)$

3) 전기용량: $C = \frac{Q}{\Delta V}$

$\therefore C = \frac{4\pi\varepsilon}{\frac{1}{a} - \frac{1}{b}}$

5장

전류와 저항

Flipped Learning	전류와 전류밀도 총정리
URL	https://youtu.be/HTph7vmSNsc

Flipped Learning	옴(Ohm)의 법칙과 저항 총정리
URL	https://youtu.be/9VPaJNEe3YE

◆ 주요 학습 내용

1. 전류의 정의
2. 유동속력과 전류밀도
3. 옴의 법칙
4. 저항과 비저항
5. 전기회로의 일률

Georg Simon Ohm
1789 ~ 1854

학습목표

1. 전류의 정의를 이해하고 설명할 수 있다.
2. 유동속력을 이해하고 전류밀도에 관한 식을 유도할 수 있다.
3. 옴(Ohm)의 법칙을 이해하고 문제에 적용할 수 있다.
4. 색코드를 이용하여 저항값을 읽을 수 있다.
5. 물질의 저항에 관한 식을 유도하고, 저항과 비저항의 차이점을 설명할 수 있다.
6. 전력의 정의를 유도하고 문제에 적용하여 계산할 수 있다.

내용요약

- 전류의 정의는 $i = \frac{dq}{dt}$이다. SI 단위는 $\mathrm{C/s}$ 또는 A(ampere)인데 SI 기본 단위 7개 중 하나이다.
- 전체 전하량은 $q = \int dq = \int_0^t i\,dt$이다.
- 전기장이 만드는 전기력에 의해 움직이는 전자는 도선 속에서 금속의 원자와 충돌하게 되어 직선으로 이동하지 못하고 좌충우돌하며 서서히 전진하게 되는데 이를 유동속력(drift speed)이라고 한다.
- 도선 속에서 움직이는 전하의 총 전하량은 $\triangle Q = (nA\triangle x)q$이다.
- 전류밀도는 $\vec{J} = (nq)\vec{v}_d$이고, SI 단위는 $\mathrm{A/m^2}$이다.
- 옴의 법칙(Ohm's Law)은 $V = IR$이고, 관습상 법칙이라고 부르지만, 특정한 물질에서만 성립하는 실험식으로 자연의 기본 법칙은 아니다.
- 저항(Resistance)에 대한 식은 $R = \frac{\triangle V}{I}$이고, SI 단위는 $\mathrm{V/A}$ 또는 Ω(ohm)이다.
- 전기장과 전류밀도 사이에 비례관계가 성립하는 물질은 옴성(ohmic) 물질이라 하고, 성립하지 않는 물질을 비옴성(nonohmic) 물질이라고 한다.
- 물질의 저항은 $R = \rho\frac{L}{A}$로 표현되며, 식에서 ρ는 물질의 종류나 온도 등에 영향을 받는 고유한 값으로 비저항(resistivity)이라 하고, SI 단위는 $\Omega \cdot \mathrm{m}$이다
- 저항은 물체의 성질이고 비저항은 물질의 성질이다.
- 일률의 정의 $P = \frac{dW}{dt}$에서 전력(electrical power)의 정의 $P = I\triangle V$을 유도할 수 있고, SI 단위는 $\mathrm{V \cdot A}$인데 일반적으로 W(watt)로 쓴다.
- 전력 P는 에너지가 전지에서 부하로 이동하는 비율을 나타낸다.

1 전류의 정의

Flipped Learning	전류
URL	https://youtu.be/3UhSvw3A4us

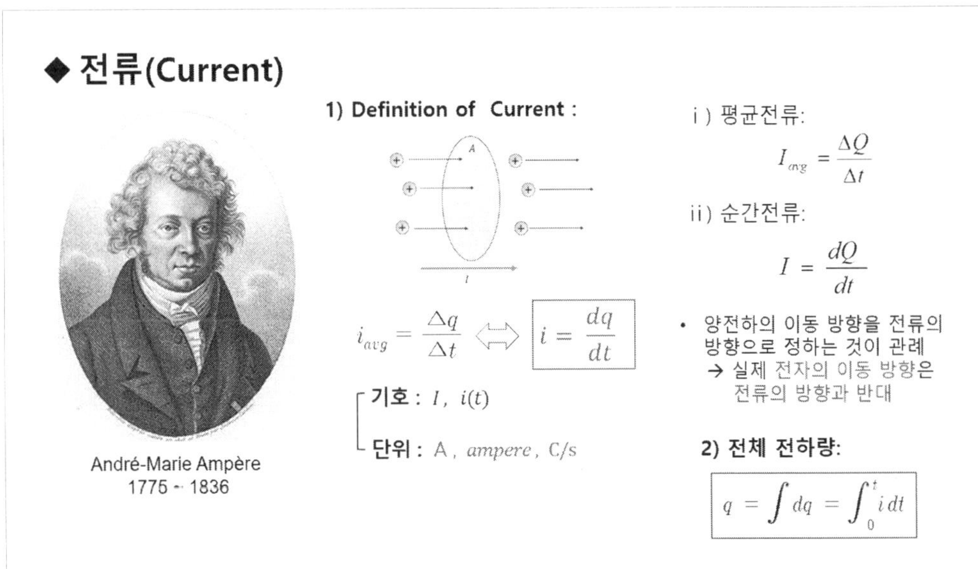

일상생활 속에서 전류(current)라는 단어를 흔히 사용한다. 그렇다면 전류의 물리학적 정의는 어떻게 되어 있을까? 그동안의 논의는 전하가 정지되어 있는 정전기학에 대해서 알아보았다. 이제 전하가 시간에 따라서 이동하는 경우를 고려해 보자. 전류란 전하의 흐름을 뜻한다.

전압이 걸리면 전하는 이동하게 되는데 움직이는 전하를 전하 운반자(charge carrier)라고 한다. 전하 운반자는 양전하거나 음전하일 수도 있고 또는 둘 다일 수도 있다. 예를 들어 도체의 경우에는 전자의 움직임이 전류의 흐름이다. 다른 예로 입자가속기에서 양성자 빔의 경우에는 양성자의 흐름이 전류이다. 또는 기체와 같은 경우에는 양전하와 음전하의 흐름이 전류가 된다.

일반적으로는 양전하가 흐르는 방향을 전류의 방향으로 생각한다. 그림 5.1과 같이 단면적 A를 통과하는 전하에 대해서 생각해 보자. 전류를 단면적을 통화하는 양전하의 흐름으로 정의하면 평균전류 i_{avg}는

$$i_{avg} = \frac{\Delta q}{\Delta t} \tag{1.1}$$

로 쓸 수 있다. Δt가 0으로 접근하면 순간전류 i를 정의할 수 있는데

$$i = \frac{dq}{dt} \tag{1.2}$$

이다. SI 단위는 C/s 또는 A(ampere)이고, SI 기본 단위 7개 중 하나이다. 식 5.2에서 전하와 시간은 스칼라량이므로 전류도 스칼라량이다. 회로를 해석할 때 전류의 움직임을 화살표로 그리는데, 이와 같은 표기에서 화살표는 벡터를 의미하는 것이 아니고, 도선을 따라 흐르는 전류의 방향을 표시한 것뿐이다. 전류의 방향은 앞에서 언급했듯이 관례상 양전하 운반자의 이동 방향으로 정했으므로, 실제 이동하는 전자의 이동 방향과는 반대 방향이다.

전체 전하량은 식 1.2에서 $dq = idt$를 시간 0에서 t까지 적분하여

$$q = \int dq = \int_0^t i\,dt \tag{1.3}$$

와 같이 구할 수 있다.

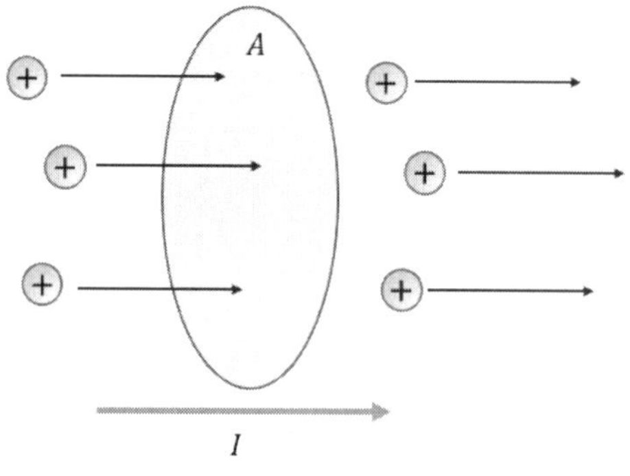

그림 5.1 전류

2 유동속력과 전류밀도

Flipped Learning	유동속력와 전류밀도
URL	https://youtu.be/9UoD8RYD258

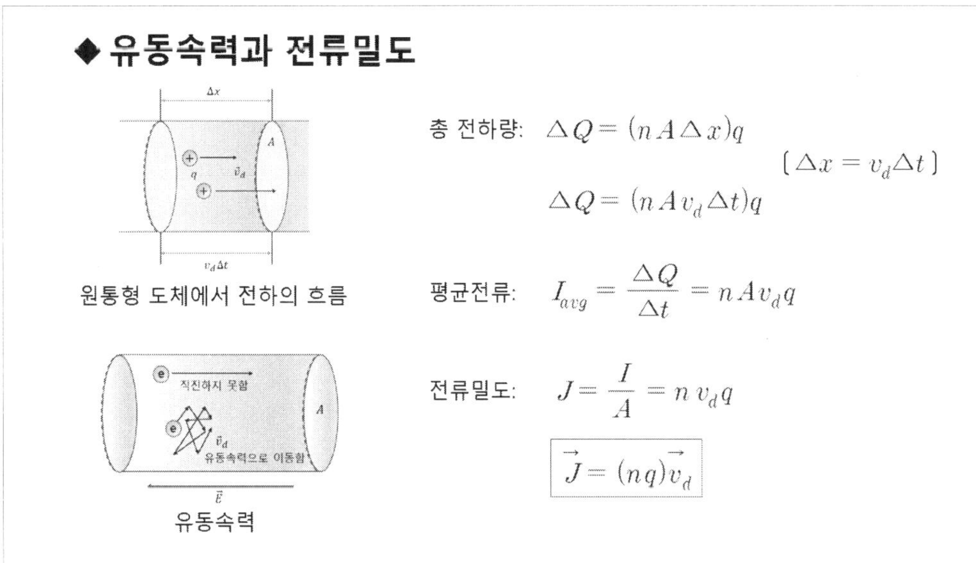

미시적인 모델을 이용하여 유동속력(drift speed)과 전류밀도(current density)의 개념을 이해해 보자. 앞 절에서 전류란 면적을 통과하여 흐르는 전류의 흐름으로 정의하였다. 그림 5.2는 양전하가 단면적 넓이가 A인 원통형 도체 내부를 이동해가고 있는 모습을 표현한 것이다. 이 현상은 양의 전하 운반자와 전류의 개념을 연결시켜 주는데, 평균전류로 정의해 보면

$$I_{avg} = \frac{\Delta Q}{\Delta t} \tag{2.1}$$

로 쓸 수 있다. 이 개념에 세부적인 의미를 부여해 보자. 시간이 Δt만큼 변하는 동안 전하는 Δx만큼 이동해 갈 것이다. Δx는 $\Delta x = v_d \Delta t$로 쓸 수 있다. v_d는 유동속력이라고 한다.

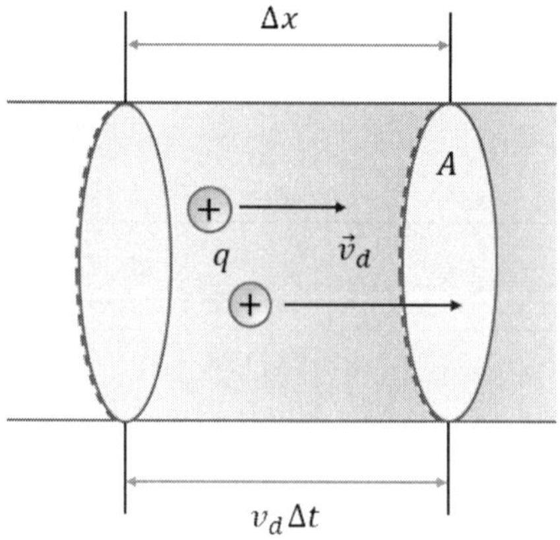

그림 5.2 원통형 도체에서 전하의 흐름

유동속력을 그림 5.3을 보며 이해해 보자. 그림과 같이 도체에 전위차를 가하여 전기장을 만들어 보자. 전위차에 의해서 형성된 전기장의 방향이 오른쪽에서 왼쪽으로 향하고 있다고 가정하면, 전자는 전기장이 만드는 전기력에 의해서 왼쪽에서 오른쪽으로 움직인다. 움직이는 전자는 도선 속에서 금속의 원자와 충돌하게 되어 직선으로 이동하지 못하고 좌충우돌하며 서서히 전진하게 된다.

이와 같이 지그재그로 움직이며 느리게 밀려가는 평균속력을 유동속력(drift speed)이라고 한다. 구리도선 내에서 전자의 유동속력은 10^{-5}에서 10^{-4} m/s 정도이다.

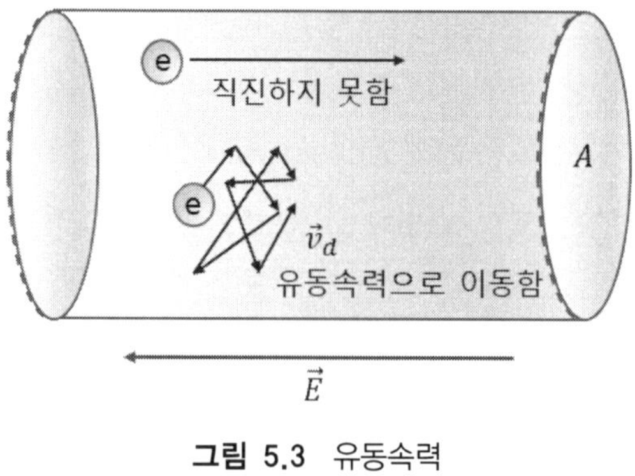

그림 5.3 유동속력

이제 유동속력의 개념을 식 2.1에 적용하여 총 전하량과 전류밀도의 정의를 유도해 보자. 총 전하량 ΔQ는

$$\Delta Q = (n A \Delta x) q \tag{2.2}$$

와 같이 된다. n은 전하 운반자 밀도, $A\triangle x$는 부피, q는 전하 운반자 한 개의 전하이다. $\triangle x$를 유동속력 v_d의 개념으로 다시 쓰면

$$\triangle Q = (n A v_d \triangle t) q \tag{2.3}$$

와 같이 전체 전하량을 정의할 수 있다.

식 2.3을 식 2.1에 대입하여 평균전류 I를 정의하면

$$I_{avg} = \frac{\triangle Q}{\triangle t} = n A v_d q \tag{2.4}$$

이와 같이 표현된다.

식 5.4에서 면적으로 전류를 나누어 전류밀도 J를 크기로 정의하면

$$J = \frac{I}{A} = n v_d q \tag{2.5}$$

이 된다. 유도속도 $\vec{v}_d$가 벡터량이므로 전류밀도를 벡터량으로 다시 쓰면

$$\vec{J} = (nq)\vec{v}_d \tag{2.6}$$

가 된다. nq는 전하 운반자 밀도라고 하고 SI 단위는 $\mathrm{C/m^3}$이고, 전류밀도 J의 SI 단위는 $\mathrm{A/m^2}$이다. 이 식은 단면적의 넓이 A와 전류의 방향이 서로 수직이고 전류밀도가 균일한 경우에 성립한다. 식 2.6을 양전하 q와 음전하 e로 구분하여 생각해 보자. 양전하인 경우 nq는 양수가 되고, 전류밀도 $\vec{J}$와 양전하의 이동 방향 $\vec{v}_d$는 같은 방향이다. 음전하의 경우는 ne로 표기할 수 있고, 음수이므로 $\vec{J}$와 $\vec{v}_d$방향도 반대 방향이다.

3 옴의 법칙

Flipped Learning	Ohm의 법칙과 저항
URL	https://youtu.be/A9cNymKMdzU

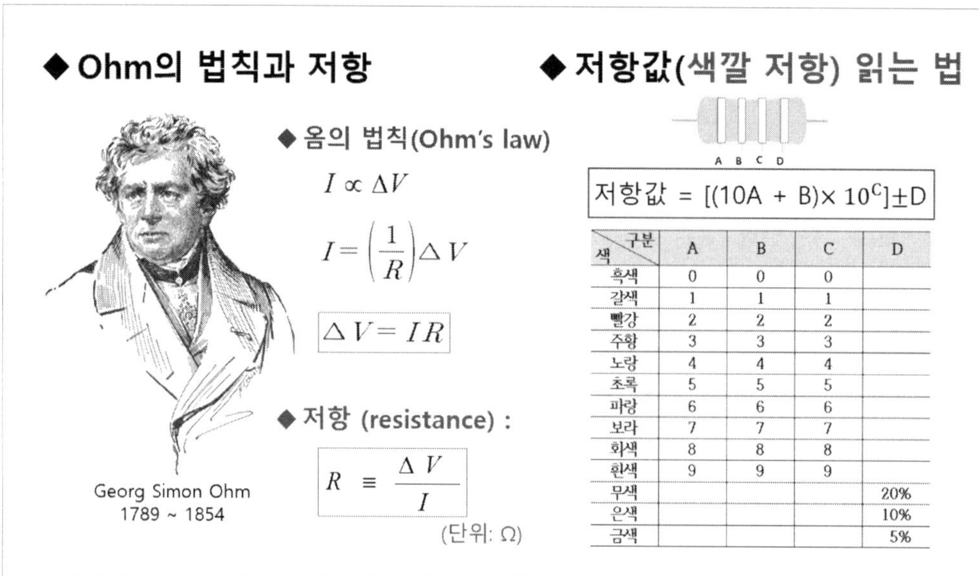

색＼구분	A	B	C	D
흑색	0	0	0	
갈색	1	1	1	
빨강	2	2	2	
주황	3	3	3	
노랑	4	4	4	
초록	5	5	5	
파랑	6	6	6	
보라	7	7	7	
회색	8	8	8	
흰색	9	9	9	
무색				20%
은색				10%
금색				5%

전기회로에서 옴의 법칙을 이해하는 것은 매우 중요하다. 옴의 법칙과 저항과의 관계에 대해서 알아보자. 19세기 초에 과학자들은 전위차와 전류 사이의 관계를 이해하기 위한 실험을 수행하였다. 이들 사이의 관계를 독일의 과학자 옴(Georg Simon Ohm)이 정리하여 수식화시켰다. 실험 방법은 저항기에 전위차를 주어 흐르는 전류의 양을 전위차의 크기와 방향을 바꿔가며 측정하면 된다. 저항기란 특정한 저항값을 갖는 도체를 말한다.

실험 결과 저항기에 흐르는 전류는 전위차에 비례한다는 결론을 얻었다.

$$I \propto \Delta V \tag{3.1}$$

전위차를 변화시켜가며 전류에 대한 그래프를 그려보면 직선이 나오는데, 직선의 기울기를 $1/R$로 놓고 식 5.10을 다시 쓰면

$$I = \left(\frac{1}{R}\right)\Delta V \tag{3.2}$$

이 되고, 전위로 간단하게 정리하면

$$\Delta V = IR \tag{3.3}$$

이 된다. 흔히 이 식을 옴의 법칙(Ohm's Law)이라고 부른다. 옴의 법칙은 관습상 법칙이라고

부르지만, 특정한 물질에서만 성립하는 실험식으로 자연의 기본 법칙은 아니다.

전도물질을 바꾸어가며 위 실험을 반복해 보면 저항(Resistance)에 대한 식을 구할 수 있는데

$$R = \frac{\Delta V}{I} \tag{3.4}$$

로 표현된다. 저항의 SI 단위는 V/A 또는 Ω(ohm)이다.

문제 색코드가 아래 표와 같을 때 저항값을 써라.

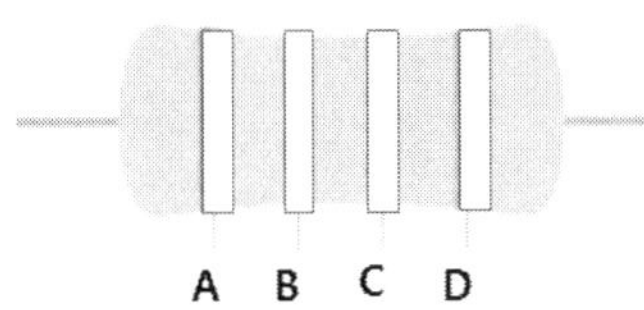

A	B	C	D
빨강	파랑	초록	금색

풀 이 $2.6 \pm 5\%\ \mathrm{M\Omega}$

문제 저항값이 $5.0\mathrm{M\Omega} \pm 10\%$일 때, 각 영역에 해당하는 색깔을 써라.

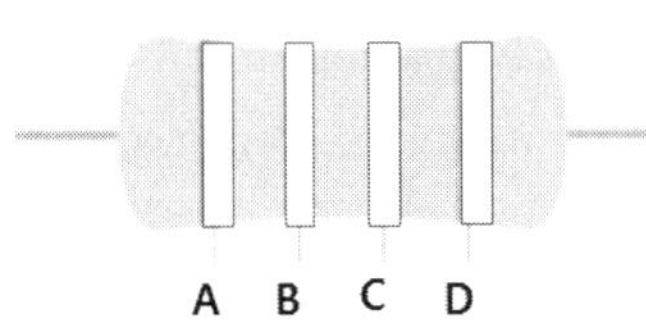

풀 이

A	B	C	D
초록	검정(흑)	초록	은색

4 저항과 비저항

Flipped Learning	저항과 비저항
URL	https://youtu.be/X_LGonZNweE

◆ 저항과 비저항

도체의 전류밀도: $\vec{J} = \dfrac{I}{A} = nq\vec{v}_d$ $\quad\quad$ $\vec{J} = \sigma\vec{E}$:전기장과 전류밀도 관계

σ: 전도도(conductivity)

$$\frac{I}{A} = J = \sigma E$$

$$\frac{I}{A} = \sigma\frac{V}{d} \qquad (V = Ed)$$

$$I = \left(\sigma\frac{A}{d}\right)V \iff I = \left(\frac{1}{R}\right)V$$

$$R = \left(\frac{1}{\sigma}\right)\frac{L}{A} \qquad \left(\rho = \frac{1}{\sigma}\right)$$

ρ: 비저항(resistivity) SI단위: $\Omega \cdot m$

$$\boxed{R = \rho\frac{L}{A}}$$ SI단위: Ω

✓ 전류가 흐르지 못하도록 방해하는 성질을 → 전기저항 또는 저항이라고 함

크기와 단면적이 같은 구조를 가지는 구리 막대와 알루미늄 막대의 양 끝단에 같은 전위차를 걸어주는 경우를 상상해 보자. 두 막대에 흐르는 전류의 양은 같을까? 그렇지 않다. 기하학적 구조가 같더라도 전류는 서로 다르게 흐른다. 이와 같은 차이를 만들어 주는 것은 도체마다 전기 저항이 다르기 때문이다. 도체가 정적 평형 상태에 있지 않고 도체 내부에 전기장이 있어서 전하가 이동하는 경우에 대한 물리적 특성에 대해서 생각해 보자.

앞 절에서 단면적이 A이고 전류 I가 흐르는 도체의 전류밀도는

$$\vec{J} = \frac{I}{A} = nq\vec{v}_d \tag{4.1}$$

임을 알았다. 임의 물질에서 전기장과 전류밀도는 비례($J \propto E$)하므로

$$\vec{J} = \sigma \vec{E} \tag{4.2}$$

로 쓸 수 있고, 비례상수 σ는 전도도(conductivity)를 뜻한다. 전기장과 전류밀도 사이에 비례관계가 성립하는 물질은 옴성(ohmic) 물질이라고 하고, 성립하지 않는 물질을 비옴성(nonohmic) 물질이라고 한다.

이제 식 4.1과 4.2에서 저항과 비저항 사이의 관계를 찾아보자. 전류밀도의 크기로 두 식을 다시 쓰면

$$\frac{I}{A} = J = \sigma E \tag{4.3}$$

이 된다. 전기장 E는 전위 V와의 관계식에서 $V = E\,d$가 성립하므로 식 4.3에 대입하면

$$\frac{I}{A} = \sigma \frac{V}{d} \tag{4.4}$$

가 된다. 전류에 대한 식으로 정리하면

$$I = \left(\sigma \frac{A}{d}\right) V \tag{4.5}$$

가 된다. 이 식을 $I = \left(\frac{1}{R}\right) V$와 비교하여 저항 R로 쓰면

$$R = \left(\frac{1}{\upsilon}\right) \frac{L}{A} \tag{4.6}$$

이다. 전도도 σ와 비저항(resistivity) ρ는

$$\rho = \frac{1}{\sigma} \tag{4.7}$$

관계가 성립하므로 식 4.6에서 물질의 저항 R을

$$R = \rho \frac{L}{A} \tag{4.8}$$

와 같이 쓸 수 있다. ρ는 물질의 종류나 온도 등에 영향을 받는 고유한 값으로 비저항이라 하고 저항의 비율을 뜻한다. 비저항의 SI 단위는 $\Omega \cdot \mathrm{m}$ 이다. 식에서 L은 도선 길이이고 A는 단면적이다. 저항은 물체의 성질이고, 비저항은 물질의 성질이다.

5 전기회로의 일률

◆ **전력(Electrical Power)**

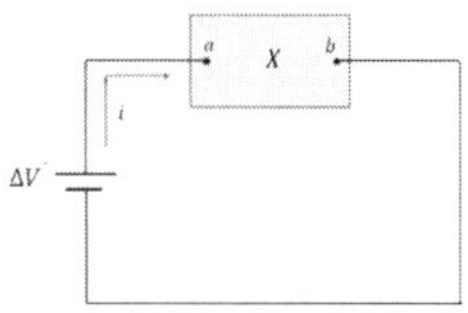

$$dU = \Delta V dq$$

$$P = \frac{dW}{dt} = \frac{dU}{dt}$$

$$P = \frac{dU}{dt} = \frac{\Delta V dq}{dt} = \left(\frac{dq}{dt}\right)\Delta V$$

전력(Electric Power) : $\boxed{P = I\Delta V}$ (단위: W)

$$\boxed{P = I\Delta V = I^2 R = \frac{(\Delta V)^2}{R}}$$

✓ 에너지의 다른 표현:
$1\text{kWh} = 10^3\text{W} \times 3600\text{s} = 3.60 \times 10^6\text{J}$

◆ **전기에너지의 변화**

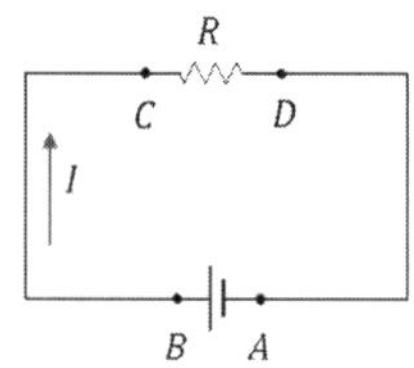

- A→B : 계의 전기 위치에너지 증가
  전지의 화학 에너지 감소
- C→D : 전기 위치에너지 감소.
  열에너지로 변환
- B→C 및 D→A :
  도선의 저항이 매우 작으므로
  에너지 전환 무시

그림 5.4와 같이 미지의 부하(load)가 연결되어있는 회로를 고려해 보자. 전지와 부하를 연결한 도선은 저항이 없다고 가정하고, 도선엔 전류 I가 일정하게 흘러간다. 전지의 전압차가 ΔV이므로 부하 양단에 걸리는 전압차도 ΔV이다. 단자 사이의 전압은 단자 a의 전압이 단자 b의 전압보다 높다.

이제 전하량 dq이 시간 dt동안 부하 X를 통해 a에서 b로 이동하는 경우를 고려해 보자. 단자 a와 b사이를 통과하는 동안 dq의 전위는 ΔV 만큼 감소한다. 그러므로 dq의 전기 위치 에너지도 dU 만큼 감소한다. 전위의 정의

$$dU = \Delta V dq \tag{5.1}$$

을, 일률의 정의

$$P = \frac{dW}{dt} = \frac{dU}{dt} \tag{5.2}$$

에 대입하면

$$P = \frac{dU}{dt} = \frac{\Delta V dq}{dt} = \left(\frac{dq}{dt}\right)\Delta V \tag{5.3}$$

이다. 정리하면 전력(electrical power)의 정의는

$$P = I \Delta V \tag{5.4}$$

로 표현된다. SI 단위는 V · A인데 일반적으로 W(watt)로 쓴다. 전력 P는 에너지가 전지에서 부하로 이동하는 비율을 나타낸다. 즉, 전하 q가 부하를 통하여 흐를 때 계가 잃어버리는 전기 위치 에너지의 시간 변화율을 뜻한다.

만약 미지의 부하가 저항이라고 가정해 보고 전력을 구해보자. 식 5.4에 $\Delta V = IR$을 대입하면

$$P = I\Delta V = I(IR) = I^2 R \tag{5.5}$$

이 된다. 식의 의미는 저항에 의한 전기에너지의 소모율을 뜻한다. 또는 $I = \Delta V / R$을 대입하여

$$P = I\Delta V = \left(\frac{\Delta V}{R}\right)\Delta V = \frac{(\Delta V)^2}{R} \tag{5.6}$$

로 쓸 수도 있다. 이 식 또한 전기 위치 에너지가 저항에 의해서 열에너지로 전환된 저항 소모율을 의미한다.

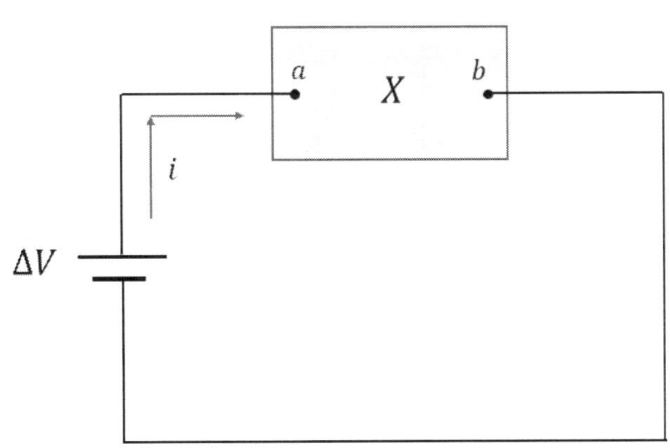

그림 5.4 전력의 개념

• 물리학뿐만 아니라 화학과 생물학에서도 합리적인 과학이 시작됩니다. 화학과 생물학의 주요 변화를 조사해 보고 토론해 보세요. 화학이나 생물학도 물리학, 특히 양자역학으로 설명할 수 있습니다.

◆ 합리적 과학의 시작 / 화학과 생물학

▪ **앙투안로랑 드 라부아지에**

Antoine-Laurent de Lavoisier
(1743년~1794년)

- **연소과정**
  「플로지스톤」**설 폐기**
  → 산소
- **질량보존의 법칙**

✓ 의의 :
화학반응
→ 정량적 방법 도입

▪ **찰스 로버트 다윈**

Charles Robert Darwin
(1809년~ 1882년)

- **진화론**
  『종의 기원**(1859년)**』
  자연 선택(Natural Selection)

✓ 의의 :
→ 진화 메커니즘의 이해

보충 과학

◆ 일반 상대성 이론(theory of general relativity)

❖ **배경**

- **뉴턴의 기적의 해(1666년)**
  - 뉴턴의 만유인력의 법칙
    (Newton's Law of Universal Gravitation)

- **아인슈타인의 기적의 해(1905년)**
  「물리학 연보(Annalen der Physik)」

Isaac Newton
1642-1727

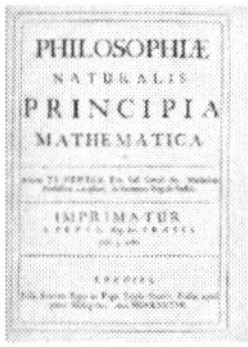

1687년

$$F = G\frac{m_1 m_2}{r^2}$$

- 특수 상대성 이론
  [광속의 불변의 원리]

즉각적인
'원격작용(action at a distance)'

? 새이론의 필요성 !

Albert Einstein
1879-1955

◆ 일반 상대성 이론(theory of general relativity)

- **등가원리(equivalence principles), 1907년**

➢ **회고:** 생애 가장 행복했던 생각**(the happiest thought of my life)**

➢ **일반상대성이론의 기본 원리**

- 관성력과 중력이 동등하다는 원리
- 중력 질량과 관성 질량이 같음

$$mg = F = ma$$

✓ 가속도와 중력을 구별할 수 없다.

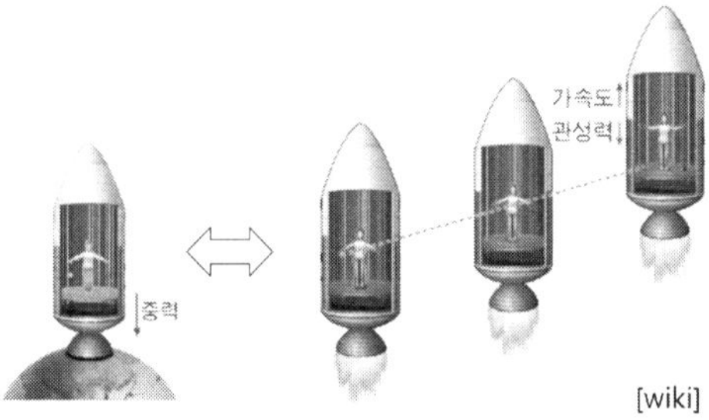

[wiki]

- 등가원리: 탑승객의 입장에서 엘리베이터가 위로 가속하는지 중력이 강해졌는지를 구분할 길이 없다.

◆ 일반 상대성 이론(theory of general relativity)

▪ 에딩턴, 일식 관측

아서 스탠리 에딩턴
1882-1944

• 아인슈타인

태양 근처를 지나는 광선은 태양의 중력장의 영향으로 휜다.

• 에딩턴

개기 일식을 관측하기 위해
전쟁 직후인 1919년 5월 29일
아프리카 근처의 프린시페 섬으로 떠남

- 1919년 5월 29일 개기 일식 사진들 중 하나가
- 1920년 그의 논문에 게재되었고

→빛이 휨을 보여줌

아서 에딩턴이 찍은 일식 사진
29 May 1919

보충 문제

01 아래 그림은 전류가 흐르는 도선을 확대하여 그린 것이다. 도선에 흐르는 전하량 $\triangle Q$ 을 정의하고, 전류밀도 J 를 유동속력 v_d 을 포함한 물리량으로 유도하라.

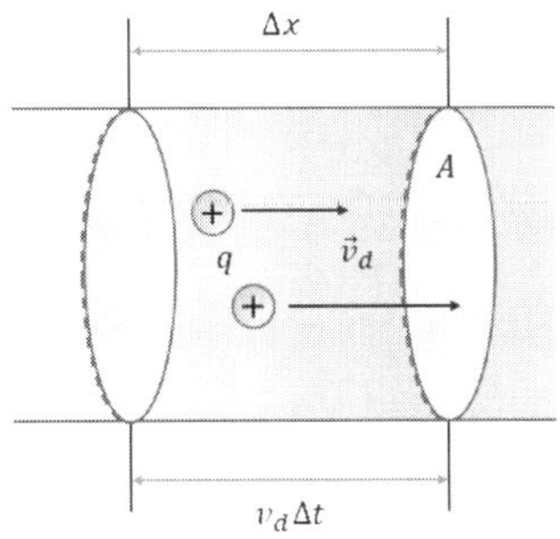

풀이 $J = nqv_d$

☞ 본문 내용 참조

02 색코드가 아래 표와 같을 때 저항값을 써라

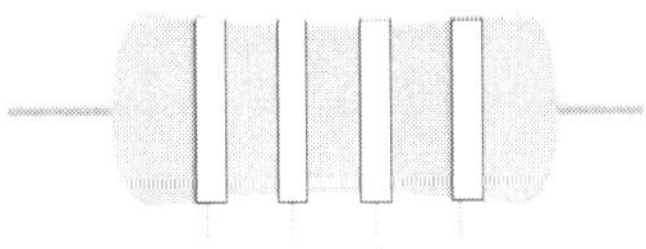

A	B	C	D
주황	노랑	초록	은색

풀이 $3.4 \pm 10\%\ \mathrm{M\Omega}$

03 저항기의 값이 $7.4\,\mathrm{M\Omega} \pm 10\%$ 라고 할 때, 각 영역에 해당하는 색깔을 써라.

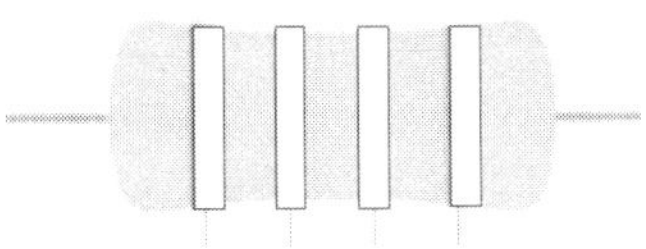

풀이

A	B	C	D
보라	노랑	초록	은색

04 전류밀도에 관한 식 $J = \sigma E$ 을 이용하여 저항 R 과 비저항 ρ 사이의 관계를 유도하라.

풀이 $R = \rho \dfrac{d}{A}$

☞ 본문 내용 참조

보충 심화

• 회로 이론을 공부할 때 전류와 저항의 개념을 이해하는 것은 매우 중요합니다. 심화 자료의 일부는 전자기학 내용을 포함합니다. 부담 갖지 말고 흐름을 이해하려고 노력해 보세요.

◆ 물질의 종류

❖ 전도율(도전율) : σ

- 전류가 흐르는 정도를 나타내는 물리량
- 물질의 고유한 성질
  (물체의 크기나 모양에 관계없음)
- 고유저항(비저항)의 역수
- 온도가 감소 하면 증가→ 초전도체
- 단위: Ω^{-1}/m, mho/m, S/m

✓ 도체
✓ 금속
⟺
✓ 부도체
✓ 절연체(유전체)

반도체

※ 지멘스(siemens) 기호 S :
- 전도율의 국제 단위 - 옴의 역수
- 1 볼트의 전압이 걸렸을 때 1 암페어의 전류를 통과시키는 전도율

◆ 전류의 정의

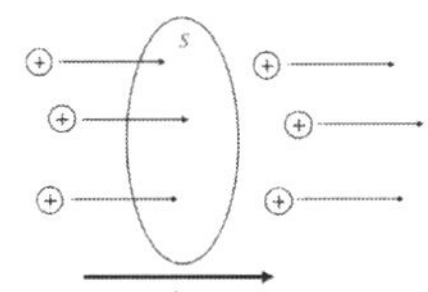

$$i = \frac{dq}{dt}$$

✓ 기호 : I or $i(t)$
✓ 단위 : A or $ampere$ or C/s

❖ 전체 전하량:

$$Q = \int dq = \int_0^t i\,dt$$

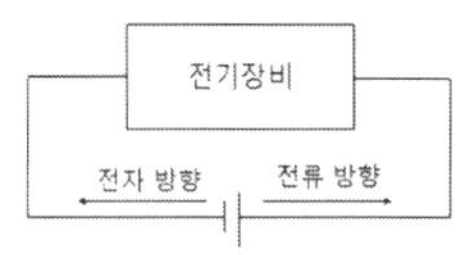

1) 평균전류:

$$I_{avg} = \frac{\Delta Q}{\Delta t}$$

2) 순간전류:

$$I = \frac{dQ}{dt}$$

• 양전하의 이동 방향을 전류의 방향으로 정하는 것이 관례

◆ 저항

$$R = \frac{V}{I} = \frac{\int_v \vec{E} \cdot \vec{dl}}{\int_s \sigma \vec{E} \cdot \vec{dS}}$$

❖ 단면이 균일한 도체

▪ 도체의 전류밀도 ▪ 전기장과 전류밀도 관계

$$\vec{J} = \frac{I}{S} = nq\vec{v}_d \iff \vec{J} = \sigma\vec{E}$$

$$\frac{I}{S} = J = \sigma E$$

$$\frac{I}{S} = \sigma\frac{V}{\ell} \qquad [V = E\ell]$$

✓ 전류가 흐르지 못하도록 방해하는 성질을 전기저항 또는 저항이라고 함

$$I = \left(\sigma\frac{S}{\ell}\right)V \iff I = \left(\frac{1}{R}\right)V$$

$$R = \left(\frac{1}{\sigma}\right)\frac{\ell}{S} \qquad \left[\rho = \frac{1}{\sigma}\right]$$

$$\therefore R = \rho\frac{\ell}{S}$$

SI단위: Ω

ρ: 비저항(resistivity)
SI단위: $\Omega \cdot m$

σ: 전도율(conductivity)

◆ 전력

$$P = \frac{dW}{dt} = \vec{F} \cdot \frac{\vec{dr}}{dt} = \vec{F} \cdot \vec{v}$$

$$\vec{F_E} = Q\vec{E} \qquad Q = \int \rho_v dv$$

$$P = \int_v \rho_v dv \vec{E} \cdot \vec{v_d} = \int_v \vec{E} \cdot \rho_v \vec{v_d}\, dv$$

$$P = \int_v \vec{E} \cdot \vec{J} dv$$ Joule's law

전력밀도: $w_P = \frac{dP}{dv} = \vec{E} \cdot \vec{J} = \sigma|\vec{E}|^2$

일반 형:

$$P = \int_L E\,dl \int_S J\,dS = VI$$

$$P = I^2 R = \frac{V^2}{R}$$

6장

회로해석

Flipped Learning	키르히호프 법칙
URL	https://youtu.be/nv_gvT8JIUg

◆ 주요 학습 내용

1. 기전력과 부하저항
2. 저항기의 직렬연결
3. 저항기의 병렬연결
4. 키르히호프의 법칙
5. *RC* 회로에서 축전기의 충전
6. *RC* 회로에서 축전기의 방전

Gustav Robert Kirchhoff
1824~1887

학습목표

1. 기전력과 부하저항의 개념과 전압강하를 이해하고 설명할 수 있다.
2. 저항기 직렬연결에서 등가저항을 구할 수 있다.
3. 저항기 병렬연결에서 등가저항을 구할 수 있다.
4. 키르히호프 법칙을 이해하고 문제에 적용할 수 있다.
5. RC 회로에서 축전기의 충전과 시간상수를 유도할 수 있다.
6. RC 회로에서 축전기의 방전 관계식을 유도하고 설명할 수 있다.

내용요약

- 기전력은 낮은 전위에서 높은 전위로 전하를 이동시킬 때 필요한 일의 개념이다.
- 회로 내에서 기전력 ε을 일과 에너지의 관점으로 정의하면 $\varepsilon = \frac{dW}{dq}$이고, SI 단위는 V (volt)이다.
- 내부저항 Ir와 부하저항 IR이 있는 경우 기전력은 $\varepsilon = IR + Ir$이고, 전항에 의해 소모된 전압강하와 같다.
- 저항이 직렬로 연결되어 있는 경우, 등가저항은 $R_{eq} = \sum_{i=1}^{n} R_i$ 이다.
- 저항이 병렬로 연결되어 있는 경우, 등가저항은 $\frac{1}{R_{eq}} = \sum_{i=1}^{n} \frac{1}{R_i}$이다.
- 키르히호프 전류법칙(Kirchhoff's current Law; KCL)은 전하보존 법칙으로 $\sum_{junction} I = 0$ 이다.
- 키르히호프 전압법칙(Kirchhoff's voltage Law; KVL)은 에너지 보존 법칙이고 $\sum_{closedloop} \triangle V = 0$ 이다.
- 부호규칙 중에서 저항 규칙은 전류의 방향으로 저항기를 지나가면 전위차 $\triangle V$는 $-iR$ 이고 반대 방향이면 $+iR$ 이다.
- 기전력 규칙은 전지의 음극에서 양극 방향으로 지나가면 전위차 $\triangle V$는 $+\varepsilon$ 이고 반대 방향이면 $-\varepsilon$ 이다.

- RC 회로에서 축전기의 충전 방정식(charging equation)은 $R\frac{dq}{dt}+\frac{q}{C}=\varepsilon$ 이고, 전류는 $i(t)=\frac{\varepsilon}{R}e^{-t/RC}$ 이다.
- RC는 시간상수(time constant)라고 하며 $\tau=RC$ 이고, 축전기에 전하량의 63.2%가 충전되기 위해 필요한 시간으로, 전류가 처음 값의 $1/e$로 감소하는데 걸리는 시간을 의미한다.
- 축전기의 방전 방정식(discharging equation)은 $R\frac{dq}{dt}+\frac{q}{C}=0$ 이고, 전류는 $i(t)=-\frac{Q}{RC}e^{-t/RC}$ 이다.

1 기전력과 부하저항

◆ 기전력(Electromotive Force; emf)

1) **정의** : 폐회로에서 일정한 전류를 유지하도록 해주는 에너지 (예: 전지, 발전기 등)
2) **단위** : V(volt)
3) **의미** : 단위 전하당 전기가 한 일의 양을 뜻함

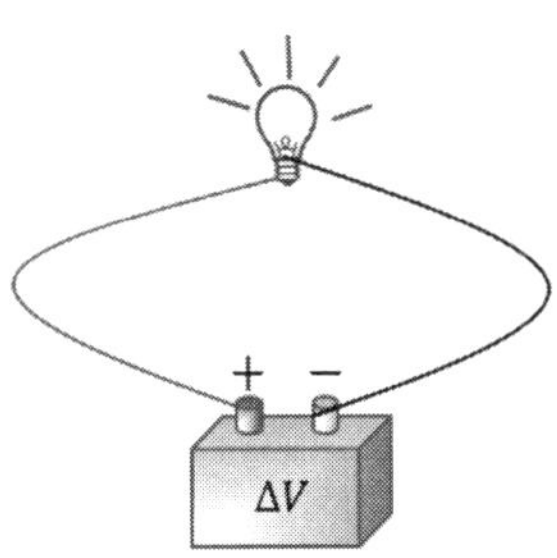

이상적인 전지가 한 일

$$W=\mathcal{E}q$$

1) 직류(Direct Current , DC) : 건전지
   항상 같은 방향으로 만 흐르는 전류
2) 교류(Alternating Current , AC) : 가정전원
   주기적으로 방향이 바뀌며 흐르는 전류

◆ 내부저항(internal resistance)

- 전지와 저항

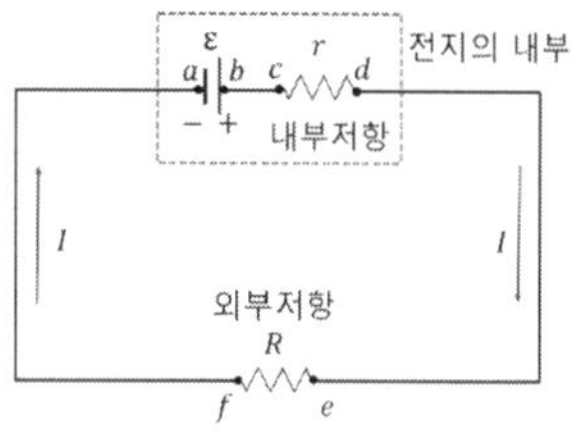

- 전위의 변화

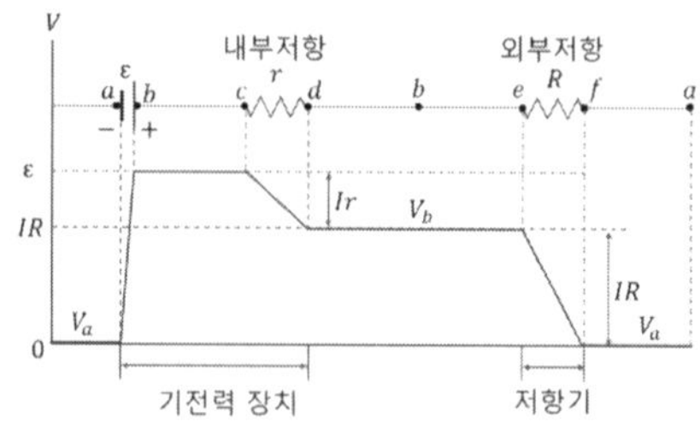

1) 단자 전압: $\Delta V = \mathcal{E} - Ir$

$\Delta V = IR$

$\mathcal{E} = IR + Ir$ (R: 부하저항)

2) 전류: $I = \dfrac{\mathcal{E}}{R+r}$

3) 전지의 전체 전력: $I\mathcal{E} = I^2R + I^2r$

저항기와 축전기 그리고 인덕터 등을 이용하여 간단한 회로를 구성할 수 있다. 회로를 구성하고 작동하게 하려면 에너지원이 필요하다. 이러한 에너지 공급 장치를 기전력(electromotive force; emf) 장치라고 부르고 ε로 표시한다. 대표적인 기전력 장치는 전지(battery)를 들을 수 있다.

회로 안에서 기전력 장치인 전지의 역할은 전하의 흐름을 일정하게 유지하고 공급해 주는 전하 펌프 같은 개념으로 이해하면 된다. 기전력은 두 단자(terminal) 사이에 전위차가 생기면 전위가 낮은 쪽에서 전위가 높은 쪽으로 전하를 이동시키는 역할을 한다. 그러므로 회로 내에서 기전력 ε을 일과 에너지의 관점으로 정의하면

$$\varepsilon = \frac{dW}{dq} \tag{1.1}$$

이다. 단위는 전위의 단위인 V(volt)이다. 식에서 알 수 있듯이 기전력은 낮은 전위에서 높은 전위로 전하를 이동시킬 때 필요한 일의 개념이다. 식 1.1을 이상적인 전지가 한 일의 개념으로 쓰면

$$W = \varepsilon q \tag{1.2}$$

이 된다.

기전력이라는 용어는 전기를 발생시키는 힘이라는 개념으로 오해할 수 있는 소지가 있다. 기전력은 힘을 뜻하는 것이 아니라 전위차인 볼트를 의미한다. 예를 들어 일상생활에서 사용하는 1.5 V 짜리 건전지에서 1.5 V가 뜻하는 것은 건전지의 양단이 공급할 수 있는 최대 전압을 의미한다. 이렇게 전지에 의해 공급되는 전류를 직류(direct current)라고 한다.

그림 6.1과 같이 저항 소자와 전지만으로 구성된 간단한 회로를 고려해 보자. 소자를 연결한 도선은 일반적으로 저항이 없다고 가정한다. 그림에서 점선으로 표시된 부분이 전지이다. 전지는 이상적인 기전력 ε과 내부저항(internal resistance) r로 구성되어 있다. 이상적인 전지로 가정하면 즉, 내부저항이 무시할 수 있을 만큼 작다고 보면, 전지의 기전력은 전지 양단의 전위차(단자 전압; terminal voltage)와 같게 된다. 그런데 전류 I가 흘러가는 실제 전지에서는 단자 전압과 기전력이 같지 않다.

전지에서 단자 전압과 기전력 사이에는

$$\Delta V = \varepsilon - Ir \tag{1.3}$$

와 같은 관계가 성립한다. 왜냐하면, 전위는 음극 단자에서 양극 단자로 지나갈 때 ε 만큼 커진다. 그 후 내부저항 r을 통과하며 전압강하(voltage drop)가 일어나 Ir 만큼 줄어들게 되기 때문이다. 그래서 단자 전압은 즉 전위차 ΔV는 식 1.3과 같이 된다. 만약 흐르는 전류가 매우 작다고 가정하면, 기전력 ε에 비해 내부저항 Ir의 전압강하는 무시할 수 있다. 내부저항을 0으로 놓으면 $V \approx \varepsilon$와 같이 근사가 되는데 이러한 기전력을 이상적인 기전력이라 한다.

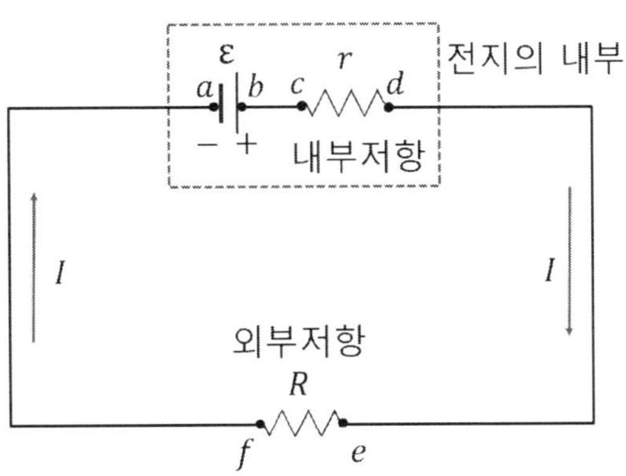

그림 6.1 전지와 외부저항

이제 부하저항 R(외부저항; load resistance)를 추가하여 전체 회로에 대해서 생각해 보자. 단자 전압 ΔV은 부하저항 R의 양단의 전위차와 같아야 한다. 즉, $V = IR$이 성립해야 하고, 이 관계를 식 1.3에 대입하면

$$IR = \varepsilon - Ir \tag{1.4}$$

이 된다. 기전력으로 정리하면

$$\varepsilon = IR + Ir \tag{1.5}$$

와 같이 표현되어, 그림 6.2와 같이 기전력 ε는 내부저항 Ir와 부하저항 IR에 의해 소모된 전압강하와 같게 됨을 알 수 있다.

식 1.5를 전류에 대해서 정리하면

$$I = \frac{\varepsilon}{R + r} \tag{1.6}$$

이 되어, 회로 내에서 전류는 부하저항과 내부저항에 모두 영향을 받음을 알 수 있다.

전력의 입장에서 생각해 보기 위해 식 1.5에 전류 I를 곱하면

$$I\varepsilon = I^2 R + I^2 r \tag{1.7}$$

이 된다. 식에서 $I\varepsilon$은 $I\Delta V$로 쓸 수 있고, 이는 전력 P의 정의다($P = I\Delta V$). 그러므로 기전력 장치의 전체 전력 $I\varepsilon$은 부하저항 I^2R와 I^2r로 소모되었음을 알 수 있다. 부하저항

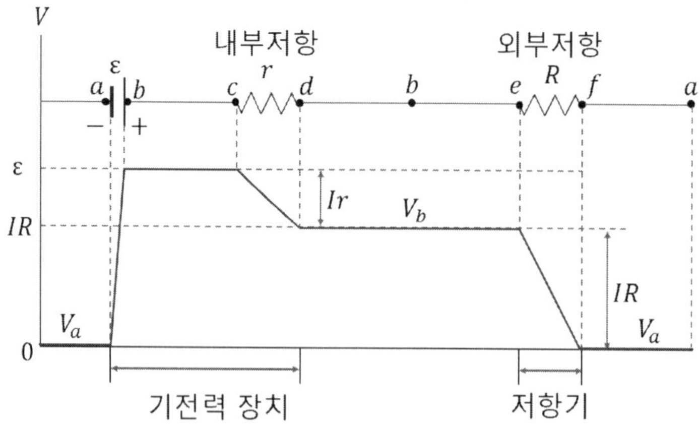

그림 6.2 전위의 변화

이라는 개념을 기본 회로에서 일반가정으로 확대해 보면 콘센트에 연결된 컴퓨터, 냉장고, 텔레비전 등 가장용 전자제품 모두를 부하저항으로 해석할 수 있다.

학습한 내용을 그림 6.3과 같은 간단한 예에 적용하여 기전력과 저항 사이의 관계를 이해해 보자. 기전력 24.0 V, 내부저항 $r = 3.50\ \Omega$ 인 건전지가 저항 $R = 6.50\ \Omega$ 에 연결되어 있다. 전류계 A와 전압계 V는 각각 얼마의 값을 읽는지 계산해 보자. 전류계가 읽는 값은

$$I = \frac{\varepsilon}{R+r} \tag{1.8}$$

에서

$$I = \frac{24\ \mathrm{V}}{6.50\ \Omega + 3.50\ \Omega} = 2.40\ \mathrm{A} \tag{1.9}$$

이다. 전압계는 $V_{ab} = V_{a'b'}$ 이다. 우선, 저항 기준으로 계산하면

$$V_{a'b'} = IR \tag{1.10}$$

에서

$$V_{a'b'} = (2.40\ \mathrm{A})(6.50\ \mathrm{ohm}) = 15.6\ \mathrm{V} \tag{1.11}$$

이다. 이번에는 전원 기준으로 계산하면

$$V_{ab} = \varepsilon - Ir \tag{1.12}$$

에서

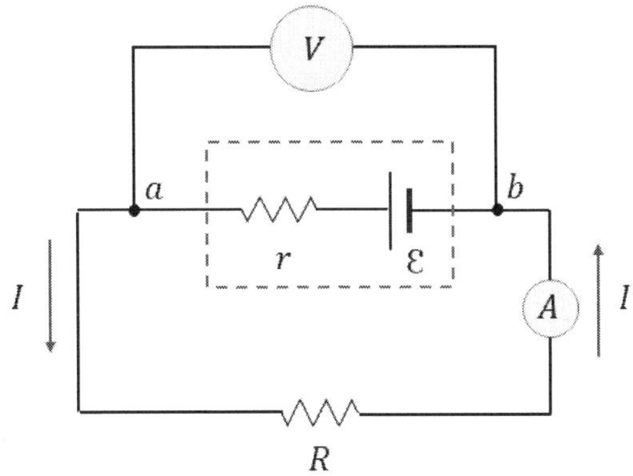

그림 6.3 기전력과 내부저항

$$V_{ab} = 24\ \text{V} - (2.40\ \text{A})(3.50\ \text{ohm}) = 15.6\ \text{V} \tag{1.13}$$

이다. 두 가지 모두 같은 결과를 얻는다.

문제 기전력이 25.0 V이고 부하저항 8.50 Ω 이고 내부저항이 0.0550 Ω 인 전지의 양단에 연결되어 있다. 1) 회로에 흐르는 전류와 2) 단자 전압을 구하라.

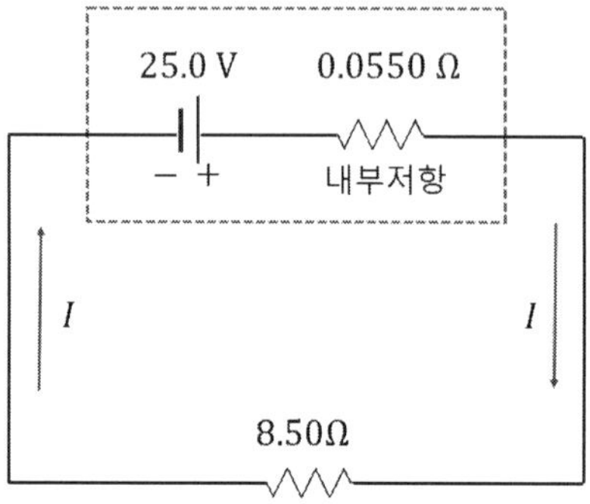

풀 이 1) 회로에 흐르는 전류를 구하기 위해서 기전력과 저항들 사이의 전압강하 관계식

$$\varepsilon = IR + Ir$$

를 이용한다. 구하려는 전류는

$$I = \frac{\varepsilon}{R + r}$$

에서

$$I = \frac{25.0\ \text{V}}{8.50\ \text{ohm} + 0.0550\ \text{ohm}} = 2.92\ \text{A}$$

이다.

2) 단자 전압을 구하기 위해서 전지에서 단자 전압과 기전력 사이의 관계식

$$\Delta V = \varepsilon - Ir$$

을 이용하면

$$\Delta V = 25.0\ \text{V} - (2.92\ \text{A})(0.0550\ \Omega) = 22.0\ \text{V}$$

이다.

2 저항기의 직렬연결

Flipped Learning	저항의 직렬과 병렬연결
URL	https://youtu.be/66eHEwO7QHM

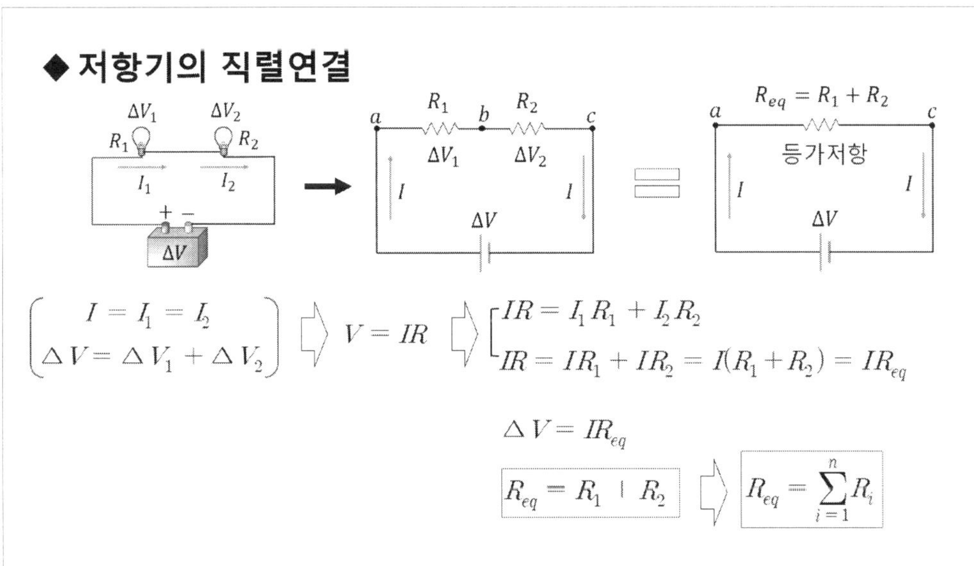

저항기(resistor)를 직렬과 병렬로 연결했을 때 물리적 특성에 대해서 알아보자. 직렬연결(series combination)은 하나 또는 그 이상의 저항기에 같은 전류가 흐르도록 연결된 경우이고, 병렬연결(parallel combination)은 하나 이상의 저항기에 전위차가 같도록 연결된 경우이다.

먼저 그림 6.4와 같이 두 개의 저항기가 직렬로 연결된 경우를 고려해 보자. 직렬로 연결되어 있을 때의 특징은 전류가 이동할 수 있는 경로가 하나라는 것이다. 경로가 하나밖에 없으므로 전류의 입장에서 보면 저항기 R_1 을 통해 흘러간 전류는 반드시 R_2 을 통해서도 흘러가야 한다. 전지를 통해서 흐르는 전류를 I 라하고, R_1과 R_2에 흐르는 전류를 I_1, I_2 라 하면

$$I = I_1 = I_2 \tag{2.1}$$

이 성립해야 한다. 다시 말해서 직렬연결에서는 임의 시간 동안에 같은 양의 전하가 두 저항기를 통해서 흘러가게 된다.

그렇다면 직렬로 연결한 경우 저항기의 전위차는 어떻게 될까? 전지의 전위차 ΔV는 각 저항기에 분배되어 나누어진다. 즉,

$$\Delta V = \Delta V_1 + \Delta V_2 \tag{2.2}$$

이 되고, 옴의 법칙 $V = IR$로 바꾸어 쓰면

$$IR = I_1 R_1 + I_2 R_2 \tag{2.3}$$

이 된다. 도선에 흐르는 전류는 모두 같은 전류이므로 I로 놓고, 두 개의 저항을 하나의 등가저항(equivalent resistance) R_{eq}로 쓰면

$$IR = IR_1 + IR_2 = I(R_1 + R_2) = IR_{eq} \tag{2.4}$$

이다. 즉 전지 양단과 등가정항 R_{eq}에 걸리는 전위차는

$$\Delta V = IR_{eq} \tag{2.5}$$

로 서로 같다.

그러므로 직렬로 연결된 회로에서는 두 개의 저항을 등가저항으로 대체할 수 있다.

$$R_{eq} = R_1 + R_2 \tag{2.6}$$

식 2.6을 여러 개의 저항이 직렬로 연결된 경우로 일반화하면

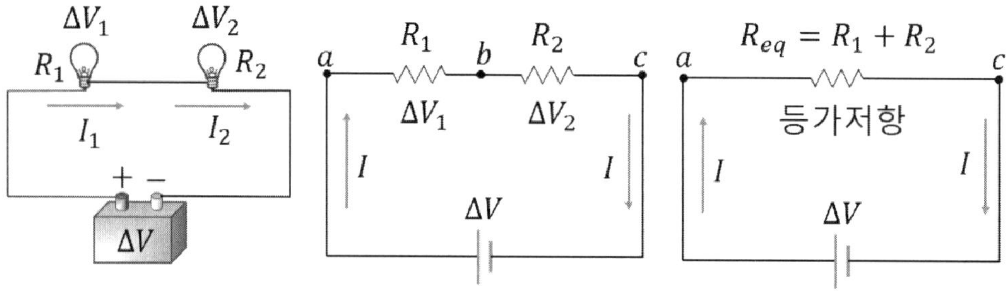

그림 6.4 직렬연결

$$R_{eq} = \sum_{i=1}^{n} R_i \tag{2.7}$$

와 같이 저항값을 모두 더해주면 된다.

문제 저항기가 직렬로 연결된 회로이다. 1) 등가저항 값과 2) 전지의 단자 전위가 12 V 라 할 때 점 a에서의 전위를 구하라.

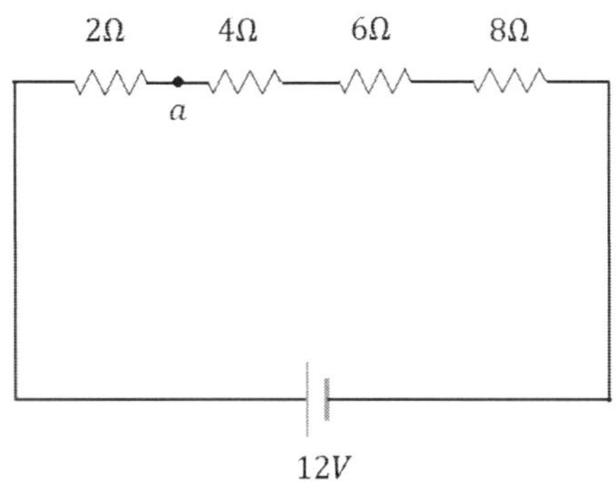

풀 이 1) 직렬회로의 등가저항은

$$R_{eq} = \sum_{i=1}^{n} R_i$$

이므로,

$$R_{eq} = 2\ \Omega + 4\ \Omega + 6\ \Omega + 8\ \Omega = 20\ \Omega$$

이다.

2) 점 a에서의 전위를 구하기 위해서 전류를 먼저 구한다. 직렬회로에서 각 저항기에 흐르는 전류는 모두 같다.

$$I = \frac{\Delta V}{R_{eq}} = \frac{12\ \text{V}}{20\ \Omega} = 0.60\ \text{A}$$

이다. 저항 2.0 Ω 에서 전압차를 구하면

$$\Delta V = IR = (0.60\ \text{A})(2.0\ \Omega) = 1.2\ \text{V}$$

이다. 점 a에서의 전위는

$$V_a = 12\ \text{V} - 1.2\ \text{V} = 10.8\ \text{V}$$

이다.

3 저항기의 병렬연결

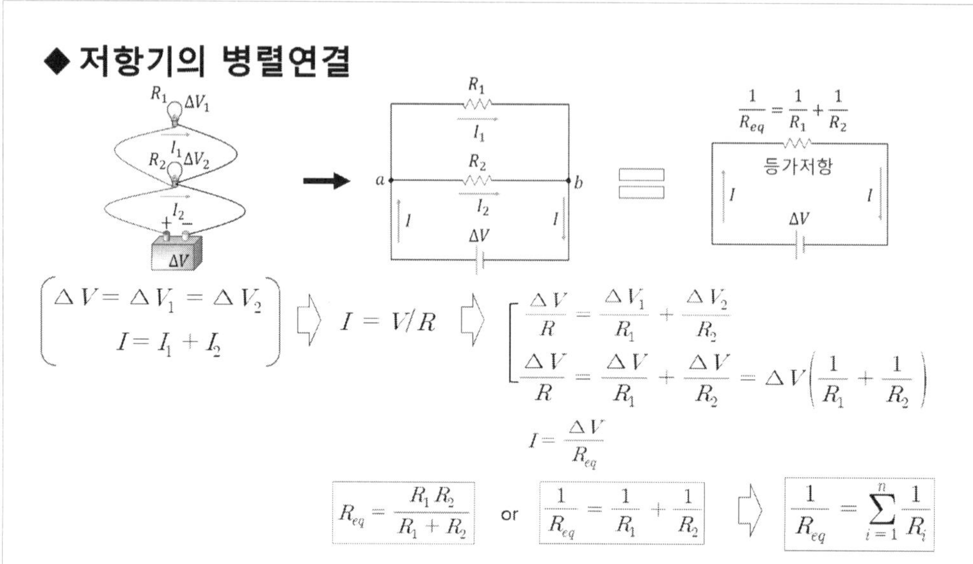

이제 저항기의 병렬연결에 대해서 알아보자. 그림 6.5와 같이 전지에 병렬로 연결된 두 개의 저항기를 고려해 보자. 저항기가 병렬로 연결되어 있을 때의 특징은 두 저항기가 전지의 양단에 똑같이 연결되어 있으므로 저항기 양단의 전위차가 같다는 것이다. 즉, 전기의 전위차 ΔV와 저항 R_1의 전위차 ΔV_1과 저항 R_2의 전위차 ΔV_2 사이에는

$$\Delta V = \Delta V_1 = \Delta V_2 \tag{3.1}$$

와 같은 관계가 성립한다.

병렬 회로에서 흐르는 전류는 나뉘어 일부는 R_1을 통해서 흐르고 나머지는 R_2을 통해서 흐른다. 그러므로 각각의 저항기를 통해서 흐르는 전류는 전지를 통해서 흐르는 전류보다 적어지게 된다. 전하는 보존되어야 하므로 전기를 통해서 흐르는 전류 I와 저항기 R_1과 R_2을 통해서 흐르는 전류 I_1과 I_2의 합은

$$I = I_1 + I_2 \tag{3.2}$$

같아야 한다. 옴의 법칙에서 $I = V/R$이므로

$$\frac{\Delta V}{R} = \frac{\Delta V_1}{R_1} + \frac{\Delta V_2}{R_2} \tag{3.3}$$

이다. 전위차는 모두 같으므로 ΔV 로 쓰고, 등가저항(equivalent resistance) R_{eq}로 다시 정리하면

$$\frac{\Delta V}{R} = \frac{\Delta V}{R_1} + \frac{\Delta V}{R_2} = \Delta V\left(\frac{1}{R_1} + \frac{1}{R_2}\right) = \Delta V\frac{1}{R_{eg}} \tag{3.4}$$

이다. 간단하게 옴의 법칙 형태로 쓰면

$$I = \frac{\Delta V}{R_{eq}} \tag{3.5}$$

로 등가저항에 흐르는 전류를 구할 수 있다. 두 개의 저항이 병렬로 연결된 회로에서 등가저항은 식 3.4에서

$$\frac{1}{R_{eq}} = \frac{1}{R_1} + \frac{1}{R_2} \tag{3.6}$$

와 같이 구할 수 있다. 정리하면

$$R_{eq} = \frac{R_1 R_2}{R_1 + R_2} \tag{3.7}$$

와 같이 두 저항의 곱을 합으로 나누어 주면 된다. 식 3.6을 여러 개의 저항이 병렬로 연결된 경우로 일반화하면

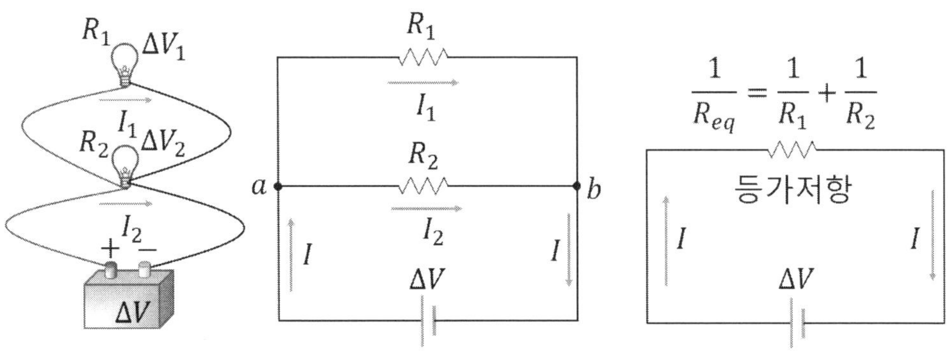

그림 6.5 병렬연결

$$\frac{1}{R_{eq}} = \sum_{i=1}^{n} \frac{1}{R_i} \tag{3.8}$$

이다.

정리하면 전지에 저항을 연결하는 방법에는 직렬연결과 병렬연결이 있다. 그러나 대다수 회로에서는 혼합 연결로 되어있다. 혼합 연결은 직렬연결과 병렬연결이 서로 섞여 있는 경우이다.

지금까지 저항기의 직렬과 병렬연결에서 등가저항을 구하는 방법을 알아보았다. 그렇다면 직렬과 병렬이 서로 결합하여 있는 혼합 연결에서는 어떻게 등가저항과 단자 a 와 b 사이의 전륫값을 계산할 수 있을까? 그림 6.6과 같은 간단한 회로를 이용하여 값을 계산해 보자. 회로에 연결된 저항은 $R_1 = 2.00\ \Omega$, $R_2 = 3.00\ \Omega$, $R_3 = 4.00\ \Omega$ 그리고 $R_4 = 6.00\ \Omega$ 라 하고, 회로에 연결될 전압은 $24.0\ \mathrm{V}$ 라고 하자.

저항의 직렬 부분에 2개의 저항이 있으므로 등가저항은 식 2.6에서

$$R_{eq} = 5.00\ \Omega + 2.40\ \Omega = 7.40\ \Omega \tag{3.9}$$

이다. 병렬로 연결된 2개의 저항의 등가저항은 식 3.7에서

$$\frac{1}{R_{eq}} = \frac{1}{4.00} + \frac{1}{6.00} = \frac{5}{12}\ \Omega \tag{3.10}$$

이고,

$$R_{eq} = \frac{12}{5} = 2.40\ \Omega \tag{3.11}$$

이다. 전압 $24.0\ \mathrm{V}$ 을 인가했을 때, 단자 a 와 b 사이의 전륫값은 옴의 법칙에서

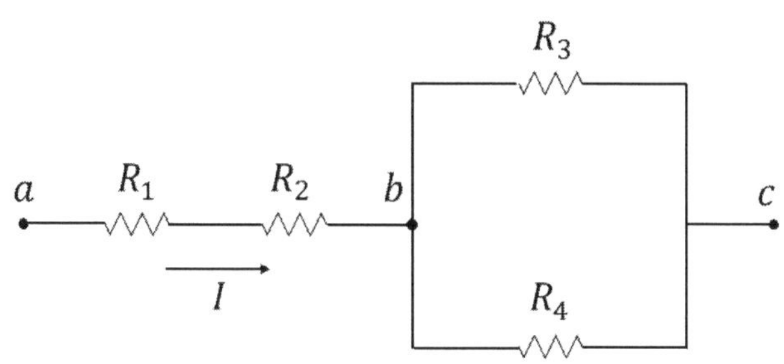

그림 6.6 혼합 연결

$$I = \frac{V}{R} = \frac{24.0}{7.40} = 3.24\ \text{A} \tag{3.12}$$

이다.

문제 회로에서 1) 등가저항 값과 2) 전류 I_1, I_2 그리고 I_3 을 구하라. 전압은 30.0V, 저항은 $R_1 = 3.00r\ \Omega$, $R_2 = 7.00\ \Omega$, $R_3 = 12.0\ \Omega$ 이다.

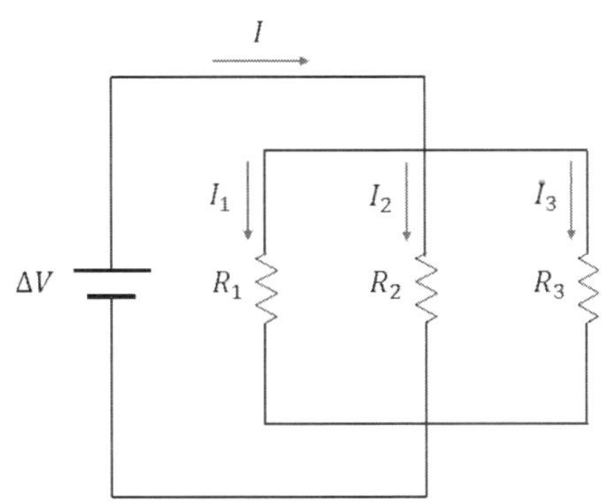

풀 이 1) 회로의 등가저항은

$$\frac{1}{R_{eq}} = \sum_{i=1}^{n} \frac{1}{R_i}$$

에서

$$\frac{1}{R_{eq}} = \frac{1}{3.00} + \frac{1}{7.00} + \frac{1}{12.0} = \frac{47}{84}$$

이고

$$R_{eq} = \frac{84}{47} = (1.787) = 1.79\ \Omega$$

이다.

2) 전류는

$$I_3 = \frac{V}{R_3} = \frac{30}{12} = 2.50\text{A}$$

$$I_2 = \frac{30}{7} = 4.29\ \text{A}$$

$$I_1 = \frac{30}{3} = 10.0\text{A}$$

이다.

4 키르히호프 법칙

Flipped Learning	키르히호프 법칙/회로에서 전류 구하기
URL	https://youtu.be/F5KRMifHLio

◆ Kirchhoff의 법칙

Gustav Robert Kirchhoff
1824~1887

- **분기점 규칙(Junction rule):**
  → 전하 보존

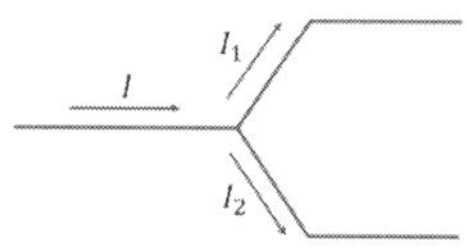

의미: 분기점으로 들어오는 전류의 합은 → 나가는 전류의 합과 같다.

$$I = I_1 + I_2$$

$$\sum_{junction} I = 0$$

- **고리 규칙(Loop rule):**
  → 에너지 보존

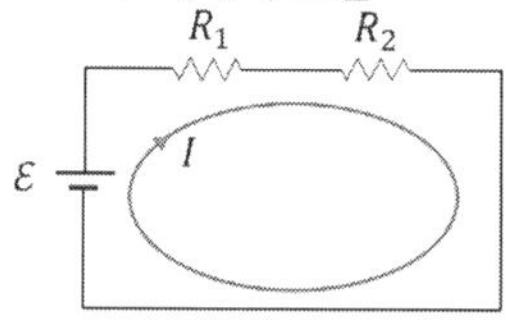

의미: 닫힌회로를 따라 전위차를 더하면 → 합은 0이다.

$$\varepsilon - IR_1 - I\,R_2 = 0$$

$$\sum_{closedloop} \Delta V = 0$$

◆ Kirchhoff의 법칙 / 부호규칙

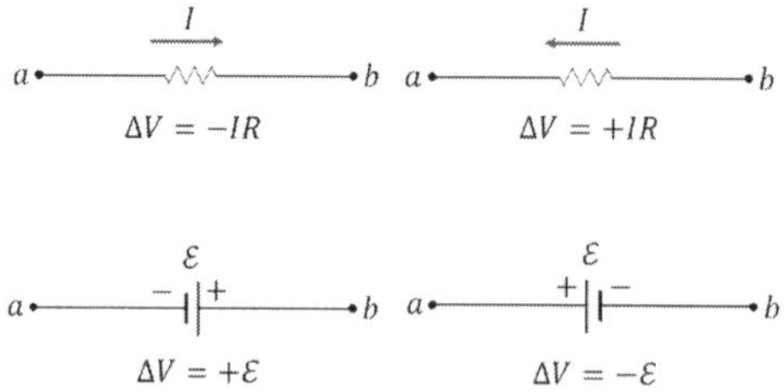

- 저항 규칙: 전류의 방향으로 저항기를 지나가면 전위차 ΔV는
  → $-iR$이고
  → 반대 방향이면 $+iR$이다.
- 기전력 규칙: 전지의 음극에서 양극 방향(기전력 방향)으로 지나가면 전위차 ΔV는
  → $+\mathcal{E}$이고
  → 반대 방향이면 $-\mathcal{E}$이다.

회로를 분석할 때 옴의 법칙과 함께 가장 많이 사용하게 되는 키르히호프 법칙(Kirchhoff's Law)에 대해서 알아보자. 키르히호프 법칙은 두 가지 법칙으로 구성되어 있다. 전류의 입장에서 해석한 분기점 규칙(junction rule)과 전압의 입장에서 해석한 고리 규칙(loop rule) 이다.

4.1 분기점 규칙

먼저 분기점 규칙에 대해서 알아보자. 정의는 다음과 같다.

> **분기점 규칙**
> 분기점으로 들어오는 전류의 합은 나가는 전류의 합과 같다.

분기점 규칙은 그림 6.5와 같이 하나의 분기점(접점)으로 들어오는 전류의 총합은 분기되어 나가는 전류의 총합과 같다는 개념이다, 이는 전하는 새로 생성되거나 소멸하지 않는다는 전하 보존법칙을 설명한 것이다. 분기점 규칙을 키르히호프의 전류법칙(Kirchhoff's current Law; KCL)라고도 한다. 그림 6.7과 같은 조건을 식으로 표현하면

$$I = I_1 + I_2 \tag{4.1}$$

이다. 일반화시키면

$$\sum_{junction} I = 0 \tag{4.2}$$

로 쓸 수 있다.

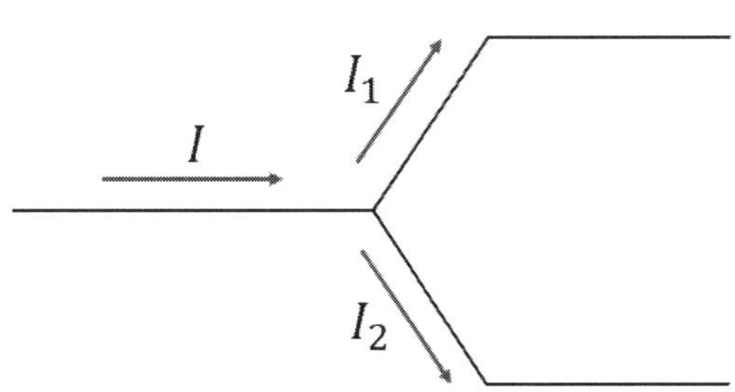

그림 6.7 키르히호프 전류법칙

4.2 고리 규칙

고리 규칙은 다음과 같이 정의된다.

> **고리 규칙**
>
> 닫힌회로를 따라 전위차를 더하면 합은 0이다.

고리 규칙은 에너지 보존법칙을 회로의 전위차에 적용한 것이다. 전하가 전지를 지나면서 에너지가 상승한 합은 전하가 저항기를 지나면서 소모한 합과 같다는 의미이다. 고리 규칙을 키르히호프 전압법칙(Kirchhoff's voltage Law; KVL)라고도 한다.

단, 고리 규칙을 회로에 적용할 때는 그림 6.8과 같은 부호규칙을 따라 주어야 한다.

> **부호규칙**
>
> - 저항 규칙: 전류의 방향으로 저항기를 지나가면 전위차 ΔV는 $-iR$이고 반대 방향이면 $+iR$이다.
> - 기전력 규칙: 전지의 음극에서 양극 방향(기전력 방향)으로 지나가면 전위차 ΔV는 $+\varepsilon$이고 반대 방향이면 $-\varepsilon$이다.

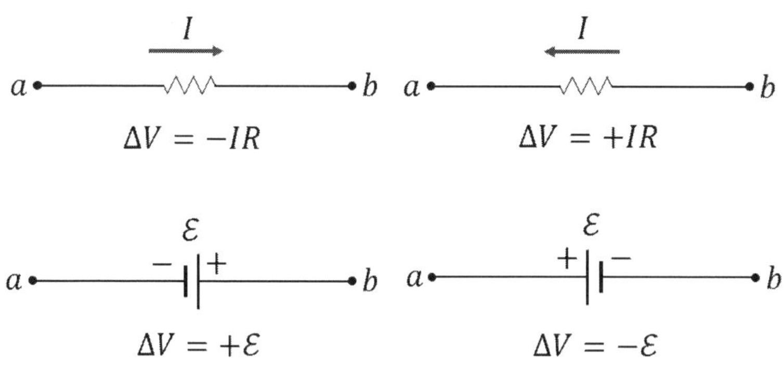

그림 6.8 부호규칙

고리 규칙을 그림 6.9과 같은 회로에 적용해 보자. 시계방향으로 소자들을 따라가며 전위차를 고려할 것이다. 먼저 전지의 음극에서 양극을 지나가게 되므로 전지를 통과하며 전위는 $+\varepsilon$ 만큼 상승하게 된다. 그리고 저항기 R_1 에서는 전류의 방향으로 저항기를 지나가므로 $-iR_1$ 만큼 전위차는 감소하게 되고, 저항기 R_2에서도 같은 이유로 $-iR_2$ 만큼 감소한 후 처음의 위치로 돌아오게 된다.

이 현상을 전위차로 표현하면

$$\varepsilon - IR_1 - IR_2 = 0 \tag{4.3}$$

과 같이 된다. 고리 규칙을 일반화시키면

$$\sum_{closedloop} \triangle V = 0 \tag{4.4}$$

와 같이 표현된다.

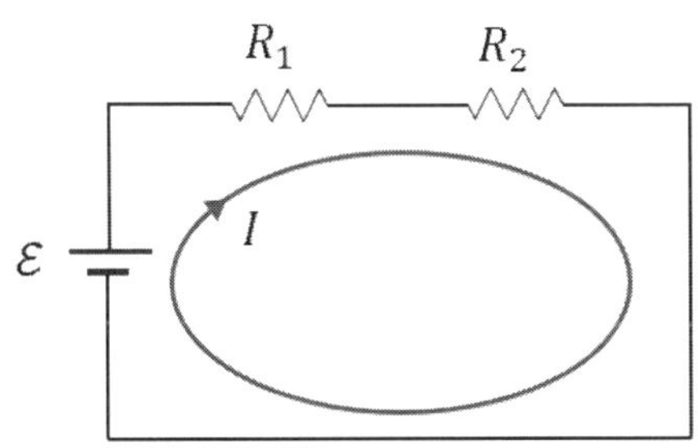

그림 6.9 키르히호프 전압 법칙

그림 6.10과 같이 전류가 분기되는 회로에서 각각의 전류를 구해보자. 회로의 전압은 12.0 V이고 저항은 $R_1 = 5.00\ \Omega$, $R_2 = 8.00\ \Omega$ 그리고 $R_3 = 11.0\ \Omega$라고 하자. 어떻게 값을 계산할 수 있을까?

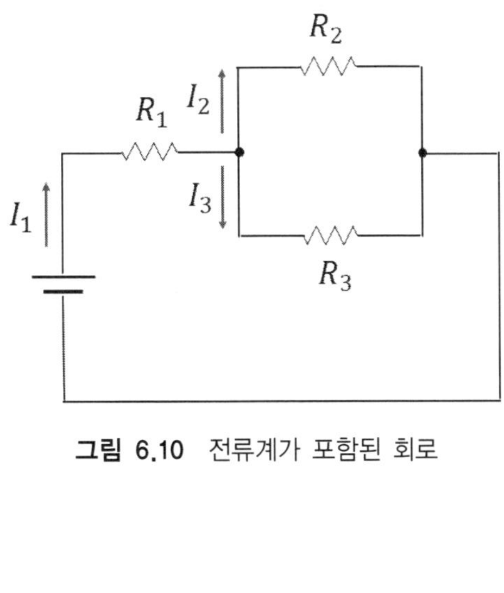

그림 6.10 전류계가 포함된 회로

키르히호프의 전류법칙(KVL)을 회로에 적용하면

$$I_1 = I_2 + I_3 \tag{4.5}$$

이다. 전압법칙(KCL)을 그림 6.11과 같이 루프 ①에 적용하면

$$12.0\text{V} - (5.00)I_1 - (11.0)I_3 = \tag{4.6}$$

이고, 루프 ②에 적용하면

$$-(8.00)I_2 + (11.0)I_3 = 0 \tag{4.7}$$

이다. 식 4.7에서 부호를 조심해야 한다. 저항 11.0 Ω 을 기준으로 회로를 해석하려는 방향(시계방향)과 전류 I_3의 방향(반시계방향)이 서로 다름을 인지해야 한다. 식 4.5, 4.6 그리고 4.7을 연립하여 풀면 전류는 $I_1 = 1.25$ A, $I_2 = 0.721$ A 그리고 $I_3 = 0.524$ A 이다.

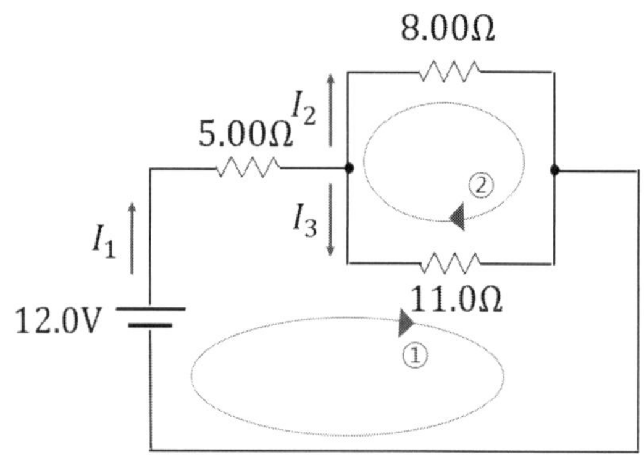

그림 6.11 전류계가 포함된 회로

그림 6.12와 같은 회로에 키르히호프 법칙을 적용하여 각각의 전류와 기전력을 계산해 보자. 회로에서 $\varepsilon_1 = 12$ V, $I_3 = 2.50$ A 이고, 전류계는 2.50 A 를 나타내고 있다. 저항은 $R_1 = 8\ \Omega$, $R_1 = 3\ \Omega$ 그리고 $R_1 = 2\ \Omega$ 이다.

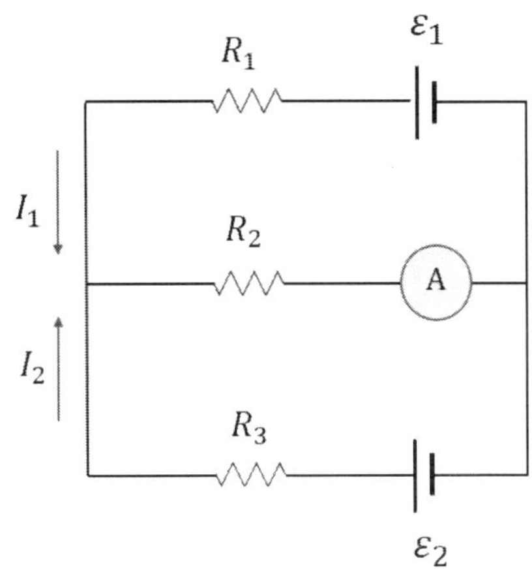

그림 6.12 전류계가 포함된 회로

회로에 흐르는 전류를 계산하기 위해 그림 6.13과 같이 반시계방향으로 루프 ①을 구성하고 여기에 키르히호프의 전압법칙(KVL)을 적용하면

$$12\text{ V}-(8.00\ \Omega)\text{I}_1-(3.00\ \Omega)(2.50)\text{ A}=0 \tag{4.8}$$

에서, 전류 I_1은

$$I_1=\frac{12\text{ V}-7.5\text{ V}}{8.00\ \Omega}=0.563\text{ A} \tag{4.9}$$

이다. 전류 I_2는 키르히호프의 전류법칙(KCL)에 의해서

$$I_1+I_2-2.50\text{ A}=0 \tag{4.10}$$

이고, 전류 I_1값을 대입하면

$$I_2=2.50\text{ A}-0.563\text{ A}=1.94\text{ A} \tag{4.11}$$

이다. 기전력은 그림 6.13에서 루프 ②와 같이 시계방향으로 키르히호프의 전압법칙(KVL)을 적용하면

$$\varepsilon-(2.00\ \Omega)(1.94\text{ A})-(3.00\ \Omega)(2.5\text{ A})=0 \tag{4.12}$$

에서 $\varepsilon=11.4\text{ V}$이다. 이와 같이 키르히호프 법칙의 전압과 전류 규칙을 이해하면 간단한 직류 회로를 편리하게 해석할 수 있다.

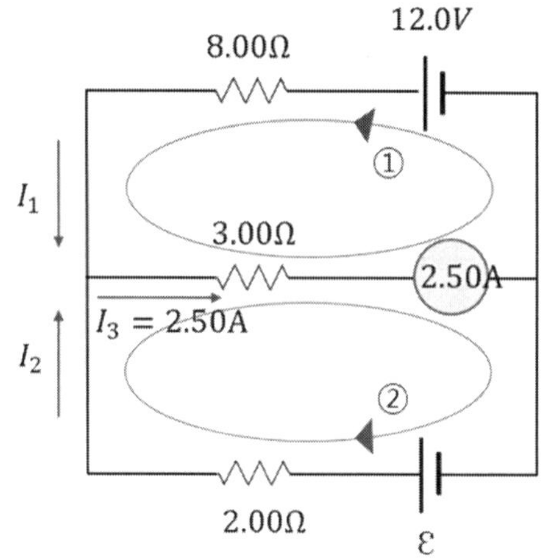

그림 6.13 루프 구성

문제 그림과 같이 반시계방향으로 전류의 방향을 정하고 1) 전류 I와 2) 단자 a와 단자 b 사이에 걸리는 전압을 구하라.

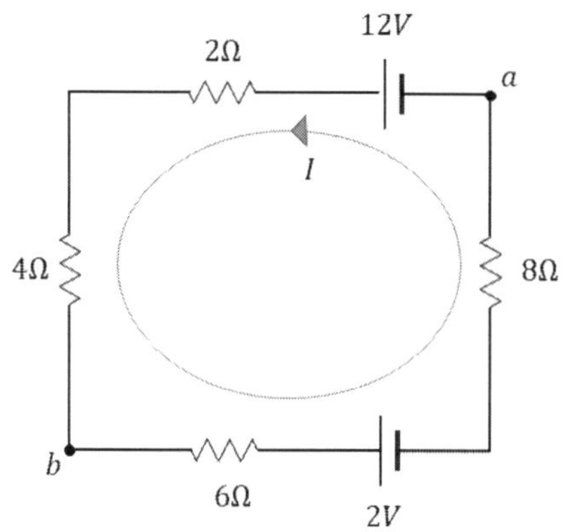

풀 이 1) 전류의 방향을 반시계방향으로 정했으므로 단자 a에서부터 키르히호프 전압 법칙을 적용하면

$$12\ V - I(2\ \Omega) - I(4\ \Omega) - I(6\ \Omega) - 2\ V - I(8\ \Omega) = 0$$

이다. 전압과 전류의 항으로 정리하면

$$10\,V = 20I$$

이고

$$I = 0.5A$$

이다.

2) 단자 a와 단자 b 사이에 걸리는 전압을 두 가지 경우로 구해보면

$$12\ \text{V} - (0.5\ \text{A} \times 2\ \Omega) - (0.5\ \text{A} \times 4\ \Omega) = 9.0\ \text{V}$$

와

$$(0.5\ \text{A} \times 6.0\ \Omega) + 2\ \text{V} + (0.5\ \text{A} \times 8\ \Omega) = 9.0\ \text{V}$$

이다. 어느 쪽을 계산해도 같은 결과

$$V_{ab} = 9.0\ \text{V}$$

이 나온다.

5 *RC* 회로에서 축전기의 충전

Flipped Learning	RC 회로/축전기의 충전
URL	https://youtu.be/167oNkwPqdA

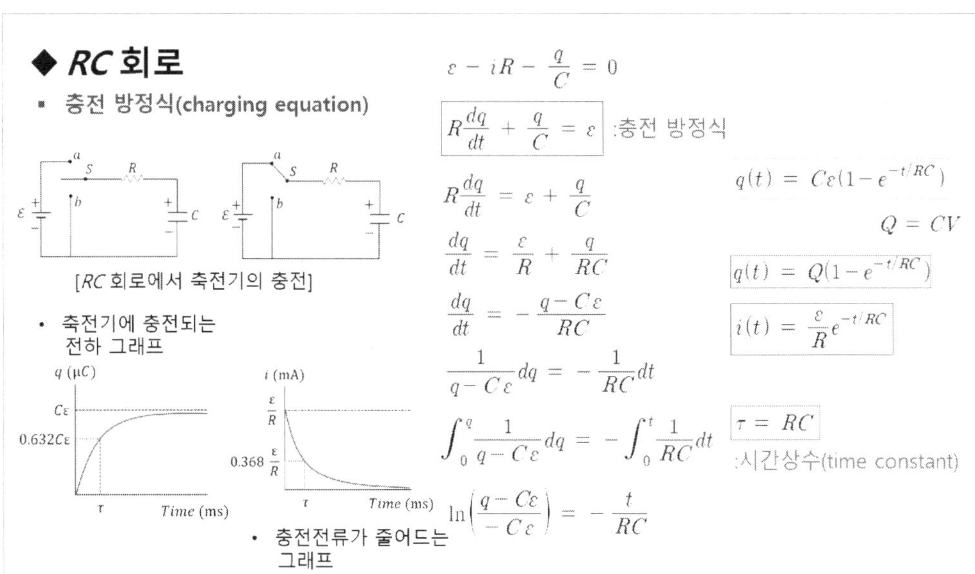

직류 회로에서 회로에 흐르는 전류의 크기가 변하는 경우를 생각해 보자. 지금까지는 직류 회로에서 일정한 전류가 흐를 때를 학습하였다. 직렬로 연결된 RC 회로를 고려해 보고, 축전기의 충전과 방전에 대해서 알아보자.

그림 6.14와 같이 기전력 ε 에 저항 R 과 축전기 C 가 직렬로 연결된 회로를 고려해 보자. 축전기는 처음에 완전히 방전되어 충전되어 있지 않다고 하자. 즉, $q=0$ 인 상태에 있다. 이제 스위치 S 를 단자 a쪽으로 연결하여 축전기를 충전해보자. 스위치를 점 a 에 연결한 후, 전류의 방향을 따라 키르히호프 전압법칙을 적용하면

$$\varepsilon - iR - \frac{q}{C} = 0 \tag{5.1}$$

이 된다. 식에서 iR 은 저항기의 전위차를 나타내고 q/C 는 축전기의 전위차를 나타낸다. 식 5.1에 전류의 정의 $i = dq/dt$ 을 대입하고 식을 정리하면

$$R\frac{dq}{dt} + \frac{q}{C} = \varepsilon \tag{5.2}$$

이다. 이 식을 충전 방정식(charging equation)이라고 한다.

미분 방정식을 풀기 위하여

$$R\frac{dq}{dt} = \varepsilon - \frac{q}{C} \tag{5.3}$$

로 쓰고, 양변을 R 로 나누어 표준형으로 변경하면

$$\frac{dq}{dt} = \frac{\varepsilon}{R} - \frac{q}{RC} \tag{5.4}$$

이다. 변수 분리법을 이용하여 우변의 항들을 묶으면

$$\frac{dq}{dt} = -\frac{q - C\varepsilon}{RC} \tag{5.5}$$

이다. 양변에 dt을 곱하고 $q - C\varepsilon$로 나누어 주면

$$\frac{1}{q - C\varepsilon}dq = -\frac{1}{RC}dt \tag{5.6}$$

와 같이 변수가 dq와 dt로 분리된다. 축전기는 충전되어 있지 않다고 했으므로 $t=0$에서

$q=0$이다. 이 조건을 이용하여 적분하면

$$\int_0^q \frac{1}{q-C\varepsilon}\,dq = -\int_0^t \frac{1}{RC}\,dt \tag{5.7}$$

이고,

$$\ln\left(\frac{q-C\varepsilon}{-C\varepsilon}\right) = -\frac{t}{RC} \tag{5.8}$$

이다. 전하량 q로 정리하면

$$q(t) = C\varepsilon(1-e^{-t/RC}) \tag{5.9}$$

이다. $Q=CV$이므로 다시 쓰면

$$q(t) = Q(1-e^{-t/RC}) \tag{5.10}$$

이다.

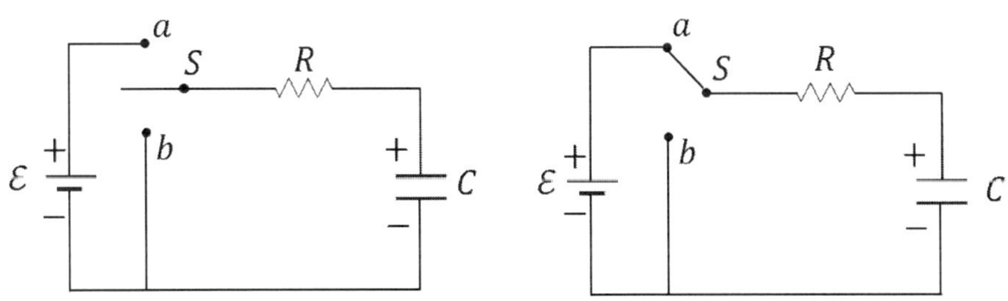

그림 6.14 RC 회로에서 축전기의 충전

전류를 구해보자. 전하 q를 시간에 대하며 미분하면 전류 i를 구할 수 있으므로

$$i(t) = \frac{\varepsilon}{R}e^{-t/RC} \tag{5.11}$$

이다. 식에서 RC는 시간상수(time constant)라고 하며 τ로 쓴다. 즉,

$$\tau = RC \tag{5.12}$$

이다. 시간상수의 의미는 그림 6.15와 같이 축전기에 전하량의 63.2%가 충전되기 위한 필요시간으로, 전류가 처음 값의 $1/e$로 감소하는데 거리는 시간을 뜻한다. 그림 6.16은

회로에서 충전 전류가 줄어드는 모습을 나타낸다. 전류는 시간상수 τ의 시간 간격이 지난 후 처음 값의 36.8%로 감소한다.

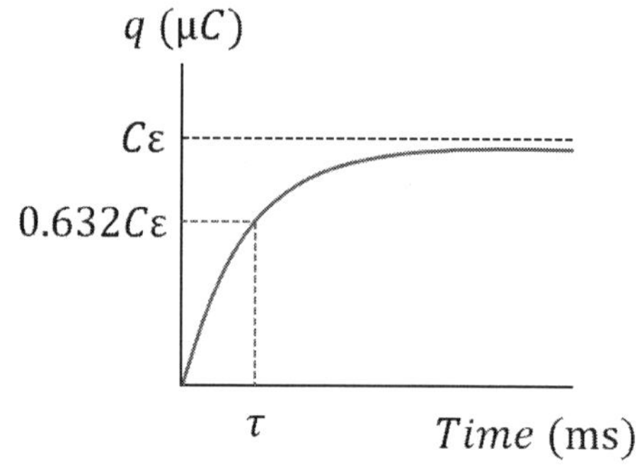

그림 6.15 축전기에 충전되는 전하 그래프

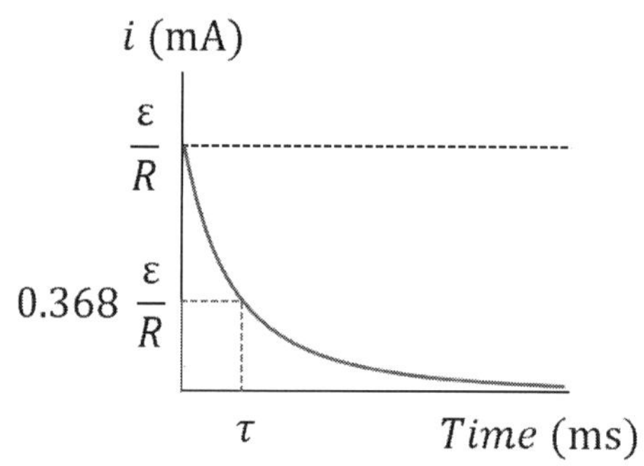

그림 6.16 충전 전류가 줄어드는 그래프

두 개의 저항기와 두 개의 축전기가 스위치와 함께 전지에 연결된 그림 6.17 회로도를 이용하여 시간상수를 구해보자. 계산하는 순서는 스위치가 열려있을 때 등가저항과 등가축전기의 용량을 계산하고, 스위치가 닫히면 축전기들은 충전되기 시작하므로 이때를 상정하여 충전 과정에서 시간상수 τ를 계산하면 된다.

회로에서 저항은 병렬로 연결되어 있으므로 등가저항은

$$\frac{1}{R_{eq}} = \frac{1}{4.50\,\mathrm{k\Omega}} + \frac{1}{3.50\,\mathrm{k\Omega}} \tag{5.13}$$

에서, $R_{eq} = 1.97\,\mathrm{k\Omega}$이다. 병렬로 연결된 축전기의 등가축전용량은

$$C_{eq} = 2.5\,\mu\mathrm{F} + 5.5\,\mu\mathrm{F} \tag{5.14}$$

에서, $C_{eq} = 7.00\ \mu\text{F}$이다. 시간상수는 $\tau = RC$이므로

$$\tau = (1.97 \times 10^3\ \Omega)(7.00 \times 10^{-6}\ \text{F}) \tag{5.15}$$

에서, $\tau = 1.38 \times 10^{-2}\ \text{s}$이다.

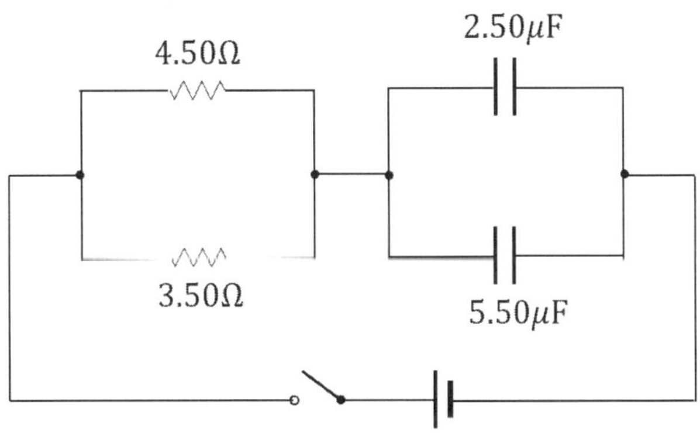

그림 6.17 RC 회로에서 축전기의 충전

문제 RC 회로에서 대전 되지 않은 축전기와 저항기가 전지에 연결되어 있다. 여기서 $\varepsilon = 12.0\ \text{V}$, $C = 4.50\ \mu\text{F}$, $R = 7.50 \times 10^5\ \Omega$이다. 스위치를 a의 위치로 놓아다. 1) 회로의 시간상수와 2) 축전기에 저장되는 최대 전하와 3) 회로에 흐르는 최대 전류를 구하라.

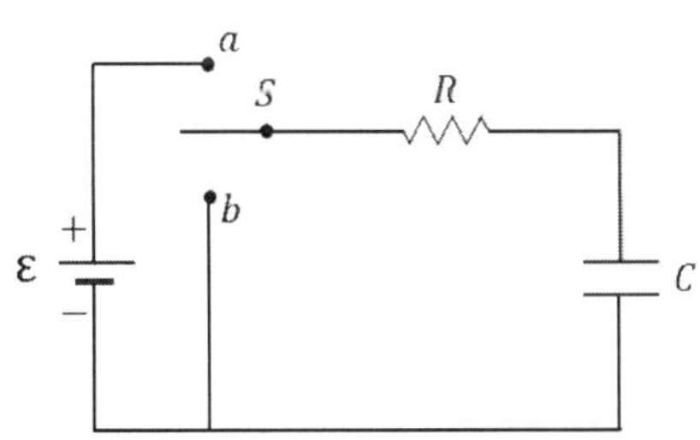

풀 이 1) 시간상수는

$$\tau = RC$$

에서

$$\tau = (7.50 \times 10^5)(4.50 \times 10^{-6}) = 3.38\ \text{s}$$

이다.

2) 최대 전하는

$$Q = C\varepsilon$$

에서

$$Q = (4.50 \times 10^{-6})(12.0) = 54.0\ \mu\text{C}$$

이다.

3) 최대 전류는

$$I = \frac{\varepsilon}{R}$$

에서

$$I = \frac{12.0}{7.50 \times 10^{5}} = 16.0\ \mu\text{A}$$

이다.

6 *RC* 회로에서 축전기의 방전

Flipped Learning	*RC* 회로/축전기의 방전
URL	https://youtu.be/hYGZjua9_9Q

◆ *RC* 회로

▪ 방전 방정식(discharging equation)

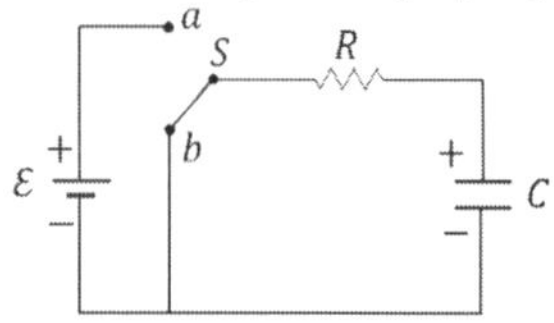

[*RC* 회로에서 축전기의 방전]

$$-\frac{q}{C} - iR = 0 \quad [i = dq/dt]$$

$$\boxed{R\frac{dq}{dt} + \frac{q}{C} = 0}$$

:방전 방정식

$$-R\frac{dq}{dt} = \frac{q}{C}$$

변수 분리: $\frac{1}{q}dq = -\frac{1}{RC}dt$

$$\int_Q^q \frac{1}{q}dq = -\int_0^t \frac{1}{RC}dt$$

$$\ln\left(\frac{q}{Q}\right) = -\frac{t}{RC}$$

$$\boxed{q(t) = Qe^{-t/RC}}$$

$$\boxed{i(t) = -\frac{Q}{RC}e^{-t/RC}}$$

그림 6.18과 같이 축전기의 방전에 대해서 생각해 보자. 완전히 충전된 축전기를 고려하고, 스위치 S를 단자 b로 연결하여 축전기에 저장된 전하를 저항을 통하여 소모하게 한다. 키르히호프 전압법칙을 적용하면

$$-\frac{q}{C} - iR = 0 \tag{6.1}$$

이다. 전류 $i = dq/dt$를 대입하면

$$R\frac{dq}{dt} + \frac{q}{C} = 0 \tag{6.2}$$

이다. 이 식을 방전 방정식(discharging equation)이라고 한다. 미분 방정식을 풀어 방전하는 $q(t)$를 구하면

$$-R\frac{dq}{dt} = \frac{q}{C} \tag{6.3}$$

이고, 변수를 분리하면

$$\frac{1}{q}dq = -\frac{1}{RC}dt \tag{6.4}$$

이다. 축전기가 완전히 충전된 상태이므로 $t = 0$에서 $q = Q$이다. 식을 적분하면

$$\int_Q^q \frac{1}{q}dq = -\int_0^t \frac{1}{RC}dt \tag{6.5}$$

이고,

$$\ln\left(\frac{q}{Q}\right) = -\frac{t}{RC} \tag{6.6}$$

이다. 전하량 q로 정리하면

$$q(t) = Q\,e^{-t/RC} \tag{6.7}$$

이다.

전류를 구하기 위하여 시간에 대하여 미분하면

$$i(t) = -\frac{Q}{RC}e^{-t/RC} \tag{6.8}$$

이다. 음의 부호 (−)는 축전기를 방전할 때 전류의 방향이 충전할 때의 방향과 반대임을 뜻한다.

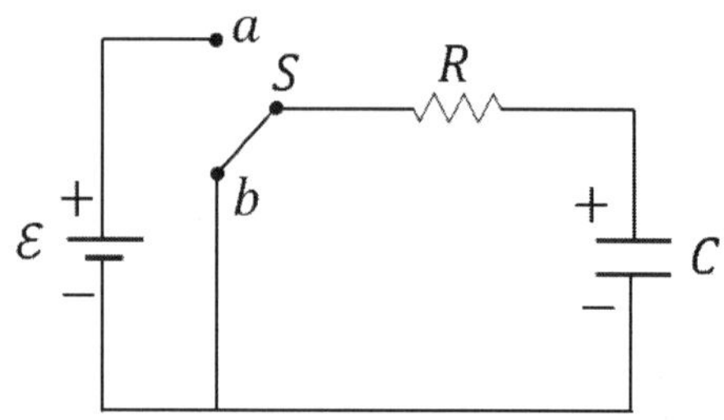

그림 6.18 RC 회로에서 축전기의 방전

◆ 만물의 근원은 무엇인가?

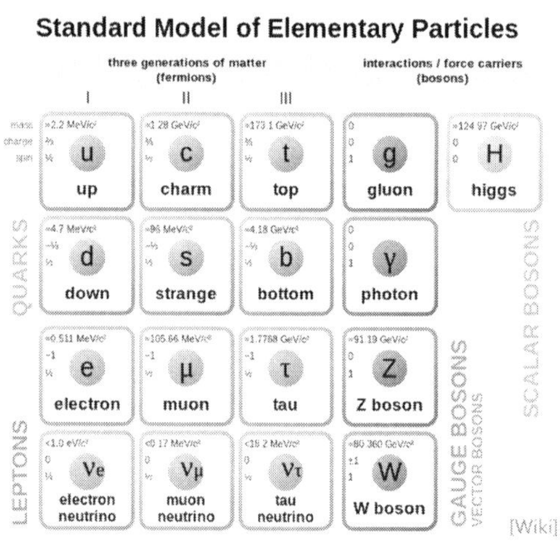

Thales,
B.C. 624?~548/545?

- 기원전 600년경 탈레스는 만물의 근원을 '물'이라고 했습니다.
- 21세기에 들어선 현대 과학에서도 만물의 근원을 찾고 있습니다
- 표준모형에서는 17개의 기본입자를 제시하고 있습니다. '쿼크'와 '렙톤' '게이지 보손' 그리고 '힉스 보손'에 대해서 조사해 보고 토론해 보세요.

보충 과학

◆ 일반 상대성 이론(theory of general relativity)

- **중력장 방정식(The Field Equations of Gravitation),1915년**

1915년 11월 25일, 알베르트 아인슈타인

- 중력을 상대론적으로 다루는 물리학 이론

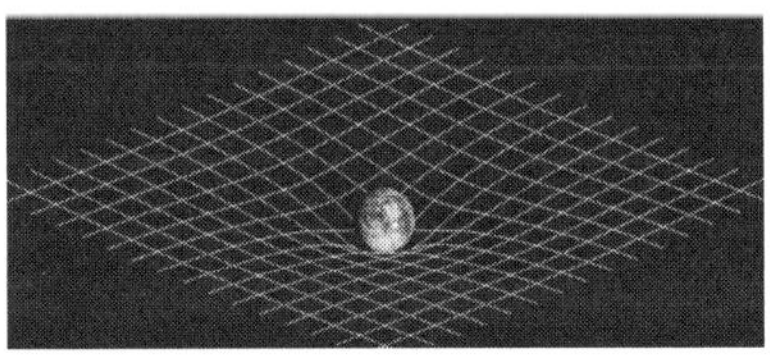

> **➢ 통합**
> **질량=에너지=시공간**

② 시공간의 구조가 정해지고

$G_{\mu\nu}$: 아인슈타인 텐서 시공간의 기하학

만유인력 상수

에너지 운동량 텐서 질량-에너지 분포

$$R_{\mu\nu} - \frac{1}{2}Rg_{\mu\nu} = \frac{8\pi G}{c^4}T_{\mu\nu}$$

① 시공간에 에너지가 퍼져 있으면

리치 텐서

리치 스칼라

측량(계량) 텐서 시공간의 구조(곡률)

③ 굽은 시공간의 최단경로를 따라 물체가 움직인다.

◆ 일반 상대성 이론(theory of general relativity)

- 의미

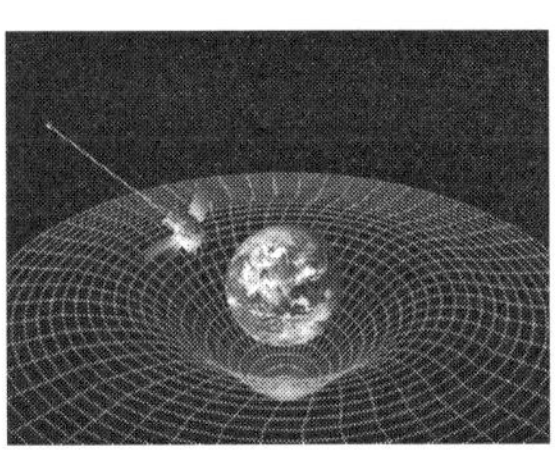

[출처: NASA]

뉴턴의 만유인력이 틀림

질량은 시공간을 휘어지게 만들고

⇩

물체는 굽은 시공간의 최단경로를 따라 움직임

[출처: wrtn이 그림]

◆ 일반 상대성 이론(theory of general relativity)

- **우주 수축 → 우주상수(cosmological constant) 도입, 1917년**

$$R_{\mu\nu} - \frac{1}{2}Rg_{\mu\nu} = \frac{8\pi G}{c^4}T_{\mu\nu}$$

해를 구해보니

→ '우주가 수축한다'는 결과가 나옴

- 정적 우주론
- 동적 우주론
  - 정상 우주론
  - 팽창 우주론

 # 정적인 우주
(수축하기 않는 우주)를
만들기 위해 새로운 항 도입

「Λ, 우주상수(cosmological constant)」

진공의 에너지 밀도를 나타내는 기본 물리 상수

$$R_{\mu\nu} - \frac{1}{2}Rg_{\mu\nu} + \Lambda g_{\mu\nu} = \frac{8\pi G}{c^4}T_{\mu\nu}$$

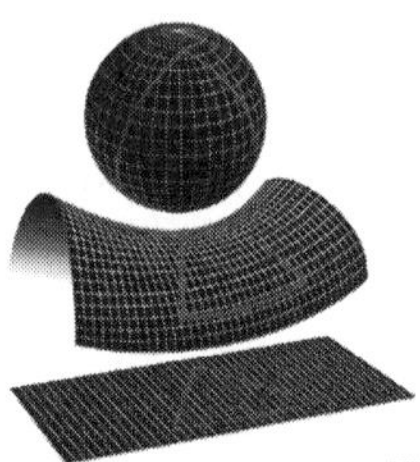

[위키피디아]

정적이고, 곡률이 0보다 크고, 경계가 없으면서 유한한 우주

보충 문제

01 부하저항 $5.00\ \Omega$ 이고 기전력이 $15.0\ V$ 이고 내부저항이 $0.0700\ \Omega$ 인 전지의 양단에 연결되어 있다. 1) 회로에 흐르는 전류와 2) 단자 전압을 구하라.

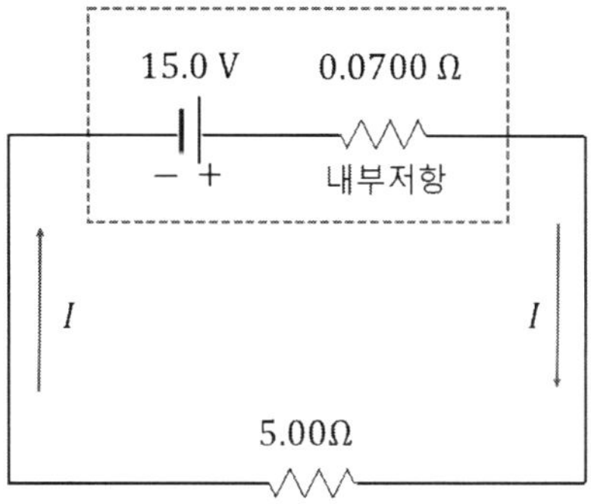

풀이 $I = 2.96\ A$

$\triangle V = 14.8\ V$

02 아래 회로를 보고 1) 등가저항 값과 2) 저항 $10.0\ \Omega$ 에 흐르는 전류를 구하라. 전압은 $20.0\,V$, 저항은 $R_1 = 2.00\ \Omega$, $R_2 = 6.00\ \Omega$, $R_3 = 10.0\ \Omega$ 이고, 전류는 왼쪽부터 I_1, I_2 I_3 이다

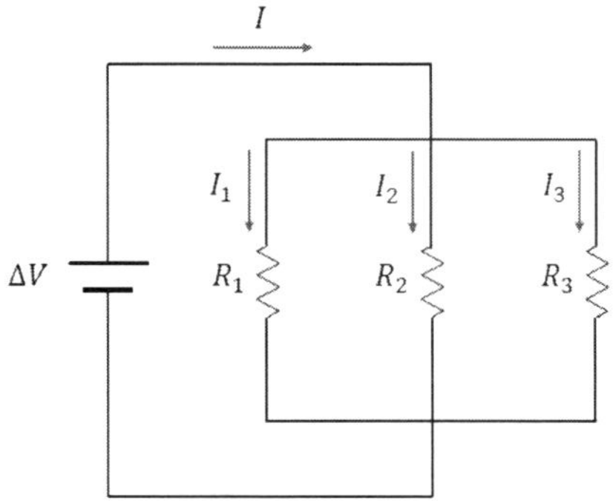

풀이 1) 등가저항은

$$\frac{1}{R_{eq}} = \frac{1}{2.00} + \frac{1}{6.00} + \frac{1}{10.0} = \frac{23}{30}$$

$$R_{eq} = \frac{30}{23} = 1.304 = 1.30\ \Omega$$

이다.

2) 전류는

$$I_3 = \frac{V}{R_3}$$

에서, $I_3 = 2.00\text{A}$ 이다.

Flipped Learning	저항기의 병렬연결에서 등가저항/전류/전력 구하기
URL	https://youtu.be/Rtf32JasCJo

03 저항기가 병렬로 연결된 회로이다. 1) 등가저항 값과 2) 저항 6.00 Ω 에 흐르는 전륫값과 3) 저항 6.00 Ω 에 공급되는 전력을 구하라.

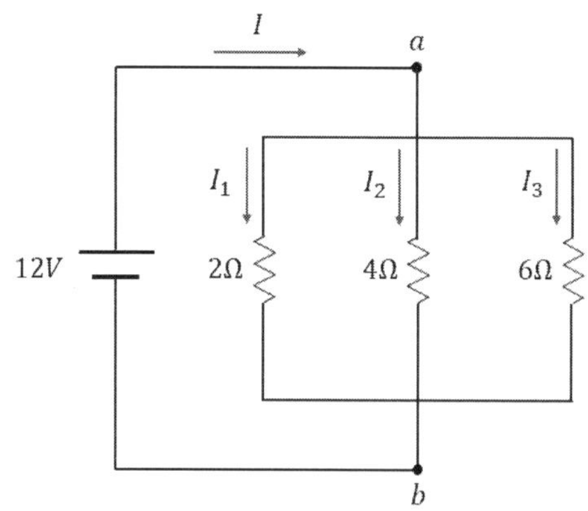

풀이 1) 저항기가 병렬로 연결된 경우 등가저항은

$$\frac{1}{R_{eq}} = \sum_{i=1}^{n} \frac{1}{R_i}$$

로 구할 수 있다.

$$\frac{1}{R_{eq}} = \frac{1}{2.0\ \Omega} + \frac{1}{4.0\ \Omega} + \frac{1}{6.0\ \Omega}$$

에서

$$R_{eq} = \frac{12}{11} = 1.09\ \Omega$$

이다.

2) 병렬회로는 각 저항에 걸리는 전압차가 모두 같기 때문에 저항 6.00 Ω 에 흐르는 전류는

$$I_3 = \frac{\Delta V}{R_3} = \frac{12\ \mathrm{V}}{6.0\ \Omega}$$

에서 $I_3 = 2.0\,\mathrm{A}$ 이다.

3) 저항 6.00 Ω 에 공급되는 전력은 $P = I^2 R$에서

$$P_3 = (2.0\,\mathrm{A})^2\, 6.0\ \Omega$$

이고, $P_3 = 24.0$ 이다.

04 회로에서 1) 등가저항 값과 2) 65.0 V 의 건전지를 연결했을 때 a, b 단자 사이의 전류 I 값을 구하라. 회로에 연결된 저항은 $R_1 = 2.40\ \Omega$, $R_2 = 6.50\ \Omega$, $R_3 = 5.50\ \Omega$, $R_4 = 8.50\ \Omega$ 이다.

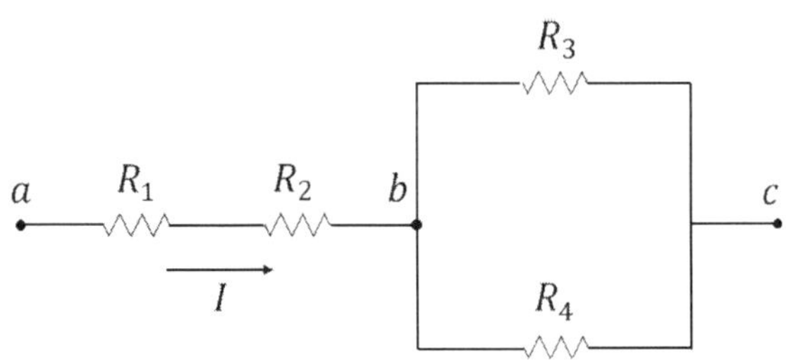

풀이 1) 직렬연결에서 등가저항은

$$R_{eq} = 2.40\ \Omega + 6.50\ \Omega = 8.90\ \Omega$$

이다. 병렬연결에 대한 등가저항은

$$\frac{1}{R_{eq}} = \frac{1}{5.50} + \frac{1}{8.50} = \frac{56}{187}\ \Omega$$

$$R_{eq} = \frac{187}{56} = 3.34\ \Omega$$

이므로

$$R_{eq} = 8.90\ \Omega + 3.34\ \Omega = 12.2\ \Omega$$

이다.

2) 전류는

$$I = \frac{V}{R} = \frac{65.0}{12.2} = 5.33\ \text{A}$$

이다.

Flipped Learning	*RC* 회로에서 시간상수 최대전류 최대전하와 시간이 흐른 후 전하량 구하기
URL	https://youtu.be/NBhJCh-oXzs

05 회로에서 각 전류를 구하라. 전압은 8.00 V, 저항은 $R_1 = 4.00\ \Omega$, $R_2 = 5.00\ \Omega$, $R_3 = 9.00\ \Omega$ 이다. 전류는 I_1에서 분기점 위쪽을 I_2 아래쪽을 I_3로 한다.

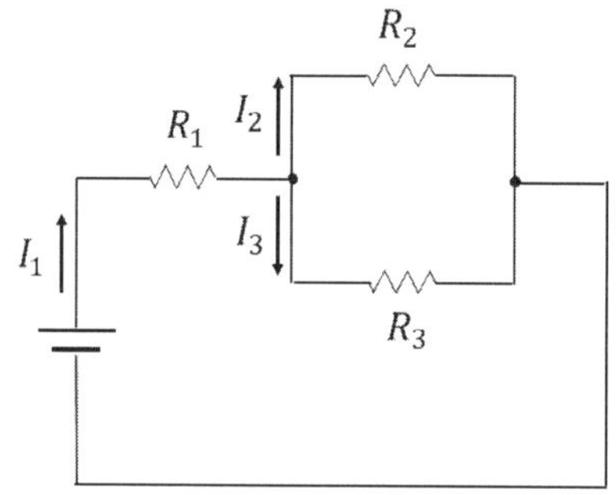

풀이 1) $I_1 = 1.11\ \text{A}$

2) $I_2 = 0.713\ \text{A}$

3) $I_3 = 0.396\ \text{A}$

06 두 개의 저항기와 두 개의 축전기가 스위치와 함께 전지에 연결되었다. 3) 스위치가 열려있을 때 1) 등가저항과 2) 등가축전용량을 구하라. 3) 스위치가 닫힐 때 축전기들은 충전되기 시작한다. 충전 과정에서 시간상수 τ를 구하라. 저항값은 $R_1 = 5.50\,\text{k}\Omega$, $R_2 = 2.00\,\text{k}\Omega$ 이고, 축전기 용량은 $C_1 = 2.50\,\mu\text{F}$, $C_2 = 7.50\,\mu\text{F}$ 이다.

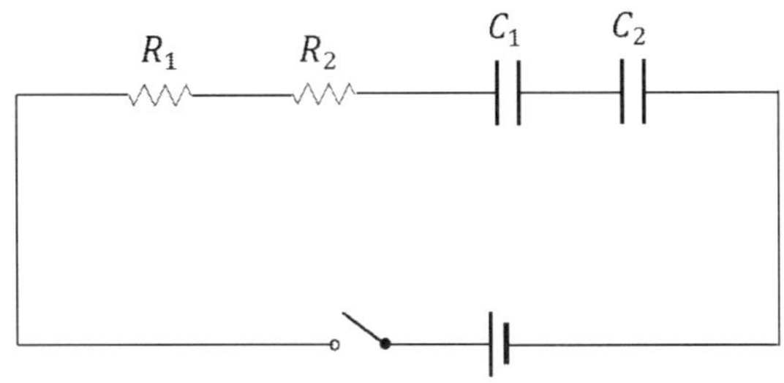

풀이 1) 저항은 직렬로 연결되어 있으므로 등가저항는

$$R_{eq} = 5.50\ \mathrm{k\Omega} + 2.00\ \mathrm{k\Omega}$$

에서, $R_{eq} = 7.50\ \mathrm{k\Omega}$ 이다.

2) 병렬로 연결된 축전기의 등가축전용량은

$$\frac{1}{C_{eq}} = \frac{1}{2.50\,\mu\mathrm{F}} + \frac{1}{7.50\ \mu\mathrm{F}}$$

에서, $C_{eq} = 120\ \mu\mathrm{F}$ 이다.

3) 시간상수는

$$\tau = RC$$

에서

$$\tau = (7.50 \times 10^{3}\ \Omega)(120 \times 10^{-6}\ \mathrm{F}) = 0.900\ \mathrm{s}$$

이다.

07 회로에서 전류계가 2.50 A를 나타낼 때 1) 전류 I_1, I_2와 2) 기전력 ε_2를 구하라. $\varepsilon_1 = 15.0\ \mathrm{V}$, $R_1 = 12.0\ \Omega$, $R_2 = 5.50\ \Omega$, $R_3 = 2.20\ \Omega$ 이다.

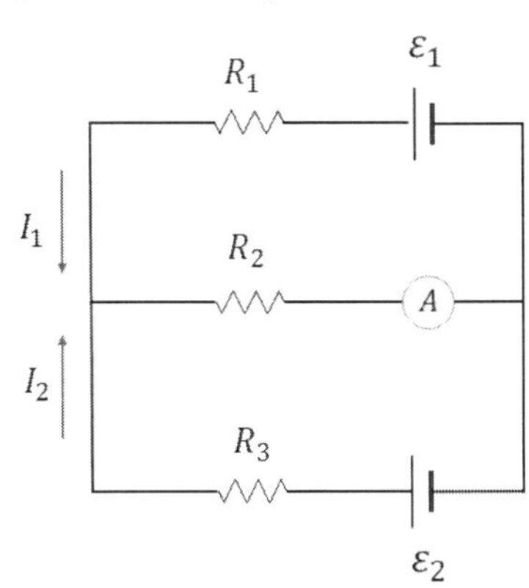

풀이 전류 I_1는 위쪽 loop에서

$$15.0 - I_1(12.0) - (2.50)(5.50) = 0$$

$$1.25 = 12I_1$$

이고, $I_1 = 0.104\,\mathrm{A}$ 이다.

전류 I_2는

$$I_1 + I_2 = 2.50\mathrm{A}$$

에서, $I_2 = 2.40\mathrm{A}$ 이다.

기전력 ε_2은 아래쪽 loop에서

$$\varepsilon_2 - I_2(2.20) - (2.50)(5.50) = 0$$

$$\varepsilon_2 - (2.40)(2.20) - (2.50)(5.50) = 0$$

이고, $\varepsilon_2 = 19.0\,\mathrm{V}$ 이다.

08 충전되지 않은 축전기와 저항기가 전지에 직렬로 연결되어 있다. 1) 충전 방정식을 세우고 2) 1차 선형 미분 방적식의 표준형을 쓰고 3) 전하량 $q(t)$에 대한 식을 유도하라.

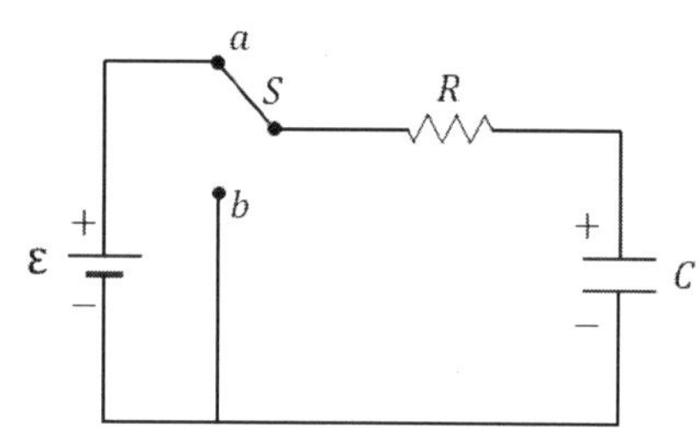

풀이 $q(t) = C\varepsilon(1 - e^{-t/RC})$

☞ 교재 내용 참조

09 RC 회로에서 충전되지 않은 축전기와 저항기가 전지에 직렬로 연결되어 있다. $\varepsilon = 20.0\,\mathrm{V}$, $C = 6.60\,\mu\mathrm{F}$, $R = 7.5\times10^5\,\Omega$ 이다. 1) 시간상수 τ 2) 회로에 흐르는 최대 전류 I 3) 축전기에 저장되는 최대 전하 Q를 구하고 4) 5.00 s 후 축전기의 전하량 q를 구하라.

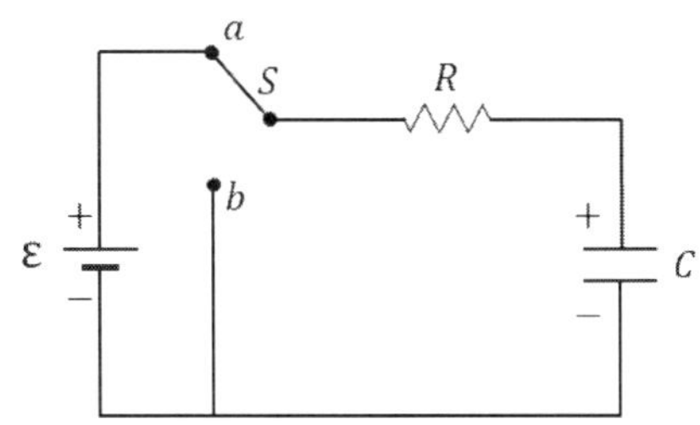

풀이 1) $\tau = 4.95\ s$

2) $I = 26.7\ \mu\text{A}$

3) $Q = 132\ \mu\text{C}$

4) $q = 83.9\ \mu\text{C}$

10 RC 회로에서 대전되지 않은 축전기와 저항기가 전지에 연결되어 있다. 여기서 $\varepsilon = 24.0\ \text{V}$, $C = 6.00\ \mu\text{F}$, $R = 6.50 \times 10^5\ \Omega$ 이다. 스위치를 a의 위치로 놓아다. 1) 회로의 시간상수 τ와 2) 축전기에 저장되는 최대 전하를 구하고 3) 회로에 흐르는 최대 전류 I를 구하라.

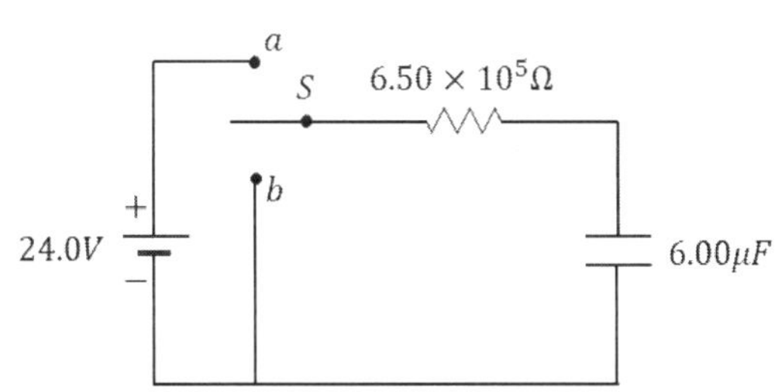

풀이 1) 시간상수는

$$\tau = RC$$

에서

$$\tau = (6.50 \times 10^5\ \Omega)(6.00 \times 10^{-6}\ \text{F}) = 3.90\ \text{s}$$

이다.

2) 축전기에 저장되는 최대 전하는

$$Q = CV = C\varepsilon$$

에서

$$Q = (6.00 \times 10^{-6}\ \text{F})(24.0\ \text{V}) = 1.44 \times 10^{-4}\ \text{C} = 144\ \mu\text{C}$$

이다.

3) 최대 전류는

$$I = \frac{\varepsilon}{R}$$

에서

$$I = \frac{24.0\ \text{V}}{6.50 \times 10^{5}\ \Omega} = 3.69 \times 10^{-5}\ \text{A} = 36.9\ \mu\text{A}$$

이다.

보충 심화

• 부담 없이 흐름을 이해해 보세요. 일부 일반물리학보다 고급 물리학인 전자기학 내용이 포함되어 있습니다. 지금은 적절히 이해를 해보고 전자기학을 공부할 때 수학적 표기법을 공부해 나가면 됩니다.

◆ 전류밀도와 연속 방정식

i) 전류밀도

➢ 원통형 도체에서 전하의 흐름

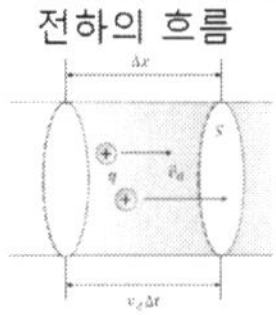

➢ 유동속력

✓ 총 전하량 :

$\Delta Q = (nS\Delta x)q$

$\Delta Q = (nSv_d\Delta t)q$ $\quad \boxed{\Delta x = v_d \Delta t}$

✓ 평균전류 :

$\Delta I = \dfrac{\Delta Q}{\Delta t} = nSv_d q$

✓ 전류밀도 :

$J = \dfrac{\Delta I}{\Delta S} = nv_d q \quad \Rightarrow \quad \Delta I = J\Delta S$

$\Delta I = \vec{J} \cdot \Delta \vec{S}$

$\boxed{\vec{J} = (nq)\vec{v}_d}$

- 대류전류(밀도)
- 전도전류(밀도)
- 변위전류(밀도)

$\boxed{I = \int_s \vec{J} \cdot d\vec{S}}$

✓ 면 S를 통하여 흐르는 총 전류

ii) 연속 방정식

✓ 전하가 보존되는 계에서 폐곡면을 통과하는 전류를 고려하면

$I_{out} = \oint \vec{J} \cdot d\vec{S}$

$\boxed{I_{out} = \oint \vec{J} \cdot d\vec{S} = \dfrac{-dQ_{in}}{dt}}$

$\oint_S \vec{J} \cdot d\vec{S} = \int_v \nabla \cdot \vec{J} dv$ [발산정리]

$\dfrac{-dQ_{in}}{dt} = -\dfrac{d}{dt}\int_v \rho_v dv = -\int_v \dfrac{\partial \rho_v}{\partial t} dv$

$\int_v \nabla \cdot \vec{J} dv = -\int_v \dfrac{\partial \rho_v}{\partial t} dv$

$\boxed{\therefore \nabla \cdot \vec{J} = -\dfrac{\partial \rho_v}{\partial t}}$ ← 연속 방정식

◆ 전류의 종류

▪ 대류전류
(convection current)

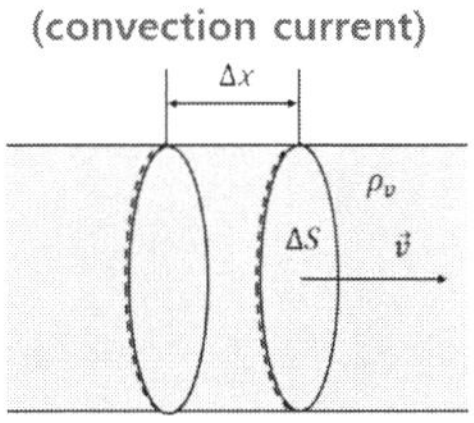

$\Delta I = \dfrac{\Delta Q}{\Delta t}$

$= \rho_v \Delta S \dfrac{\Delta x}{\Delta t} = \rho_v \Delta S v$

$J_y = \dfrac{\Delta I}{\Delta S} = \rho_v v$

$\boxed{\therefore \vec{J} = \rho_v \vec{v}}$ 단위: A/m^2

• 대류전류밀도
(convection current density)

✓ 공간에서 양전하나 음전하가 이동하면서 발생하는 전류

✓ 예: 진공(전자빔), 유체(구름, 물), 등

▪ 변위전류(밀도)
(displacement current density)

$\boxed{\therefore \vec{J}_d = \dfrac{\partial \vec{D}}{\partial t}}$

▪ 전도전류
(conduction current)

✓ 도체내 전하의 이동으로 흐르는 전류

• 도체내 전기장 형성
→ 자유전하 이동

$\vec{F} = -e\vec{E}$

$\boxed{\dfrac{m\vec{v}_d}{\tau} = -e\vec{E}} \quad \Rightarrow \quad \left(\vec{v}_d = -\dfrac{e\tau}{m}\vec{E}, \quad \rho_v = -ne \right)$

$\vec{J} = \rho_v \vec{v}_d \Leftarrow$

$= \dfrac{ne^2\tau}{m}\vec{E} = \sigma\vec{E} \quad \left(\sigma = \dfrac{ne^2\tau}{m} \right)$

$\boxed{\therefore \vec{J} = \sigma\vec{E}}$ Ohm's Law • 전도율

• 전도전류밀도
(conduction current density)

7장

자기장

Flipped Learning	전기선속 자기선속/전기력 자기력/전기장 자기장/총정리
URL	https://youtu.be/cjsW2EWFlJs

◆주요 학습 내용

1. 자기장과 전기장 비교
2. 자기력과 자기장
3. 자기장 속에서 원운동하는 대전 입자
4. 전류가 흐르는 도선에 작용하는 자기력
5. 교차장과 홀 효과
6. 긴 직선 도선에 흐르는 전류가 만드는 자기장

학습목표

1. 자기장과 전기장을 비교하여 설명할 수 있다.
2. 자기력과 자기장을 정의하고 설명할 수 있다.
3. 균일한 자기장 속에서 전하의 운동을 이해하고 문제에 적용할 수 있다.
4. 전류가 흐르는 도선에서 자기력을 유도할 수 있다.
5. 교차장과 홀 전압을 유도하고 의미를 설명할 수 있다.
6. 직선 도선에 흐르는 전류가 만드는 자기장을 설명할 수 있다.

내용요약

- 자기장을 시각화한 선을 자기장선(magnetic field lines)이라고 하고, 자기장선의 접선방향이 자기장의 방향이다.
- 자석은 잘라도 N극과 S극이 따로 분리되지 않는다. 전하와 다르게 자기홀극(magnetic monopole)은 존재하지 않는다.
- 자기력은 $\vec{F}_B = q\vec{v} \times \vec{B}$로 정의되고, 자기력의 방향은 대전된 입자의 속도 $\vec{v}$와 자기장 $\vec{B}$에 모두 수직 한 방향이다.
- 자기장의 정의는 $B = \dfrac{F_B}{|q|v\sin\theta}$이고, SI 단위는 $\mathrm{N/(A \cdot m)}$ 또는 T(tesla)이다.
- 대전된 입자가 회전하는 원의 반지름 $r = \dfrac{mv}{|q|B}$이다. 회전 반지름은 운동량 mv에 비례하고 전하와 자기장의 크기에 반비례한다.
- 진동수는 $f = \dfrac{|q|B}{2\pi m}$이고, 입자의 속력이나 회전 반지름과 무관하다. 이를 사이클로트론(cyclotron) 각진동수라고 한다.
- 전류가 흐르는 도선에서 자기력은 $\vec{F}_B = I\vec{L} \times \vec{B}$로 정의되고, 도선의 길이 벡터 $\vec{L}$과 자기장 $\vec{B}$가 수직이면 $F_B = BIL$이다.
- 홀 전압은 $\Delta V_H = \dfrac{IBd}{neA}$이고, 전하운반자의 수밀도 n은 $n = \dfrac{IB}{\Delta V_H el}$이다.
- 자기장의 크기는 도선에 흐르는 전류에 비례하고($B \propto I$), 도선으로부터의 거리에 반비례($B \propto \dfrac{1}{r}$)한다.

1 자기장과 전기장 비교

Flipped Learning	자석과 전하 비교
URL	https://youtu.be/zzZXIOyDk84

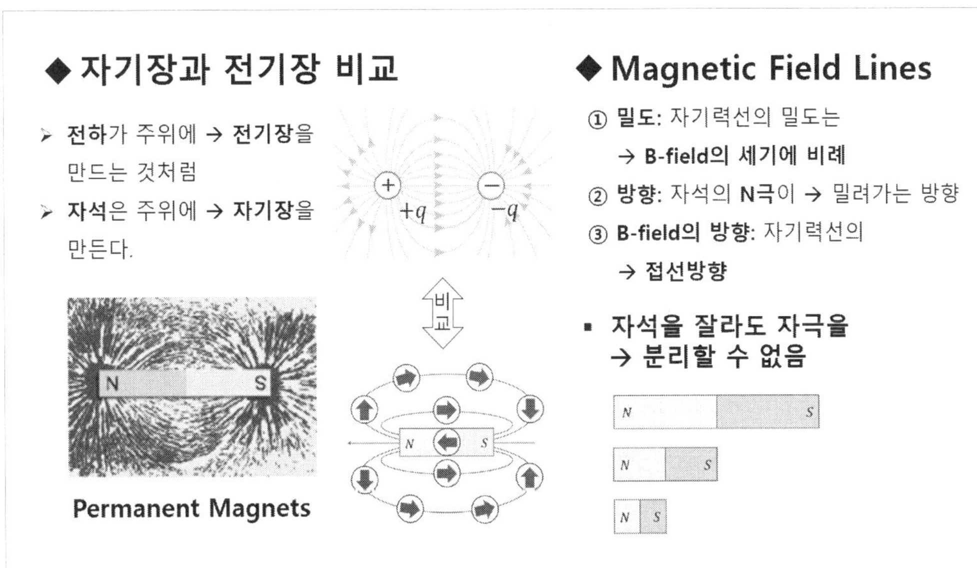

기원전 13세기에 중국에서는 나침반이 사용되었다. 유럽에서도 기원전 수 세기경 현재 터키 지역인 마그네시아(Magnesia)에서 자철광(magnetite, Fe_3O_4)이 철에 달라붙는다는 현상을 발견하였고, 지역의 이름에서 magnet(자석)이라는 이름이 유래 되었다.

그런데 자기현상과 전기현상이 서로 연관이 있다는 사실은 1820년 덴마크의 물리학자 외르스테드(Hans Christian Oersted, 1771-1851)의 발견이 있기 전까지 서로 독립된 현상으로 여겨졌었다. 그림 7.1은 외르스테드의 발견을 개략화 한 그림이다. 도선에 전류가 흐르지 않을 때는 나침반은 북쪽과 남쪽을 가리키고 있을 것이다. 그런데 도선에 전류가 흐르게 되면 나침반은 재배열하게 된다. 이는 도선에 전류가 흐르게 되면 눈에는 보이지 않지만, 주변 공간을 변화시킨다는 중요한 실험적 결과이다. 즉, 외르스테드는 나침반이 도선에 흐르는 전류에 의해서 움직인다는 것을 발견하였고, 이는 전기현상과 자기현상이 서로 관련이 있음을 암시하는 중요한 발견이었다.

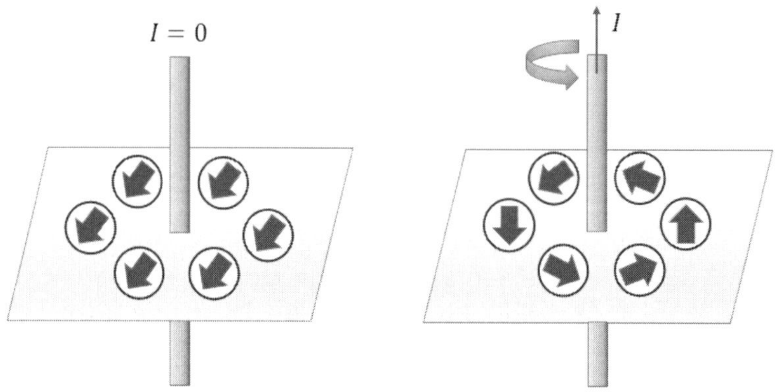

그림 7.1 외르스테드의 발견

전하와 자석은 상당히 유사한 점이 많다. 그림 7.2는 자석 주위에 쇳가루를 뿌린 모양이다. 전하가 전기장을 만들 듯이 자석은 주변의 공간에 자기장(magnetic filed, $\vec{B}$)을 만든다. 자기장의 기호 $\vec{B}$는 전통적으로 써온 기호이다. 자기장의 방향은 나침반의 N극이 가리키는 방향이고, 크기는 단위면적에 수직으로 지나가는 자기장선의 수에 비례한다.

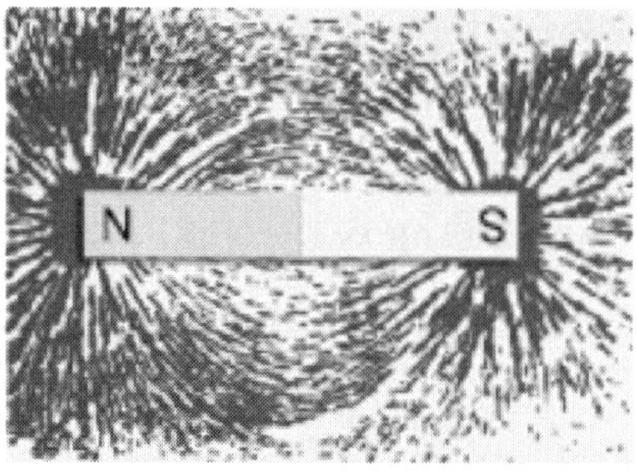

그림 7.2 자석과 자기장

전기장선과 마찬가지로 자기장을 시각화한 선을 자기장선(magnetic field lines)이라고 한다. 자기장선의 접선방향이 자기장의 방향이 된다. 그림 7.3과 같이 자석 주변에 나침반을 놓아 자기장선을 그려보자. 차이점은 전하의 전기장선은 양의 전하에서 시작하여 음의 전하에서 끝난다. 그러나 자석이 만드는 자기장선은 자석의 내부를 통과하여 폐곡선을 구성하므로 시작과 끝이 없다는 것이다. 이것은 자기현상의 매우 중요한 특징이다.

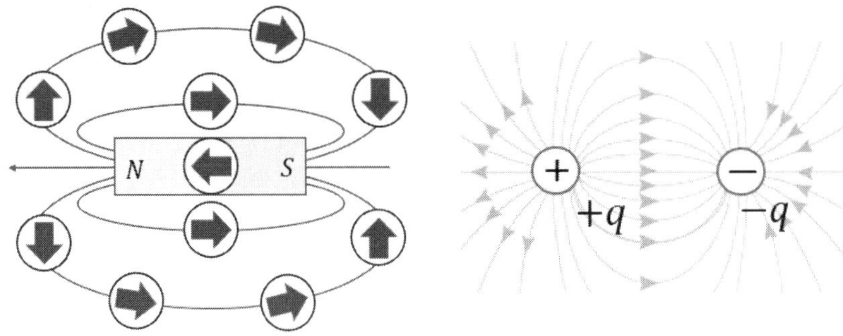

그림 7.3 지기장선과 전기력선

또한, 자석은 그림 7.4에서와 같이 서로 다른 극 사이에는 인력이 작용하고 같은 극 사이에는 척력이 작용한다. 이는 양전하와 음전하 사이에는 인력이 작용하고 같은 전하 사이에는 척력이 작용하는 전기현상과 같다. 그러나 전기현상과 자기현상에는 중요한 차이점이 있다. 이미 알고 있듯이 쿨롱의 법칙은 독립된 두 개의 점전하 사이에 작용하는 힘이다. 다시 말해서 전하는 양전하와 음전하가 독립적으로 존재한다. 자석도 이와 같이 독립된 단극이 존재할까?

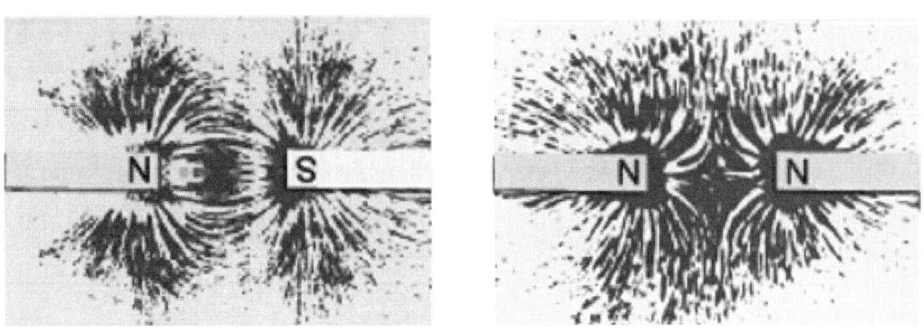

그림 7.4 자석의 자기장선

그림 7.5와 같이 자석을 가운데를 자른다고 가정해 보자. 자석의 가운데를 자르면 N극과 S극으로 분리할 수 있을까? 다시 말해서 전하가 양전하와 음전하로 분리되듯이 자석도 N극과 S극을 따로 분리할 수 있을까? 자석은 잘라도 N극과 S극이 따로 분리되지 않는다. 전하와 다르게 자기홀극(magnetic monopole)은 존재하지 않는다. 이론적으로는 자기홀극의 존재가 예상되었으나 아직 실험적으로 발견하지 못하고 있다.

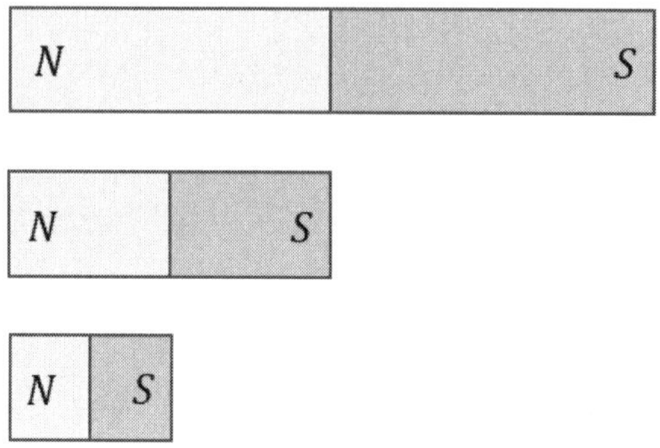

그림 7.5 자기홀극

2 자기력과 자기장

Flipped Learning	자기력과 자기장
URL	https://youtu.be/TRDAMHnBUZM

◆ 자기력과 자기장

✓ 정지해 있는 대전 입자는 → 자기장과 상호작용하지 않는다.
✓ 대전 입자가 자기장 내에서 움직일 때는 → 자기력을 받는다.

(1) 자기장 만드는 방법 :
① 자석(자기쌍극자)을 둠 ② 전류가 흐르는 도선을 둠

(2) 자기장의 정의 :
속도 v로 움직이는 전하q는 자기장 속에서 힘을 받음

$$\boldsymbol{F_B = qv \times B} \quad \Rightarrow \quad F = qvB\sin\theta$$

$$B = \frac{F}{qv\sin\theta}$$

(3) 단위 :

$$T = Wb/m^2 = \frac{N}{C \cdot m/s} = \frac{N}{A \cdot m}$$

$$1\,T = 10^4\,G$$

(4) 자기력의 방향:
Fleming의 왼손 법칙

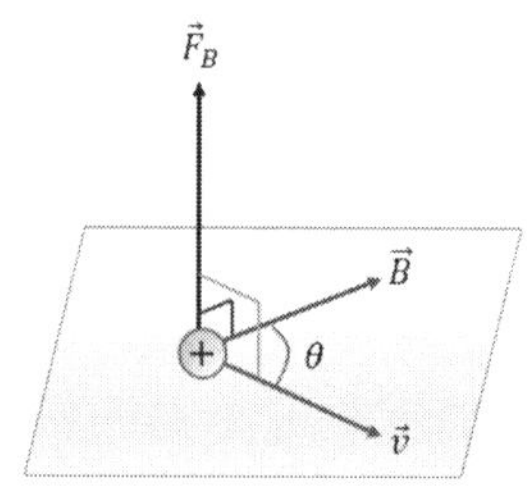

자기력과 자기장을 정의해 보자. 먼저 전기장에 대한 정의를 고려해 보자. 원천전하 q가 만드는 전기장에 의해서 시험전하 q_0에 작용하는 전기장은

$$\vec{E} = \frac{\vec{F_e}}{q_0} \tag{2.1}$$

이다. 식에서 전기력은

$$\vec{F_e} = q_0 \vec{E} \tag{2.2}$$

로 정의되었다. 그렇다면 점전하에 작용하는 자기력 $\vec{F_B}$ 도 자하(magnetic charge)에 자기장 $\vec{B}$ 을 곱하면 될까? 앞에서 설명한 대로 자기홀극(자하)은 아직 발견되지 않았다. 그래서 점전하에 작용하는 자기력은 단순히 자하에 자기장을 곱한 값이 아니다. 자기장은 다른 방법으로 정의해야 된다.

자기장을 정의하는 방법은 자기장 속에서 대전입자가 움직일 때 자기력 $\vec{F_B}$가 입자에 작용하는 실험식을 이용하여 정의한다. 즉, 대전입자 q의 속도 $\vec{v}$와 자기력 $\vec{F_B}$를 측정하여 대전입자 q가 운동하는 공간의 자기장 $\vec{B}$를 구할 수 있다. 먼저 실험 결과로부터 자기력 $\vec{F_B}$은

$$\vec{F_B} = q\vec{v} \times \vec{B} \tag{2.3}$$

와 같이 정의된다. 자기력의 방향은 그림 7.6과 같이 대전입자의 속도 $\vec{v}$ 와 자기장 $\vec{B}$ 에 모두 수직인 방향이다.

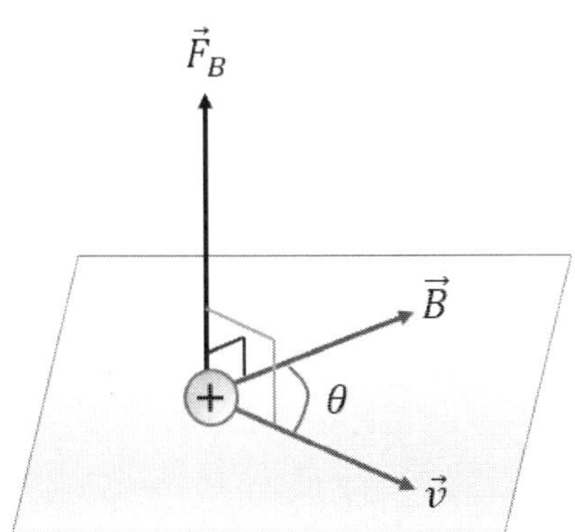

그림 7.6 자기력의 방향

자기력의 크기는 식 2.3에서

$$F = |q| v B \sin\theta \tag{2.4}$$

로 쓸 수 있다. 각도 θ는 $\vec{v}$와 $\vec{B}$의 사잇각이므로 $\vec{v}$와 $\vec{B}$가 평행이면 자기력은 0이고, 수직이면 최댓값을 갖게 된다.

자기력은 전기력과 차이점이 있어 주의해야 한다.

첫째 방향을 주의해야 한다. 전기력은 전기장의 방향과 같은데, 자기력은 자기장의 방향과 수직이다.

둘째 속도와 유무 관계이다. 전기력은 입자의 속도와 무관하지만, 자기력은 입자가 속도 $\vec{v}$로 운동할 때만 작용한다.

셋째 일과의 관계에서 전기력은 대전입자의 변위에 대하여 일한다. 자기력은 힘이 작용점의 변위에 수직이므로 입자가 변위할 때 일을 하지 않는다.

식 2.4에서 자기장의 크기를 정의할 수 있다. 자기장 B는

$$B = \frac{F_B}{|q| v \sin\theta} \tag{2.5}$$

이다. 자기장 B의 SI 단위는 T(tesla)이다. 기본 단위로 쓰면 N/(C · m/s)인데, C/s는 A이므로 N/(A · m)이기도 하다. 다른 단위로는 G(gauss)를 쓰기도 한다. 1T = 10^4 G이다.

3 자기장 속에서 원운동하는 대전입자

Flipped Learning	균일한 자기장 속에서 전하의 운동
URL	https://youtu.be/DSPUt_4Y4fc

◆ 균일한 자기장 속에서 전하의 운동

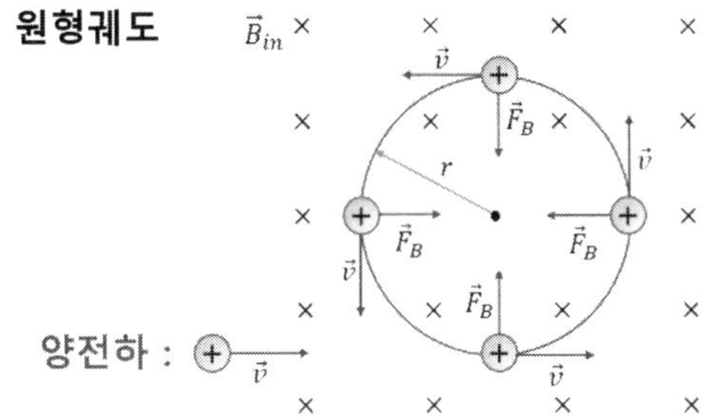

$$F = qvB = \frac{mv^2}{r} \Rightarrow r = \frac{mv}{qB}$$

- 속력: $v = \dfrac{r|q|B}{m}$
- 각속력: $\omega = \dfrac{v}{r} = \dfrac{qB}{m}$
- 운동에너지: $K = \dfrac{r^2q^2B^2}{2m}$
- 등속원운동의 주기:
  $T = 2\pi r\left(\dfrac{m}{r|q|B}\right) = \dfrac{2\pi m}{|q|B}$
- 진동수: $f = \dfrac{1}{T} = \dfrac{|q|B}{2\pi m}$

균일한 자기장 속에서 대전입자가 받는 운동을 이해하고 회전 반지름, 속력, 각속력, 운동 에너지 그리고 주기와 진동수에 대해서 알아보자. 그림 7.7과 같이 균일한 자기장 $\vec{B}$속에 질량이 m이고 전하량이 q인 입자를 속도 $\vec{v}$로 넣고 운동 방정식을 구해보자. 단 속도 $\vec{v}$의 방향은 자기장 $\vec{B}$와 서로 수직이다. 먼저 대전입자가 운동하는 궤적을 생각해 보자. 입자는 어떤 궤적을 그릴까? 입자는 반시계방향으로 원운동을 한다. 만약 음전하를 넣었다고 한다면 시계방향으로 원운동을 하게 된다.

운동 방정식을 구해보자. 뉴턴의 제2법칙에 의해서 대전입자가 받는 알짜힘 $\sum F$는

$$\sum F = F_B = ma \tag{3.1}$$

이다. F_B는 $\vec{v}$와 $\vec{B}$의 각이 수직이므로 qvB이고, 가속도 a는 원운동을 하므로 구심가속도이다. 이 개념을 식 3.1에 적용하면

$$F_B = |q|vB\sin\theta = |q|vB = \frac{mv^2}{r} \tag{3.2}$$

이다.

식으로부터 대전입자가 회전하는 원의 반지름 r은

$$r = \frac{mv}{|q|B} \tag{3.3}$$

이다. 식에서 알 수 있듯이 회전 반지름은 운동량 mv에 비례하고 전하와 자기장의 크기에 반비례한다.

속력 v는 식 3.3에서

$$v = \frac{r|q|B}{m} \tag{3.4}$$

이다.

각속력 ω는 선속력와 각속력의 관계 $v = r\omega$에서 속도를 대입하면

$$\omega = \frac{v}{r} = \frac{qB}{m} \tag{3.5}$$

이다.

운동 에너지 K는 운동 에너지의 정의에 속력을 대입하면

$$K = \frac{1}{2}mv^2 = \frac{1}{2}m\left(\frac{r|q|B}{m}\right)^2 \tag{3.6}$$

이 되고, 정리하면

$$K = \frac{r^2 q^2 B^2}{2m} \tag{3.7}$$

이다.

마지막으로 등속원운동의 주기 T는 $T = 2\pi r/v$ 에서 속력을 대입하면

$$T = 2\pi r\left(\frac{m}{r|q|B}\right) = \frac{2\pi m}{|q|B} \tag{3.8}$$

이고, 진동수 f는

$$f = \frac{1}{T} = \frac{|q|B}{2\pi m} \tag{3.9}$$

이다.

이 식들에서 대전입자가 등속원운동 할 때 각속력과 주기 그리고 진동수는 입자의 속력이나 회전 반지름과 무관하다는 것을 알 수 있다. 각진동수 ω를 사이클로트론(cyclotron) 각진동수라고 한다.

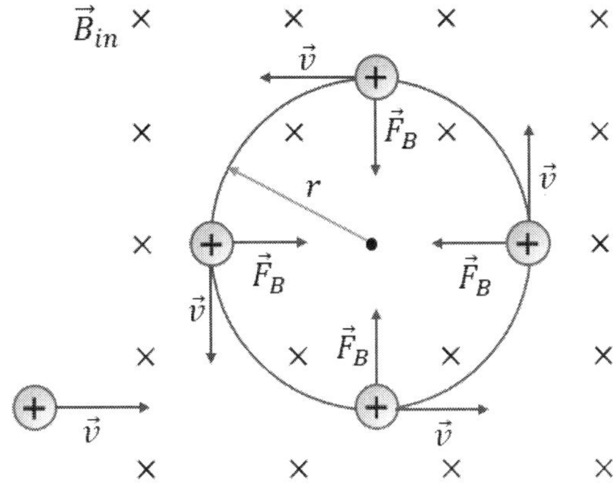

그림 7.7 대전입자의 운동

4 전류가 흐르는 도선에 작용하는 자기력

Flipped Learning	전류가 흐르는 도선에 작용하는 자기력
URL	https://youtu.be/y51FEZ9qwsU

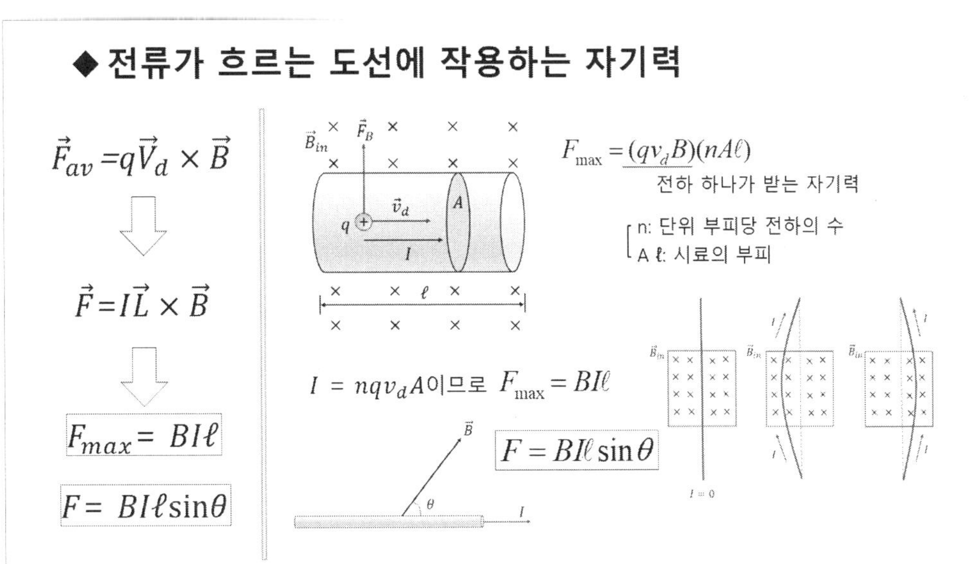

그림 7.8과 같이 종이 면을 뚫고 들어가는 균일한 자기장이 있고, 도선은 자기장과 수직하게 세로 방향으로 놓여있다. 이제 세 가지 경우를 고려해 보자. 첫째 도선에 전류가 흐르지 않을 때와 둘째 전류가 아래쪽에서 위쪽으로 흐를 때, 셋째 전류가 위에서 아래쪽으로 흐를 때 어떤 물리적 현상이 관측될까? 도선에 전류가 흐르지 않으면 도선은 아무런 변화가 없다. 도선에 전류가 위쪽으로 흐르게 되면 도선은 왼쪽으로 휘어진다. 그리고 도선에 전류가 아래쪽으로 흐르게 되면 도선은 오른쪽으로 휘어진다. 그렇다면 왜 이와 같은 현상이 생기는 것일까? 자기장 속에서 도선에 전류가 흐를 때 발생하는 자기력에 대해서 알아보자.

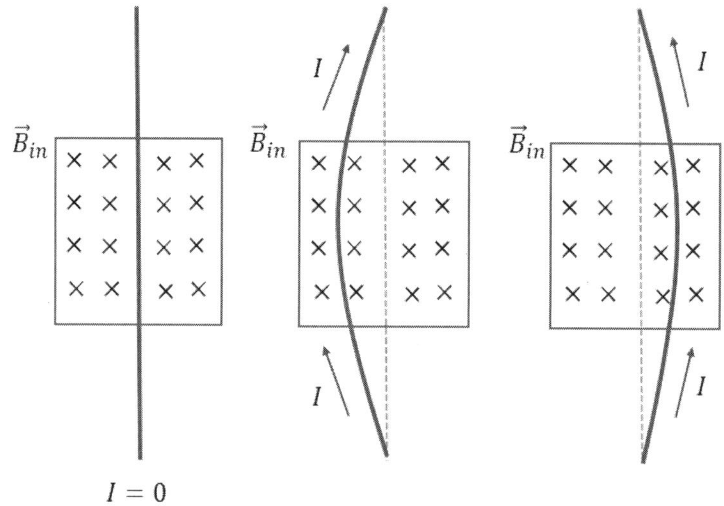

그림 7.8 자기장 속에서 전류가 흐르는 도선

위 실험모델과 같이 자기장 속에서 도선에 전류가 흐르면 힘을 받는다. 그림 7.9와 같이 자기장 $\vec{B}$ 속에서 길이가 L이고 단면적이 A인 도선에 전류 I가 흐르고 있다고 가정해 보고 힘을 유도해 보자. 우선 전하 하나가 받는 힘은 전하의 유동속도를 $\vec{v}_d$ 라고 할 때 $\vec{F}_B = q\vec{v}_d \times \vec{B}$로 주어진다. 도선에 작용하는 전체 자기력을 구하기 위해서 단위 부피당 전하의 수(전하운반자의 수밀도) n과 도선의 부피 AL을 곱해주면

$$\vec{F}_B = (q\,\vec{v}_d \times \vec{B})(nAL) \tag{4.1}$$

이다. 식에서 nqv_dA 는 도선에 흐르는 전류 I를 뜻하므로 식 4.1은

$$\vec{F}_B = I\vec{L} \times \vec{B} \tag{4.2}$$

이 된다. 식에서 $\vec{L}$은 전류 방향으로의 길이 벡터이다. 크기로 쓰면

$$F_B = ILB\sin\theta \tag{4.3}$$

이고, 도선의 길이 벡터 $\vec{L}$과 자기장 $\vec{B}$가 수직이면

$$F_B = BIL \tag{4.4}$$

이다.

자기장 속에 놓인 임의의 도선을 고려하여 식 4.2를 일반화시켜 보자. 매우 작은 길이 $d\vec{l}$에 작용하는 자기력은

$$d\vec{F}_B = Id\vec{l} \times \vec{B} \tag{4.5}$$

로 쓸 수 있다. 적분하면

$$\vec{F}_B = I\int_i^f d\vec{l} \times \vec{B} \tag{4.6}$$

와 같이 임의의 도선이 받는 자기력을 구할 수 있다. 미소길이 벡터 $d\vec{s}$와 자기장 $\vec{B}$가 이루는 각도는 각각의 위치마다 다를 수 있다. 첨자 i와 f는 도선의 양 끝단을 나타낸다.

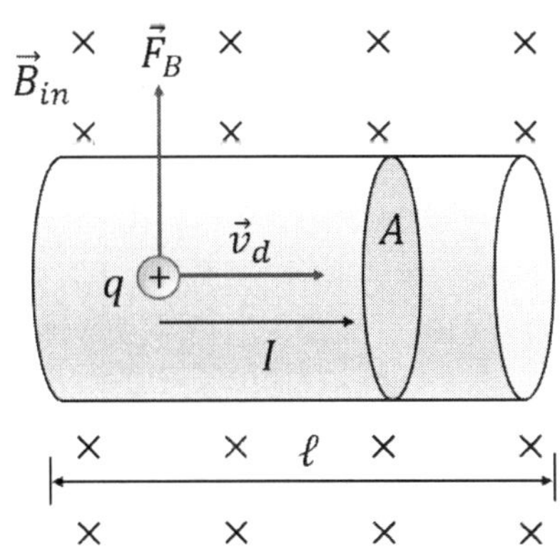

그림 7.9 전류가 흐르는 직선 도선에 작용하는 자기력

문제 도선에 25.0 A의 전류가 서쪽에서 동쪽으로 흐른다. 이 장소에서 자기장은 남쪽에서 북쪽으로 향하며, 크기가 0.750×10^{-4} T이다. 길이가 30.0 m인 도선에 작용하는 자기력을 구하라.

풀 이 직선 도선에 작용하는 자기력은

$$F_B = ILB\sin\theta$$

이고, 자기장과 전류는 서로 직각이므로

$$F_B = (25.0\ \mathrm{A})(30.0\ \mathrm{m})(0.750 \times 10^{-4}\ \mathrm{T})\sin 90^\circ$$

에서

$$F_B = 5.63 \times 10^{-2}\ \mathrm{N}$$

이다.

---

5 교차장과 홀 효과

Flipped Learning	홀 효과(Hall Effect)
URL	https://youtu.be/ddHUlfepkIE

◆ 교차장과 홀 효과

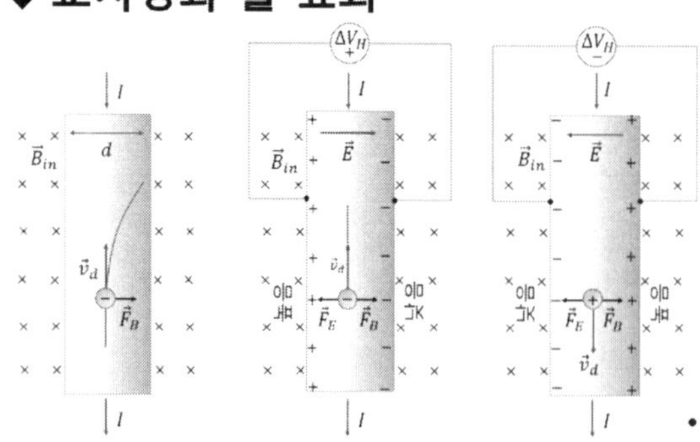

$$ev_dB = eE_H$$

$$E_H = v_dB$$

$$\Delta V_H = E_Hd = v_dBd$$

$$v_d = \frac{J}{ne} = \frac{I}{neA}$$

- 홀전압: $\Delta V_H = \dfrac{IBd}{neA}$

- 전하운반자의 수밀도: $n = \dfrac{IBd}{\Delta V_H eA} = \dfrac{IBd}{\Delta V_H e(dl)} = \dfrac{IB}{\Delta V_H el}$

균일한 전기장에서 전하의 운동에서 알 수 있듯이 전하 또는 전자빔은 자기장에 의해서 휘어진다. 그렇다면 도선 속의 전도전자들도 자기장에 의해서 영향을 받을까? 1879년 존스 홉킨스 대학의 대학원생이었던 24살의 홀(Edwin Hall, 1885-1938)은 이 현상을 실험적으로 증명하였다. 이 실험은 도체 내에서 전하운반자의 부호와 밀도를 결정할 수 있는 아주 중요한 실험이다.

먼저 실험구조에 대해서 이해해 보자. 그림 7.10과 같이 자기장 $\vec{B}$는 지면을 뚫고 들어가는 방향이고 도선의 전류는 위에서 아래로 흐른다고 하자. 전류의 방향과 전자의 이동방향은 반대이므로 전자는 아래쪽에서 위쪽으로 유동속도 $\vec{v}_d$로 이동하게 된다. 이 경우 전자를 전하운반자라고 한다. 유동속도로 이동하는 전자는 자기장속에서 힘 $\vec{F}_B$을 받아 도선의 오른쪽 벽면에 쌓이게 된다. 전자가 오른쪽 벽면에 쌓이게 되면 왼쪽 벽면에는 전자를 잃은 상태가 되므로 양전하가 쌓여 전위차 ΔV가 발생한다. 이 전압을 홀 전압(Hall voltage) V_H라고 한다.

이 현상은 자기력 $\vec{F}_B$와 오른쪽에 쌓인 양전하가 전자를 끌어당기는 전기력 $\vec{F}_E$가 같아질 때까지 계속된다. 평형상태가 되면 전자는 더 이상 오른쪽 벽면에 쌓이지 않는다. 만약 도선 속에 양의 전하를 넣고 실험을 하면 이번엔 양전하가 오른쪽 벽면에 음전하(전자)가 왼쪽 벽면에 쌓이게 된다. 그래서 홀 전압의 부호도 반대가 된다. 따라서 홀 전압의 극성을 측정하여 전하운반자의 부호를 알 수 있다.

홀 전압 ΔV_H을 구해보자. 자기력 $\vec{F}_B$와 전기력 $\vec{F}_E$가 균형을 이루고 있으므로

$$ev_d B = e E_H \tag{5.1}$$

이다. E_H는 분리된 전하에 의한 전기장의 크기이다. 식에서 전자를 소거하면

$$E_H = v_d B \tag{5.2}$$

이다. 전위차는 $\Delta V = Ed$이므로

$$\Delta V_H = E_H d = v_d B d \tag{5.3}$$

이다. 5장에서 유동속도는 v_d는

$$v_d = \frac{J}{ne} = \frac{I}{neA} \tag{5.4}$$

와 같이 정의하였다. 식 5.3에 대입하여 홀 전압은

$$\Delta V_H = \frac{IBd}{neA} \tag{5.5}$$

이다.

전하운반자의 수밀도 n은

$$n = \frac{IBd}{\Delta V_H eA} = \frac{IBd}{\Delta V_H e(dl)} = \frac{IB}{\Delta V_H el} \tag{5.6}$$

이다. 도체의 단면적의 넓이를 $A = dl$로 놓았다.

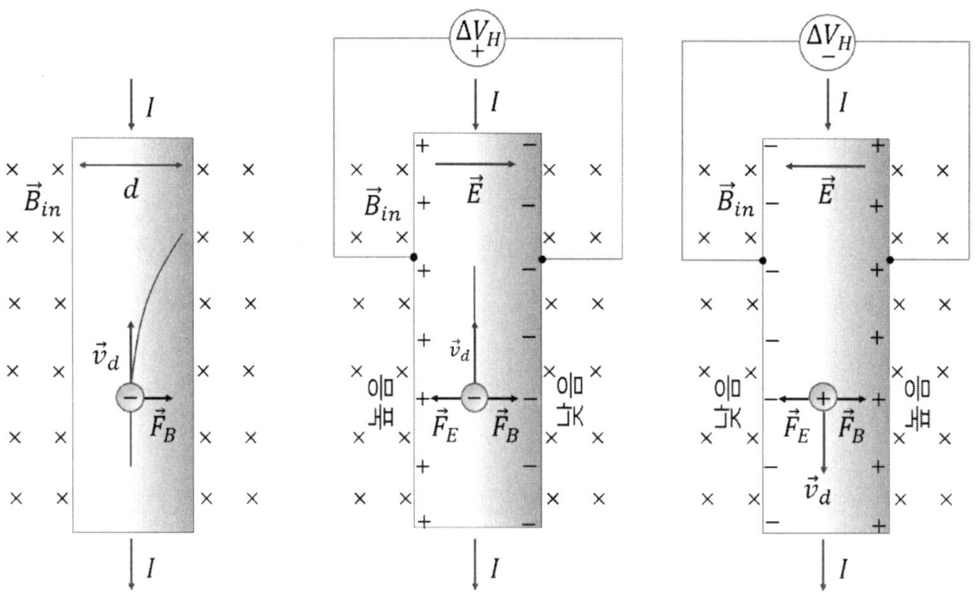

그림 7.10 홀 효과

6 긴 직선 도선에 흐르는 전류가 만드는 자기장

Flipped Learning	긴 직선 도선에 흐르는 전류가 만드는 자기장
URL	https://youtu.be/2ietHPBH26I

◆ 긴 직선 도선에 흐르는 전류가 만드는 자기장

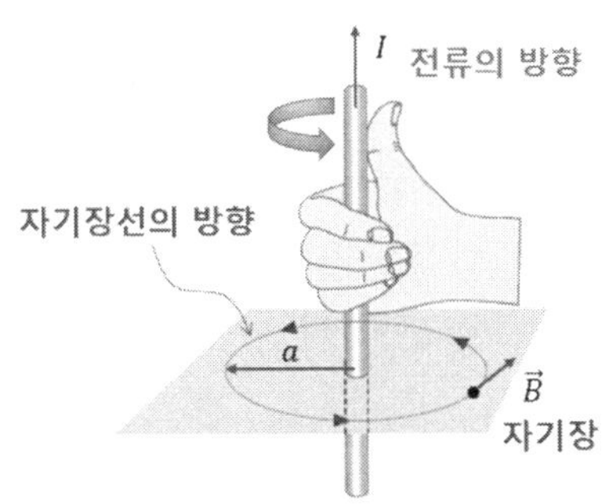

오른손 규칙(right-hand rule)

- 의의 점에서 자기장의 방향은
  → 자기장선의 방향의 접선방향이 된다.

$$B \propto I \qquad B \propto \frac{1}{r}$$

$$B \propto \frac{I}{r}$$

$$B = \left(\frac{\mu_0}{2\pi}\right)\frac{I}{r}$$

역사적으로 보면 외르스테드의 발견 후 장바티스트 비오(Jean-Baptiste Biot, 1774-1862)와 펠릭스 사바르(Félix Savart, 1791-1841)는 자기장에 대한 일반적인 법칙을 찾기 위하여 실험을 시작하여 비오-사바르 법칙으로 완성한다. 비오-사바르가 한 실험을 바탕으로 긴 직선 도선에 흐르는 전류가 만드는 자기장의 방향과 크기에 대해서 생각해 보자.

우선 자기장의 방향을 알아보자. 자기장의 방향은 외르스테드의 발견에서 나침반의 배열을 생각해 보면 이해하기 쉽다. 자기장의 방향을 결정하기 위해서는 자기장선의 방향을 먼저 결정해야 한다. 그림 7.11과 같이 전류가 흐르는 방향을 엄지손가락으로 가리키고 나머지 네 손가락으로 도선을 감쌀 때 네 손가락이 가리키는 방향이 자기장선의 회전의 방향이 된다. 이를 오른손 규칙(right-hand rule)이라고 한다. 임의의 점에서 자기장의 방향은 이 자기장선의 방향의 접선방향이 된다.

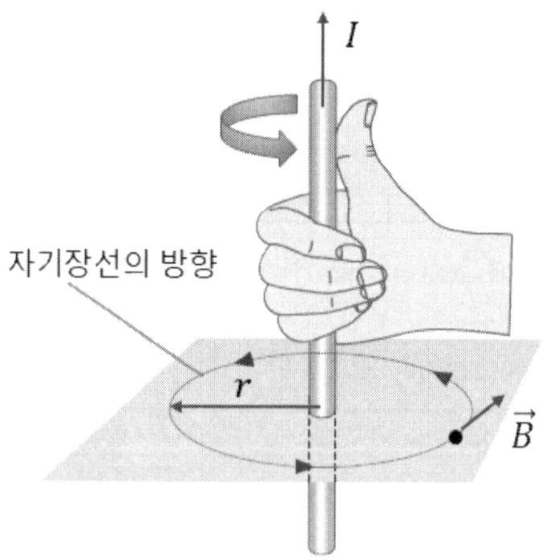

그림 7.11 자기장의 방향

이제 도선에 수직인 평면을 고려하고 도선에서 r만큼 떨어진 위치에서 자기장의 크기를 구해보자. 같은 거리에 있는 모든 점은 같은 크기의 자기장을 갖는다. 비오-사바르는 실험결과를 분석하여 자기장의 크기는 도선에 흐르는 전류에 비례하고

$$B \propto I \tag{6.1}$$

도선으로부터의 거리에

$$B \propto \frac{1}{r} \tag{6.2}$$

반비례한다는 사실을 실험적으로 알아냈다. 즉,

$$B \propto \frac{I}{r} \tag{6.3}$$

이다. 그리고 비례상수 값 $\mu_0/2\pi$를 식에 대입하여 직선 도선에 흐르는 전류가 만드는 자기장이

$$B = \left(\frac{\mu_0}{2\pi}\right)\frac{I}{r} \tag{6.4}$$

임을 밝혀냈다. 식에서 μ_0는 자유 공간의 투자율(permeability of free space)이라고 한다. 다음 장에서 자기장과 관련된 비오-사바르의 법칙과 앙페르의 법칙에 대해서 알아본다.

◆ 일반 상대성 이론(theory of general relativity)

- 허블의 관측, 1929년

정적 우주론 ↔ 팽창 우주론

⇩

「허블-르메트르 법칙」

$v = H_0D$

팽창우주론의 결정적 천문학적 증거

에드윈 허블
1889-1953

Hooker telescope at Mount Wilson Observatory

- 일생 최대의 실수
  - 우주의 정적 모형 포기: 1929년 에드윈 허블이 성운의 후퇴를 발견

⇩

  - '이론적으로 만족스럽지 못하다' 고 주장

⇩

  - 우주상수 폐기

◆ 일반 상대성 이론(theory of general relativity)

- 빅뱅의 증거: '우주 배경복사, 1965년 첫 관측

출처/ ESA, Planck Collaboration

플랑크 위성, 2014년

- 1960년대에 처음 관측됐을 때에는 전 우주에서 → **절대온도 2.7K** 가 균일하게 관측됨
- 이후에 관측 단위를 작게 하면서 **국지적으로 다른 미세한 온도 변화(요동)들이 관찰**됨.

- 우주배경복사 지도의 변천
  - ✓ 1965년 지상 관측
  - ✓ 코비 위성
  - ✓ WMAP 위성, 윌킨슨초단파 비등방 탐사선
  - ✓ 플랑크 위성

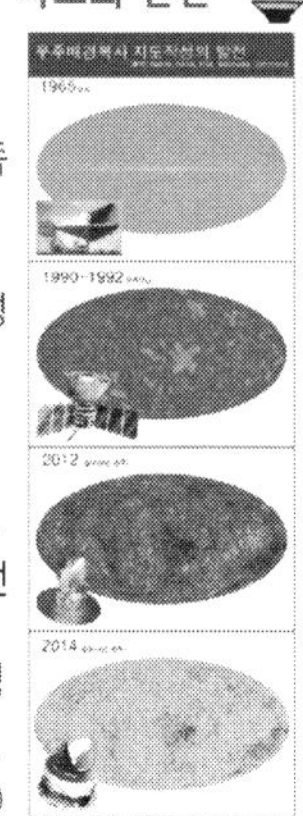

출처/ NASA, ESA. Nature 에서 재인용(재구성, 변형)

◆ 일반 상대성 이론(theory of general relativity)

▪ **우주 상수의 재조명: 현대 우주론**

현재까지의 관측 결과에 따르면 **암흑에너지**는 신기하게도,
우주상수(음의 압력을 가진 유체)의 특성을 가졌을 것이 유력시되고 있음

- 표준 우주 모형 :

✓ 아인슈타인의 우주 상수 + 암흑 물질을 포함하는 우주 모형을 → **람다시디엠(ΛCDM) 모형** 이라고 부름

✓ 현재까지 **관측되어온 전반적인 우주 관련 데이터가 이 모형에 부합**됨

보충 문제

01 양으로 대전된 질량 m인 전하 $+q$가 자기장 $\overrightarrow{B_{in}}$의 영향을 받아 원운동을 하고 있다. 회전 반지름 r과, 주기 T를 유도하라.

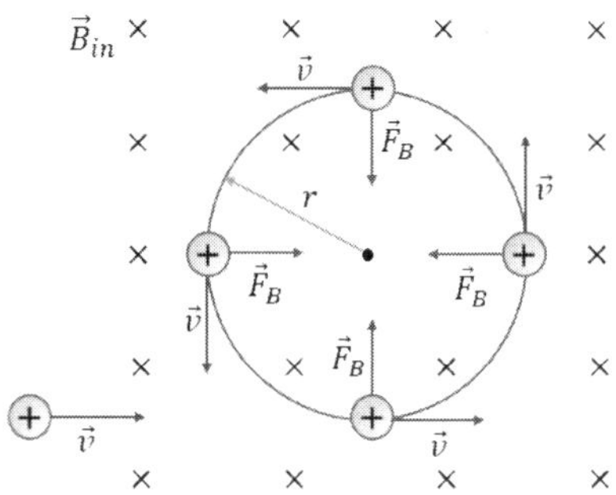

풀이 $T = \dfrac{2\pi m}{qB}$

☞ 본문 내용 참조

02 그림은 질량분석기의 원리이다. 양전하 $+q$가 자기장 $\overrightarrow{B}$의 영향을 받아 속도 신택기 속에서 위쪽으로 운동하다가, $\overrightarrow{B_0}$의 영향으로 원운동을 한다. 원운동한 반지름을 r이라고 할 때 입사한 전하의 질량 m을 자기장의 세기가 포함된 식으로 구하라.

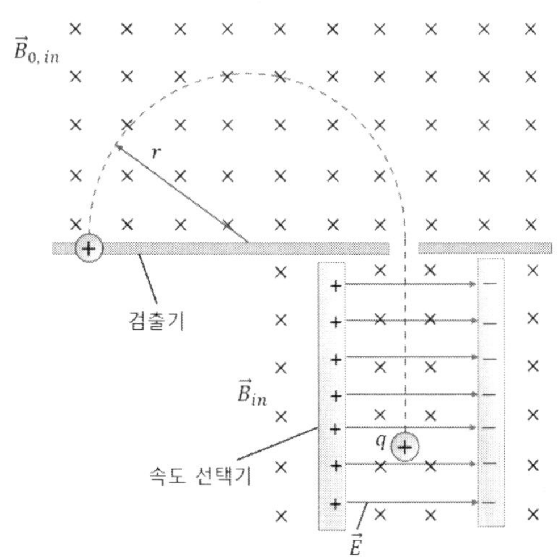

풀이 속도 선택기에서 전기장과 자기장 사이에는

$$qE = qvB$$

인 관계가 성립하고, 속도에 대한 항으로 정리하면

$$v = \frac{E}{B} \tag{1}$$

이다. 대전입자가 회전하는 원의 반지름 r은

$$r = \frac{mv}{|q|B} \tag{2}$$

이다. 질량으로 정리하면

$$m = \frac{rqB}{v} \tag{3}$$

이다. 식 3에 식 1에서 구한 속도 v를 대입하면

$$m = \frac{rqB_0B}{E}$$

이다.

03 점전하에 대한 자기력 $\vec{F} = q\vec{v} \times \vec{B}$을 전류가 흐르는 도선에 대한 물리량으로 유도하라.

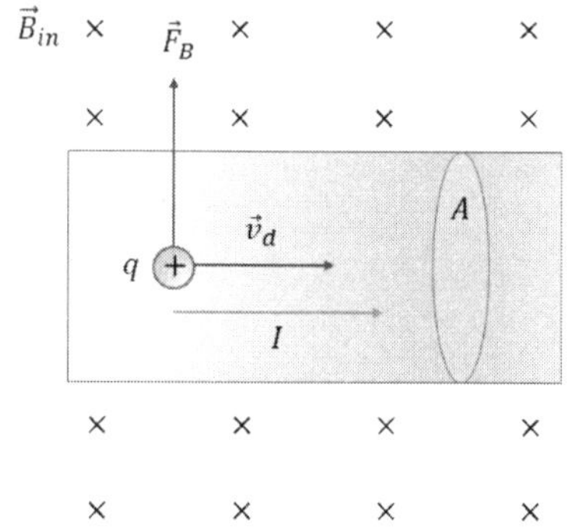

풀이 $\vec{F}_B = I\vec{L} \times \vec{B}$

☞ 본문 내용 참조

04 도선에 30.0 A 의 전류가 왼쪽에서 오른쪽으로 흐르고, 이때 자기장은 아래쪽에서 위쪽으로 향하며 크기가 0.500×10^{-4} T 이다. 길이가 15.0 m 인 도선에 작용하는 자기력의 크기를 구하라.

풀이 직선 도선에 작용하는 자기력은

$$F_B = ILB\sin\theta$$

에서

$$F_B = (30.0\ \mathrm{A})(15.0\ \mathrm{m})(0.500 \times 10^{-4}\ \mathrm{T})\sin 90^\circ$$

이고

$$F_B = 2.25 \times 10^{-2}\ \mathrm{N}$$

이다.

05 홀 효과에서 자기장의 방향은 $\vec{B}_{in}$ 이고, 도체판의 단면적은 $A = dl$ 이다. 1) 전류가 아래쪽에서 위쪽으로 흐를 때 음의 전하(전자)는 어느 쪽에 축적되는가? 2) 홀 전압 V_H 을 전하운반자수밀도 n 이 포함된 식으로 유도하라. $v_d = \dfrac{I}{neA}$ 이다.

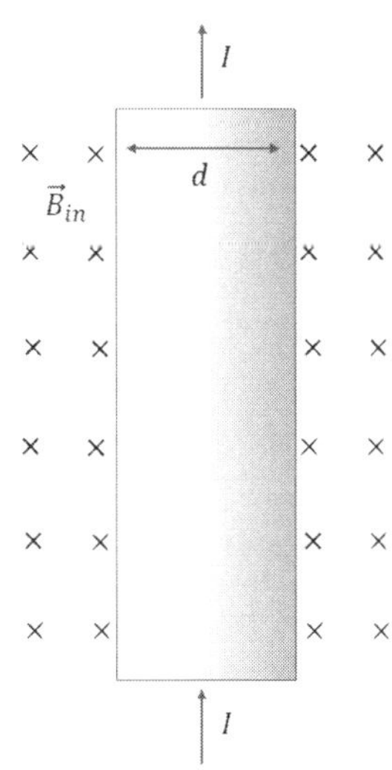

풀이 1) 왼쪽

2) $\Delta V_H = \dfrac{IBd}{neA}$

☞ 본문 내용 참조

보충 심화

• 자기력과 비오-사바르 법칙은 벡터의 외적을 포함하고 있다. 벡터의 외적에 대해서 조사를 해보고 토론해 본다.

◆ 벡터 곱셈_벡터곱(외적)

✓ **계산 방법 1 :**

$$\begin{aligned}\vec{A}\times\vec{B} &= (A_x\hat{i} + A_y\hat{j} + A_z\hat{k})\times(B_x\hat{i} + B_y\hat{j} + B_z\hat{k})\\ &= (A_x\hat{i})\times(B_x\hat{i} + B_y\hat{j} + B_z\hat{k}) + (A_y\hat{j})\times(B_x\hat{i} + B_y\hat{j} + B_z\hat{k})\\ &\quad + (A_z\hat{k})\times(B_x\hat{i} + B_y\hat{j} + B_z\hat{k})\end{aligned}$$

i) 첫째항

$$\begin{aligned}&(A_x\hat{i})\times(B_x\hat{i} + B_y\hat{j} + B_z\hat{k})\\ &= A_xB_x(\hat{i}\times\hat{i}) + A_xB_y(\hat{i}\times\hat{j}) + A_xB_z(\hat{i}\times\hat{k})\\ &= A_xB_x(0) + A_xB_y(\hat{k}) + A_xB_z(-\hat{j})\\ &= A_xB_y\hat{k} - A_xB_z\hat{j}\end{aligned}$$

ii) 둘째항

$$\begin{aligned}&(A_y\hat{j})\times(B_x\hat{i} + B_y\hat{j} + B_z\hat{k})\\ &= A_yB_z\hat{i} - A_yB_x\hat{k}\end{aligned}$$

iii) 세째항

$$\begin{aligned}&(A_z\hat{k})\times(B_x\hat{i} + B_y\hat{j} + B_z\hat{k})\\ &= -A_zB_y\hat{i} + A_zB_x\hat{j}\end{aligned}$$

iv) 정리하면

$$\vec{A}\times\vec{B} = (A_yB_z - A_zB_y)\hat{i} - (A_xB_z - A_zB_x)\hat{j} + (A_xB_y - A_yB_x)\hat{k}$$

◆ 벡터 곱셈_벡터곱(외적)

✓ 계산 방법 2 : **행렬의 소거 법을 이용**

$$\begin{aligned}\vec{A}\times\vec{B} &= \begin{vmatrix}\hat{i} & \hat{j} & \hat{k}\\ A_x & A_y & A_z\\ B_x & B_y & B_z\end{vmatrix}\\ &= \begin{vmatrix}A_y & A_z\\ B_y & B_z\end{vmatrix}\hat{i} - \begin{vmatrix}A_x & A_z\\ B_x & B_z\end{vmatrix}\hat{j} + \begin{vmatrix}A_x & A_y\\ B_x & B_y\end{vmatrix}\hat{k}\\ &= (A_yB_z - A_zB_y)\hat{i} - (A_xB_z - A_zB_x)\hat{j} + (A_xB_y - A_yB_x)\hat{k}\end{aligned}$$

◆ 벡터 곱셈_스칼라 삼중적

- **Scalar triple product:**

$$\vec{A}\cdot\left(\vec{B}\times\vec{C}\right)=\begin{vmatrix} A_x & A_y & A_z \\ B_x & B_y & B_z \\ C_x & C_y & C_z \end{vmatrix}$$

✓ A,B,C를 세변으로 하는 평행육면체의 체적

$$\vec{A}\cdot\left(\vec{B}\times\vec{C}\right)=\vec{B}\cdot\left(\vec{C}\times\vec{A}\right)=\vec{C}\cdot\left(\vec{A}\times\vec{B}\right)$$

◆ 벡터 곱셈_벡터 삼중적

- **Vector triple product:**

$$\overrightarrow{A}\times(\overrightarrow{B}\times\overrightarrow{C})=\overrightarrow{B}(\overrightarrow{A}\cdot\overrightarrow{C})-\overrightarrow{C}(\overrightarrow{A}\cdot\overrightarrow{B})$$

✓ Bac-cab

8장

전류에 의한 자기장과 앙페르의 법칙

Flipped Learning	앙페르(Ampere) 법칙과 가우스(Gauss) 법칙의 비교 이해
URL	https://youtu.be/qZho5_E0rYs

◆ 주요 학습 내용

1. 비오-사바르의 법칙
2. 직선 도선을 흐르는 전류가 만드는 자기장
3. 앙페르의 법칙
4. 긴 직선도선에 의한 자기장
5. 솔레노이드가 만드는 자기장
6. 전류가 흐르는 도선이 만드는 자기력

André-Marie Ampère
(1775년 ~ 1836년)

학습목표

1. 비오-사바르의 법칙을 유도할 수 있고 설명할 수 있다.
2. 비오-사바르의 법칙을 문제에 적용하여 자기장을 계산할 수 있다.
3. 앙페르의 법칙을 가우스의 법칙과 비교하여 설명할 수 있다.
4. 앙페르의 법칙을 문제에 적용하여 자기장을 계산할 수 있다.
5. 솔레노이드의 자기장을 계산할 수 있다.
6. 전류가 흐르는 평행한 두 도선 사이의 자기력을 계산할 수 있다.
7. 다양한 조건에서 자기력을 계산할 수 있다.

내용요약

- 비오-사바르의 법칙은 $d\vec{B} = \dfrac{\mu_o}{4\pi}\dfrac{id\vec{s} \times \hat{r}}{r^2}$ 이고, μ_0는 자유 공간의 투자율 이다.
- 비오-사바르의 법칙은 전류가 만드는 자기장은 전류의 방향에 수직이고 전류에서 거리의 역제곱에 비례한다는 법칙이다.
- 긴 직선 도선에 전류 I가 흐를 때 도선에서 수직인 거리 R인 점에서 자기장을 비오-사바르 법칙으로 구해보면 $B = \dfrac{\mu_o i}{2\pi R}$ 이다.
- 앙페르의 법칙은 $\oint \vec{B} \cdot d\vec{s} = \mu_o I_{enc}$이고, I_{enc}는 앙페르 고리 내부에 흐르는 알짜 전류를 뜻한다.
- 식에서 $\oint$은 앙페르 고리라고 부르는 폐곡선을 따라 자기장 $\vec{B}$와 미소 길이 벡터 $d\vec{s}$의 스칼라 곱 $\vec{B} \cdot d\vec{s}$을 선적분하라는 의미이다.
- 전류가 흐르는 직선 도선에서의 외부에서 자기장을 구하기 위해 앙페르 법칙을 적용하면 $B\oint ds = B(2\pi r) = \mu_o I$와 같이 표현되는데 식의 의미를 잘 이해해야 한다.
- 도선 내부에서 전류는 $I_{enc} = \dfrac{\pi r^2}{\pi R^2} I$로 주어진다.
- 솔레노이드에서 자기장은 $B = \mu_0 n I$이고, 식에서 권선밀도는 $n = \dfrac{N}{l}$ 이다.
- 전류가 흐르는 평행한 두 도선 사이의 자기력은 $F_{ba} = \dfrac{\mu_0 L I_a I_b}{2\pi d}$ 이다.
- 두 개의 도선에 흐르는 전류의 방향이 같으면 두 도선 사이에는 인력이 작용하고 전류의 방향이 반대이면 척력이 작용한다.

1 비오-사바르의 법칙

Flipped Learning	비오-사바르의 법칙과 직선 도선을 흐르는 전류가 만드는 자기장
URL	https://youtu.be/PeT5MOZZH4s

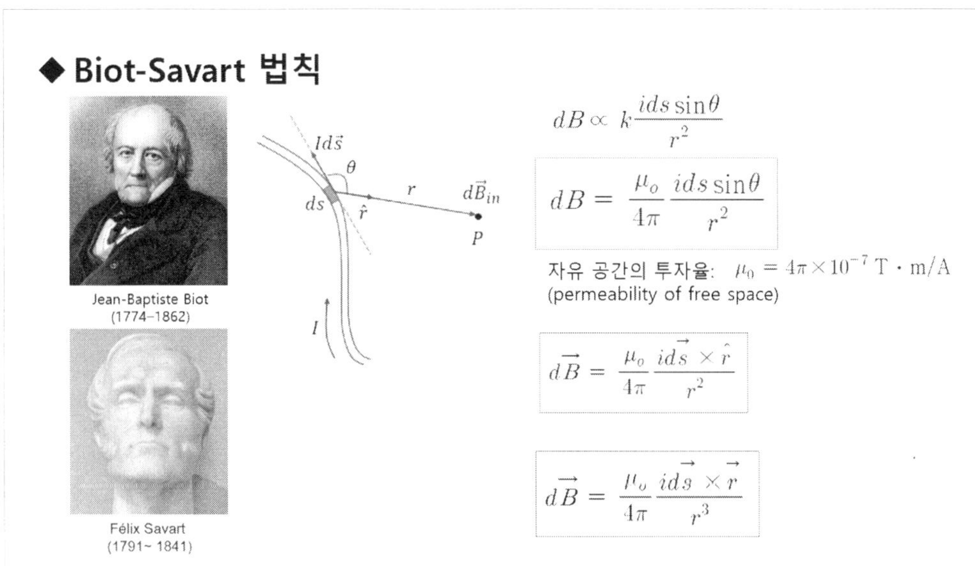

비오-사바르는 실험을 통하여 자기장 $d\vec{B}$ 가 미소전류요소 $Id\vec{s}$ 와 $\sin\theta$ 의 곱에 비례하고 거리의 제곱에 반비례한다는 사실을 알아냈다(그림 8.1). 즉, 미소전류요소 $Id\vec{s}$ 가 P 점에 만드는 자기장의 크기는

$$dB \propto k\frac{ids\sin\theta}{r^2} \tag{1.1}$$

이다. 비례상수 $k = \mu_0/4\pi$ 를 대입하면

$$dB = \frac{\mu_o}{4\pi}\frac{ids\sin\theta}{r^2} \tag{1.2}$$

이다. μ_0는 자유 공간의 투자율(permeability of free space)이라 하고

$$\mu_0 = 4\pi \times 10^{-7}\ \mathrm{T \cdot m/A} \tag{1.3}$$

이다. 식 1.2를 벡터로 쓰면

$$d\vec{B} = \frac{\mu_o}{4\pi}\frac{i\vec{ds} \times \hat{r}}{r^2} \tag{1.4}$$

로 정의된다. 식에서 미소길이벡터 $\vec{ds}$ 의 방향은 전류의 방향과 같고, $\hat{r}$ 은 ds에서 점 P까지의 단위벡터이다. 이 역제곱법칙(inverse-square law)을 비오-사바르 법칙(Biot-Savart Law)이라고 한다.

벡터 $\vec{r} = r\hat{r}$의 관계를 이용하여 식 1.4를 다시 쓰면

$$d\vec{B} = \frac{\mu_o}{4\pi}\frac{i\vec{ds} \times \vec{r}}{r^3} \tag{1.5}$$

와 같이 정의할 수 있고, 비오-사바르 법칙을 이용하여 다양한 전류분포가 만드는 자기장을 계산할 수 있다.

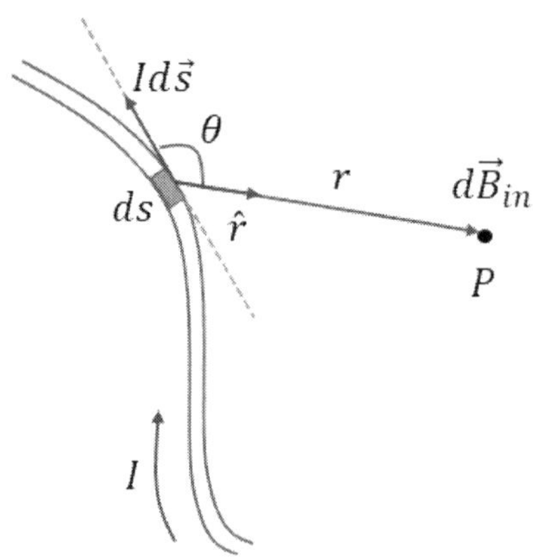

그림 8.1 길이 요소 $\vec{ds}$의 전류에 의한 점 P에서의 자기장 $d\vec{B}$

2 직선 도선을 흐르는 전류가 만드는 자기장

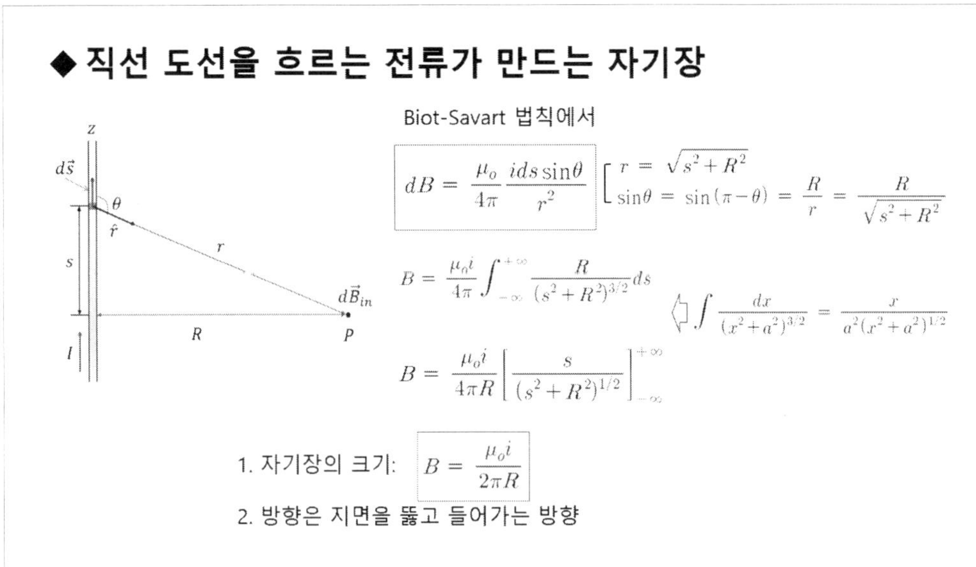

그림 8.2와 같이 긴 직선 도선에 전류 I가 흐를 때 도선에서 수직인 거리 R인 점 P에서 자기장을 비오-사바르의 법칙으로 구해보자. 비오-사바르 법칙

$$dB = \frac{\mu_o}{4\pi}\frac{ids\sin\theta}{r^2} \tag{2.1}$$

에서, $r = \sqrt{s^2+R^2}$이고, $\sin\theta = \sin(\pi-\theta) = \frac{R}{r} = \frac{R}{\sqrt{s^2+R^2}}$이다. 식에 대입하고 적분하면

$$B = \frac{\mu_o i}{4\pi}\int_{-\infty}^{+\infty}\frac{R}{(s^2+R^2)^{3/2}}ds \tag{2.2}$$

이다. 적분은 $\int\frac{dx}{(x^2+a^2)^{3/2}} = \frac{x}{a^2(x^2+a^2)^{1/2}}$을 이용하면

$$B = \frac{\mu_o i}{4\pi R}\left[\frac{s}{(s^2+R^2)^{1/2}}\right]_{-\infty}^{+\infty} \tag{2.3}$$

이고, 정리하면 자기장의 크기는

$$B = \frac{\mu_o i}{2\pi R} \tag{2.4}$$

이고, 방향은 지면을 뚫고 들어가는 방향이다.

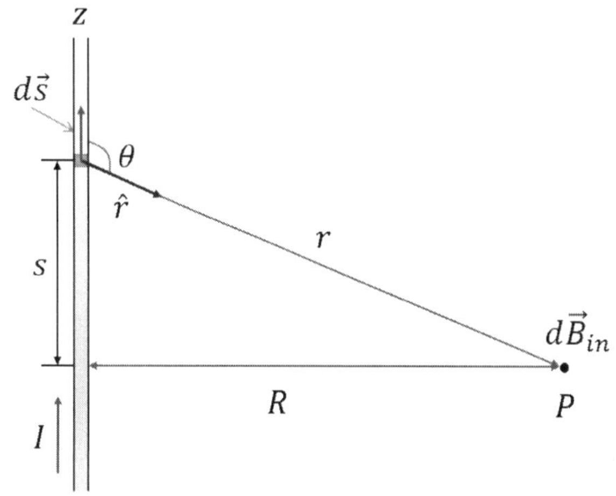

그림 8.2 직선 도선을 흐르는 전류가 만드는 자기장

3 앙페르의 법칙

Flipped Learning	앙페르의 법칙
URL	https://youtu.be/pSJiiXPZtQI

◆ **Ampere의 법칙**

임의의 모양의 도선에 흐르는 전류와 그 도선에 의해 생성되는 자기장 사이의 관계

André-Marie Ampère
1775년 ~ 1836년

$$\sum B_{\parallel} \Delta s = \mu_0 I$$

$$\oint \vec{B} \cdot \vec{ds} = \mu_o I_{enc}$$

◆ **Gauss의 법칙**

Johann Carl Friedrich Gauss
1777년 ~ 1855년

$$\Phi_E = \frac{q_{in}}{\varepsilon_0}$$

$$\oint \vec{E} \cdot d\vec{A} = \frac{q_{in}}{\varepsilon_0}$$

전기장의 근원은 전하이고 자기장의 근원은 전류이다. 전기장을 계산할 때 전하분포가 대칭적인 경우엔 가우스 법칙을 이용하면 전기장을 쉽게 계산할 수 있었다. 유사한 방법으로 자기장을 계산할 때, 전류분포가 대칭적인 경우엔 앙페르 법칙을 이용하면 자기장을 쉽게 구할 수 있다. 가우스 법칙은 닫힌 표면 내부에 있는 알짜 전하와 가우스면을 지나가는 전기장의 선속과의 관계로 표현된다. 그렇다면 앙페르 법칙은 어떻게 표현하면 될까?

앙페르의 법칙은

$$\oint \vec{B} \cdot \vec{ds} = \mu_o I_{enc} \tag{3.1}$$

이다. 식에서 $\oint$은 앙페르 고리라고 부르는 폐곡선을 따라 자기장 $\vec{B}$와 앙페르 고리(Amperian loop)를 구성하는 미소 길이 벡터 $\vec{ds}$의 스칼라 곱 $\vec{B} \cdot \vec{ds}$을 선적분하라는 의미이다. 가우스 법칙에서는 면적분을 했었다. I_{enc}는 앙페르 고리 내부를 흐르는 알짜 전류(net current)이다.

4 긴 직선도선에 의한 자기장

Flipped Learning	긴 직선 도선에 의한 자기장 구하기
URL	https://youtu.be/jdAOF_v491w

Flipped Learning	앙페르 법칙과 가우스 법칙 계산 과정 비교
URL	https://youtu.be/UO_oX66vBXo

◆ 긴 직선도선에서의 자기장

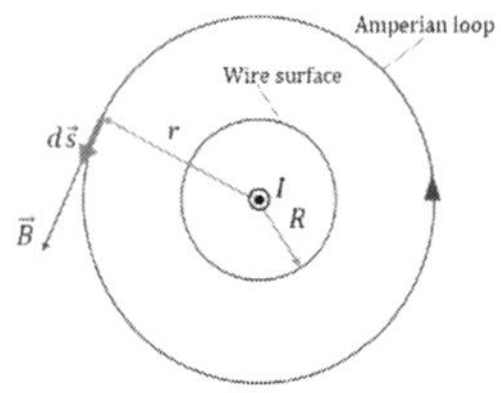

1) r > R

$$\oint \vec{B} \cdot d\vec{s} = \oint B\cos\theta\, ds = \mu_o I_{enc}$$

$$B\oint ds = B(2\pi r) = \mu_o I$$

$$B = \frac{\mu_o I}{2\pi r}$$

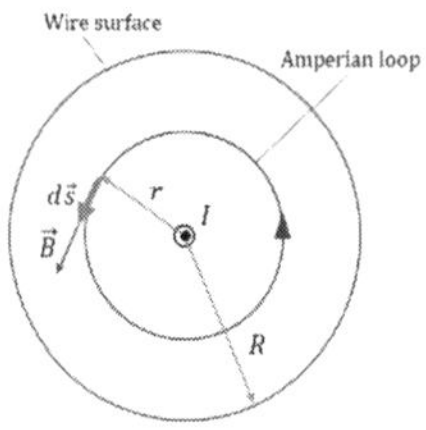

2) r < R

$$\oint \vec{B} \cdot d\vec{s} = B\oint ds = B(2\pi r)$$

$$I_{enc} = \frac{\pi r^2}{\pi R^2} I \;\Rightarrow\; B(2\pi r) = \mu_0 \frac{r^2}{R^2} I$$

$$B = \left(\frac{\mu_0 I}{2\pi R^2}\right) r$$

전류 I가 흐르는 긴 직선 도선이 만드는 자기장을 구해보자. 도선의 반지름은 R이라 하고, 자기장을 도선의 외부와 내부로 나누어 생각해 보자. 그림 8.3은 직선 도선을 지면에 수직방향으로 그린 것으로 전류는 도선을 따라 지면을 뚫고 나오고 있다고 가정하자. 그러므로 자기장의 방향은 오른손 법칙에 의해서 반시계방향이다. 이제 도선에 흐르는 전류 I가 도선 중심에서 수직거리 r만큼 떨어진 지점에 만드는 자기장을 구해보자.

먼저 도선의 외부에서 자기장을 구해보자. 앙페르 법칙을 적용하면

$$\oint \vec{B} \cdot \vec{ds} = \oint B\cos\theta \, ds = \mu_o I_{enc} \tag{4.1}$$

에서, $\vec{B}$ 와 $\vec{ds}$ 은 평행하므로 $\cos 0^o = 1$ 이고, 자기장 B 는 일정함으로 적분기호 밖으로 나갈 수 있다. $\oint ds$ 은 반지름 r 인 원의 둘레 $2\pi r$ 이다. 앙페르 고리 안쪽 전류는 I 이고 양(+)의 부호이므로

$$B\oint ds = B(2\pi r) = \mu_o I \tag{4.2}$$

이 된다. 그러므로 구하려는 자기장 B 는

$$B = \frac{\mu_o I}{2\pi r} \tag{4.3}$$

이다.

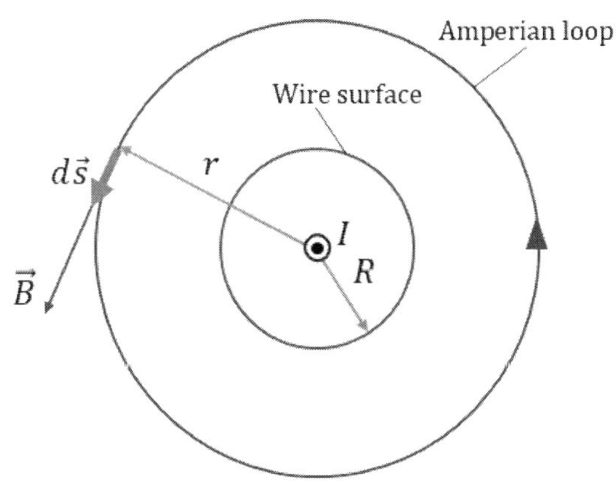

그림 8.3 도선의 외부에서 자기장

이제 그림 8.4와 같이 도선의 내부에서 자기장을 구해보자. 앙페르 법칙의 좌변은 앞의 논리와 같으므로

$$\oint \vec{B} \cdot \vec{ds} = B\oint ds = B(2\pi r) \tag{4.4}$$

이다. 우변의 알짜 전류 I_{enc} 는 고리의 내부 면적에 비례하므로

$$\pi R^2 : I = \pi r^2 : I_{enc} \tag{4.5}$$

가 되어

$$I_{enc} = \frac{\pi r^2}{\pi R^2} I \tag{4.6}$$

이다. 그러므로 식 8.14와 식 8.15에 의해서

$$B(2\pi r) = \mu_0 \frac{r^2}{R^2} I \tag{4.7}$$

이고, 구하려는 자기장 B는

$$B = \left(\frac{\mu_0 I}{2\pi R^2}\right) r \tag{4.8}$$

이다.

도선의 내부에서 자기장의 크기 B는 앙페르 고리까지의 거리 r에 비례한다. 만약 도선의 중심($r = 0$)으로 앙페르 고리를 잡으면 식 8.18에 의해서 자기장 B은 0이다. 앙페르 고리 r을 도선의 반지름 R과 같게($r = R$) 잡으며

$$B = \frac{\mu_0 I}{2\pi R} \tag{4.9}$$

이 되어, 자기장의 크기가 최대가 된다.

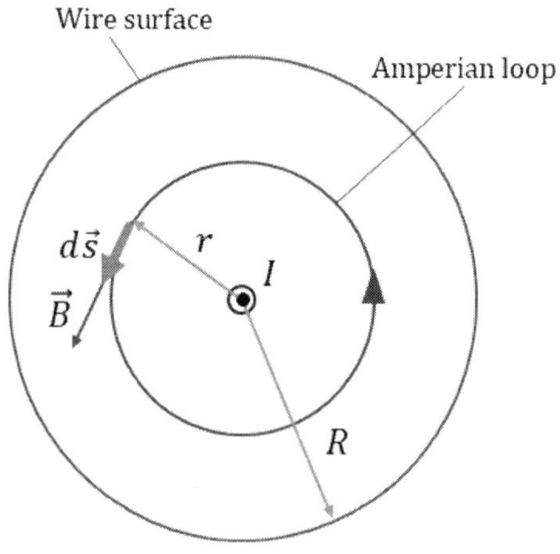

그림 8.4 도선 내부에서 자기장

그림 8.5와 같이 안쪽 반지름과 바깥 반지름이 각각 a, b인 속이 빈 원통형 도체에 전류 I가 단면에 균일하게 분포하여 흐르고 있을 때, 전류가 만드는 자기장을 영역별로 계산해 보자.

앙페르 고리를 a 보다 작게 잡고 자기장을 구해보자($r < a$). 앙페르 법칙은

$$\oint \vec{B} \cdot d\vec{s} = \mu_o I_{enc} \tag{4.10}$$

이다. 영역 $r < a$에서 알짜 전류는 $I_{enc} = 0$ 이므로, 자기장도 $B = 0$ 이다. 속이 빈 원통의 a 와 b 사이로 앙페르 고리($a < r < b$)를 정하고 자기장을 구하기 위해서는 알짜 전류의 비율을 계산해야 한다. 알짜 전류는

$$\frac{A_{a \to r}}{A_{a \to b}} = I\left(\frac{\pi(r^2 - a^2)}{\pi(b^2 - a^2)}\right) = I\left(\frac{r^2 - a^2}{b^2 - a^2}\right) \tag{4.11}$$

이므로, 앙페르 법칙에 대입하면

$$\int B \cdot ds = B\,2\pi r = \mu_0 I\left(\frac{r^2 - a^2}{b^2 - a^2}\right) \tag{4.12}$$

이고,

$$B = \frac{\mu_0 I(r^2 - a^2)}{2\pi r(b^2 - a^2)} \tag{4.13}$$

이다. 마지막으로 $r > b$에서 알짜 전류는 $I_{enc} = I$ 이므로

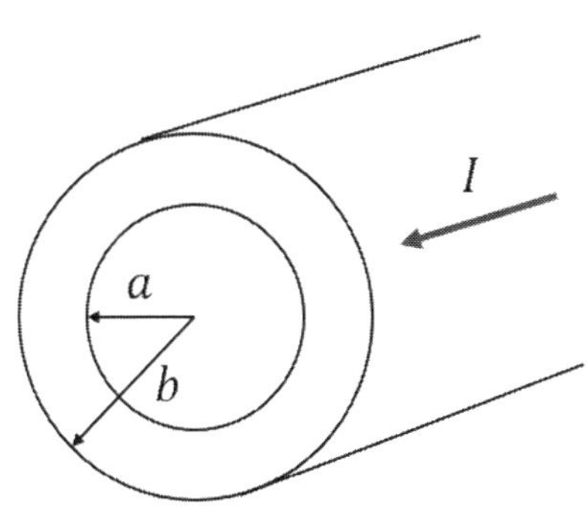

그림 8.5 속이 빈 원통형 도체에 흐르는 전류가 만드는 자기장

$$\int B \cdot ds = B\,2\pi r = \mu_0 I \tag{4.14}$$

에서

$$B = \frac{\mu_0 I}{2\pi r} \tag{4.15}$$

이다.

그림 8.6과 같이 직선 도선과 원형 도선에 전류가 흐를 때, 원형 도선의 중심 C에서 알짜 자기장의 크기를 구해보자. 조건은 다음과 같다. 전류 I_1이 흐르고 있는 긴 직선 도선의 오른쪽에 전류 I_2가 흐르는 원형 도선이 접해있다. 원형 도선의 반지름은 R이고, 중심에서의 자기장은 $B_{원형} = \dfrac{u_0 I_2}{2R}$이라고 하자. 두 도선의 두께는 무시한다. 원형 도선의 중심 C에서 두 도선이 만드는 자기장은 지면을 뚫고 들어가는 방향 $\overrightarrow{B_{in}}$이다.

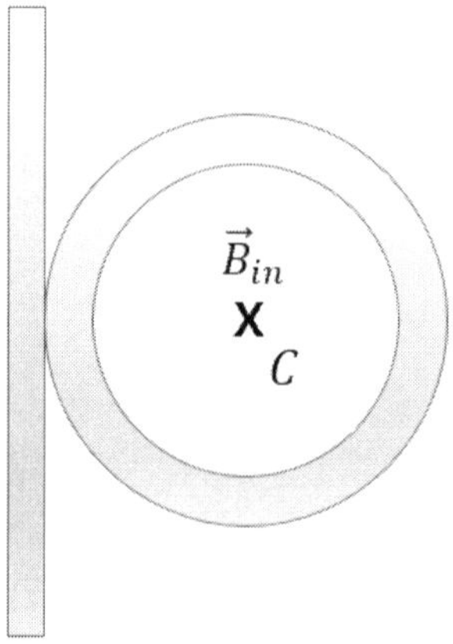

그림 8.6 전류가 흐르는 직선 도선과 원형 도선

직선 도선에서 자기장은

$$B_{직선} = \frac{\mu_0 I_1}{2\pi r} \tag{4.16}$$

이고, C점에서 자기장의 방향은 $+$이고 $r = R$이다. 두 도선이 만드는 자기장은

$$B = \frac{\mu_0 I_1}{2\pi R} + \frac{\mu_0 I_2}{2R} \tag{4.17}$$

이고, 정리하면

$$B = \frac{\mu_0}{2R}\left(\frac{I_1}{\pi} + I_2\right) \tag{4.18}$$

이다. 전류의 방향은 그림 8.7과 같이 직선 도선은 위쪽이고, 원형 도선은 반시계방향이다.

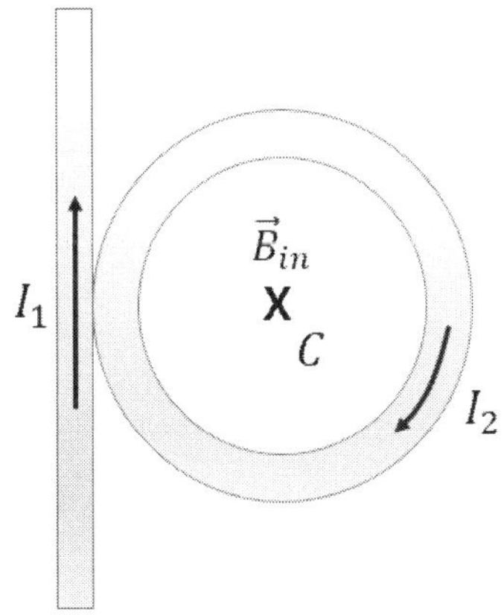

그림 8.7 전류가 흐르는 직선 도선과 원형 도선의 전류 방향

5 솔레노이드가 만드는 자기장

Flipped Learning	솔레노이드(solenoid)가 만드는 자기장
URL	https://youtu.be/lJrdaMsOUQs

◆ Solenoid의 자기장

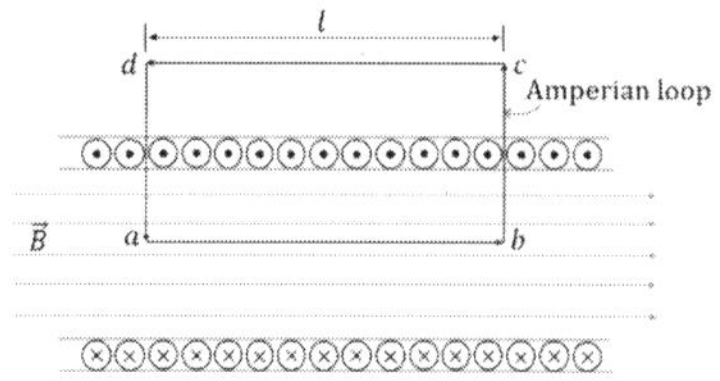

$$\oint \vec{B} \cdot d\vec{s} = \mu_o I_{enc}$$

$$\oint \vec{B} \cdot d\vec{s} = \int_a^b \vec{B} \cdot d\vec{s} + \int_b^c \vec{B} \cdot d\vec{s} + \int_c^d \vec{B} \cdot d\vec{s} + \int_d^a \vec{B} \cdot d\vec{s}$$

$\because \vec{B} \perp d\vec{s}$ $\quad \because \vec{B} = 0$ $\quad \because \vec{B} \perp d\vec{s}$

$$\int_a^b \vec{B} \cdot d\vec{s} = \int_0^l \vec{B} \cdot d\vec{s} = Bl = \mu_o I_{enc}$$

$$\left(I_{enc} = NI\right)$$

$$Bl = \mu_o NI$$

솔레노이드 내부 자기장: $B = \mu_o \frac{N}{l} I = \mu_0 n I$

솔레노이드(solenoid)란 그림 8.8과 같이 도선을 촘촘하게 감은 것을 말한다. 이와 같은 솔레노이드에 전류가 흐를 때 자기장의 모양을 생각해 보고, 크기를 구해보자. 솔레노이드가 만드는 자기장의 모양은 막대자석과 유사하다. 솔레노이드가 만드는 자기장의 크기를 구하려면 어떻게 하면 될까? 솔레노이드는 이상적인 형태라고 가정을 하고 앙페르 법칙을 이용해서 값을 유도해 보자. 이상적이라는 가정은 반지름에 비해서 길이가 상대적으로 매우 길고, 규칙적이고 균질하게 감긴 솔레노이드라는 의미이다. 이러한 솔레노이드는 내부 자기장이 균일하고 축과 평행을 이루게 된다.

솔레노이드의 길이를 l이라고 하고, 도선이 감긴 수를 N이라고 하고, 전류 I가 흐른다고 하자. 앙페르 법칙은

$$\oint \vec{B} \cdot d\vec{s} = \mu_o I_{enc} \tag{5.1}$$

이다. 왼쪽 항의 값을 구하기 위해서 앙페르 고리(적분경로)를 직사각형 $abcda$ 로 정하면

$$\oint \vec{B} \cdot d\vec{s} = \int_a^b \vec{B} \cdot d\vec{s} + \int_b^c \vec{B} \cdot d\vec{s} + \int_c^d \vec{B} \cdot d\vec{s} + \int_d^a \vec{B} \cdot d\vec{s} \tag{5.2}$$

이다. 식에서 두 번째 경로 $\int_b^c \vec{B} \cdot d\vec{s}$ 와 네 번째 경로 $\int_d^a \vec{B} \cdot d\vec{s}$ 의 값은 0이다. 왜냐하면,

자기장 $\vec{B}$와 미소길이벡터 $\vec{ds}$가 서로 수직이기 때문이다. 세 번째 경로 $\int_c^d \vec{B} \cdot \vec{ds}$도 외부 자기장은 내부 자기장에 비해서 상대적으로 매우 약하기 때문에 0이다. 첫 번째 경로는 자기장이 솔레노이드의 내부를 통과하고, $\vec{B}$와 $\vec{ds}$가 평행하므로 값을 갖게 된다. 이 조건들을 앙페르 법칙에 적용하여 다시 쓰면

$$\int_a^b \vec{B} \cdot \vec{ds} = \int_0^l \vec{B} \cdot \vec{ds} = Bl = \mu_o I_{enc} \tag{5.3}$$

이다. 식에서 I_{enc}는 도선에 흐르는 전류 I가 고리의 감긴 수 N만큼 통과하기 때문에

$$I_{enc} = NI \tag{5.4}$$

로 변경해야 한다. N은 권선수라 한다. 식 5.3에 대입하면

$$Bl = \mu_o NI \tag{5.5}$$

이다. 권선수 N을 단위 길이 당 감긴 수인 권선밀도 n으로 표현하면 $n = \frac{N}{l}$이 되므로, 구하는 자기장은

$$B = \mu_o \frac{N}{l} I = \mu_0 n I \tag{5.6}$$

이다.

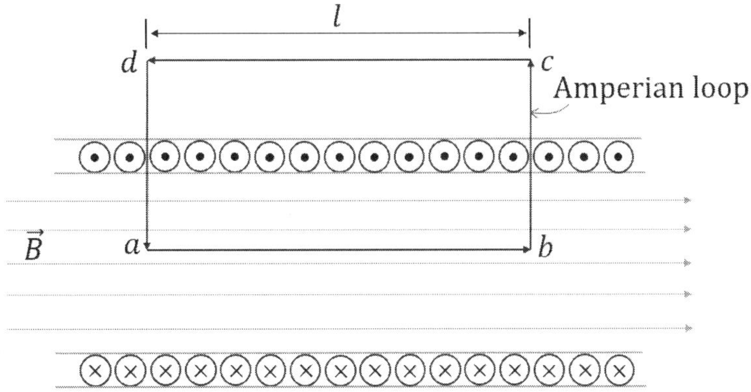

그림 8.8 솔레노이드에 의한 자기장

솔레노이드의 특성을 이해하기 위하여 간단한 계산을 해보자. 길이가 0.250 m 이고, 600번 감긴 솔레노이드가 있다. 솔레노이드에 0.350 A 의 전류가 흐를 때 내부 자기장은 얼마일까? 솔레노이드 내부 자기장은 식 5.6에서

$$B = \mu_0 n I \tag{5.7}$$

이고, 권선밀도는 코일이 감긴 수를 길이로 나누어 주면 되므로 $n = N/l$ 에서

$$n = \frac{600\ \text{turns}}{0.250\ \text{m}} = 2.40 \times 10^3\,\text{turns/m} \tag{5.8}$$

이다. 값을 자기장에 대입하면

$$B = (4\pi \times 10^{-7}\ \text{T} \cdot \text{m/A})(2.40 \times 10^3\ \text{truns/m})(0.350\ \text{A}) \tag{5.9}$$

에서, $B = 1.06\,\text{T}$ 이다.

문제 솔레노이드의 단면이다. 암페어 고리(Amperian loop)를 그림과 같이 원형으로 잡은 경우, 자기장의 크기 B 를 구하라. 솔레노이드에는 전류 I 가 흐르고 있고, 길이는 l, 권선수가 N이다.

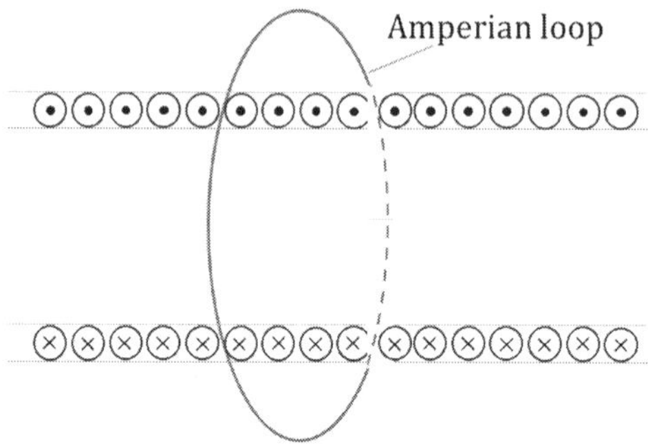

풀 이 $B = 0$

6 전류가 흐르는 도선이 만드는 자기력

Flipped Learning	전류가 흐르는 평행한 두 도선 사이의 자기력
URL	https://youtu.be/Yf8XpMfXI84

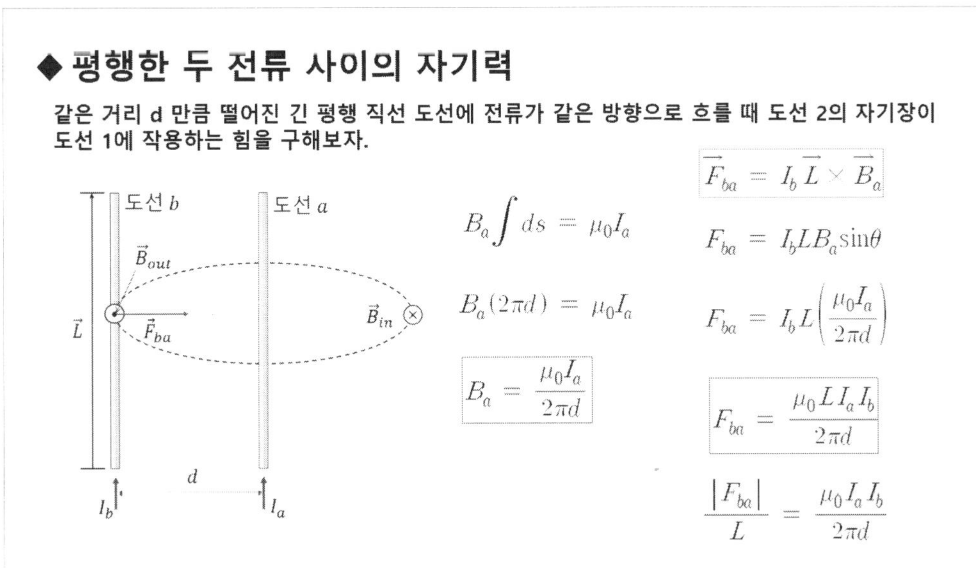

전류가 흐르는 두 평행한 도선 사이에 작용하는 자기력을 구해보자. 그림 8.9과 같이 두 도선은 거리 d 만큼 떨어져 있고 각 도선에 흐르는 전류를 I_a 와 I_b 라하고 전류의 방향은 같다고 하자. 이제 도선 a에 흐르는 전류가 만드는 자기장에 의해서 도선 b가 받게 되는 자기력 $\vec{F}_{ba}$ 를 구해보자.

전류가 흐르는 도선에 작용하는 자기력은

$$\vec{F}_B = I\vec{L} \times \vec{B} \tag{6.1}$$

이다. 이 식을 문제 조건에 맞게 바꾸어 주면

$$\vec{F}_{ba} = I_b \vec{L} \times \vec{B}_a \tag{6.2}$$

이고, 크기로 쓰면

$$F_{ba} = I_b L B_a \sin\theta \tag{6.3}$$

이다. $\vec{B}_a$는 도선 a에 전류 I_a가 흐르며 만드는 자기장이다. I_b는 도선 b에 흐르는 전류이다. $\vec{F}_{ba}$는 자기장 $\vec{B}_a$가 길이 L인 도선 b에 작용하는 힘을 뜻한다.

먼저 앙페르 법칙을 이용하여 $\vec{B}_a$의 크기를 구하면

$$B_a \int ds = \mu_0 I_a \tag{6.4}$$

에서

$$B_a(2\pi d) = \mu_0 I_a \tag{6.5}$$

이다. 정리하면

$$B_a = \frac{\mu_0 I_a}{2\pi d} \tag{6.6}$$

이다. 식 6.6을 식 6.3에 대입하면

$$F_{ba} = I_b L \left(\frac{\mu_0 I_a}{2\pi d} \right) \tag{6.7}$$

이다. 식에서 도선의 길이 벡터 $\vec{L}$과 자기장 $\vec{B}_a$ 사기의 각도는 직각이므로 $\sin 90° = 1$이다. 정리하면

$$F_{ba} = \frac{\mu_0 L I_a I_b}{2\pi d} \tag{6.8}$$

이다. 두 개의 도선에 흐르는 전류의 방향이 같으면 두 도선 사이에는 인력이 작용한다.

단위 길이당 작용하는 자기력의 크기는

$$\frac{|F_{ba}|}{L} = \frac{\mu_0 I_a I_b}{2\pi d} \tag{6.9}$$

이다.

전류가 흐르는 두 평행한 도선 사이에 작용하는 힘은 SI 단위인 A (ampere)를 정의하는데 사용된다. 1 A는 두 평행한 도선이 1 m 떨어져 있을 때 단위 길이당 작용하는 힘이 2×10^{-7} N/m일 때로 정의되어 있다.

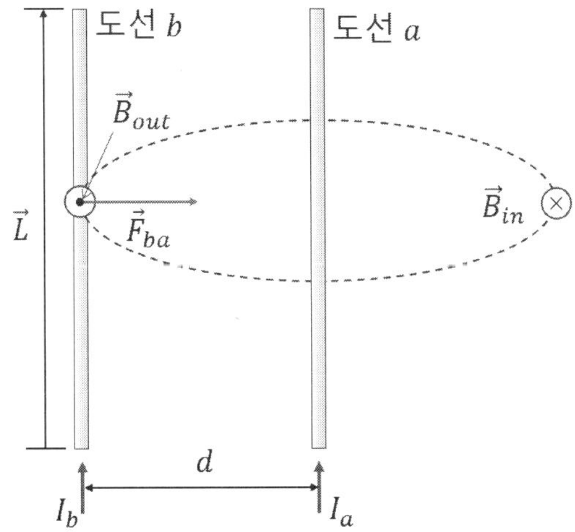

그림 8.9 전류가 흐르는 두 도선 사이의 자기력

만약 그림 8.10과 같이 전류의 방향이 반대로 되면 전기력에는 어떤 변화가 생길까? 다음과 같은 조건에서 전기력을 계산 해보고 힘의 종류를 결정해 보자. 길이 1.0 m인 두 평행한 직선 도선이 0.1 m 떨어져 있다. 도선에는 3.0 A와 6.0 A의 전류가 서로 반대 방향으로 흐르고 있다. 두 도선에 작용하는 힘을 결정해 보자.

도선 2가 만드는 자기장의 크기는

$$B_2 = \frac{\mu_0 I_2}{2\pi d} \tag{6.10}$$

이고, 두 도선에 작용하는 힘은

$$F_{12} = B_2 I_1 l \tag{6.11}$$

에서

$$F_{12} = \left(\frac{\mu_0 I_2}{2\pi d}\right) I_1 l = \frac{\mu_0 I_1 I_2 l}{2\pi d} \tag{6.12}$$

이다. 도선 2에 흐르는 전류가 만드는 자기장에 의해서 도선 1이 받게 되는 자기력의 크기는

$$F_{12} = (4\pi \times 10^{-7}) \times \frac{3.0 \text{ A} \times 6.0 \text{ A} \times 1 \text{ m}}{2\pi \times 0.1 \text{ m}} \tag{6.13}$$

에서, $F_{12} = 3.6 \times 10^{-5}$ N이다. 두 개의 도선에 흐르는 전류의 방향이 반대면 두 도선 사이에는 척력이 작용한다.

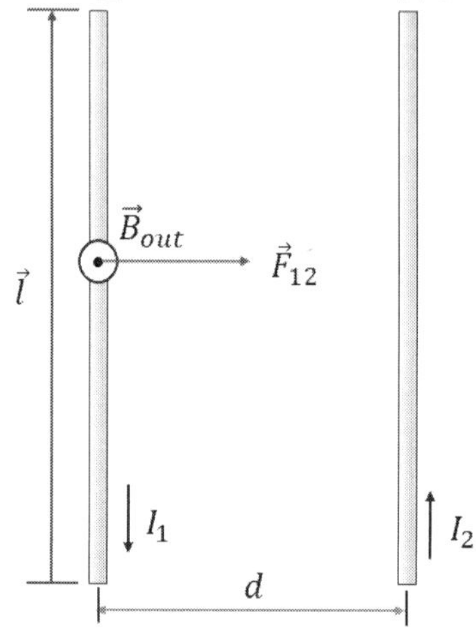

그림 8.10 전류의 방향이 바뀐 경우

그림 8.11과 같이 도선에 흐르는 전류가 운동하는 전하에 작용하는 자기력의 크기를 계산해 보자. 전류 I가 2.5 A 흐르고 있는 매우 긴 직선도선이 있다. 도선으로부터 거리 $r = 0.065$ m인 곳에 전하량 $q_0 = 4.5 \times 10^{-6}$ C인 입자가 속력 $v = 320$ m/s로 도선에 평행하게 운동하고 있는 경우 전하에 작용하는 자기력은 얼마일까?

자기력의 크기는

$$F_B = q_o v B \sin\theta \tag{6.14}$$

이다. θ는 90°이므로 도선이 만드는 자기장은

$$B = \frac{\mu_0 I}{2\pi r} \tag{6.15}$$

이므로, 식 6.11을 식 6.10에 대입하면 전류가 흐르는 도선이 만드는 자기장은

$$F_B = q_0 v \left(\frac{\mu_0 I}{2\pi r} \right) \tag{6.16}$$

이다. 문제에 주어진 값을 대입하면

$$F_B = (4.5 \times 10^{-6}\ \mathrm{C})(320\ \mathrm{m/s}) \frac{(4\pi \times 10^{-7}\mathrm{T \cdot m/A})(2.5\ \mathrm{A})}{2\pi(0.065\ \mathrm{m})} \tag{6.17}$$

에서, $F_B = 1.1 \times 10^{-8}$ 이다.

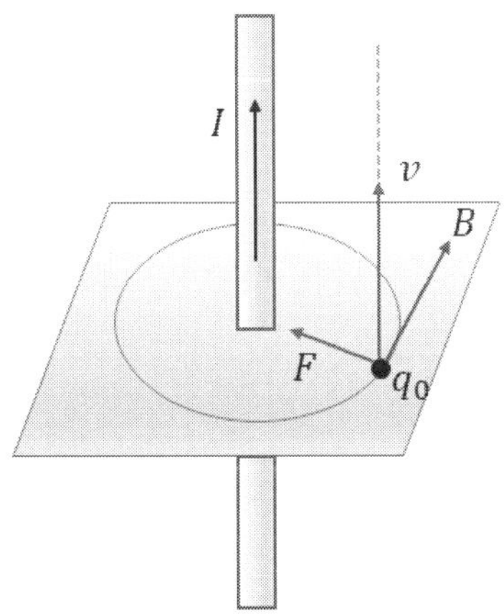

그림 8.11 전류가 흐르는 도선과 전하

문제 길이 1.20 m 인 두 평행한 직선 도선이 0.150 m 떨어져 있다. 두 도선에는 2.50 A, 5.50 A 의 전류가 서로 같은 방향으로 흐르고 있다. 1) 두 도선에 작용하는 힘 F_{12}을 계산하고 2) 이때 힘은 인력인지, 척력인지 써라.

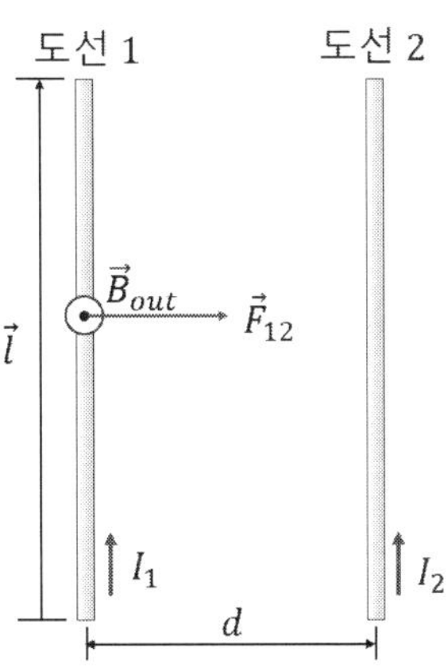

풀 이 1) 도선 2가 만드는 자기장은

$$B_2 = \frac{\mu_0 I_2}{2\pi d}$$

이고, 두 도선에 작용하는 힘은

$$F_{12} = B_2 I_1 l$$

에서

$$F_{12} = \left(\frac{\mu_0 I_2}{2\pi d}\right) I_1 l = \frac{\mu_0 I_1 I_2 l}{2\pi d}$$

이고

$$F_{12} = \frac{(4\pi \times 10^{-7}) \times 2.50 \times 5.50 \times 1.20}{0.150} = 1.38 \times 10^{-4}\,\mathrm{N}$$

이다.

2) 인력

◆ 일반 상대성 이론(theory of general relativity)

▪ 중력파 검증, 2016년 2월 11일

- **중력파(gravitational waves):**
  움직이는 물체에 의하여 시공간 중력장의 곡률에 발생한 요동이 광속으로 진행하는 파동

✓ **역사** : 아인슈타인
- 예측 : 1915년 일반상대성 이론 → 존재를 예측
- 이론적 증명 : 1916년 방정식으로 입증
- 관측 : 100년 후 → 2016년 공식적으로 확인

✓ **이유** : 중력파 파동의 세기가 워낙 약해
→ 직접 관측하기가 불가능

✓ **관측 방법** : 레이저 간섭계 원리를 이용해
→ 중력파를 검출하는 데 성공

✓ **노벨 물리학상(2017년) 수상** : 레이저 간섭계 원리를 제안
→ 중력파 입증에 공헌한 3명
(라이너 바이스, 배리 배리시, 킵 손)

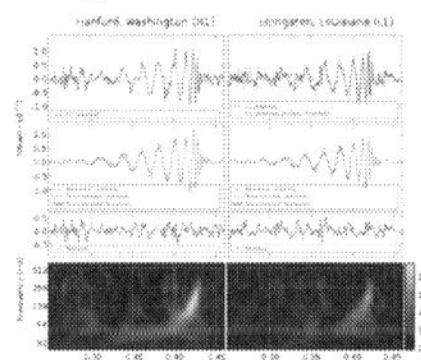

LIGO, measurement of gravitational

LIGO. 라이고 검출기

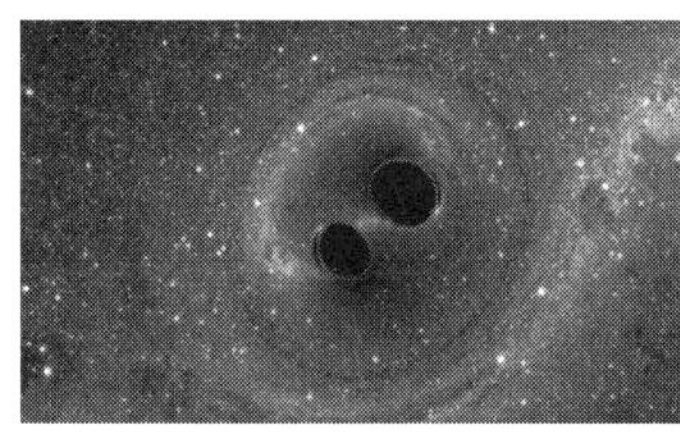

두 블랙홀이 충돌해 합쳐지기
직전의 모습, 상상도

◆ 일반 상대성 이론(theory of general relativity)

▪ 블랙홀, 2019년 4월 10일

- **블랙홀(Black hole)** :
  - 항성이 진화의 최종단계에서 폭발 후 수축되어 생성된 것
  - 강력한 밀도와 중력으로 입자나 전자기 복사, 빛을 포함한
  → 그 무엇도 빠져나올 수 없는 시공간 영역

✓ **이론적 배경:** 아인슈타인 일반상대성 이론

✓ **특징:** 사건의 지평(event horizon)
그 내부에서 일어난 사건이 그 외부에 영향을 줄 수 없는 경계면

✓ **관측:** 이벤트 호라이즌 망원경(Event Horizon Telescope)

9곳에 거대 망원경들을 한 개의
글로벌 망원경 시스템으로 통합해
데이터를 기록, 분석

최초로 화상 촬영한 M87*의 모습

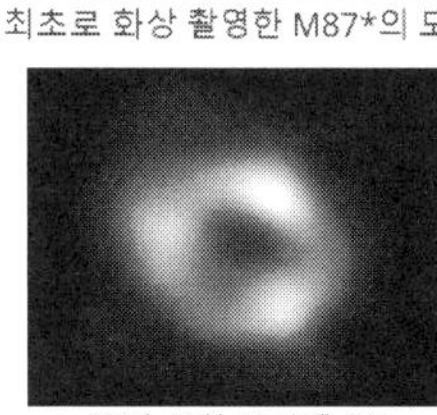

우리 은하 중심에 있는
블랙홀(궁수자리 A*)
2022년 5월 12일

◆ 일반 상대성 이론(theory of general relativity)

▪ 중력 렌즈 효과

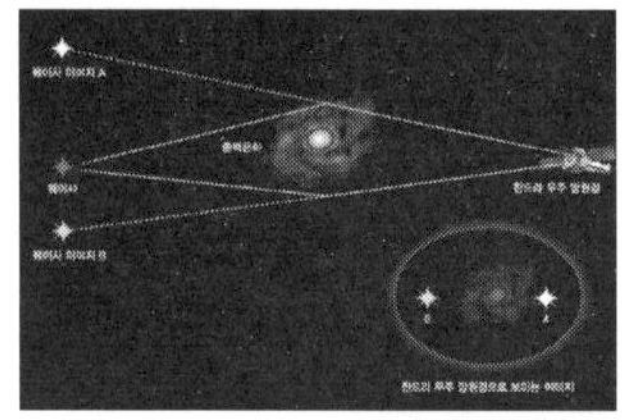

[한국천문연구원]

- **중력렌즈 효과:**
  무거운 질량을 가진 천체로 인하여 배경의 빛이 구부러져, 마치 렌즈를 통과하여 오는 것처럼 보이는 현상

✓ **이론적 배경:** 아인슈타인 일반상대성 이론

✓ **최초 관측:** 아서 에딩턴(1919년)

일식 사진
29 May 1919

✓ **현대적 관점에서 의의:** 암흑물질(dark matter)
- 우주물질의 약 26%를 차지하는 것으로 생각되는 물질
- 전자기장과 상호 작용하지 않는 것처럼 보이기 때문에 암흑이라고 불림
  → 전자기파를 흡수, 반사 또는 방출하지 않아 감지하기 어렵다는 것을 의미

✓ **관측:** 중력 렌즈 효과
✓ **후보:** 윔프(WIMP)
- 약한 상호작용을 하는 무거운 입자

강력한 중력렌즈 효과는
암흑물질의 존재 암시

보충 문제

01 전류 I가 흐르는 원호 도선의 중심 C에서 자기장의 크기와 방향을 구하라.

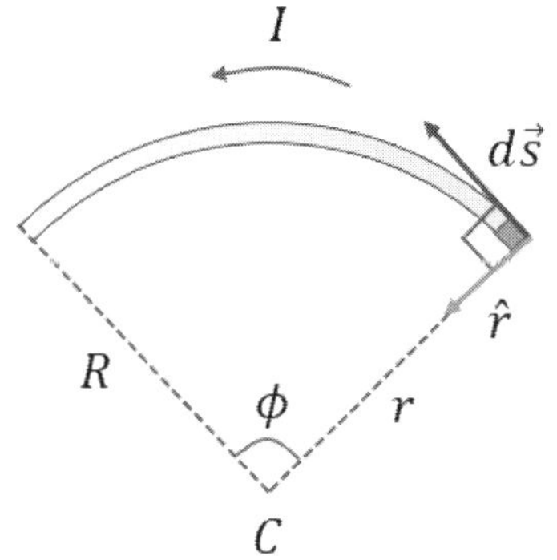

풀이 비오-사바르 법칙

$$dB = \frac{\mu_o}{4\pi}\frac{i\,ds\sin\theta}{r^2}$$

에서

$$dB = \frac{\mu_o}{4\pi}\frac{i\,ds\sin 90^\circ}{r^2} = \frac{\mu_o}{4\pi}\frac{i\,ds}{r^2}$$

이다. 식에서 $ds = Rd\phi$, $r = R$이므로

$$B = \frac{\mu_o}{4\pi}\int_{\phi=0}^{\phi}\frac{i\,R\,d\phi}{R^2} = \frac{\mu_o i}{4\pi R}\int_{\phi=0}^{\phi}d\phi$$

이다. 적분하면

$$B = \frac{\mu_o i}{4\pi R}[\phi]_0^{\phi}$$

이다. 정리하면 자기장의 크기는

$$B = \frac{\mu_o i}{4\pi R}\phi$$

이고, 방향은 지면을 뚫고 나오는 방향이다.

02 반지름 R인 긴 직선 도선에 그림과 같이 도선의 단면에 균일하게 분포된 정상 전류 I가 흐른다. $r > R$인 영역에서 자기장을 구하라.

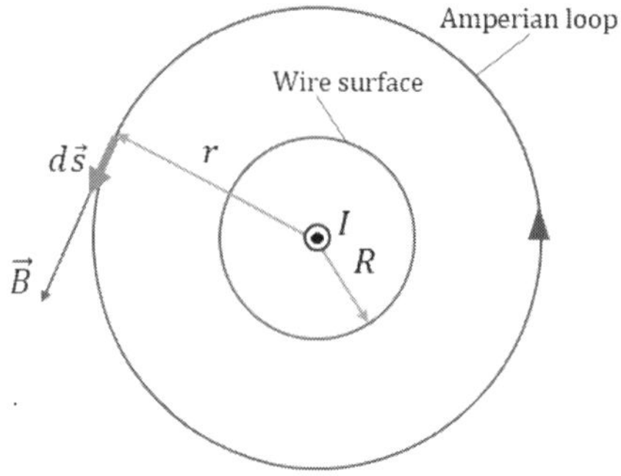

풀이 $B = \dfrac{\mu_0 I}{2\pi r}$

☞ 본문 내용 참조

03 반지름 R인 긴 직선 도선에 그림과 같이 도선의 단면에 균일하게 분포된 정상 전류 I가 흐른다. $r < R$인 영역에서의 자기장을 구하라.

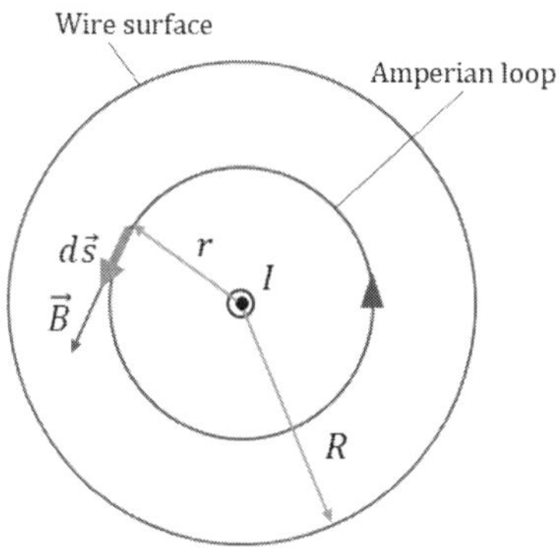

풀이 $B = \left(\dfrac{\mu_0 I}{2\pi R}\right) r$

☞ 본문 내용 참조

04 반지름이 R인 무한히 긴 직선 도선에 전류 I가 흐를 때 1) 도선의 중심(center)에서 자기장의 크기를 구하고 2) 암페어 고리를 도선의 반지름 R 보다 작게 잡았을 때($r < R$) 자기장의 크기를 구하라.

풀이 1) 앙페르의 법칙에서

$$\oint \vec{B} \cdot \vec{ds} = \oint B\cos\theta\, ds = \mu_o I_{enc}$$

이고

$$B\oint ds = B(2\pi r) = \mu_o I$$

에서

$$B = \frac{\mu_o I}{2\pi r}$$

이다. 도선의 중심($r = 0$)에 앙페르 고리를 잡으면 자기장 B은 0이다.

2) 영역 $r < R$에서의 자기장은

$$\pi R^2 : I = \pi r^2 : I_{enc}$$

에서

$$B(2\pi r) = \mu_0 \frac{r^2}{R^2} I$$

이고

$$B = \left(\frac{\mu_0 I}{2\pi R^2}\right) r$$

이다.

05 전류 I_1가 흐르는 절연된 내부 도선을 전류 I_2가 흐르는 원통형 도체가 둘러싸고 있는 동축 케이블이 있다. 내부와 외부에 흐르는 전류 I_1과 I_2는 반대 방향으로 흐르고 있다. 원통형 외부도체 밖의 r_{out} 되는 지점에서의 자기장의 크기를 구하라.

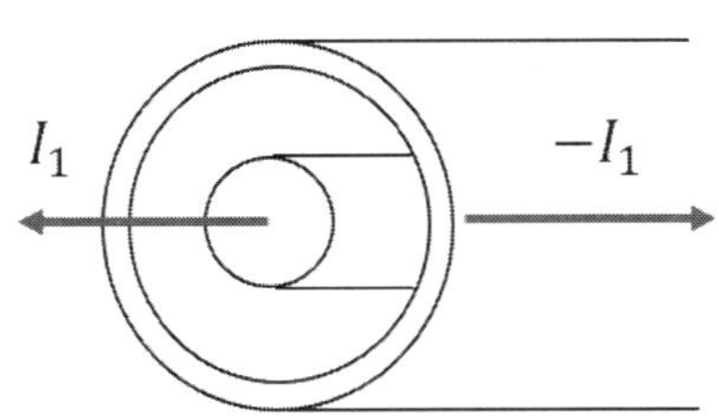

풀이 앙페르 법칙

$$\oint \vec{B} \cdot d\vec{s} = \mu_o I_{enc}$$

에서

$$B_{out} \oint ds = B(2\pi r_{out}) = \mu_0 (I_1 - I_2)$$

이고,

$$B_{out} = \frac{\mu_0 (I_1 - I_2)}{2\pi r_{out}}$$

이다.

06 길이가 l이고, 권선수가 N인 솔레노이드(solenoid)에서 암페어 고리(Amperian loop)를 그림과 같이 사각형으로 잡았다. 각 구간에 대한 자기장의 크기 B를 구하라.

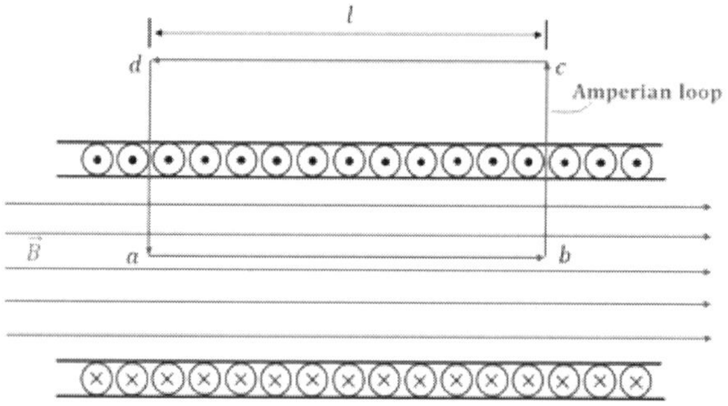

풀이 1) $\int_a^b$: $B = \mu_0 n I$

2) $\int_b^c$: $B = 0$

3) $\int_c^d$: $B = 0$

4) $\int_d^a$: $B = 0$

07 길이가 0.480 m이고, 1200번 감긴 솔레노이드가 있다. 솔레노이드에 0.450 A의 전류가 흐를 때 1) 권선밀도 n과 2) 내부 자기장 B를 구하라.

풀이 1) 권선밀도는

$$n = \frac{N}{l}$$

이므로

$$n = \frac{1200 \text{ turns}}{0.480 \text{ m}} = 2.50 \times 10^3 \text{ turns/m}$$

이다.

2) 솔레노이드 내부에서의 자기장은

$$B = \mu_0 n I$$

이고, 값을 대입하면

$$B = (4\pi \times 10^{-7} \text{ T} \cdot \text{m/A})(2.50 \times 10^3 \text{ truns/m})(0.450 \text{ A})$$

에서,

$$B = 1.41 \times 10^{-3} \text{ T}$$

이다.

08 길이가 0.450 m 이고, 950번 감긴 솔레노이드가 있다. 솔레노이드에 0.350 A 의 전류가 흐를 때 1) 권선밀도 n과 2) 내부 자기장 B를 구하라.

풀이 1) $n = 2.11 \times 10^3$ turns/m

2) $B = 9.28 \times 10^{-4}$ T

09 토로이드(toroid) 코일이 촘촘하게 N번 감겨 있고 전류 I가 흐른다. 토로이드 중심에서 거리 r만큼 떨어진 토로이드 내부 영역에서 자기장의 크기를 구하라.

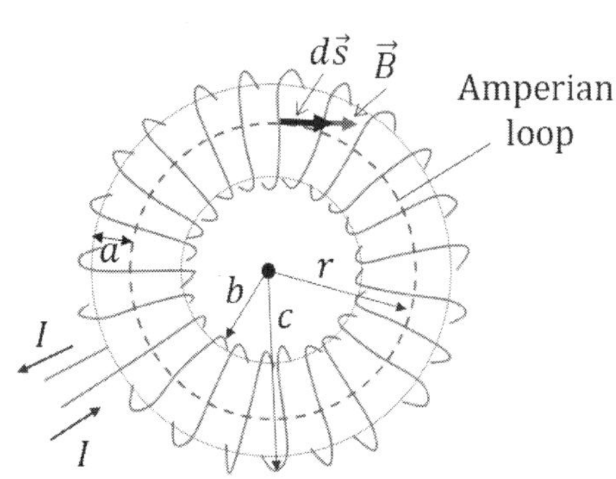

풀이 앙페르 법칙

$$\oint \vec{B} \cdot d\vec{s} = \mu_o I_{enc}$$

에서

$$B \oint ds = B(2\pi r) = \mu_0 IN$$

이고, 정리하면

$$B = \frac{\mu_o iN}{2\pi r}$$

이다. 외부공간에서 자기장은 모두 0이다.

10 길이 1.50 m 인 두 평행한 직선 도선이 0.120 m 떨어져 있다. 도선 1에는 3.20 A 의 전류가 흐르고 도선 2에는 5.70 A 의 전류가 서로 반대 방향으로 흐른다. 도선 2가 만드는 자기장에 의해서 도선 1이 받는 힘 $\vec{F}_{12}$을 구하라.

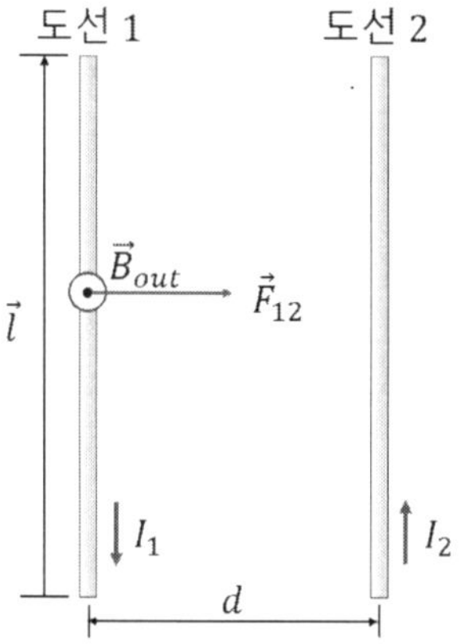

풀이 도선 2가 만드는 자기장에 의해서 도선 1이 받는 힘 F_{12}의 크기는

$$F_{12} = B_2 I_1 l \tag{1}$$

이다. 도선 2가 만드는 자기장은

$$B_2 = \frac{\mu_0 I_2}{2\pi d} \tag{2}$$

이다. 식 2를 식 1에 대입하면

$$F_{12} = \left(\frac{\mu_0 I_2}{2\pi d}\right) I_1 l = \frac{\mu_0 I_1 I_2 l}{2\pi d}$$

이다. 문제 조건의 값을 대입하면 힘의 크기는

$$F_{12} = (4\pi \times 10^{-7}\mathrm{T \cdot m/A}) \times \frac{3.20\ \mathrm{A} \times 5.70\ \mathrm{A} \times 1.50\ \mathrm{m}}{2\pi \times 0.120\ \mathrm{m}}$$

이고,

$$F_{12} = 4.56 \times 10^{-5}$$

이다. 방향은 밀어내는 척력이다.

11 전류 I_1이 흐르고 있는 긴 직선 도선의 오른쪽에 전류 I_2가 흐르는 원형 도선이 접해있다. 원형 도선의 반지름은 R이다. 원형 도선의 중심 C에서 알짜 자기장의 크기를 구하라. 도선의 두께는 무시하고 직선 도선의 전류 방향은 위쪽에서 아래쪽이고 원형 도선의 전류는 시계방향으로 흐른다.

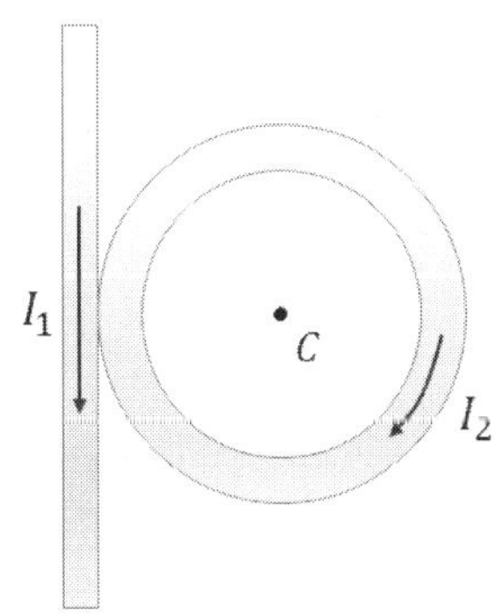

풀이 직선 도선의 자기장의 크기는

$$B_{직선} = \frac{\mu_0 I_1}{2\pi r}$$

이고, C점에서 자기장의 방향은 $+$이다. 원형 도선의 중심에서 자기장의 크기는

$$B_{원형} = \frac{u_0 I_2}{2R}$$

이고, C점에서 자기장의 방향은 $-$이다. $r = R$이면

$$B = \frac{\mu_0 I_1}{2\pi R} - \frac{\mu_0 I_2}{2R}$$

이고, 정리하면

$$B = \frac{\mu_0}{2R}\left(\frac{I_1}{\pi} - I_2\right)$$

이다.

보충 심화

• 조금 더 고급과정에서 사용되는 풀이 과정입니다. 부담 없이 학습해 보고 토론해 보세요.

◆ 연속적인 전하밀도에 대한 Gauss 법칙

$$\oint_s \vec{E}\cdot\vec{ds} = \frac{Q_{in}}{\varepsilon_0} \quad \begin{cases} \oint_s \vec{E}\cdot\vec{ds} = \dfrac{Q}{\varepsilon_0} & \text{(내부에 전하 Q가 있는 경우)} \\ \qquad\qquad = 0 & \text{(내부에 전하가 없는 경우)} \end{cases}$$

$\oint_s \vec{E}\cdot\vec{ds} = \frac{1}{\varepsilon_0}\sum_i^N Q_i$	<점전하 군>	$\oint_s \vec{D}\cdot\vec{ds} = \sum_i^N Q_i$
$\oint_s \vec{E}\cdot\vec{ds} = \frac{1}{\varepsilon_0}\int_L \rho_L dl$	<선>	$\oint_s \vec{D}\cdot\vec{ds} = \int_L \rho_L dl$
$\oint_s \vec{E}\cdot\vec{ds} = \frac{1}{\varepsilon_0}\int_s \rho_s ds$	<면>	$\oint_s \vec{D}\cdot\vec{ds} = \int_s \rho_s ds$
$\oint_s \vec{E}\cdot\vec{ds} = \frac{1}{\varepsilon_0}\int_v \rho_v dv$	<체적>	$\oint_s \vec{D}\cdot\vec{ds} = \int_v \rho_v dv$

◆ Gauss's Law_A. Infinite Line Charge

균일한 선전하 밀도 ρ_L를 갖는 무한히 긴 선전하로부터 거리가 ρ 만큼 떨어진 점에서 전속밀도

$$\oint_s \vec{D}\cdot\vec{ds} = Q_{in} \quad \begin{cases} Q_{in} = \int_L \rho_L dl = \rho_L L \quad \text{---①} \\ \oint_s \vec{D}\cdot\vec{ds} = \int_{side} D\vec{a}_\rho\cdot\vec{a}_\rho ds + \int_{top} D\vec{a}_\rho\cdot\vec{a}_z ds + \int_{bottom} D\vec{a}_\rho\cdot(-\vec{a}_z) ds \end{cases}$$

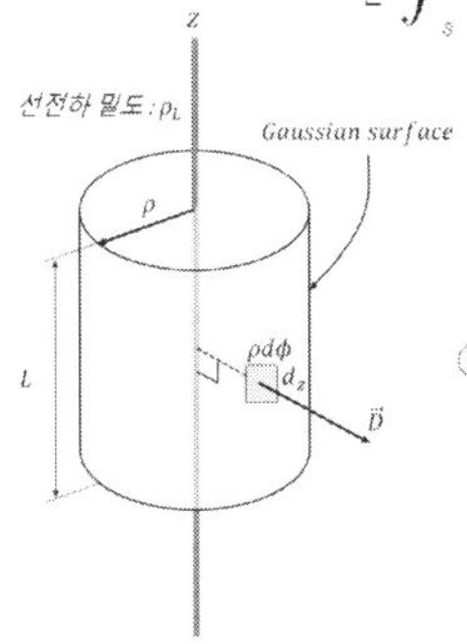

$$= \int_{side} D_\rho ds$$

$$= D_\rho \int_s ds = D_\rho\left[\int_0^L \int_0^{2\pi} \rho\, d\phi\, dz\right] = D_\rho(2\pi\rho L) \quad \text{---②}$$

② = ①

$$D(2\pi\rho L) = \rho_L L$$

$$\therefore D = \frac{\rho_L}{2\pi\rho} \;\Rightarrow\; \boxed{\therefore \vec{D} = \frac{\rho_L}{2\pi\rho}\vec{a}_\rho} \;\Leftrightarrow\; \boxed{\therefore \vec{E} = \frac{\rho_L}{2\pi\varepsilon_0\rho}\vec{a}_\rho}$$

9장

패러데이의 전자기 유도 법칙과 운동기전력

Flipped Learning	패러데이의 법칙과 렌츠의 법칙
URL	https://youtu.be/DiPBO1tSWpg

◆ 주요 학습 내용

1. 자기선속
2. 자기장에 대한 가우스의 법칙
3. 패러데이의 전자기 유도 법칙
4. 렌츠의 법칙
5. 운동기전력

Michael Faraday
1791 ~ 1867

학습목표

1. 자기선속과 전기선속을 비교하여 설명할 수 있다.
2. 자기선속의 정의를 이해하고 계산할 수 있다.
3. 자기장에 대한 가우스의 법칙을 이해하고 의미를 해석할 수 있다.
4. 패러데이 법칙을 이해하고 문제에 적용할 수 있다.
5. 유도기전력을 변화시킬 수 있는 방법을 설명할 수 있다.
6. 렌츠의 법칙을 설명할 수 있다.
7. 운동기전력과 전류를 유도하고 문제 적용할 수 있다.

내용요약

- 자기장 $\vec{B}$가 면적 $\vec{A}$를 통과하는 경우 자기선속은 $\Phi_B = \int \vec{B} \cdot d\vec{A}$로 정의되고, SI 단위는 $\mathrm{T} \cdot \mathrm{m}^2$ 또는 Wb(weber)이다.
- 자기장에 대한 가우스의 법칙은 $\int \vec{B} \cdot d\vec{A} = 0$ 이고, 자기홀극이 존재하지 않음을 의미한다.
- 패러데이의 유도법칙은 $\varepsilon = -\frac{d\Phi_B}{dt}$ 이고, SI 단위는 V(volt)이다. Φ_E은 자기선속을 의미하고 ε은 유도기전력을 뜻한다. 음의 부호 (−)는 렌츠의 법칙이라고 한다.
- 전류 고리가 N 번 감겨 있으면 유도기전력은 $\varepsilon = -N\frac{d\Phi_B}{dt}$ 이다.
- 렌츠의 법칙은 유도전류가 만드는 자기장은 자기선속의 변화를 방해하는 방향으로 생기게 됨을 뜻한다.
- 회로에 유도되는 운동기전력은 $\varepsilon = -Blv$이고, 유도전류는 $I = \frac{Blv}{R}$ 이다.
- 도선에 작용하는 외력의 크기는 $F_{app} = \frac{B^2l^2v}{R}$ 이고, 외력이 도선에 전달하는 일률은 $P = \frac{B^2l^2v^2}{R}$ 이다.
- 저항 소모율을 $P = \frac{B^2L^2v^2}{R}$ 이고, 자기장 속에서 도체를 당기면서 행한 에너지의 시간 변화율은 모두 열에너지로 전환된다는 것을 알 수 있다.

1 자기선속

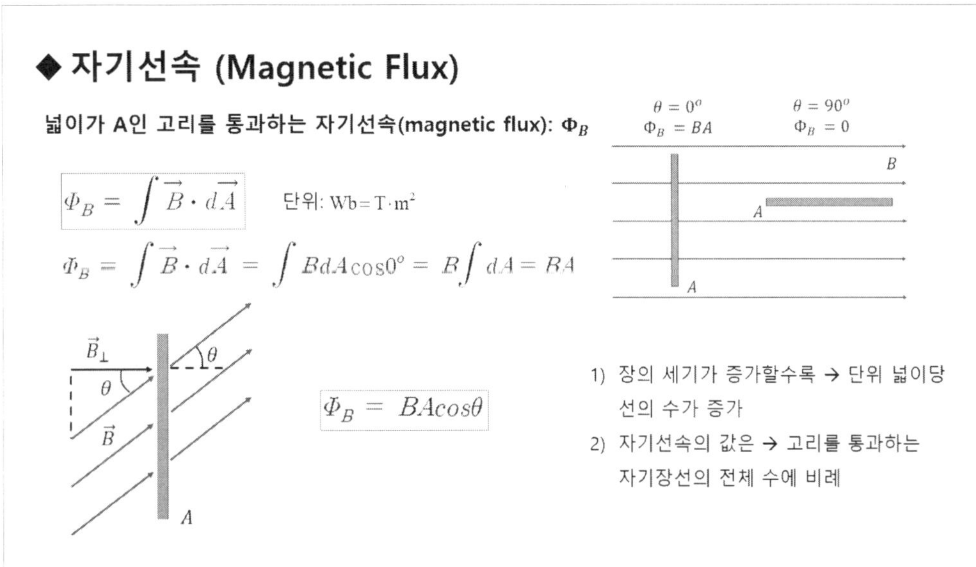

그림 9.1을 이용하여 자기선속(magnetic flux)의 개념을 이해해 보자. 자기선속은 전기선속을 이해했던 개념과 상당히 유사하나. 자기선속은 전류 고리가 감싼 면을 통과하는 자기장의 양으로 정의할 수 있고, 이 개념은 패러데이의 법칙을 이해하는데 매우 중요하다.

자기장 $\vec{B}$가 면적 $\vec{A}$를 통과하는 경우 자기선속 Φ_B는

$$\Phi_B = \int \vec{B} \cdot d\vec{A} \tag{1.1}$$

와 같이 정의된다. 식에서 $d\vec{A}$는 크기는 dA이고 방향은 표면에 수직인 벡터로 미소면적벡터를 뜻한다. SI 단위는 $\mathrm{T} \cdot \mathrm{m}^2$이고, Wb(weber)라고도 쓴다.

자기장 $\vec{B}$가 미소면적 dA에 수직하면 미소면적벡터 $d\vec{A}$와 평행하므로 $B\,dA\cos 0°$가 되어 $B\,dA$로 쓸 수 있다. 균일한 자기장일 경우 $B\int dA$가 되는데 $\int dA$는 면적 A이므로 식 9.1은

$$\Phi_B = \int \vec{B} \cdot d\vec{A} = \int BdA\cos 0° = B\int dA = BA \tag{1.2}$$

가 된다. 간단하게 정리하면

$$\Phi_B = BA \tag{1.3}$$

로 쓸 수 있다. 물론 자기장 $\vec{B}$와 미소면적벡터 $d\vec{A}$가 각도 θ를 이루는 일반적인 경우에는

$$\Phi_B = BA\cos\theta \tag{1.4}$$

이다. 그림 9.2와 같이 θ가 0도인 경우 자기선속이 가장 크고, θ가 90도이면 자기선속은 없다.

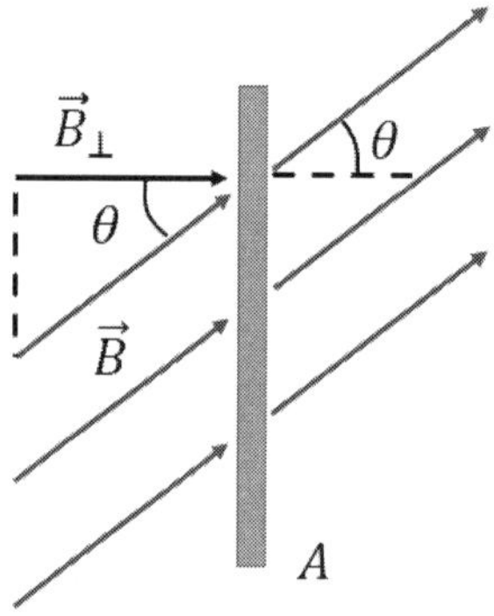

그림 9.1 자기선속

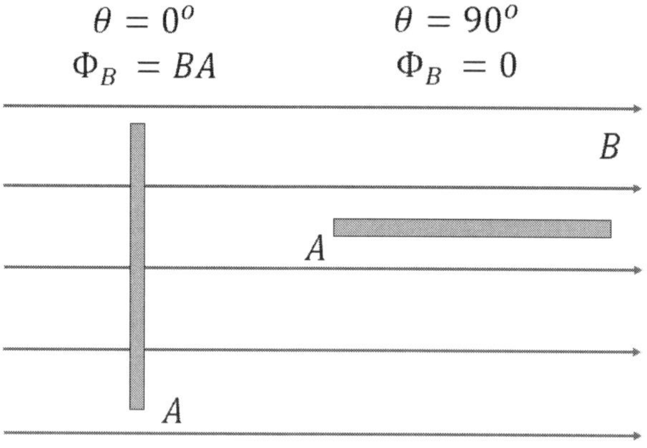

그림 9.2 자기선속의 크기

2 자기장에 대한 가우스의 법칙

◆ 자기장에 대한 Gauss 법칙

- **자석을 잘라도 자극을 분리할 수 없다.**

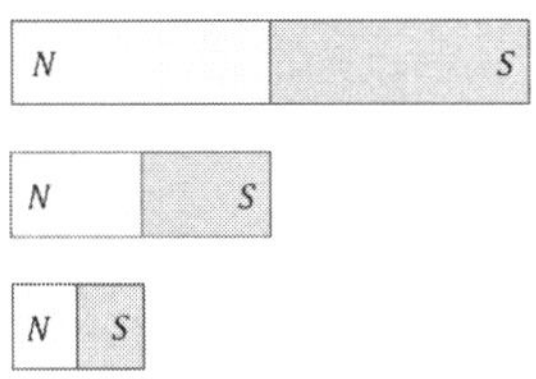

- **자기장에 관한 가우스 법칙**

$$\int \vec{B} \cdot d\vec{A} = 0$$

✓ 의미 : 자기력선이 생기거나 사라지는 점은 없다.→ point-source는 없다.

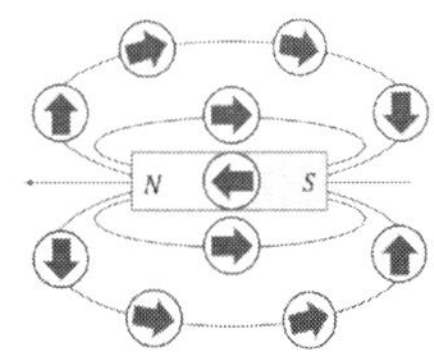

전기 쌍극자(electric dipole)가 만드는 전기장선은 양전하에서 출발하여 음전하에서 끝난다. 그렇기 때문에 전하를 감싸는 닫힌곡면에 대하여 알짜 전기선속은 0이 아니고 값을 갖게 된다. 그러나 자석이 만드는 자기장선은 어느 한 점에서 시작하여 다른 점에서 끝나지 않고 닫힌 고리를 만든다. 자기장선은 임의의 닫힌곡면에 대하여 안으로 들어오는 자기장선의 수와 나가는 자기장선의 수가 같기 때문에 항상 알짜 자기선속을 0이 된다.

이러한 물리적 특성을 법칙화한 것이 자기장에 대한 가우스의 법칙(Gauss's law in magnetism)이다.

$$\int \vec{B} \cdot d\vec{A} = 0 \tag{2.1}$$

닫힌곡면을 통과한 알짜 자기선속이 언제나 0이라는 의미는, 전하와 다르게 자기홀극(magnetic monopole)은 존재하지 않음을 뜻하고 있다. 다시 말해서 자석의 N극과 S극으로 분리할 수 없다. 그러나 물리학자들은 자기홀극의 존재를 예언하고 계속해서 탐구하고 있다.

문제 자석의 자기장선의 모양을 간략하게 표현하였다. 1) 그림과 같이 가우스면을 잡은 경우, 자기장의 선속 Φ_B을 구하라. 2) 자기장에 대한 가우스 법칙을 쓰고 의미를 생각해 보시오.

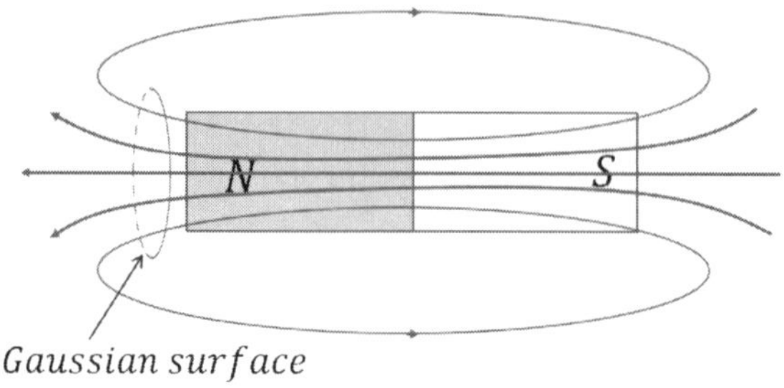

정 답 1) $\Phi_B = 0$

2) $\oint \vec{B} \cdot d\vec{s} = 0$

3 패러데이의 전자기 유도 법칙

◆ Faraday의 전자기 유도 법칙

- **유도법칙: 시간에 따라 변화하는 자기장은 → 회로에서 전기를 유도할 수 있음을 보여줌**

✓ 1831년에 영국의 **패러데이**(Michael Faraday)가 수행

✓ 같은 해에 미국의 **헨리**(Joseph Henry)도 독립적으로 수행

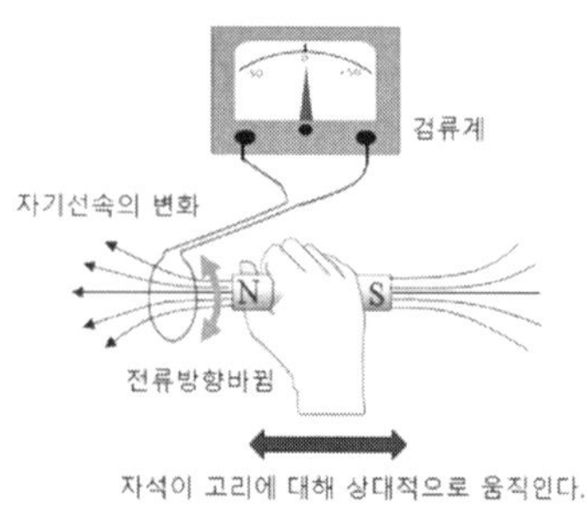

$$\varepsilon = -\frac{d\Phi_B}{dt}$$

$$\varepsilon = -N\frac{d\Phi_B}{dt}$$

- 유도기전력 (induced emf)
- 유도전류 (induced current)

외르스테드의 실험에 의하면 도선에 흐르는 전류는 자기장을 만든다. 그렇다면 반대의 경우도 가능할까? 자기장으로 도선에 전류를 흐르게 할 수 있을까? 자기장과 전기장 사이의 관계 즉, 자기장의 변화로 전류가 흐를 수 있게 전기장을 만들 수 있다는 것을 실험적으로 성공한 물리학자가 마이클 패러데이(1831년)이다. 이를 패러데이의 유도법칙(Faraday's law of induction)이라고 한다. 이제 시간에 따라 변하는 자기장이 만드는 물리적 현상에 대해서 생각해 보자.

실험 예를 들어보자. 그림 9.3과 같이 검류계가 연결된 도선 고리가 있다. 회로 내에는 기전력이 없기 때문에 도선에는 전류가 흐르지 않는다. 그런데 그림 9.1에서와 같이 막대자석을 고리에 대해서 상대적으로 움직여 주면 도선에 전류가 흐른다. 단, 자석이 정지해 있으면 전류는 흐르지 않는다. 그리고 자석이 도선에 다가올 때와 반대로 멀어질 때 도선에 흐르는 전류의 방향은 반대로 바뀐다.

본 실험에서와 같이 도선에 생기는 전류를 유도전류(induced current)라고 한다. 유도전류가 발생하도록 단위 전하당 한 일을 유도기전력(induced electromotive force)이라고 한다.

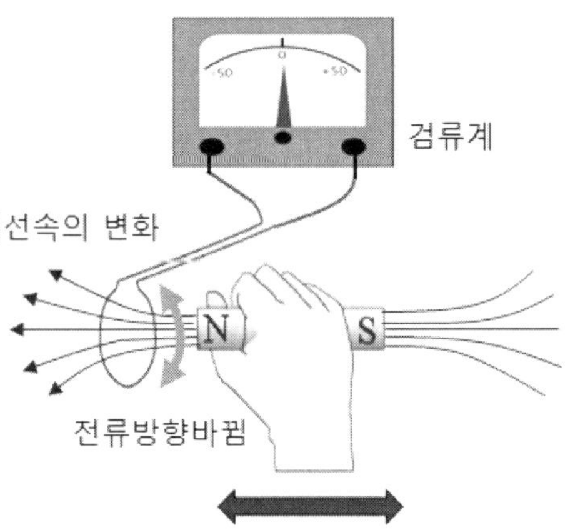

그림 9.3 유도전류와 유도기전력

다른 실험모델에 대해서 생각해 보자. 그림 9.4는 패러데이가 실험했던 모델 중 하나다. 가운데에 있는 도체 고리를 기준으로 좌측에는 1차 코일이 감겨 있고 전지와 스위치가 연결되어 있다. 우측에는 2차 코일과 검류계만 연결되어 있고 전지는 없다. 이러한 실험조건에서 어떻게 하면 검류계의 바늘을 움직이게 할 수 있을까? 그렇다. 스위치를 닫고 열고를 반복하면 검류계의 바늘이 움직인다.

스위치를 닫는 순간 검류계의 바늘은 어떤 값으로 움직였다가 다시 0으로 돌아가고, 스위치를 열면 바늘은 반대 방향으로 움직였다가 0으로 돌아간다. 스위치를 닫을 때 1차 코일에 전류가 흐르며 형성된 자기장은 2차 코일을 통과하게 된다. 1차 코일에 흐르는 전류는 0에서 전지의 전위에 따라 어떤 값까지 변하게 되고, 이 변화가 2차 코일을 통과하는 자기장의 선속을 변화시켜 주면 전류가 흐르게 되고 검류계의 바늘이 움직이게 된다.

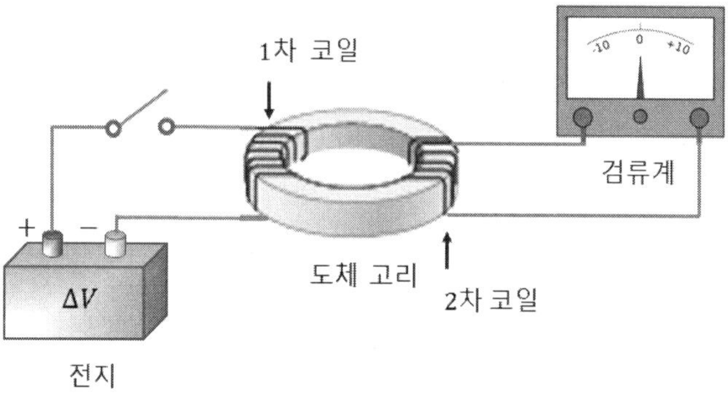

그림 9.4 패러데이 실험

두 실험에서 알아본 것과 같이 변화하는 자기장에 의해 유도기전력이 발생하게 된다. 즉, 회로를 통과하는 자기선속이 시간에 따라 변하게 되면 기전력이 유도된다. 이 현상을 패러데이의 유도 법칙이라 하고

$$\varepsilon = -\frac{d\Phi_B}{dt} \tag{3.1}$$

와 같이 정의된다. ε은 유도기전력을 뜻하고, SI 단위는 V(volt)이다. Φ_E은 자기선속을 의미한다. 음의 부호 (−)는 전류 고리에 흐르는 전류의 방향에 관계가 되는데 이를 렌츠의 법칙이라 한다. 렌츠의 법칙은 다음 절에서 설명한다.

식 9.6에 자기선속 Φ_E의 정의를 대입하면

$$\varepsilon = -\frac{d}{dt}\int \overrightarrow{B} \cdot d\overrightarrow{A} = -\frac{d}{dt}(BA\cos\theta) \tag{3.2}$$

로 쓸 수 있다.

또한, 전류 고리가 N번 감겨 있으면 식 3.1에 유도되는 기전력은

$$\varepsilon = -N\frac{d\Phi_B}{dt} \tag{3.3}$$

와 같이 표현된다. 그러므로 기전력는

- 자기장 $\vec{B}$의 크기가 시간에 따라 변하거나
- 고리의 면적 A의 크기를 변화시키거나
- 자기장과 고리의 단면적 사이의 각도 θ를 바꾸거나
- 이들 모두의 조합을 변화시키는 과정

을 통해서 유도할 수 있다.

문제 코일에 전선이 35회 감겨 있으며 고리의 넓이는 $2.50\times10^{-3}\,\mathrm{m}^2$이다. 자기장은 고리 면에 수직($\phi = 0°$)방향으로 작용한다. 시간 $t_1 = 0.100\,\mathrm{s}$ 일 때 코일을 통과하는 자기장은 $B_1 = 0.0400\,\mathrm{T}$이며 시간이 $t_2 = 0.400\,\mathrm{s}$ 일 때 코일을 통과하는 자기장은 $B_2 = 0.0700\,\mathrm{T}$로 증가한다. 이 시간 간격 동안 코일에 유도된 평균 유도기전력을 구하라.

풀 이 유도기전력의 크기는

$$\varepsilon = N\frac{\Delta\Phi_B}{\Delta t}$$

이다. 문제에 적용하면

$$\begin{aligned}\varepsilon &= -N\left(\frac{\Phi_2-\Phi_1}{t_2-t_1}\right)\\ &= -N\left(\frac{B_2A\cos\theta - B_1A\cos\theta}{t_2-t_1}\right)\\ &= -NA\cos\theta\left(\frac{B_2-B_1}{t_2-t_1}\right)\end{aligned}$$

이므로,

$$\varepsilon = -(35)(2.5\times10^{-3})(\cos 0°)\left(\frac{0.070-0.040}{0.40-0.10}\right)$$

에서

$$\varepsilon = 8.75 \times 10^{-3}\ \mathrm{V}$$

이다.

문제 선으로 300회 감긴 코일이 있다. 코일은 각각 한 변의 길이가 $d = 15.0\ \mathrm{cm}$ 인 정사각형으로 되어있고, 코일의 면에 수직으로 균일한 자기장이 가해진다. 0.750 초 동안 자기장이 0.00 T 에서 0.850 T 로 일정하게 변한다. 1) 유도기전력과 2) 코일에 유도되는 전류를 구하라. 저항은 2.00 Ω 이다.

풀 이 1) 유도기전력은

$$\varepsilon = (300)(0.15\ \mathrm{m})^2 \frac{0.750\ \mathrm{T} - 0}{0.750\ \mathrm{s}}$$

에서

$$\varepsilon = 7.65\ \mathrm{V}$$

이다.

2) 유도되는 전류는

$$I = \frac{7.65\mathrm{V}}{2.50\Omega} = 3.85\ \mathrm{A}$$

이다.

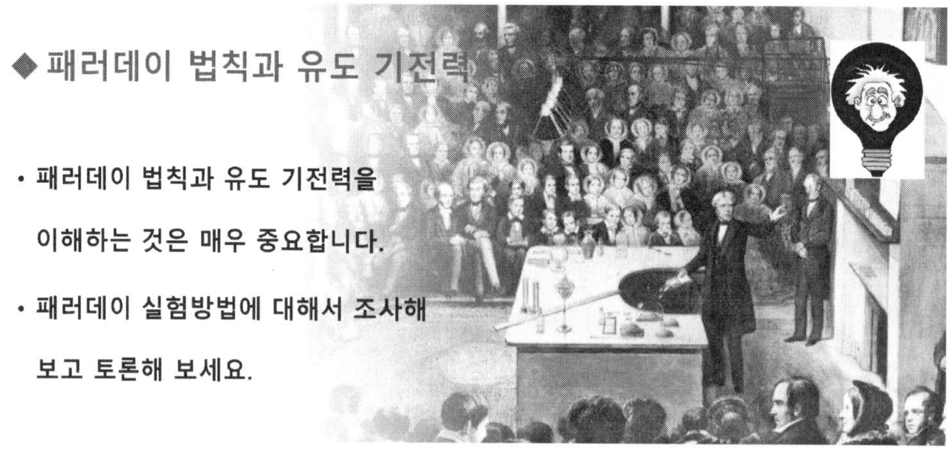

4 렌츠의 법칙

◆ Lenz's Law

의미: **유도기전력과 전류의 방향**은 항상 이들을 일으키는 **변화를 방해하려는 방향**이다.

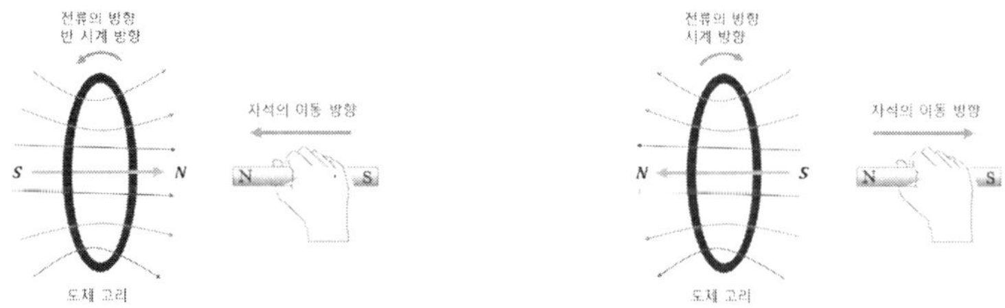

- **실험 : 막대자석을 정지한 고리 쪽으로 가져가면** → 그림에 나타낸 방향으로 **전류가 유도** 됨
- **의미:** 유도전류가 오른쪽 방향으로 자기선속을 만들어 → 자석에 의한 자기선속의 증가에 저항한다.

- **실험 : 자석이 정지한 고리에서 멀어지면** → 고리에는 그림에 나타낸 방향으로 **전류가 유도**된다.
- **의미 :** 유도 전류가 왼쪽 방향으로 자기선속을 만들어 → 줄어드는 오른쪽 방향의 자기선속의 감소에 저항한다.

패러데이 법칙은 자기선속의 변화가 유도기전력을 만든다는 것이다. 이 법칙에는 음(−)의 부호가 있다. 이 부호의 의미는 무엇일까? 렌츠의 법칙은 유도기전력의 방향과 관계된 법칙이다. 정리하면 자기선속의 변화는 유도기전력을 만들고 유도전류가 생기면 자기장을 만들고 이 자기장은 자기선속의 변화를 방해하는 방향으로 생기게 된다.

그림 9.5와 같은 실험모델을 예로 들어 생각해 보자. 자석의 N극이 도선 고리 쪽으로 다가오는 경우와 고리에 대해서 멀어지는 경우로 나누어 생각해 보자.

먼저 자석 N극이 고리 쪽으로 다가오게 되면 고리 안을 통과하는 자기선속이 증가하게 되어 도선 고리에는 전류가 유도된다. 전류 고리는 N극과 S극을 가진 자기 쌍극자로 작용하게 된다. 이 경우에는 전류 고리가 만드는 N극이 다가오는 자석의 N극과 같은 방향으로 배열하게 되어 자석이 다가오며 자기선속이 증가하는 것을 방해하게 된다. 전류의 방향을 오른손 법칙을 적용하여 확인해 보자. 전류 고리가 만드는 N극의 방향을 엄지손가락으로 가리키게 되면 나머지 네 개의 손가락이 감싸는 방향이 전류의 방향이 되고, 전류의 방향은 반시계방향임을 알 수 있다.

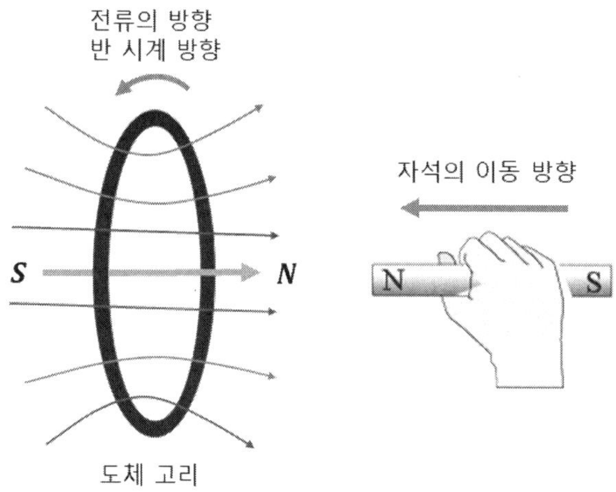

그림 9.5 자석이 다가올 때

그림 9.6와 같이 자석 N극이 도선 고리에서 멀어지게 되면 전류 고리가 만드는 자기 쌍극자의 극성이 반대로 바뀐다. 즉, 전류 고리가 만드는 S극이 멀어지는 자석의 N극과 같은 방향으로 배열하게 되어 자석이 멀어지며 자기선속이 감소하는 것을 방해하게 된다. 이 경우 오른손 법칙을 이용하여 전류의 방향을 확인해 보면 시계방향이다.

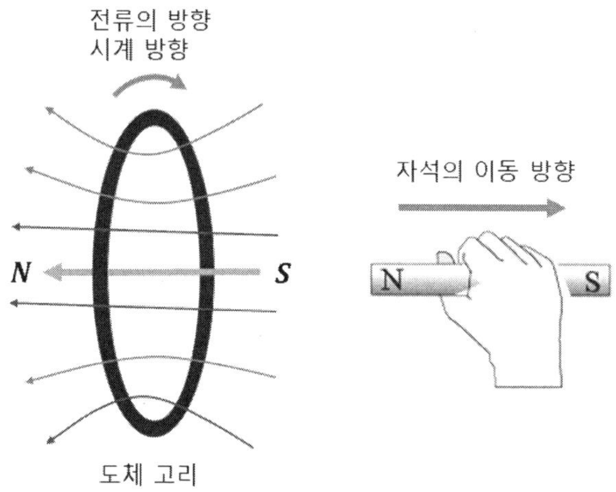

그림 9.6 자석이 멀어질 때

렌츠의 법칙은 에너지 보존법칙과 관련이 있다. 이를 이해하기 위해서 렌츠의 법칙과 반대로 전류의 방향을 잡아보자. 그렇게 하면 전류 고리가 만드는 극성이 반대가 되어 자석이 다가오거나 멀어질 때 막대자석을 더욱 가속 시키게 된다. 이는 외부의 에너지 공급 없이 막대자석의 속도를 계속 증가시키게 되므로 현실에서는 절대로 일어나지 않는 현상이다. 즉, 에너지 보존법칙에 위배가 된다.

5 운동기전력

Flipped Learning	운동기전력
URL	https://youtu.be/49Ord3tK-TY

◆ 운동기전력 (Motional EMF)

자기장 내에서 움직이는 도체에 유도되는 운동 기전력:

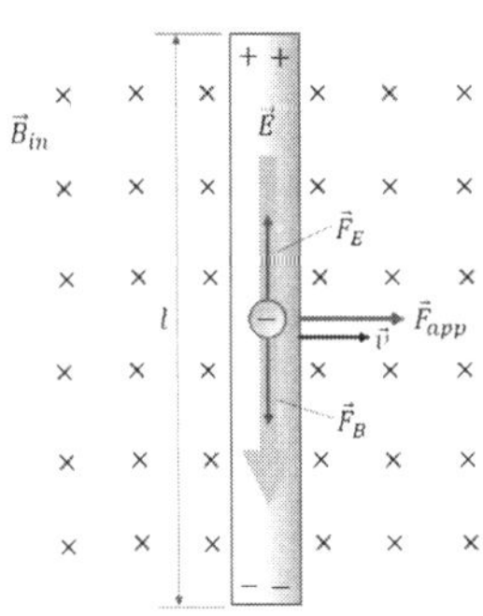

$$qE = qvB \quad \text{또는} \quad E = vB$$

$$\Delta V = E\ell = B\ell v$$

1) 전자들은 도체의 아래쪽으로 이동하여 쌓이고
2) 위쪽에는 알짜 양전하가 남게 된다.
3) 이 전하 분리로 인해 전기장 E가 도체 내부에 발생함

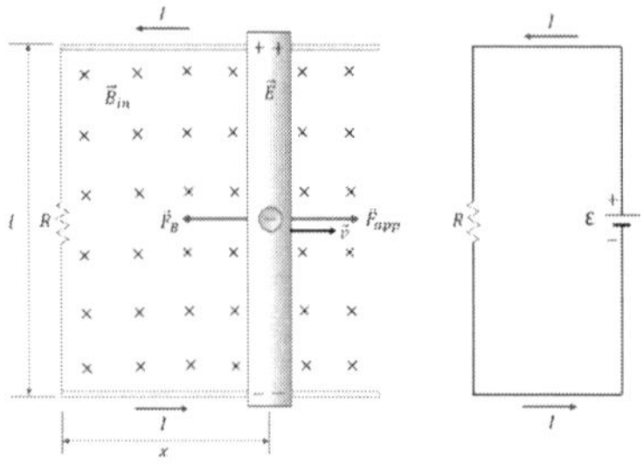

- 운동기전력 $\Phi_B = BA = Bxl$

$$\varepsilon = -\frac{d\Phi_B}{dt} = -\frac{d}{dt}(Bxl) = -Bl\frac{dx}{dt}$$

$$\boxed{\varepsilon = -Blv}$$

- 유도전류 $\boxed{I = \frac{|\varepsilon|}{R} = \frac{Blv}{R}}$

- 외력 $\vec{F}_B = I\vec{L} \times \vec{B}$ ⇨ $F_{app} = BIl$

$$\boxed{F_{app} = \frac{B^2l^2v}{R}}$$

- 저항 소모율

$P = I^2R$

$$\boxed{P = \left(\frac{BLv}{R}\right)^2 R = \frac{B^2L^2v^2}{R}}$$

- 도선에 전달하는 일률 $P = Fv$

$$\boxed{P = F_{app}v = \frac{B^2l^2v^2}{R}} \quad \varepsilon = Blv. \quad \boxed{P = \frac{\varepsilon^2}{R}}$$

자기장 속에서 도체가 외력 $\vec{F}_{app}$을 받아서 등속도 $\vec{v}$로 움직일 때 일어나는 현상에 대해서 생각해 보자. 그림 9.7과 같이 지면을 뚫고 들어가는 방향으로 자기장 $\vec{B}_{in}$을 정하고 도체를 왼쪽에서 오른쪽으로 당기는 실험모델을 고려해 보자. 이와 같은 조건에서 도체 내부에 있는 전자는 어떤 운동을 하게 될까? 전자는 $\vec{F}_B$의 힘을 받아서 아래쪽으로 이동하여 쌓인다. 이렇게 되면 도체의 위쪽에는 알짜 양전하가 남게 된다. 이렇게 양전하와 음전하가 분리되어 도체 내부에는 위쪽(양전하)에서 아래쪽(전자)으로 전기장이 생성된다. 홀 효과와 같이 전하의 분리 현상은 아래 방향의 자기력 $\vec{F}_B$와 위쪽 방향의 전기력 $\vec{F}_e$가 평행이 될 때까지 전자를 이동시킨다.

전자에 미치는 두 힘의 평형 조건은 전기력과 자기력이 같다는 조건에서

$$|q|E = |q|vB \tag{5.1}$$

이다. 다시 정리하면

$$E = vB \tag{5.2}$$

이다. 도체 양단의 전위차 $\Delta V = El$를 이용하여 전위차의 개념으로 평형조건을 다시 쓰면

$$\Delta V = El = Blv \tag{5.3}$$

이다. 그림 9.7과 같은 실험에서는 위쪽의 전위가 아래쪽보다 높다. 만약 외력을 반대 방향으로 하여 도선을 끌어당기면 전위차의 극성도 반대로 바뀌게 된다.

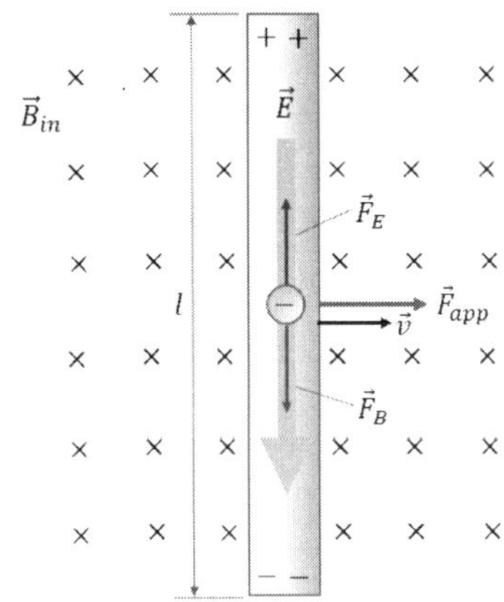

그림 9.7 자기장 속에서 운동하는 도체

그림 9.8은 자기장 속에서 운동하는 도체에 도선과 저항 R을 이용하여 닫힌회로를 만든 경우이다. 도체는 양전하와 음전하가 분리되어 전위차가 발생한 상황이므로 계속하여 도체를 이동시키게 되면 자유전자가 자유롭게 이동하기 시작하여 외부저항에 열 또는 빛이 발생한다. 이는 전기와 저항으로 구성된 회로와 동일한 회로가 된다. 이와 같이 발생하는 기전력은 운동기전력(motional emf)이라 하고 회로 내에 흐르는 전류를 유도전류(induced current)라 한다.

5.1 운동기전력 ε

패러데이 법칙을 이용하여 회로에 유도되는 기전력을 구해보자. 도체가 움직이게 되면 회로 넓이의 변화에 비례하여 자기선속 또한 변하게 된다. 회로가 만드는 넓이는 xl이므로 자기선속은

$$\Phi_B = BA = Bxl \tag{5.4}$$

이다. 자기선속을 알았으므로 패러데이 법칙에 적용하면

$$\varepsilon = -\frac{d\Phi_B}{dt} = -\frac{d}{dt}(Bxl) = -Bl\frac{dx}{dt} \tag{5.5}$$

이다. dx/dt는 도체가 이동하는 속도 v이므로

$$\varepsilon = -Blv \tag{5.6}$$

이다. 이 식을 운동기전력이라고 한다.

5.2 유도전류 I

기전력을 구했으므로 유도전류의 크기를 구하면

$$I = \frac{|\varepsilon|}{R} = \frac{Blv}{R} \tag{5.7}$$

이다. 전류의 방향은 현재와 같은 실험조건에서는 반시계방향이다.

5.3 외력 $\vec{F}_{app}$

유도전류를 알았으므로 도선에 작용하는 외력 $\vec{F}_{app}$의 크기를 구해보자. 실험모델에서 외력은 자기력과 같다. 즉, $\vec{F}_{app} = \vec{F}_B$이다. 도선에 전류가 흐를 때 자기력은 $\vec{F}_B = I\vec{L} \times \vec{B}$이고 θ는 90°이므로 $F_{app} = BIl$이다. 유도전류 값을 대입하면 외력 $\vec{F}_{app}$의 크기는

$$F_{app} = \frac{B^2 l^2 v}{R} \tag{5.8}$$

이다.

5.4 도선에 전달하는 일률 P

자기장 속에서 도체를 당길 때 외력 $\vec{F}_{app}$가 도선에 전달하는 일률을 구해보자. 일률은 $P = Fv$이므로

$$P = F_{app} v = \frac{B^2 l^2 v^2}{R} \tag{5.9}$$

이다. 운동기전력의 크기 $\varepsilon = Blv$로 다시 쓰면

$$P = \frac{\varepsilon^2}{R} \tag{5.10}$$

이다.

5.5 저항 소모율

저항 소모율을 계산해 보자. 식 $P = I^2R$에 유도전류 값을 대입하면

$$P = \left(\frac{BLv}{R}\right)^2 R = \frac{B^2L^2v^2}{R} \tag{5.11}$$

이다. 따라서 자기장 속에서 도체를 당기면서 행한 에너지의 시간 변화율은 모두 열에너지로 전환된다는 것을 알 수 있다.

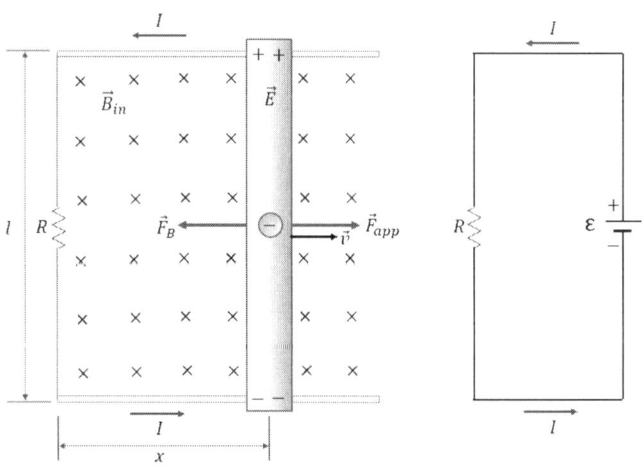

그림 9.8 운동기전력

그림 9.9와 같은 회로를 이용하여 운동기전력과 운동기전력에 의해서 발생한 전류와 막대에 작용하는 힘을 계산해 보자. 도체 막대 길이 L는 0.140 m, 속도는 3.40 m/s, 저항은 0.250 Ω 그리고 자기장 B는 0.750 T라 하자. 운동기전력은

$$\varepsilon = BLv \tag{5.12}$$

에서

$$\varepsilon = (0.750\,\mathrm{T})(0.140\,\mathrm{m})(3.40\,\mathrm{m/s}) = 0.375\,\mathrm{V} \tag{5.13}$$

이다. 전류는 $I = \varepsilon/R$에서

$$I = \frac{0.375\ \mathrm{V}}{0.250\ \mathrm{ohm}} = 1.428\ \mathrm{A} \tag{5.14}$$

이다. 전류 때문에 막대의 운동방향과 반대 방향으로 힘 $\vec{F}$가 막대에 작용하므로

$$F = BIL = (0.750\ \mathrm{T})(1.428\ \mathrm{A})(0.140\ \mathrm{m}) \tag{5.15}$$

에서, $F = 0.150\ \mathrm{N}$이다.

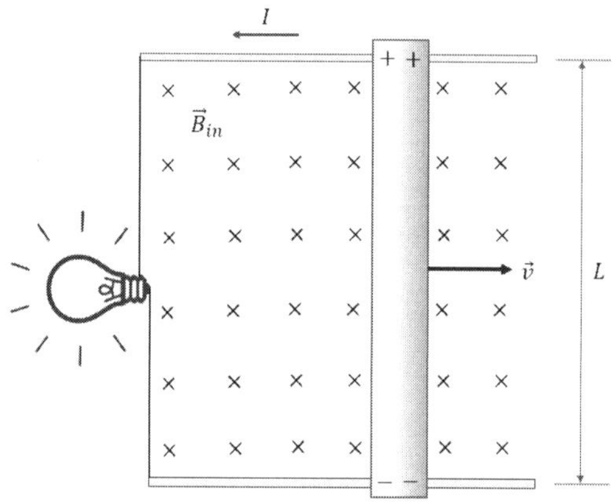

그림 9.9 자기장 속에서 운동하는 도체

문제 길이가 $0.350\ \mathrm{m}$인 도체 막대가 자기장 속에서 $4.50\ \mathrm{m/s}$ 속력으로 움직이고 있다. 도선에 연결된 저항은 $0.0250\ \Omega$ 이고 자기장 B는 $1.20\ \mathrm{T}$이다. 1) 운동기전력 ε과 2) 전류 I 그리고 3) 막대에 작용하는 힘을 구하라.

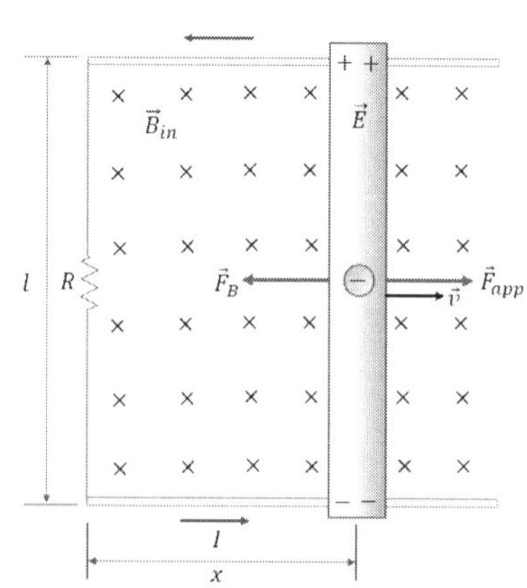

풀 이 1) 운동기전력

$$\varepsilon = Blv$$

에서

$$\varepsilon = (1.20\ \mathrm{T})(0.350\ \mathrm{m})(4.50\ \mathrm{m/s}) = 1.89\ \mathrm{V}$$

이다.

2) 전류는

$$I = \varepsilon / R$$

에서

$$I = \frac{1.89\ \mathrm{V}}{0.0250\ \Omega} = 75.6\ \mathrm{A}$$

이다.

3) 힘은

$$F = BIl$$

에서

$$F = (1.20\ \mathrm{T})(75.6\ )(0.350\ \mathrm{m}) = 31.8\ \mathrm{N}$$

이다. 전류의 영향으로 막대의 운동 방향과 반대 방향으로 힘 $\vec{F}$가 막대에 작용한다.

보충 과학

◆ 플랑크 상수 h와 양자물리학의 탄생_에너지의 양자화

Max Karl Ernst Ludwig Planck
1858년-1947년
- 노벨 물리학상, 1918년

- **흑체(black body)** : 입사하는 모든 복사를 흡수하는 완벽한 흡수체
- **흑체 복사(blackbody radiation)** : 흑체에서 방출되는 전자기 복사
- 고전역학에서 열복사 :

  물체의 표면 가까이에 있는 원자 내의 대전 입자들이 가속되기 때문에 생기는 것으로 해석

  열적으로 들떠 있는 입자들은 그 물체에 의해 방출되는 **연속 스펙트럼을 나타내는 에너지 분포**를 가짐

- 플랑크 가설(Planck`s Hypothesis) :

  흑체 복사는 공동 벽의 원자 진동에 의한 것으로 가정.

  - 빛(진동자)의 에너지는 양자화(Quantized) 되어있다.

    즉, 에너지는 연속적이지 않고 불연속적(discrete)인 값만 가질 수 있다. $E_n = nhf$

    $h = 6.626 \times 10^{-34}\ \mathrm{J \cdot s}$

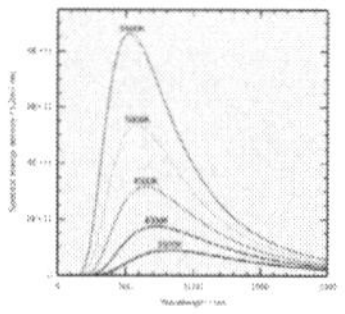

◆ 빛의 본성에 대한 논쟁과 양자물리학의 탄생

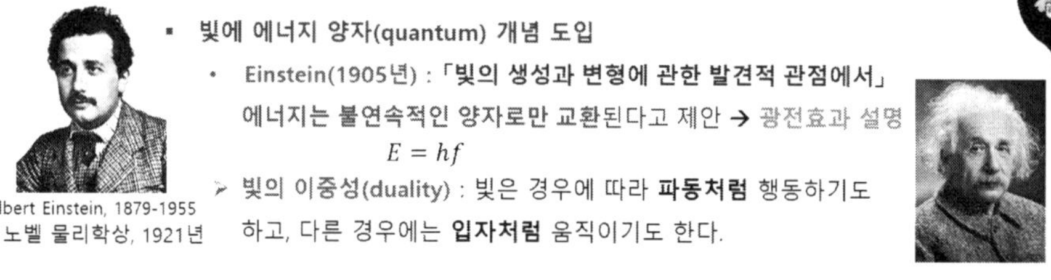

Albert Einstein, 1879-1955
- 노벨 물리학상, 1921년

- 빛에 에너지 양자(quantum) 개념 도입
  - Einstein(1905년) : 「**빛의 생성과 변형에 관한 발견적 관점에서**」 에너지는 불연속적인 양자로만 교환된다고 제안 → 광전효과 설명

    $E = hf$

➢ 빛의 이중성(duality) : 빛은 경우에 따라 **파동처럼** 행동하기도 하고, 다른 경우에는 **입자처럼** 움직이기도 한다.

- 1887년 헤르츠는 빛의 전자기파 이론을 증명하는 과정에서 **파동론으로는 설명할 수 없는 → 광전효과(photoelectric effect)라고 하는 새로운 물리현상**을 발견한다. [**광전효과란** 금속표면에 빛을 조사하면 전자가 방출되는 현상]
- 1905년 아인슈타인(Albert Einstein, 1879-1955)은 **빛의 파동 에너지가 광자(photon)라고 하는 에너지 덩어리로 되어 있다고 가정**을 하고 광전효과 문제를 해결한다.
- 아인슈타인은 **빛에 플랑크(Max Planck, 1858-1947)의 에너지 양자(quantum)의 개념을 도입**하여 → **광자의 에너지가 광자의 진동수에 비례함**을 보였다.

◆ 빛의 본성에 대한 논쟁과 양자물리학의 탄생

Louis Victor Pierre Raymond de Broglie
1892-1987
- 노벨 물리학상, 1929년

- **물질파(matter wave)**
  - **Louis de Broglie(1924년) :**
    양자 역학의 **파동-입자 이중성(wave-particle duality)**
    개념에 결정적인 이론 도입

$$\lambda = \frac{h}{p}$$

1924년 프랑스의 물리학자 루이 드 브로이는 **빛에 국한되어 있던**
이중성(duality) 문제를
입자라고 생각해왔던 **전자로 확장**하여
전자 역시 이중성을 가지고 있다고 착안한 **→ 물질파(matter wave) 이론**을 고안함

보충 문제

01 한 변의 길이 d가 22 cm 인 정사각형으로 되어있고 500회 감긴 코일에 수직 방향으로 균일한 자기장이 가해진다. 자기장이 0에서 0.85 T 로 0.95초 동안 일정하게 변한다고 할 때 1) 유도기전력의 크기와 2) 자기장이 변할 때 코일에 유도되는 전류의 크기를 구하라. 이때 회로의 저항은 3.5 Ω 이다.

풀이 1) 유도기전력의 크기는

$$\varepsilon = N\frac{\Delta \Phi_B}{\Delta t} \quad (1)$$

이다. 자기장의 선속은

$$\Phi_B = BA$$

이고 면적 A는 도선의 길이 d의 제곱이다. 이 개념을 이용하여 식 1을 다시 쓰면

$$\varepsilon = Nd^2\frac{\Delta B}{\Delta t} \quad (2)$$

이다. 식 2에서

$$\Delta B = B_2 - B_1$$

이다. 문제 조건에 해당하는 값을 대입하면

$$\varepsilon = (500\ \text{turns})(0.22\ \text{m})^2\left(\frac{(0.85\ \text{T} - 0)}{0.95\ \text{s}}\right)$$

이다. 유도되는 기전력의 크기는

$$\varepsilon = 22\ \text{V}$$

이다.

2) 유도전류의 크기는

$$I = \varepsilon / R$$

에서

$$I = \frac{22\,\mathrm{V}}{3.5\,\Omega} = 6.3\,\mathrm{A}$$

이다.

02 그림과 같이 길이가 $0.20\,\mathrm{m}$ 인 도체 막대가 자기장 속에서 $3.5\,\mathrm{m/s}$ 속력으로 움직이고 있다. 도선에 연결된 저항은 $0.035\,\Omega$ 이고 자기장 B 는 $0.90\,\mathrm{T}$ 이다. 1) 운동기전력 ε 과 2) 전류 I 그리고 3) 막대에 작용하는 힘을 구하라.

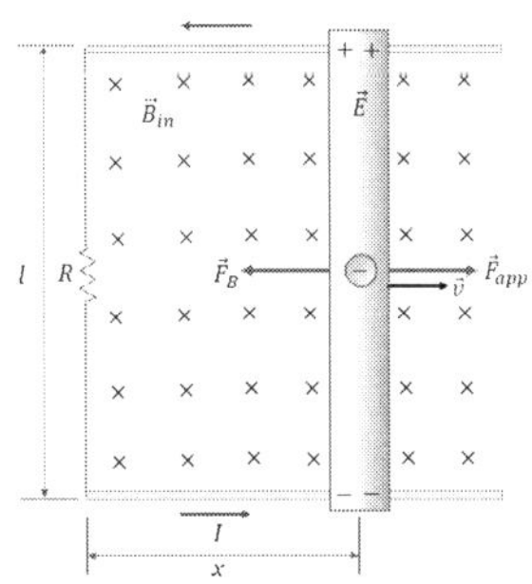

풀이 1) 운동기전력

$$\varepsilon = Blv$$

에서

$$\varepsilon = (0.90\,\mathrm{T})(0.20\,\mathrm{m})(3.5\,\mathrm{m/s}) = 0.63\,\mathrm{V}$$

이다.

2) 전류는

$$I = \varepsilon / R$$

에서

$$I = \frac{0.63\,\mathrm{V}}{0.035\,\mathrm{ohm}} = 18\,\mathrm{A}$$

이다.

3) 힘은

$$F = BIl$$

에서

$$F = (0.90\,\mathrm{T})(18\,\mathrm{A})(0.20\,\mathrm{m}) = 3.2\,\mathrm{N}$$

이다.

03 금속레일에 내부저항이 3.6 Ω 이고 10 W의 전력을 소모하는 전구를 연결하고, 도체 막대를 오른쪽으로 등속으로 움직인다. 자기장 $\vec{B}_{in}$의 세기는 1.5 T 이고, 레일 사이의 도체 막대 길이는 2.5 m 이다. 1) 도체 막대가 움직이는 속력을 구하라. 2) 등속으로 도체 막대를 오른쪽으로 움직이려면 도체 막대에 얼마의 힘을 주어야 하는지 구하라.

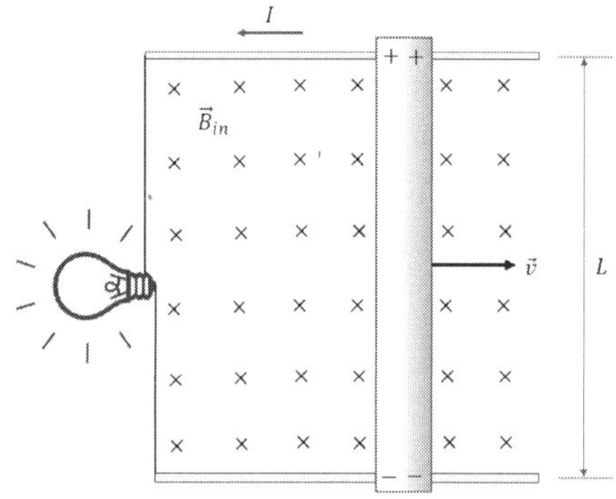

풀이 1) 도체 막대가 움직이는 속력은

$$\varepsilon = BLv$$

에서

$$v = \frac{\varepsilon}{BL} \tag{1}$$

을 이용하여 구할 수 있다. 식에서 기전력 ε은

$$P = VI = I^2R = \frac{V^2}{R} \tag{2}$$

에서, 정리하면

$$\varepsilon = V = \sqrt{PR} = \sqrt{10\mathrm{W} \times 3.6\,\Omega} = 6.0\,\mathrm{V}$$

이다. 값을 식 1에 대입하면

$$v = \frac{\varepsilon}{BL} = \frac{6.0\,\mathrm{V}}{(1.5\,\mathrm{T})(2.5\,\mathrm{m})} = 1.6\,\mathrm{m/s}$$

이다.

2) 도체 막대에 작용해야 하는 힘은

$$F = BIL(\sin 90^o)$$

에서,

$$F = B(\frac{\varepsilon}{R})L = (1.5\mathrm{T})\frac{6.0\,\mathrm{V}}{3.6\,\mathrm{ohm}}(2.5\,\mathrm{m}) = 6.3\,\mathrm{N}$$

이다.

04 저항이 $8.50\ \Omega$ 이고 24.0 W의 전력을 소모하는 전구에 금속레일에 연결하고, 도체 막대를 오른쪽으로 등속으로 움직인다. 자기장 $\overrightarrow{B}_{in}$의 세기는 3.50 T이고, 레일 사이의 도체 막대 길이 L은 1.50 m이다. 1) 도체 막대가 움직이는 속력 v와 2) 도체 막대에 작용하는 힘 $F_{외력}$의 크기를 구하라.

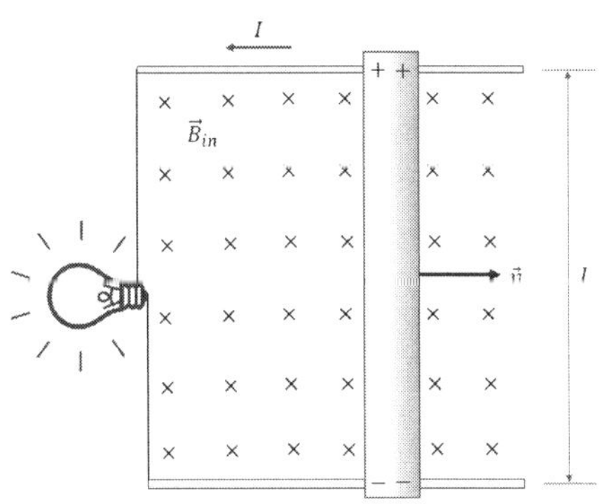

풀이 1) 운동기전력

$$\varepsilon = Blv$$

에서 속도에 대한 식은

$$v = \frac{\varepsilon}{Bl}$$

이다. 전압을 구하면

$$P = VI = I^2 R = \frac{V^2}{R}$$

에서

$$\varepsilon = V = \sqrt{PR} = \sqrt{24 \times 8.5} = 14.3\ \mathrm{V}$$

이다. 그러므로 속도는

$$v = \frac{\varepsilon}{Bl} = \frac{14.3}{(3.50)(1.50)} = 2.72\ \mathrm{m/s}$$

이다.

2) 도체 막대에 작용하는 힘은

$$F = BIL(\sin 90^o)$$

에서

$$F = B\left(\frac{\varepsilon}{R}\right)L = (3.50)\frac{14.3}{8.50}(1.50) = 8.83\ \mathrm{N}$$

이다. 또는

$$F = \frac{B^2 L^2 v}{R}$$

에서

$$F = \frac{(3.50)^2\,(1.50)^2\,2.72}{8.50} = 8.82\ \mathrm{N}$$

이다.

보충 심화

• 아래 기호들에 친숙해져 보세요. 의미를 조사해 보고 토론해 보세요. 조금 더 고급과정에서 사용되는 기호들입니다. 부담 없이 알아보세요.

◆ 벡터 미적분학

Carl Friedrich Gauss
(1777-1855)
독일의 수학자·천문학자·물리학자

George Gabriel Stokes
(1819-1903)
유체역학·광학·수리물리학 분야에 큰 공헌

- **편미분**
- **델 연산자** : ∇
- **gradient** : ∇f
- **divergence** : $\nabla \cdot \vec{A}$
- **curl** : $\nabla \times \vec{A}$
- **Laplacian** : $\nabla^2 f$

◆ 편미분(partial derivative)

(1) 편미분(partial derivative)

다변수 함수의 특정 변수를 제외한 나머지 변수를 상수로 취급하고 미분하는 방법

1) 기호: $\frac{\partial f}{\partial x}$, $\frac{\partial f}{\partial y}$

2) 예: $f(x, y) = 3x^2y - 2x + y^3 + 2$

해) $\frac{\partial f}{\partial x} = 6xy - 2$

$\frac{\partial f}{\partial y} = 3x^2 + 3y^2$

(2) 고차 및 혼합 미분

(Higher-order and Mixed Derivatives)

1) 2계 미분: $\frac{\partial^2 f}{\partial x^2} = \frac{\partial}{\partial x}\left(\frac{\partial f}{\partial x}\right)$

$\frac{\partial^2 f}{\partial y^2} = \frac{\partial}{\partial y}\left(\frac{\partial f}{\partial y}\right)$

2) 혼합미분: $\frac{\partial^2 f}{\partial x \partial y} = \frac{\partial}{\partial x}\left(\frac{\partial f}{\partial y}\right)$

$\frac{\partial^2 f}{\partial y \partial x} = \frac{\partial}{\partial y}\left(\frac{\partial f}{\partial x}\right)$

10장

유도계수와 *RL* 회로

Flipped Learning	총정리/자체유도/패러데이법칙/자체유도계수/자체유도기전력
URL	https://youtu.be/FQVeLtttBho

◆ 주요 학습 내용

1. 자체유도계수와 자체유도기전력
2. 솔레노이드의 유도계수
3. RL 회로
4. 자기장에 저장된 에너지
5. 자기장에 저장된 에너지 밀도
6. 상호유도계수와 상호유도기전력

Joseph Henry
1797 ~ 1878

학습목표

1. 자체유도계수와 자체유도기전력을 정의하고 설명할 수 있다.
2. 솔레노이드의 유도계수를 이해하고 계산할 수 있다.
3. *RL* 회로를 키르히호프 법칙을 적용하여 분석할 수 있다.
4. *RL* 회로의 시간상수를 이해하고 계산할 수 있다.
5. 자기장의 에너지와 에너지 밀도를 유도하고 문제에 적용할 수 있다.
6. 상호유도계수를 유도하고 문제에 적용할 수 있다.

내용요약

- 자체유도계수는 $L = \dfrac{N\Phi_B}{i}$ 이고, SI 단위는 H(henry) 또는 $\mathrm{T \cdot m^2/A}$ 또는 $\mathrm{V \cdot s/A}$ 이다.
- 회로에서 저항이 전류의 흐름을 방해하는 개념이라면 자체유도계수는 전류의 변화를 방해하는 개념이다.
- 자체유도기전력은 $\varepsilon_L = -L\dfrac{di}{dt}$ 이고, 코일에 흐르는 전류가 변화가 유도 기전력을 일으킨다는 뜻이다.
- 솔레노이드의 단위 길이 당 자체유도계수는 $\dfrac{L}{l} = \mu_o n^2 A$ 이다.
- RL 회로에서 스위치를 켤 때 전압법칙 적용하면 $L\dfrac{di}{dt} + Ri = \varepsilon$ 이고 미분 방정식의 해는 $i = \dfrac{\varepsilon}{R}(1-e^{-t/\tau})$ 이다.
- RL 회로의 시간상수는 $\tau = \dfrac{L}{R}$ 이고, 물리적 의미는 전류가 0에서부터 63.2%에 이르는데 걸리는 시간이다.
- RL 회로에서 스위치를 끌 때 전압법칙 적용하면 $L\dfrac{di}{dt} + Ri = 0$ 이고 미분 방정식의 해는 $i = i_0 e^{-t/\tau}$ 이다.
- 인덕터에 저장되는 전체 에너지는 $U = \dfrac{1}{2}Li^2$ 이다.
- 자기장에 저장된 에너지 밀도는 $u = \dfrac{B^2}{2\mu_o}$ 이다.
- 상호유도계수 M_{12} 와 M_{21} 은 동일한 값을 갖는다.
- 상호유도계수는 $M = \dfrac{N_2\Phi_{B21}}{i_1} = \dfrac{N_1\Phi_{B12}}{i_2}$ 이고, 상호유도기전력은 $\varepsilon_1 = -M\dfrac{di_2}{dt}$ 와 $\varepsilon_2 = -M\dfrac{di_1}{dt}$ 이다.

1 자체유도계수와 자체유도기전력

Flipped Learning	자체유도계수와 자체유도기전력
URL	https://youtu.be/TBHICL62Nhc

◆ 자체유도(Self-Inductance)

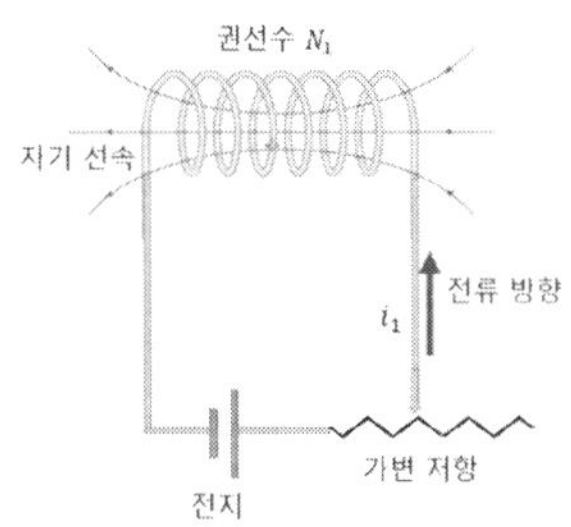

$$\Phi_B \propto i$$

$$\Phi_B = Li$$

$$N\Phi_B = Li$$

1) 자체인덕턴스의 정의: $$L = \frac{N\Phi_B}{i}$$

L: 유도 계수 또는 인덕턴스
SI 단위 : 1H = 1V·s/A

2) 자체유도기전력의 정의: $$N\frac{d\Phi_B}{dt} = L\frac{di}{dt} \Rightarrow \varepsilon_L = -L\frac{di}{dt}$$

자석이 도선에 대해서 운동하면 자기선속이 변하여 도선에 전류가 흐른다. 그렇다면 시간에 따라서 전류가 변해도 도선에 전류가 흐를까? 헨리(Joseph Henry, 1791~1878)는 코일에서 전류가 변하면 코일에 기전력이 유도된다는 것을 발견하였다. 이와 같은 현상에는 두 가지 종류가 있는데 자체유도와 상호유도라고 한다.

자체유도(Self Induction) 현상에 대해서 알아보자. 그림 10.1과 같이 전기와 코일 그리고 가변저항기로 구성돼있는 회로를 실험모델로 고려해 보자. 회로에서 가변저항기는 코일에 흐르는 전류를 변화시키는 역할을 한다.

회로에 흐르는 전류 i가 증가하면 코일을 통과하는 자기장선도 많아지고, 전류가 약해지면 자기장선도 적어진다. 즉, 자기선속 Φ_B은 코일에 흐르는 전류 i에 비례한다.

$$\Phi_B \propto i \tag{1.1}$$

식 1.1에서 비례상수를 L이라 놓으면

$$\Phi_B = L\,i \tag{1.2}$$

이 된다. 비례상수로 놓은 L을 자체유도계수(self-inductance)라고 하고, 회로의 기하학적 모양에 따라서 정해진다. SI 단위는 H(henry)인데 T · m^2/A의 단위를 갖는다.

코일이 N번 감겨 있으면 식 1.2는

$$N\Phi_B = L\,i \tag{1.3}$$

이 되고, 자체유도계수로 쓰면

$$L = \frac{N\Phi_B}{i} \tag{1.4}$$

로 표현된다. 회로에서 저항이 전류의 흐름을 방해하는 개념이라면 자체유도계수가 의미하는 것은 전류의 변화를 방해하는 개념이다.

자체유도기전력(self-induced emf)에 대해서 알아보자. 식 1.3에서 전류 i는 시간에 따라서 변한다. 전류가 변하면 자기선속 Φ_B도 변한다.

$$N\frac{d\Phi_B}{dt} = L\frac{di}{dt} \tag{1.5}$$

식 1.5의 왼쪽 항은 시간에 따라 자기선속이 변하는 경우이므로 패러데이 법칙에서 유도기전력

$$\varepsilon = -\frac{d(N\Phi_B)}{dt} \tag{1.6}$$

을 뜻한다. 식 1.6을 이용하여 식 1.5를 다시 쓰고 기호 ε을 ε_L로 바꾸면

$$\varepsilon_L = -L\frac{di}{dt} \tag{1.7}$$

이다. 이 식을 자체유도기전력이라고 한다. 의미는 코일에 흐르는 전류가 변하면 코일

안쪽을 통과하는 자기선속이 변하게 되고 유도 전기장을 만들어 유도기전력을 일으킨다는 것이다. 코일, 솔레노이드, 토로이드 등 유도기는 시간에 따라 전류가 변하면 자체유도기전력이 생긴다.

식 1.7에서 자체유도계수를

$$L = -\frac{\varepsilon_L}{di/dt} \tag{1.8}$$

로도 쓸 수 있다. 그래서 자체유도계수의 SI 단위는 H(henry)와 $T \cdot m^2/A$, 또는 $V \cdot s/A$이기도 하다. 코일을 유도기 또는, 인덕터(inductor)라고 부른다. 회로도를 그릴 때의 기호는  이다.

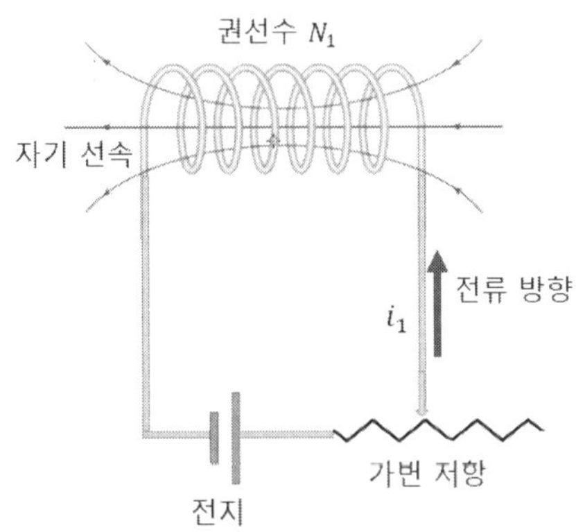

그림 10.1 자체유도계수

2 솔레노이드의 유도계수

Flipped Learning	솔레노이드에서 자체유도계수와 기전력 구하기
URL	https://youtu.be/aSqjIp5wvos

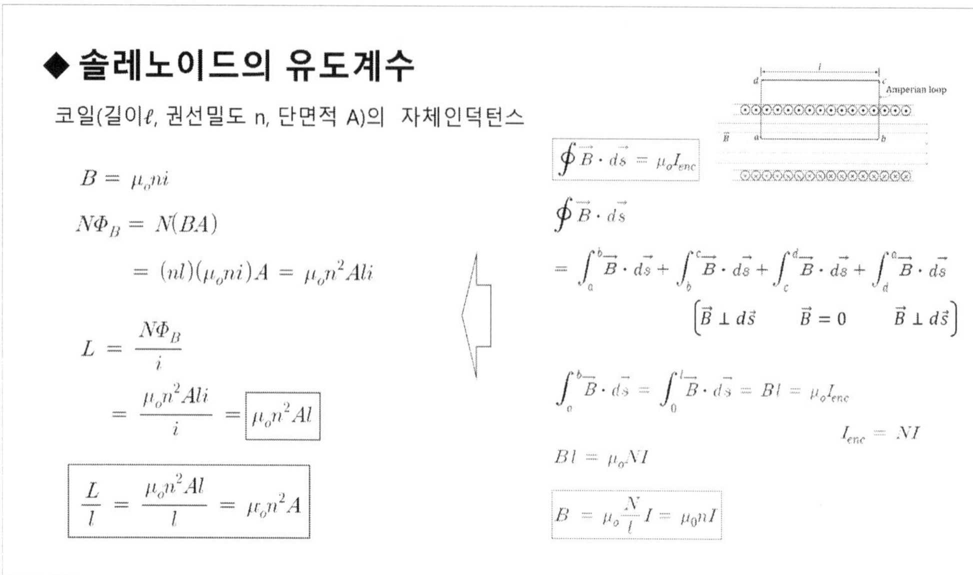

솔레노이드의 자체유도계수를 구해보자. 솔레노이드의 단면적은 A 이고, 길이는 l 이고, 총 감긴 권선수는 N 이라고 하자.

단위 길이 당 감긴 수가 $n = N/l$ 인 솔레노이드에 전류 i 가 흐르면, 내부의 자기장은

$$B = \mu_o ni \tag{2.1}$$

이다. 자기선속은

$$N\Phi_B = N(BA) = (nl)(\mu_o ni)A = \mu_o n^2 Ali \tag{2.2}$$

이다. 식에서 권선수는 권선밀도에 길이를 곱한 값이므로 $N = nl$ 이다. 자체유도계수는

$$L = \frac{N\Phi_B}{i} = \frac{\mu_o n^2 Ali}{i} = \mu_o n^2 Al \tag{2.3}$$

이다. 솔레노이드의 단위 길이 당 자체유도계수는

$$\frac{L}{l} = \frac{\mu_o n^2 Al}{l} = \mu_o n^2 A \tag{2.4}$$

이다.

솔레노이드에서 자체유도계수와 기전력을 이해하기 위하여 간단한 계산을 해보자. 반지

름이 0.035 m 이고 길이가 0.30 m 인 솔레노이드에 코일이 500 번 감겨있다. 자체유도계수와 52×10^{-3} V 의 유도기전력을 발생시키는데 필요한 전류의 시간 변화율을 구해보자. 자체유도계수

$$L = \frac{\mu_o N^2 A}{l} \tag{2.5}$$

에서

$$L = \frac{(4\pi \times 10^{-7}\ \mathrm{T \cdot m/A})(500)^2 [\pi (3.5 \times 10^{-2}\ \mathrm{m})^2]}{0.30\ \mathrm{m}} \tag{2.6}$$

이고, $L = 4.0$ mH 이다. 유도기전력을 발생시키는 데 필요한 전류의 시간 변화율은

$$\varepsilon = L \frac{di}{dt} \tag{2.7}$$

에서, $\dfrac{di}{dt} = \dfrac{\varepsilon}{L}$ 이다. 값을 대입하면

$$\frac{di}{dt} = \frac{52 \times 10^{-3}\ \mathrm{V}}{4.0 \times 10^{-3}\ \mathrm{H}} \tag{2.8}$$

에서, $\dfrac{di}{dt} = 13$ A/s 이다.

Flipped Learning	솔레노이드에서 유도계수 구하는 방법
URL	https://youtu.be/ZkmXRjnvpE0

문제 권선수 N, 길이 l, 단위 면적 A 인 솔레노이드에 전류 I 가 흐르고 있다. 자체유도계수를 N^2가 포함된 식으로 유도하라.

풀 이 솔레노이드의 자기장은

$$B = \mu_0 n I$$

이다. 식에 권선밀도 $n = n/l$을 대입하면

$$B = \mu_0 \frac{N}{l} I$$

이다.

자기선속은

$$\Phi_B = BA$$

이므로, 자기장을 대입하면

$$\Phi_B = \mu_0 \frac{N}{l} AI$$

이다. 솔레노이드의 자체유도계수는

$$L = \frac{N\Phi_B}{I}$$

이므로

$$L = \mu_0 \frac{N^2}{l} A$$

이다.

3 *RL* 회로

Flipped Learning	*RL* 회로에서 전류와 시간에 따른 전류의 변화와 시간상수 유도
URL	https://youtu.be/nS9UP2sdZ3U

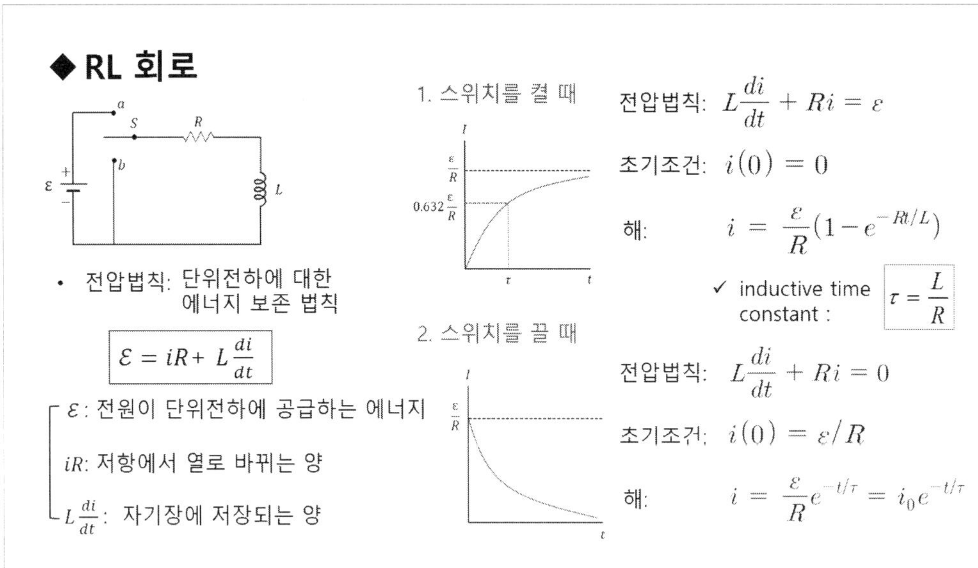

전류의 순간적인 변화를 방지하기 위해서 솔레노이드와 같은 코일을 이용하는데 유도계수가 큰 회로 소자를 인덕터(inductor, 유도기)라고 한다. 전기회로에서 기호는 -ꝏꝏ-이다. 저항 R 과 인덕터 L 로 구성된 그림 10.2와 같은 RL 회로에서 회로의 특성에 대해서 알아보자. 스위치를 단자 a로 연결하는 순간을 $t = 0$ 라하고, 키르히호프의 고리규칙(전압법칙)을 시계방향으로 적용하면

$$\varepsilon - iR - L\frac{di}{dt} = 0 \tag{3.1}$$

이다. 식을 정리하면

$$L\frac{di}{dt} + Ri = \varepsilon \tag{3.2}$$

이다. 이 미분 방정식의 해는

$$i = \frac{\varepsilon}{R}(1 - e^{-Rt/L}) \tag{3.3}$$

이다. 또한, 식을

$$i = \frac{\varepsilon}{R}(1 - e^{-t/\tau}) \tag{3.4}$$

와 같이 표기할 수도 있는데 식에서 τ는

$$\tau = \frac{L}{R} \tag{3.5}$$

로, RL 회로의 시간상수(time constant)라고 한다. 시간상수는 다른 회로와의 시간 반응을 비교하는데 유용한 값이다. RL 회로에서 τ의 물리적 의미는 전류가 0에서부터 63.2%에 이르는데 걸리는 시간이다.

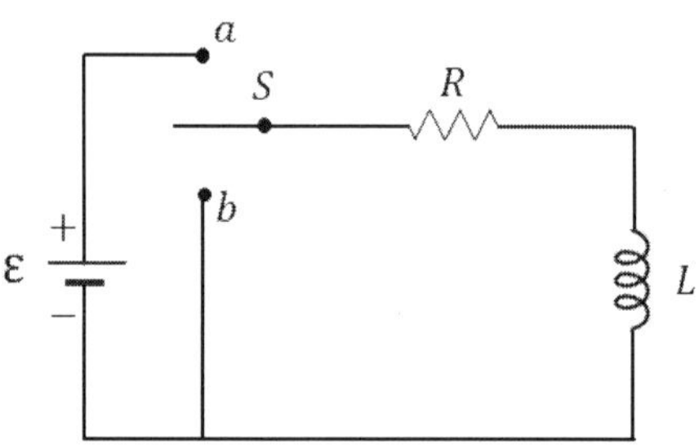

그림 10.2 RL 회로

그림 10.3은 RL 회로에서 전류의 변화와 시간 사이의 관계를 나타낸 그래프이다. 시간 $t=0$에서 전류는 $i=0$이고, $t=\infty$에서 전류는 평형 상태 ε/R에 도달하게 된다. 그래프의 특징을 살펴보면 스위치가 닫힌 $t=0$에서 전류가 증가하기 시작하지만, 인덕터에서 전류의 증가를 방해하는 유도기전력이 발생하여 전류는 순간적으로 최대 전류인 ε/R에 도달하지 못하게 된다. 그러므로 유도계수 L의 물리적인 의미는 전류의 변화를 방해하는 척도이다.

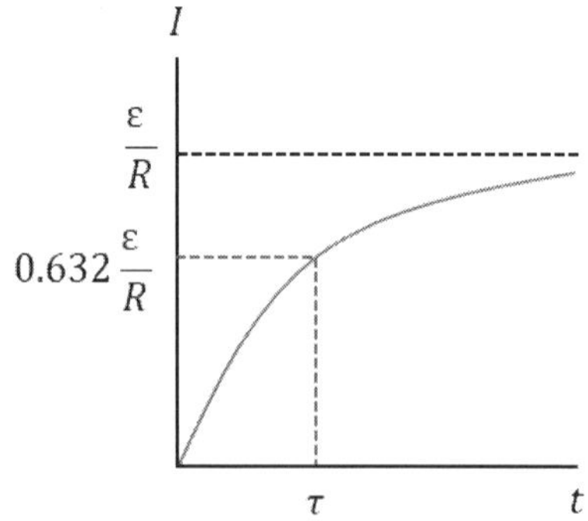

그림 10.3 RL 회로에서 전류 대 시간 그래프

그림 10.2에서 스위치를 단자 b로 연결하여 전지를 제거하고, 키르히호프의 고리규칙을 적용하면

$$L\frac{di}{dt} + Ri = 0 \tag{3.6}$$

이다. 미분 방정식의 해는

$$i = \frac{\varepsilon}{R}e^{-t/\tau} = i_0 e^{-t/\tau} \tag{3.7}$$

이다. 식에서 i_0는 ε/R로 스위치가 단자 b로 옮겨진 순간 처음전류이다. 그림 10.4에서 알 수 있듯이 인덕터가 전류의 감소를 방해하므로 전류는 바로 감소하지 못하고 지수적으로 감소하는 것을 알 수 있다.

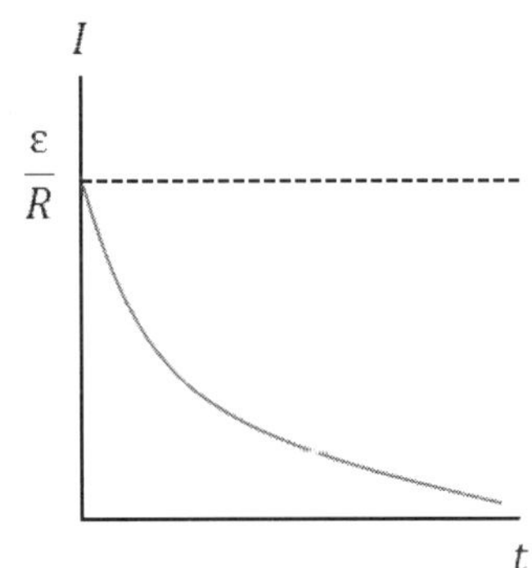

그림 10.4 *RL* 회로에서 전류의 감소

문제 *RL* 회로에서 기전력은 5.50 V이고 회로의 저항 R은 160 Ω이었다. 인덕터 L은 70.0 mH이다. 스위치를 연결한 후 1) 최대 전류 I와 2) 시간상수 τ를 구하라.

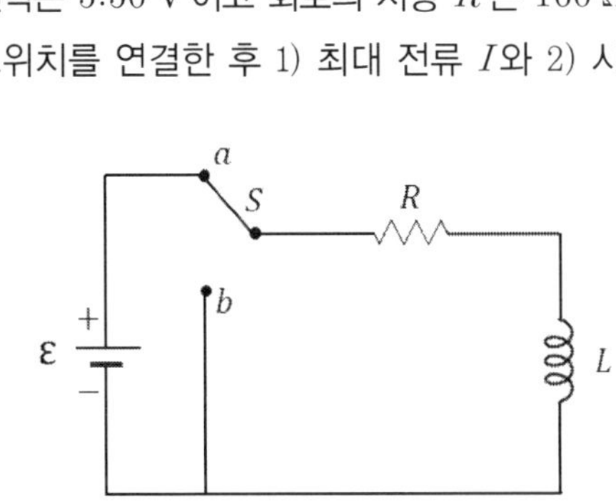

풀 이 1) 전류는

$$I = \frac{\varepsilon}{R} = \frac{5.50\ \mathrm{V}}{160\ \Omega}$$

에서

$$I = 34.4\ \mathrm{mA}$$

이다.

2) 시간상수는

$$\tau = \frac{L}{R} = \frac{70.0 \times 10^{-3}}{160}$$

에서

$$\tau = 4.38 \times 10^{-4}\mathrm{s} = 438\ \mu\mathrm{s}$$

이다.

---

4 자기장에 저장된 에너지

◆ 자기장에 저장된 에너지

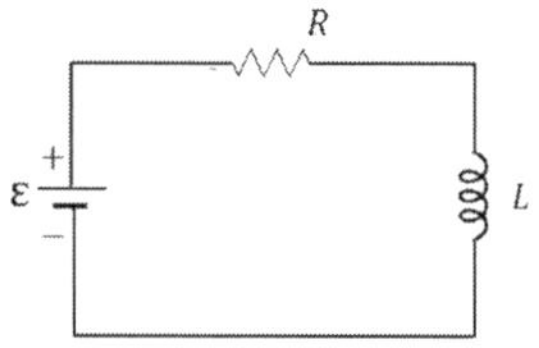

Kirchhoff의 고리규칙을 적용

$$\varepsilon = iR + L\frac{di}{dt}$$

$$\varepsilon i = i^2R + Li\frac{di}{dt}$$ 식의 양변에 전류 i를 곱하면

$$\boxed{\frac{dU_B}{dt} = Li\frac{di}{dt}}$$ 어느 순간에 인덕터에 저장된 에너지를 U라고 하면

$$dU = Li\,di$$

$$U = \int_0^U dU = \int_0^i Li\,di = L\int_0^i i\,di \Rightarrow \boxed{U = \frac{1}{2}Li^2}$$

⇕ 비교

$$PE_C = \frac{1}{2}C(\Delta V)^2$$

자기장에 저장되는 에너지에 대해서 알아보자. 그림 10.5와 같은 RL 회로에 키르히호프의 고리규칙을 적용하면

$$\varepsilon = iR + L\frac{di}{dt} \tag{4.1}$$

이다. 식의 양변에 전류 i를 곱하고 다시 정리하면

$$\varepsilon i = i^2R + Li\frac{di}{dt} \tag{4.2}$$

이다. 에너지 보존의 관점에서 물리적인 의미를 부여해보자. 식에서

- εi는 전지에서 회로에 공급하는 에너지이고
- i^2R은 저항기를 통해 외부로 손실되는 에너지를 뜻하고
- $Li\dfrac{di}{dt}$은 유도기 L에 저장되는 자기에너지

를 의미한다.

인덕터에 저장되는 에너지를 U라고 하면 에너지의 시간 변화율은

$$\frac{dU_B}{dt} = Li\,\frac{di}{dt} \tag{4.3}$$

이다. 식을 정리하면

$$dU = Li\,di \tag{4.4}$$

이고, 적분하면

$$U = \int_0^U dU = \int_0^i Li\,di = L\int_0^i i\,di \tag{4.5}$$

이다. 인덕터에 저장되는 전체 에너지는

$$U = \frac{1}{2}Li^2 \tag{4.6}$$

이다.

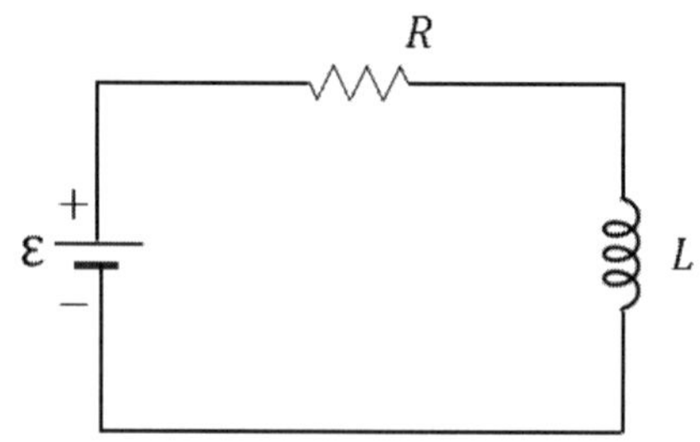

그림 10.5 *RL* 회로

문제 *RL* 회로에서 스위치를 연결하였다. 회로에는 24.0 V 전지가 35.0 Ω 의 저항기와 5.00 H 의 인덕터로 직렬 연결되어 있다. 인덕터에 저장된 에너지 U_L를 구하라.

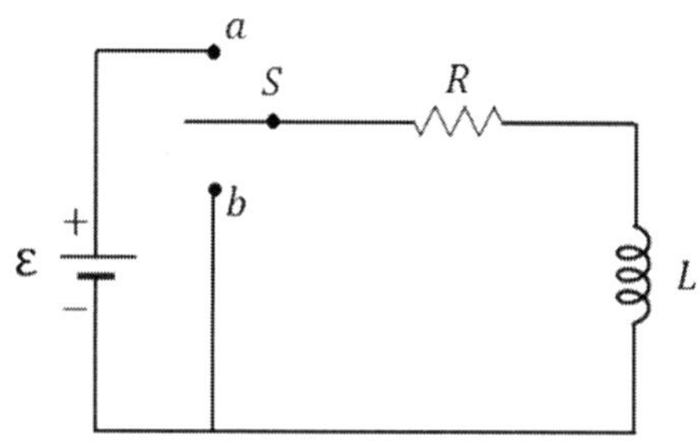

풀 이 최대전류를 구하면

$$I_{max} = \frac{\varepsilon}{R}$$

에서

$$I_{max} = \frac{24.0\ \text{V}}{35.0\ \Omega} = 0.686\ \text{A}$$

이다. 인덕터에 저장된 에너지는

$$U_L = \frac{1}{2}LI^2$$

에서

$$U_L = \frac{1}{2}(5.00\ \text{H})(0.686\ \text{A})^2 = 1.18\ \text{J}$$

이다.

5 자기장에 저장된 에너지 밀도

◆ 자기장에 저장된 에너지 밀도

1) 긴 솔레노이드의 인덕턴스: $L = \mu_o n^2 A l$

2) 솔레노이드 내에 저장된 에너지: $U = \frac{1}{2} L i^2 = \frac{1}{2}(\mu_o n^2 A l) i^2$

3) 단위부피당 에너지인 자기에너지 밀도: $u = \frac{U}{Al} = \frac{1}{2}\mu_0 n^2 i^2$

4) 에너지 밀도를 자기장의 세기로 나타내면: $u = \frac{B^2}{2\mu_o}$

• 코일(길이ℓ, 권선밀도 n, 단면적 A)의 자체인덕턴스

$$B = \mu_o n i$$

$$N\Phi_B = N(BA) = (nl)(\mu_o n i)A = \mu_o n^2 A l i$$

$$L = \frac{N\Phi_B}{i} = \frac{\mu_o n^2 A l i}{i} = \boxed{\mu_o n^2 A l}$$

$$\boxed{\frac{L}{l} = \frac{\mu_o n^2 A l}{l} = \mu_o n^2 A}$$

자기장에 저장된 에너지의 밀도를 구해보자. 단면적이 A이고 길이가 l인 솔레노이드를 고려해 보자. 솔레노이드의 단위 길이 당 감긴 수가 n이라 하면 유도계수 L은

$$L = \mu_o n^2 A\, l \tag{5.1}$$

이다. 전류 i가 솔레노이드에 흐른다고 할 때 솔레노이드에 저장된 자기에너지는

$$U = \frac{1}{2} L\, i^2 = \frac{1}{2}\left(\mu_o n^2 A\, l\right) i^2 \tag{5.2}$$

이다. 단위 부피당 에너지 밀도 u는

$$u = \frac{U}{A\, l} = \frac{1}{2}\mu_0 n^2 i^2 \tag{5.3}$$

이다. 솔레노이드의 자기장 $B = \mu_0 n i$를 이용하여 식을 다시 정리해 주면

$$u = \frac{B^2}{2\mu_o} \tag{5.4}$$

와 같이 자기에너지 밀도에 대한 식을 구할 수 있다.

6 상호유도계수와 상호유도기전력

Flipped Learning	상호유도계수와 상호유도기전력
URL	https://youtu.be/5lgLcvG3AaU

◆ 상호 유도(Mutual-Inductance)

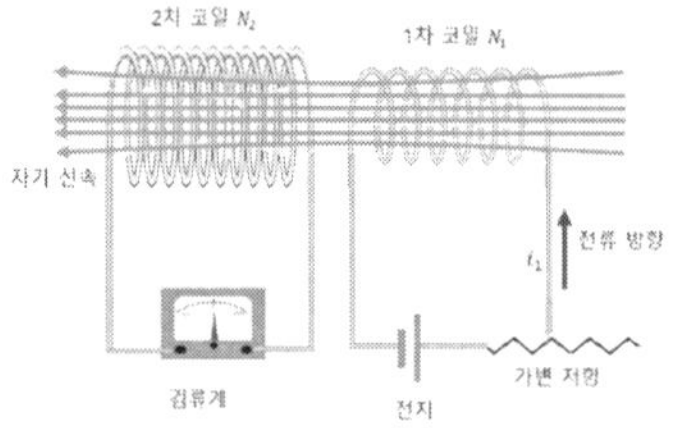

1) 개념이해 :
코일 2를 통과하는 총 자기선속은 자기장에 비례하므로 전류 I_1에 비례한다

$\Phi_{B2} \propto i_1$

$\Phi_{B2} = M_{21} i_1$ ⇦ 비례상수를 상호 인덕턴스라고 함

$N_2 \Phi_{B2} = M_{21} i_1$

정리: 코일 1에 대한 코일 2의 상호 유도 계수 (mutual inductance) M_{12}를 다음과 같이 정의한다.

정리: 코일 2에 대한 코일1의 상호 유도 계수

$$M_{21} = \frac{N_2 \Phi_{B2}}{i_1} \qquad M_{12} = \frac{N_1 \Phi_{B1}}{i_2}$$

$$M_{12} = M_{21} = M$$

2) 상호유도계수 :

$$M = \frac{N_2 \Phi_{B21}}{i_1} = \frac{N_1 \Phi_{B12}}{i_2}$$

3) Faraday의 법칙으로부터 → 상호유도기전력

$$\varepsilon_1 = -M\frac{di_2}{dt}, \quad \varepsilon_2 = -M\frac{di_1}{dt}$$

4) M에 대한 SI 단위 :

$$[M] = \frac{[\mathcal{E}]}{[\Delta I/\Delta t]} = \frac{\mathrm{V}}{\mathrm{A/s}} = \frac{\mathrm{V \cdot s}}{\mathrm{A}}$$ ⇨ SI 단위: H(Henry) or (V·s/A)

그림 10.6과 같이 중심축이 같은 두 개의 코일로 구성된 실험모델을 고려해 보자. 우측 회로는 전지와 코일(1차 코일, 권선수 N_1) 그리고 가변저항기로 구성되어 있고, 좌측엔 코일(2차 코일, 권선수 N_2)과 검류계로 구성된 회로이다. 우측의 회로에 전류 i_1가 흐르게 되면 1차 코일에 자기장선이 생기게 되고, 이 자기장선은 2차 코일을 통과하게 된다. 자체유도와 같이 1차 코일에 흐르는 전류 i_1와 2차 코일에 형성되는 자기선속 Φ_{B2} 사이에는

$$\Phi_{B2} \propto i_1 \tag{6.1}$$

인 관계가 성립하고, 비례상수를 M_{21}로 놓으면

$$\Phi_{B2} = M_{21} i_1 \tag{6.2}$$

이다. M_{21}은 1차 코일에 흐르는 전류 i_1과 2차 코일을 통과하는 총 자기선속 사이의 관계를 설명해주는 계수로 상호유도계수(mutual-inductance)라고 한다. 상호유도계수 M_{21}의 SI 단위는 자체유도계수 L와 같은 H(henry)이다.

2차 코일의 권선수는 N_2이므로 2차 코일을 통과하는 총 자기선속은 $N_2\Phi_{21}$이 되어

$$N_2 \Phi_{B2} = M_{21} i_1 \tag{6.3}$$

로 쓸 수 있다. 식 6.3에서 상호유도계수 M_{21}은

$$M_{21} = \frac{N_2 \Phi_{B2}}{i_1} \tag{6.4}$$

로 정의됨을 알 수 있다.

반대로 생각해 보자. 2차 코일에 전류 i_2가 흘러서 1차 코일에 자기선속 Φ_{B1}가 생길 때 상호유도계수를 식 6.4에서 유추해 보면

$$M_{12} = \frac{N_1 \Phi_{B1}}{i_2} \tag{6.5}$$

임을 알 수 있다.

상호유도기전력(mutual-induced emf)을 정의 해보자. 전류 i_1가 변할 때, 코일2에 유도되는 상호유도기전력 ε_2을 Faraday의 법칙을 고려하여 쓰면

$$\varepsilon_2 = -M_{B2}\frac{di_1}{dt} \tag{6.6}$$

로 표현된다. 반대로 2차 코일에 전류 i_2가 흘러서 1차 코일에 유도되는 기전력은

$$\varepsilon_1 = -M_{B1}\frac{di_2}{dt} \tag{6.7}$$

이다.

상호유도계수 M_{12}와 M_{21}은 동일한 값이므로 간단히 M으로 표현하면

$$M_{12} = M_{21} = M \tag{6.8}$$

이고, 식 6.8에서 상호유도계수와 상호유도기전력을 다시 쓰면

$$M = \frac{N_2 \Phi_{B21}}{i_1} = \frac{N_1 \Phi_{B12}}{i_2} \tag{6.9}$$

와

$$\varepsilon_1 = -M\frac{di_2}{dt}, \quad \varepsilon_2 = -M\frac{di_1}{dt} \tag{6.10}$$

로 정의된다.

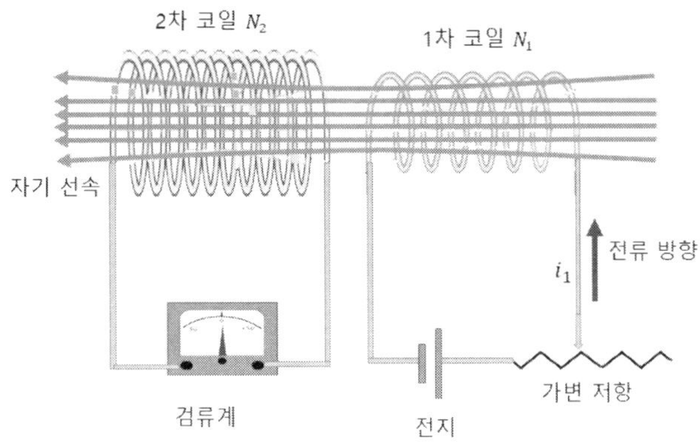

그림 10.6 상호유도계수

Flipped Learning	개념 및 문제/상호유도계수와 상호유도 기전력
URL	https://youtu.be/QTHzu6Qu_Lo

문제 길이가 L이고 단면적이 A인 1차 코일이 빽빽하게 N_1번 감겨 있다. 1차 코일 위로 2차 코일이 N_2번 감겨 있다. 1) 1차 코일에 전류 i_1이 흐를 때 2차 코일에 유도되는 자기선속 Φ_{21}과 2) 상호인덕턴스 M을 구하라.

풀 이 상호인덕턴스는

$$M = \frac{N_2 \Phi_{21}}{i_1} \tag{1}$$

이다. 자기선속 Φ_{21}은 $B_1 A$에서, 자기장 B_1은

$$B_1 = \frac{\mu_0 N_1 i_1}{L}$$

이므로

$$\Phi_{21} = \frac{\mu_0 N_1 i_1}{L} A \tag{2}$$

이다. 식 2를 식 1에 대입하면 상호유도계수 M은

$$M = \frac{N_2}{i_1} \frac{\mu_0 N_1 i_1}{L} A$$

이고, 정리하면

$$M = \frac{\mu_o A N_1 N_2}{L}$$

이다.

보충 과학

◆ 양자역학(Quantum Mechanics)탄생과 코펜하겐 해석

Niels Henrik David Bohr
1885-1962
- 노벨 물리학상, 1922년

Werner Karl Heisenberg
1901-1976
- 노벨 물리학상, 1932년

현재 물리학계는 **빛이 입자적 성질과 파동적 성질**을 모두 가지고 있다는 **파동-입자 이중성(wave-particle duality)**을 설명하기 위해 많은 연구들이 진행되고 있음.

닐스 보어와 하이젠베르크가 주축이된 코펜하겐 해석(Copenhagen interpretation)이 가장 유명한데

상보성 원리(complementarity principle)와 불확정성 원리(uncertainty principle)를 기반으로 하고 있음.

이 시대부터 양자역학(quantum mechanics)이라는 **새로운 물리학의 시대**가 열리게 됨.

◆ 양자역학의 이론적 체계

- **당대 문제 :** 보어 원자 모형의 한계점**이 부각되었고 →** 궤도라는 개념을 벗어나야 한다는 **주장이 나타남**

Werner Karl Heisenberg
1901-1976

- **불확정성원리, 1927년**
  (Uncertainty principle) :
  입자의 위치와 운동량을 동시에 정확히 알아낼 수 없다.

- **행렬역학**
  하이젠베르크,1925년

6월 : 행렬 연산자 도입(7월 발표)
9월 : 막스 보른과 파스쿠알 요르단이 하이젠베르크의 아이디를 교환자에 기반한 수학으로 정리
11월 : 하이젠베르크, 보른, 요르단이 수학체계를 가다듬음

✓ **의의 :**
삼부작에 걸쳐 양자역학 최초의 수학적 체계 완성

- **파동역학(슈뢰딩거 방정식)**
  1926년

「고유값 문제로서의 양자화」 '물리학 연보'에 발표

- 20세기의 가장 중요한 업적 중 하나로 찬사를 받음
- 물리학 및 화학의 대부분의 영역에서 혁명을 일으킴

➢ **논쟁 :**
파동함수의 의미가 실체가 아닌 확률 (보른, 1926) ← 실체란 무엇인가?

Erwin Schrödinger
1887-1961
- 노벨 물리학상, 1933년

막스 보른(Max Born)
1882년-1970년
- 노벨 물리학상, 1954년

보충 문제

01 단면적이 A이고 길이가 l 인 솔레노이드가 N 번 감겨있다. 솔레노이드의 자체유도계수를 부피 V가 포함된 식으로 유도하라.

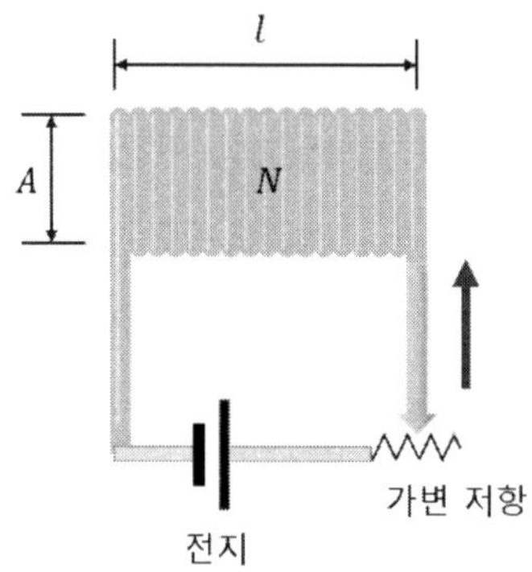

풀이 자체유도계수는

$$L = \frac{L\Phi_B}{I} \tag{1}$$

이다. 자체유도계수를 구하기 위해서는 선속은 $\Phi_B = BA$을 구해야 하는데 선속을 구하기 위해서는 솔레노이드의 자기장 B의 크기를 알아야 한다. 솔레노이드에서의 자기장의 크기는 $B = \mu_0 nI$이고, 권선밀도는 $n = N/l$ 이므로

$$B = \mu_0 \frac{N}{l} I \tag{2}$$

이다. 선속은

$$\Phi_B = (\mu_0 \frac{N}{l} I) A \tag{3}$$

이고, 식 1에 대입하면

$$L = \mu_0 \frac{(nl)^2}{l} A = \mu_0 n^2 l A$$

이고, 부피는 $V = Al$ 이므로

$$L = \mu_0 n^2 V$$

이다.

02 반지름 0.0250 m, 길이 0.600 m, 권선수 600인 솔레노이드에 0.550 A의 전류가 흐를 때 1) 자기장 B와 2) 자체유도계수 L을 구하라.

풀이 1) 자기장은

$$B = \frac{\mu_0 N I}{l}$$

에서,

$$B = \frac{(4\pi \times 10^{-7})(600)(0.55)}{0.60} = 6.91 \times 10^{-4}\ \mathrm{T}$$

이다.

2) 자체유도계수는

$$L = \mu_0 \frac{N^2}{l} A$$

에서

$$L = (4\pi \times 10^{-7}) \frac{600^2}{0.60} (\pi \times 0.025^2) = 1.48\ \mathrm{mH}$$

이다.

03 반지름이 0.0250 m, 길이가 0.200 m, 400번 감긴 솔레노이드가 있다. 1) 자체 유도계수를 구하고 2) 64×10^{-3} V의 유도기전력을 발생시키는 데 필요한 전류의 시간 변화율을 구하라.

풀이 1) $L = 1.97\ \mathrm{mH}$

2) $\dfrac{di}{dt} = 32.4\ \mathrm{A/s}$

04 인덕터 L이 28.0 H이고 저항 R은 6.50 Ω인 RL 회로에 40.0 V의 전지와 스위치가 연결되어 있다. 스위치가 닫힌 후 1) 흐를 수 있는 최대전류와 2) 회로의 시간상수 τ를 구하라.

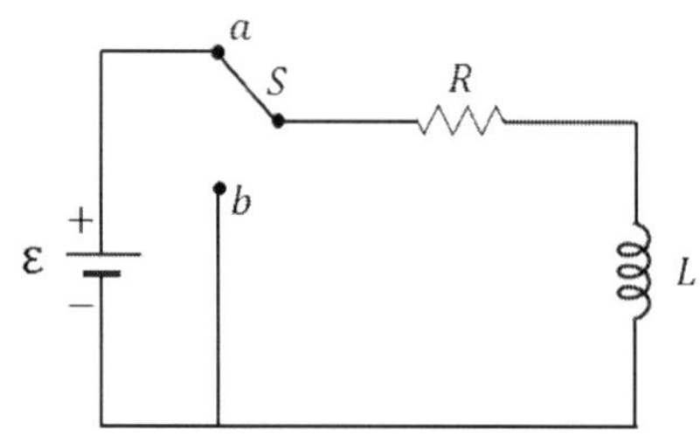

풀이 1) 최대전류는

$$I_{\max} = \frac{\varepsilon}{R} = \frac{40.0\ \text{V}}{6.50\ \Omega}$$

에서

$$I_{\max} = 6.15\ \text{A}$$

이다.

2) 시간상수 τ는

$$\tau = \frac{L}{R} = \frac{28.0\ \text{H}}{6.50\ \Omega}$$

에서

$$\tau = 4.31\ \text{s}$$

이다.

05 그림과 같은 RL 회로에 대하여 1) 키르히호프의 전압법칙에 대한 식을 세워라. 2) 9.00 V 전지가 24.0 Ω의 저항기와 6.00 H의 인덕터에 직렬 연결되어 있다. 인덕터에 저장된 에너지 U_L를 구하라. 3) 전류의 변화율이 0.95 A/s일 때 인덕터에 저장된 에너지를 구하라.

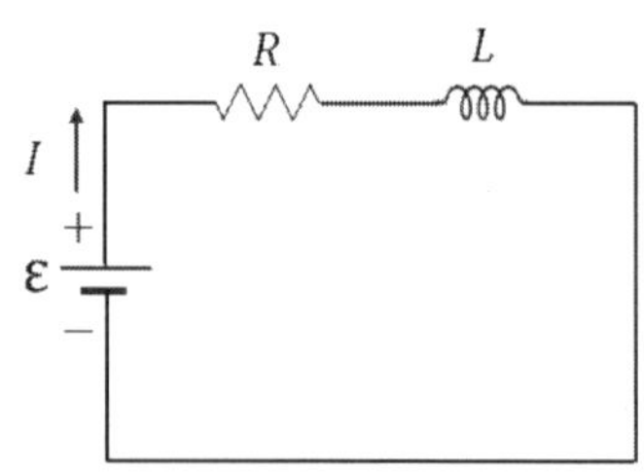

풀이 1) RL 회로에 키르히호프의 고리규칙을 적용하면

$$\varepsilon = IR + L\frac{dI}{dt} \tag{1}$$

이다.

2) 인덕터에 저장되는 전체 에너지는

$$U = \frac{1}{2}Li^2 \tag{2}$$

에서, 최대전류는

$$I_{\max} = \frac{\varepsilon}{R} = \frac{9\text{ V}}{24.0\ \Omega}$$

에서, $I_{\max} = 0.375\text{ A}$ 이다. 값을 식 2에 대입하면

$$U = \frac{1}{2}(6.00\text{ H})(0.375\text{ A})^2$$

에서

$$U = 0.422\text{ J}$$

이다.

3) 전류 변화율에 따른 자기장에 저장되는 에너지는 식 1에서

$$\varepsilon - IR - L\frac{dt}{dt} = 0$$

에서

$$I = \frac{1}{R}\left(\varepsilon - L\frac{dI}{dt}\right)$$

이다. 문제에서 주어진 값을 대입하면

$$I = \frac{1}{24.0\ \Omega}[9.00\text{ V} - (6.00\text{ H})(0.95\text{ A/s})]$$

에서, $I = 0.138\text{ A}$ 이다. 이 값을 식 2에 대입하면

$$U = \frac{1}{2}(6.00\text{ H})(0.138\text{ A})^2$$

에서,

$$U = 0.0571\text{ J}$$

이다.

보충 심화

• 아래 기호들에 친숙해져 보세요. 의미를 조사해 보고 토론해 보세요. 조금 더 고급과정에서 사용되는 기호들입니다. 부담 없이 알아보세요.

◆ 델 연산자 : $\vec{\nabla}$

(1) 기본 개념

1) **Del Operator :**

델(del) or 나블라(nabla)라고 읽음

2) 벡터 미분 연산자(vector differential operator)

3) **기호 :** $\vec{\nabla}$ 또는 ∇

4) **정의** : $\boxed{\nabla = \hat{i}\frac{\partial}{\partial x} + \hat{j}\frac{\partial}{\partial y} + \hat{k}\frac{\partial}{\partial z}}$

(직각 좌표계)

(2) 전자기학에서 활용

i) **gradient** : ∇f (스칼라 f의 기울기)

ii) **divergence** : $\nabla \cdot \vec{A}$ (벡터 $\vec{A}$의 발산)

iii) **curl** : $\nabla \times \vec{A}$ (벡터 $\vec{A}$ 의 회전)

iv) **Laplacian** : $\nabla^2 f$

(스칼라 f의 라플라시안)

◆ gradient(기울기) : ∇f

• **의미** : 곡선의 한점에서 접선에 수직인 벡터

• **기호** : ∇f
grad f

• 직각 좌표계에서 **기울기의 정의** :

$$\boxed{\nabla f = \frac{\partial f}{\partial x}\hat{i} + \frac{\partial f}{\partial y}\hat{j} + \frac{\partial f}{\partial z}\hat{j}}$$

i) ∇f 의 방향 :
스칼라장 f의 최대 변화율의 방향

ii) ∇f 의 크기 :
단위 길이당 스칼라장 f의 최대 변화율과 같음

iii) **스칼라 전위** f : $\vec{A} = \nabla f$

예) $f(x, y, z) = x^2 + y^2 + z^2$ 일 때 grad f를 구하라.

해)

$\nabla = \hat{i}\frac{\partial}{\partial x} + \hat{j}\frac{\partial}{\partial y} + \hat{k}\frac{\partial}{\partial z}$ 이므로

$$\begin{aligned}\nabla f &= \hat{i}\frac{\partial}{\partial x}(x^2 + y^2 + z^2) \\ &+ \hat{j}\frac{\partial}{\partial y}(x^2 + y^2 + z^2) \\ &+ \hat{k}\frac{\partial}{\partial z}(x^2 + y^2 + z^2) \\ &= 2x\hat{i} + 2y\hat{j} + 2z\hat{k}\end{aligned}$$ 이다.

[문제] $f = x^2y^3 - 3y$ 일 때, grad f를 구하라.

11장

교류 *RLC* 회로

Flipped Learning	교류 *RLC* 회로 종합고찰/위상과 진폭/위상자/임피던스
URL	https://youtu.be/Gog4OcvTJ4A

◆ 주요 학습 내용

1. 교류 전압과 전류
2. 교류 회로에서의 저항기
3. 교류 회로에서의 인덕터
4. 교류 회로에서의 축전기
5. *교류 RLC* 회로와 임피던스
6. 교류 회로에서 전력

James Clerk Maxwell
1831 ~1879

학습목표

1. 교류전원과 직류전원의 차이점을 이해하고 설명할 수 있다.
2. 저항기의 전압과 전류 사이 관계를 유도하고 위상자를 그릴 수 있다.
3. 인덕터의 전압과 전류 사이 관계를 유도하고 위상자를 그릴 수 있다.
4. 인덕터의 유도형 리액턴스를 유도하고 계산할 수 있다.
5. 축전기의 전압과 전류 사이 관계를 유도하고 위상자를 그릴 수 있다.
6. 축전기의 용량형 리액턴스를 유도하고 계산할 수 있다.
7. 교류 *RLC* 직렬회로에서 위상자를 이용하여 임피던스를 유도하고 계산할 수 있다.
8. 전류진폭과 위상각을 계산할 수 있다.
9. 평균전력과 *rms* 전압을 유도하고 계산할 수 있다.

내용요약

- 교류 전압은 $v = V\sin\omega t$이고, 교류전류는 $i = I\sin\omega t$이다.
- 저항기의 전압은 $v_R = V_R\sin\omega t$이고, 전류는 $i_R = I_R\sin\omega t$이다.
- 인덕터에 흐르는 전류는 $i_L = I_L\sin\left(\omega t - \frac{\pi}{2}\right)$이고, 유도형 리액턴스는 $X_L = \omega_d L$이다. SI 단위는 Ω(ohm)이다.
- 축전기에 흐르는 전류는 $i_C = I_C\sin(\omega t + \frac{\pi}{2})$이고, 축전형 리액턴스는 $X_C = \frac{1}{\omega C}$이다. SI 단위는 Ω(ohm)이다.
- 교류 *RLC* 직렬회로에서 임피던스는 $Z = \sqrt{R^2 + \left(\omega L - \frac{1}{\omega C}\right)^2}$ 이다. 임피던스란 교류회로에서의 총저항을 뜻하고, SI 단위는 Ω이다.
- 교류 *RLC* 직렬회로에서 전류는 $I = \frac{\varepsilon}{\sqrt{R^2 + \left(\omega L - \frac{1}{\omega C}\right)^2}}$이고 전류와 전압 사이의 위상각은 $\phi = \tan^{-1}\left(\frac{X_L - X_C}{R}\right)$이다.
- 공명 진동수는 $\omega_0 = \frac{1}{\sqrt{LC}}$이다.
- 평균전력은 $P_{avg} = I_{rms}^2 R$ 또는 $P_{avg} = \varepsilon_{rms} I_{rms}\cos\phi$이다.
- *rms* 전압은 $V_{rms} = \frac{V}{\sqrt{2}}$이고, *rms* 기전력은 $\varepsilon_{rms} = \frac{\varepsilon}{\sqrt{2}}$이다.

1 교류 전압과 전류

◆ 교류 전원

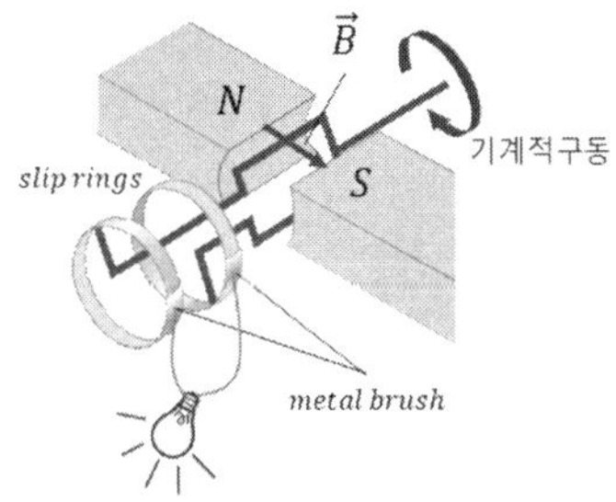

$$\boxed{v = V\sin\omega t}$$

$$i = \frac{v}{R} = \frac{V}{R}\sin\omega t$$

$$\boxed{i = I\sin\omega t}$$

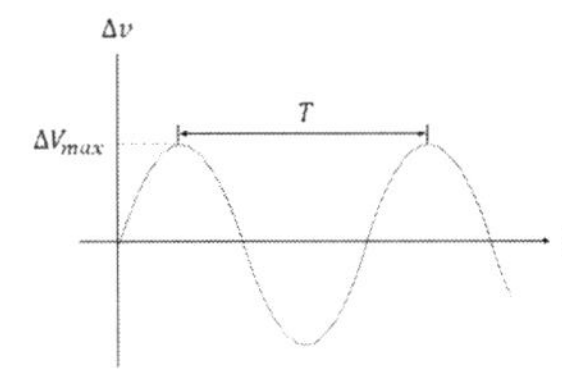

$$\omega = 2\pi f = \frac{2\pi}{T}$$: 교류 전압의 각진동수

- **기호 규약 :**
  1) 임의 시간에 대한 순간 값을 나타낼 땐 → 소문자를 사용
  2) 고정된 진폭과 전류의 값은 → 대문자 사용

6장에서 직류회로(direct current circuits)에 대해 알아보았다. 직류란 진동하지 않는 전류(direct current; DC)를 의미하며 전지(battery)에서 나오는 전류가 대표적인 예이다. 이제 진동하는 형태의 전류인 교류(alternating current, AC)가 전기 소자들과 연결된 교류회로에 대해서 알아보자. 전기회로에서 교류 기전력 ε의 기호는 —(~)— 로 쓴다.

먼저 교류 발전기(alternating current generator)에 대해서 알아보자. 그림 11.1은 자기장 내에서 회전하는 도선으로 구성된 교류 발전기의 모습을 개략화한 것이다. 균일한 자기장 $\vec{B}$ 안에 면적 A인 도선 고리가 있다. 도선 고리가 자기장에 수직인 축에 대해 각속도 ω로 회전하면 자기장의 선속이 변하게 되어 도선에 기전력과 전류가 유도된다.

자기장 $\vec{B}$과 면적 벡터 $\vec{A}$가 만드는 각 θ는 $\theta = \omega t$로 변하므로

$$\Phi_B = \vec{B} \cdot \vec{A} = BA\cos\theta = BA\cos\omega t \tag{1.1}$$

이다. 패러데이 유도기전력에 대입하면

$$\varepsilon = -\frac{d\Phi_B}{dt} = -\frac{d}{dt}BA\cos\omega t \tag{1.2}$$

이 되고, 미분하면

$$\varepsilon = BA\omega \sin\omega t \tag{1.3}$$

와 같이 교류 기전력이 발생한다. 도선이 N번 감겨 있다고 가정하면

$$\varepsilon = NBA\omega \sin\omega t \tag{1.4}$$

이 된다. 앞쪽의 상수 부분은 진폭을 뜻하므로 기호 ε_m로 쓰면

$$\varepsilon = \varepsilon_m \sin\omega t \tag{1.5}$$

이다. 식에서 기전력은 시간에 따라서 sin형태로 변하는 것을 알 수 있다. 식 1.5를 교류 전압 v로 쓰면

$$v = V\sin\omega t \tag{1.6}$$

로 표현되고, 식에서 V는 전압진폭(voltage amplitude)을 의미한다.

그림 11.1에서 꼬마전구의 저항을 R이라 하자. 교류전류 i는 $i = v/R$에서

$$i = \frac{v}{R} = \frac{V}{R}\sin\omega t \tag{1.7}$$

이고, $I = V/R$이므로

$$i = I\sin\omega t \tag{1.8}$$

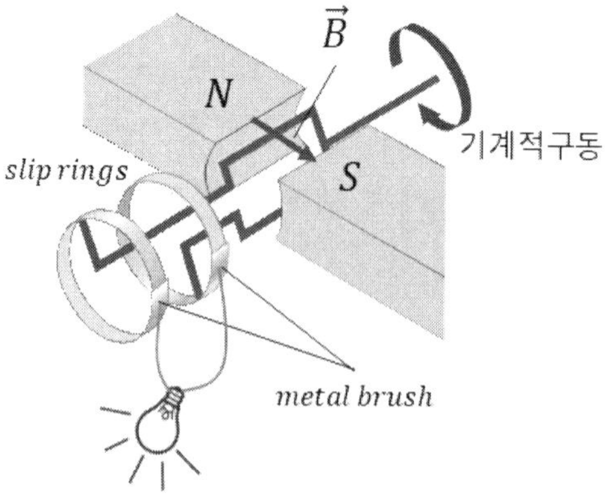

그림 11.1 교류 발전기

이다. I는 전류진폭(current amplitude)을 뜻한다. 식에서 교류전류도 시간에 따라서 sin 형태로 진동하는 것을 알 수 있다.

2 교류회로에서 저항기

Flipped Learning	저항형 회로
URL	https://youtu.be/0P8C8Tzpx6M

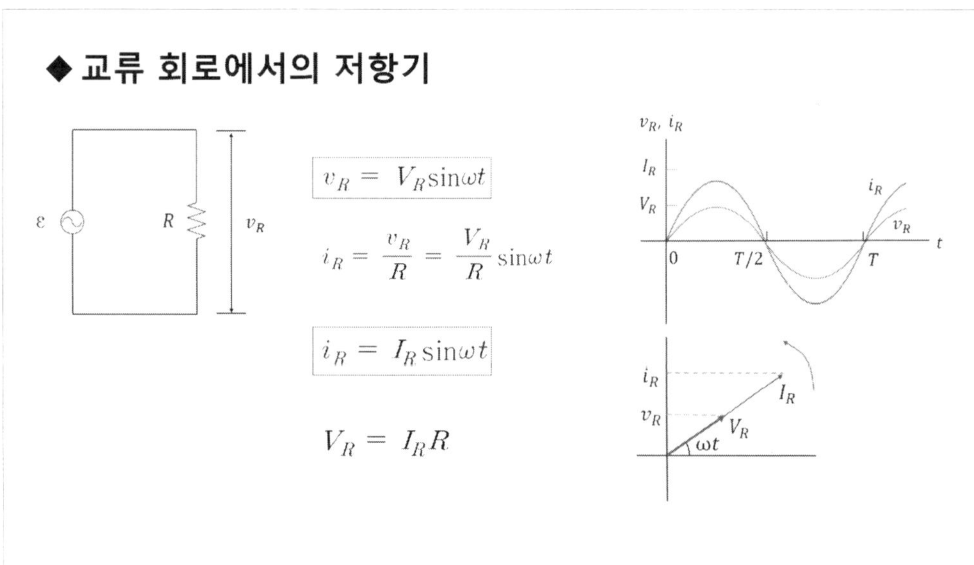

저항형 회로에서 저항기의 전압과 전류를 구하고 진폭과 위상 관계에 대해서 알아보자. 그림 11.2와 같이 교류전원과 저항기 하나로 구성된 회로를 고려해 보자. 키르히호프의 전압법칙을 적용해보면

$$\varepsilon - v_R = 0 \tag{2.1}$$

이다. 저항기 양단에 걸리는 전압 v_R은 기전력 ε과 같다. 즉 $v_R = \varepsilon$이다. 교류 기전력은 $\varepsilon = \varepsilon_m \sin\omega t$ 이므로 대입하면

$$v_R = \varepsilon_m \sin\omega t \tag{2.2}$$

이다. 교류 기전력의 진폭 ε_m은 저항기에 걸려 있는 교류 전위차 V_R와 같으므로, 저항기의 전위차 v_R은

$$v_R = V_R \sin\omega t \tag{2.3}$$

이다.

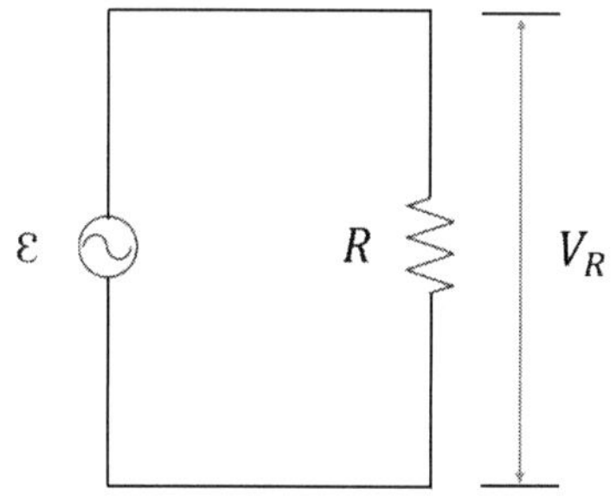

그림 11.2 저항형 회로로

저항기에 흐르는 전류를 구해보자. $i = v_R/R$에 식 2.3을 대입하면

$$i_R = \frac{v_R}{R} = \frac{V_R}{R}\sin\omega t \tag{2.4}$$

이다. V_R/R을 전류진폭 I_R로 놓으면, 저항기에 흐르는 전류 i_R은

$$i_R = I_R \sin\omega t \tag{2.5}$$

이다.

식 2.4와 2.5를 비교해 보면 전압과 전류의 진폭은

$$V_R = I_R R \tag{2.6}$$

의 관계가 있다. 또한, 식 2.3과 2.5에서 전위차와 전류의 위상(phase)은 같다는 것을 알 수 있다.

그림 11.3은 저항형 회로에서 시간에 대한 전압과 전류의 그래프를 그린 것이다. 또한, 그림 11.4는 위상자 도표(phasor diagram)를 그린 것인데 전류의 위상이 전압의 위상과 같기 때문에 위상자(phasor)의 방향이 같다.

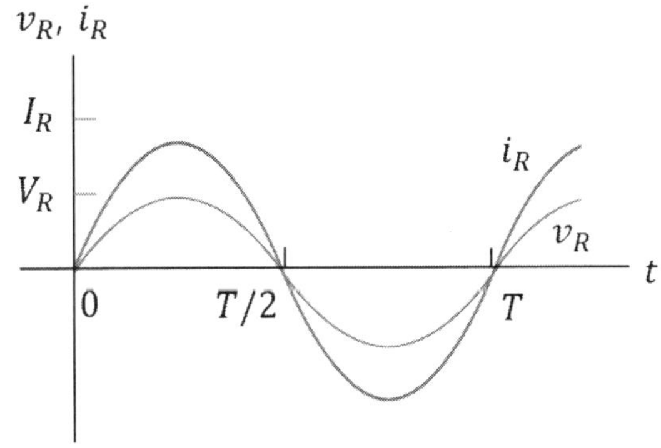

그림 11.3 저항형 회로의 위상

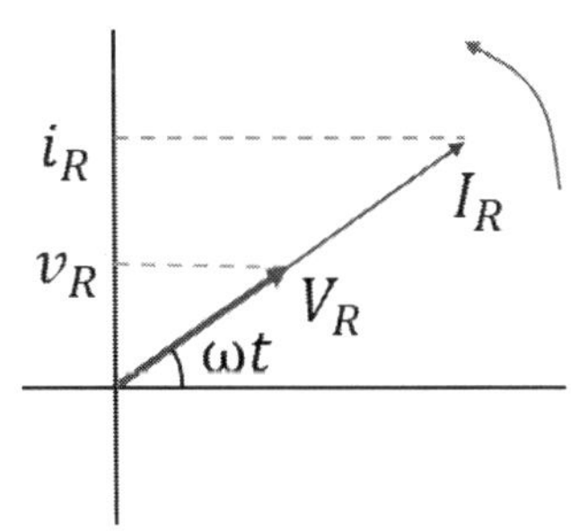

그림 11.4 저항형 회로의 위상자

3 교류회로에서 인덕터

Flipped Learning	유도형 회로/유도형 리액턴스
URL	https://youtu.be/0f23oIpVd5g

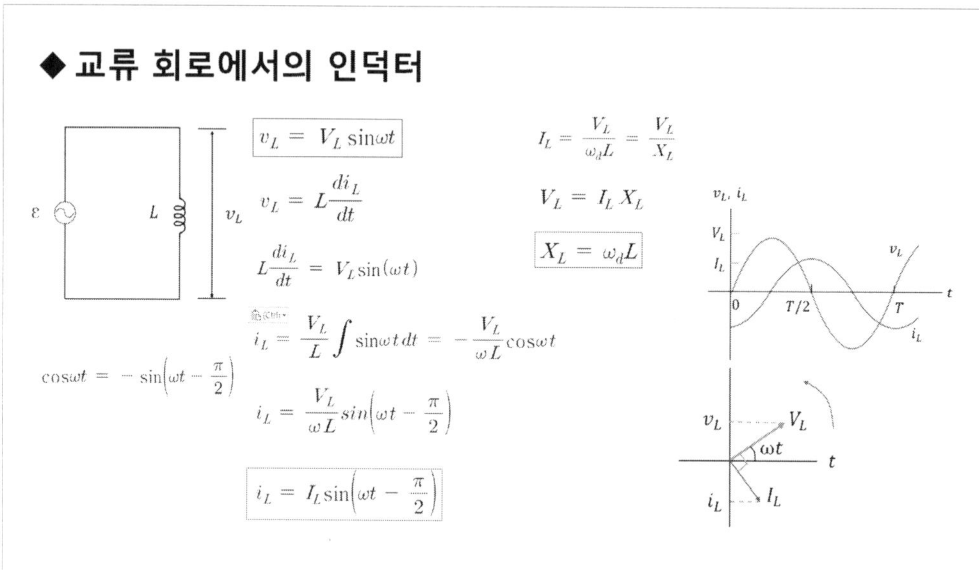

유도형 회로에서 인덕터(유도기)의 전압과 전류를 구하고 진폭과 위상관계에 대해서 알아보자. 고려할 회로도는 그림 11.5와 같이 교류전원과 인덕터 하나로 구성되어 있다. 키르히호프의 전압법칙을 적용해보면

$$\varepsilon - v_L = 0 \tag{3.1}$$

이다. 저항형 회로에서와 같은 방법으로 v_L를 구하면

$$v_L = V_L \sin\omega t \tag{3.2}$$

이다. V_L는 v_L의 진폭이다.

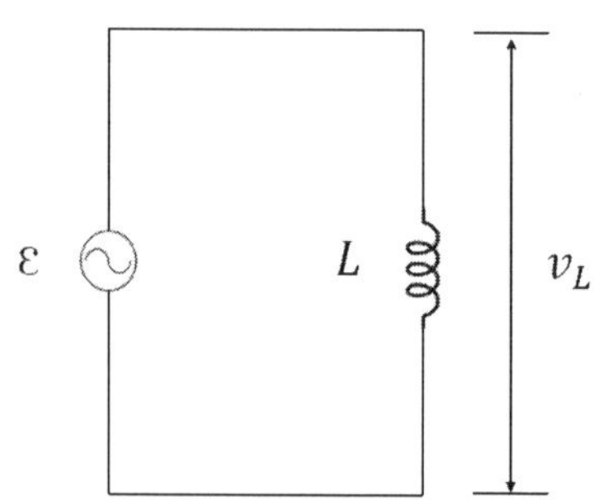

그림 11.5 유도형 회로

이제 전류를 구해보자. 인덕터 양단의 전압은

$$v_L = L\frac{di_L}{dt} \tag{3.3}$$

이다. 인덕터의 전압 v_L을 대입하면

$$L\frac{di_L}{dt} = V_L \sin(\omega t) \tag{3.4}$$

이다. 전류 i_L을 구하기 위해서 변수를 분리하고, 적분하면

$$i_L = \frac{V_L}{L}\int \sin\omega t\,dt = -\frac{V_L}{\omega L}\cos\omega t \tag{3.5}$$

이다. 인덕터의 전위차 v_L이 코사인 함수이므로 식 3.5를 사인 함수로 변환한다. 삼각함수의 항등식 $\cos\omega t = -\sin\left(\omega t - \frac{\pi}{2}\right)$을 이용하면

$$i_L = \frac{V_L}{\omega L}\sin\left(\omega t - \frac{\pi}{2}\right) \tag{3.6}$$

이다. 상수 $\frac{V_L}{\omega L}$을 인덕터의 전류진폭 I_L로 놓으면, 인덕터에 흐르는 전류 i_L

$$i_L = I_L \sin\left(\omega t - \frac{\pi}{2}\right) \tag{3.7}$$

이다. 또한

$$I_L = \frac{V_L}{\omega L} = \frac{V_L}{X_L} \tag{3.8}$$

에서 전압진폭과 전류진폭 사이에

$$V_L = I_L X_L \tag{3.9}$$

인 관계가 있음을 알 수 있다. 여기서 X_L는

$$X_L = \omega_d L \tag{3.10}$$

이고, 유도형 리액턴스(inductive reactance)라고 한다. SI 단위는 Ω(ohm)이다.

식 3.2와 3.6을 이용하여 위상을 그려보면 그림 11.6과 같다. 전류의 위상이 전압의 위상보다 90° 느리다. 위상자로 그리면 그림 11.7과 같다.

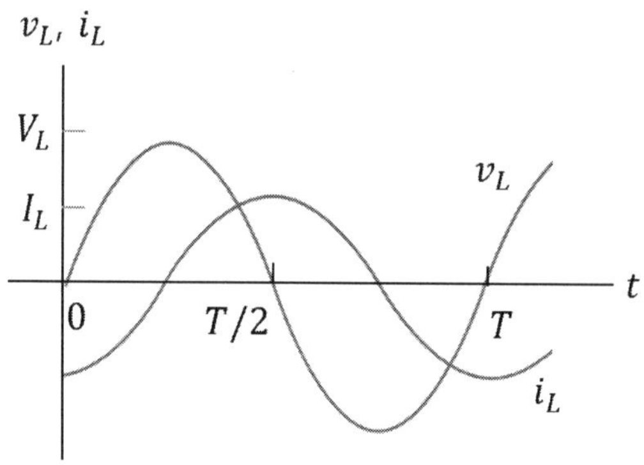

그림 11.6 유도형 회로의 위상

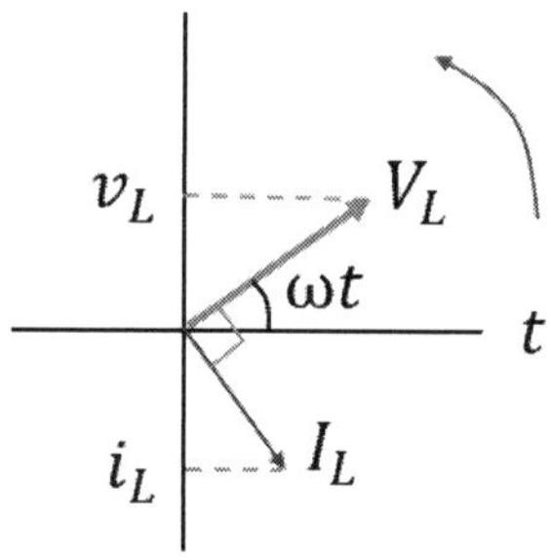

그림 11.7 유도형 회로의 위상자

문제 유도용량이 55.0 mH이고 저항이 0.450 Ω인 회로에 15.0 V의 기전력을 연결하였다. 전류가 평형 값에 도달한 후 자기장에 저장된 에너지 U을 구하라.

풀 이 전류는

$$i_\infty = \frac{\varepsilon}{R} = \frac{15.0\ \text{V}}{0.45\ \Omega} = 33.3\ \text{A}$$

이고, 자기장에 저장된 에너지는

$$U_{B\infty} = \frac{1}{2} L i_\infty^2$$

에서

$$U_{B\infty} = \frac{(55.0 \times 10^{-3}\ \mathrm{H})(33.3\ \mathrm{A})^2}{2} = 30.5\ \mathrm{J}$$

이다.

4 교류회로에서 축전기

Flipped Learning	용량형 회로/용량형 리액턴스
URL	https://youtu.be/ZxscJ1iC95o

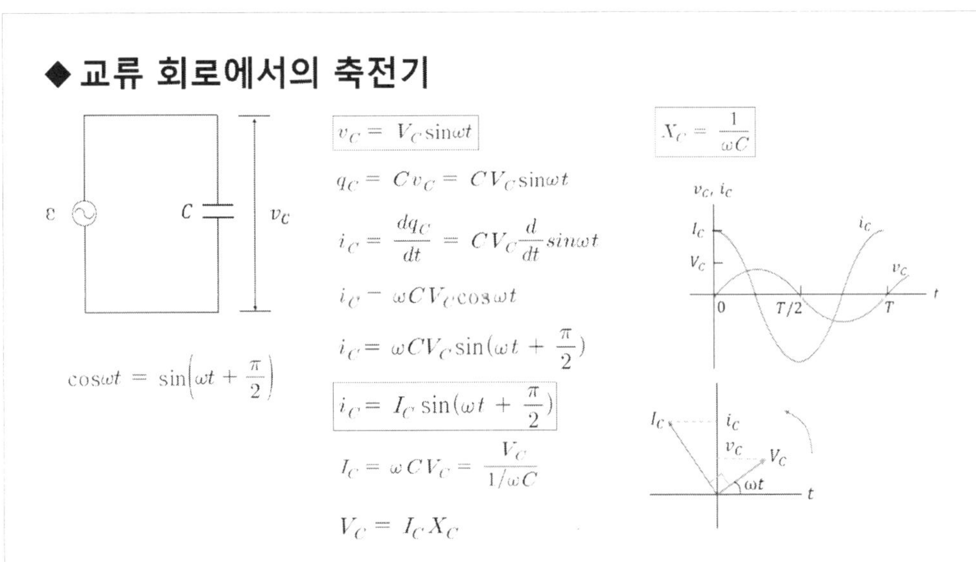

용량형 회로에서 축전기의 전압과 전류를 구하고 진폭과 위상관계에 대해서 알아보자. 그림 11.8과 같이 교류전원과 축전기 하나로 구성되어있는 회로를 고려해 보자. 키르히호프의 전압법칙을 적용해보면

$$\varepsilon - v_C = 0 \tag{4.1}$$

이다. 저항형 회로에서와 같은 방법으로 v_C를 구하면

$$v_C = \varepsilon_m \sin\omega t \tag{4.2}$$

가 되고, 교류 기전력의 진폭 ε_m은 저항기에 걸려 있는 교류 전위차 V_C와 같으므로, 축전기의 전위차 v_c는

$$v_C = V_C \sin\omega t \tag{4.3}$$

이다. V_C는 v_C의 진폭이다.

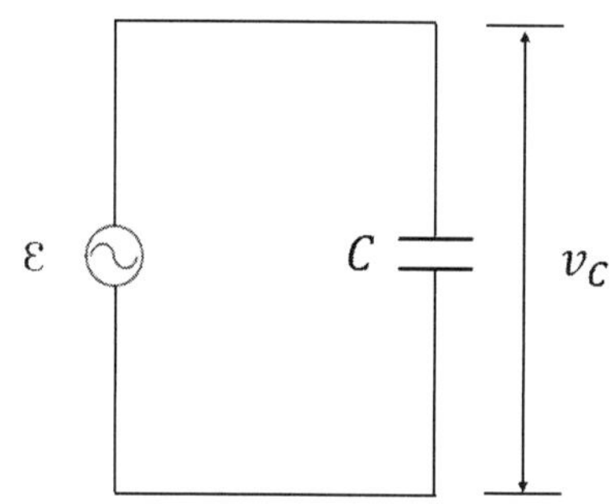

그림 11.8 용량형 회로

이제 전류를 구해보자. 전류 i_C는 전기용량의 정의 $q_C = Cv_C$을 이용하여 구한다. 식 4.3을 전기용량의 정의에 대입하면

$$q_C = Cv_C = CV_C \sin\omega t \tag{4.4}$$

이다. 전류의 정의는 $i = dq/dt$이므로 q_C을 미분하면

$$i_C = \frac{dq_C}{dt} = CV_C \frac{d}{dt} \sin\omega t \tag{4.5}$$

에서

$$i_C = \omega CV_C \cos\omega t \tag{4.6}$$

이다. 축전기의 전위차 v_C가 코사인 함수이므로 식 4.6을 사인 함수로 변환한다. 삼각함수의

항등식 $\cos\omega t = \sin\left(\omega t + \frac{\pi}{2}\right)$을 이용하면

$$i_C = \omega C V_C \sin(\omega t + \frac{\pi}{2}) \tag{4.7}$$

이다. 상수 $\omega C V_C$을 축전기의 전류진폭 I_C로 놓으면, 축전기에 흐르는 전류 i_C

$$i_C = I_C \sin(\omega t + \frac{\pi}{2}) \tag{4.8}$$

이다. 또한

$$I_C = \omega C V_C = \frac{V_C}{1/\omega C} \tag{4.9}$$

에서 전압진폭과 전류진폭 사이에

$$V_C = I_C X_C \tag{4.10}$$

인 관계가 있음을 알 수 있다. 여기서 X_C는

$$X_C = \frac{1}{\omega C} \tag{4.11}$$

이고, 용량형 리액턴스(capacitive reactance)라고 한다. SI 단위는 Ω(ohm)이다.

식 4.3과 4.8을 이용하여 위상을 그려보면 그림 11.9와 같다. 전류의 위상이 전압의 위상보다 90° 빠르다. 위상자로 그리면 그림 11.10과 같이 표현된다.

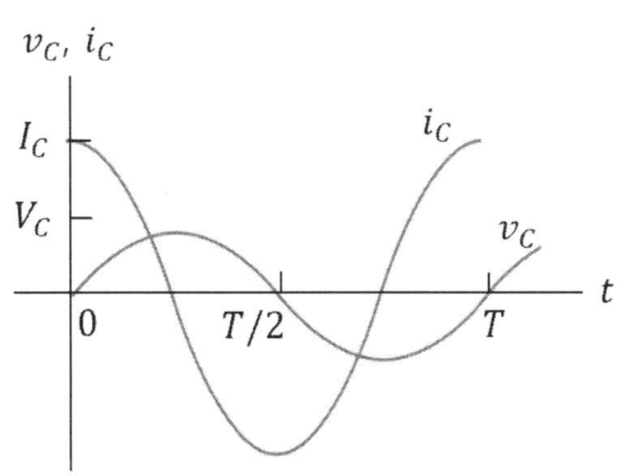

그림 11.9 용량형 회로의 위상

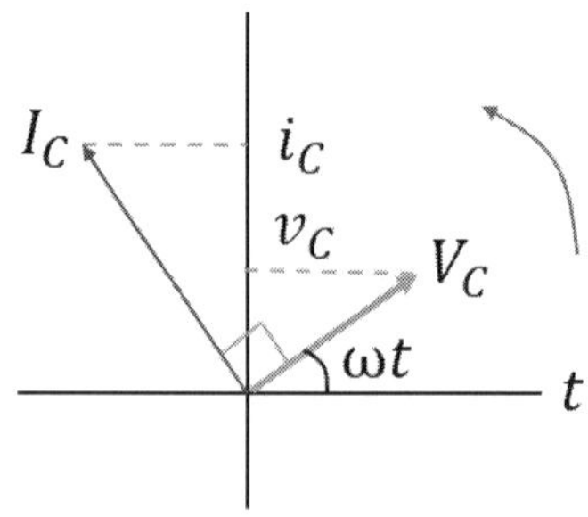

그림 11.10 용량형 회로의 위상자

그림 11.11과 같은 간단한 예에 적용하여 교류회로에서 용량형 리액턴스와 실효 전류를 계산해 보자. 전기의 전기용량은 2.50 μF이고 교류전원의 실효전압은 30.0 V이다. 교류전원의 주파수는 4.50×10^3 Hz다. 용량형 리액턴스는 식 4.11에서, $\omega = 2\pi f$ 이므로

$$X_C = \frac{1}{\omega C} = \frac{1}{2\pi f C} \tag{4.12}$$

이고,

$$X_C = \frac{1}{2\pi(4.50 \times 10^3\ \mathrm{Hz})(2.50 \times 10^{-6}\ \mathrm{F})} \tag{4.13}$$

에서, $X_C = 14.1\ \Omega$ 이다. 실효전류는

$$I_{rms} = \frac{V_{rms}}{X_C} = \frac{30.0\ \mathrm{V}}{14.1\ \Omega} \tag{4.13}$$

에서, $I_{rms} = 2.13$ A 이다.

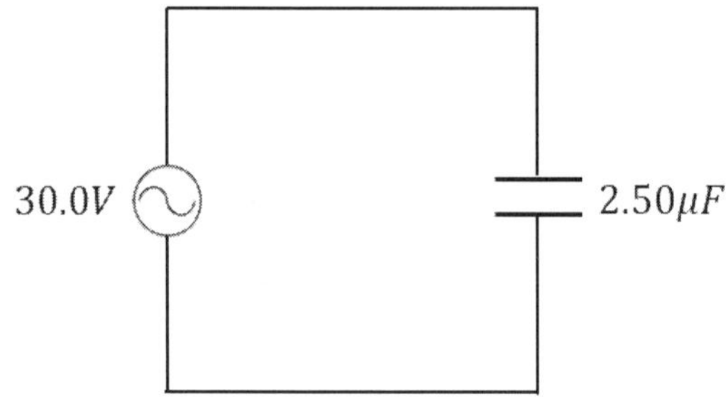

그림 11.11 축전기의 교류회로

문제 교류 RLC 직렬회로에서 축전기의 용량형 리액턴스 X_C 을 구하라. 저항은 $350\ \Omega$ 이고 축전기는 $8.50\ \mu\text{F}$ 이고, 양단에 걸리는 전압은 $v_R = (1.50\ \text{V})\sin(2400\ \text{rad/s})\text{t}$ 이다.

풀 이 용량형 리액턴스는

$$X_C = \frac{1}{\omega C}$$

에서

$$X_C = \frac{1}{(2400\ \text{rad/s})(8.50 \times 10^{-6}\ \text{F})} = 49.0\ \Omega$$

이다.

5 교류 *RLC* 회로와 임피던스

Flipped Learning	교류 RLC 직렬 회로
URL	https://youtu.be/xCEMEGsS6H8

◆ 직렬 *RLC* 회로

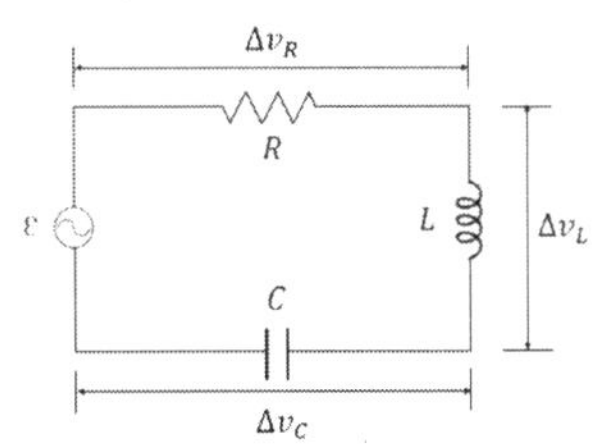

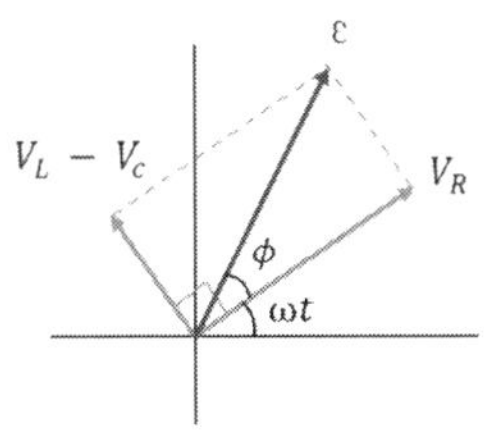

$$\varepsilon^2 = V_R^2 + (V_L - V_C)^2$$

$$\varepsilon^2 = (I_R R)^2 + (I_L X_L - I_C X_C)^2 = I^2\left[R^2 + (X_L - X_C)^2\right]$$

$$\varepsilon_m = I\sqrt{R^2 + (X_L - X_C)^2}$$

$$I = \frac{\varepsilon}{\sqrt{R^2 + (X_L - X_C)^2}}$$

$$Z = \sqrt{R^2 + (X_L - X_C)^2}$$: 임피던스(impedance):

$$Z = \sqrt{R^2 + \left(\omega_d L - \frac{1}{\omega_d C}\right)^2}$$

전류: $I = \dfrac{\varepsilon}{\sqrt{R^2 + \left(\omega_d L - \dfrac{1}{\omega_d C}\right)^2}}$

위상각: $\phi = \tan^{-1}\left(\dfrac{V_L - V_C}{V_R}\right) = \tan^{-1}\left(\dfrac{IX_L - IX_C}{IR}\right)$

$\phi = \tan^{-1}\left(\dfrac{X_L - X_C}{R}\right)$

공명 진동수: $\omega L = \dfrac{1}{\omega C} \Rightarrow \boxed{\omega_0 = \dfrac{1}{\sqrt{LC}}}$

그림 11.12은 교류전원에 직렬로 연결된 RLC 회로이다. 이 회로에 흐르는 전류는 분기점(junction)이 없으므로 키르히호프 전류법칙에 의하여 동일한 전류가 흐른다. 즉,

$$I = I_R = I_L = I_C \tag{5.1}$$

이다. 전류와 관련된 진폭과 위상은 교류 직렬회로의 모든 점에서 같다. 회로에 키르히호프 전압법칙을 적용해 보면

$$\varepsilon = V_R + V_L + V_C \tag{5.2}$$

이고, 전압에 관계된 각 소자의 진폭과 위상은 서로 다르다.

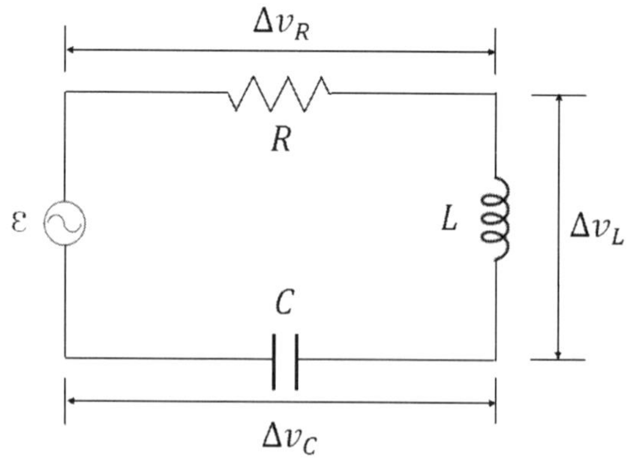

그림 11.12 직렬 RLC 회로

전류를 기준으로 전압의 위상을 정리해 보자. 저항기는 전류와 전압의 위상이 같다. 축전기는 전류의 위상보다 전압의 위상이 90° 느리다. 인덕터는 전류의 위상보다 전압의 위상이 90° 빠르다. 이를 위상공간에 그리면 그림 11.13과 같게 된다.

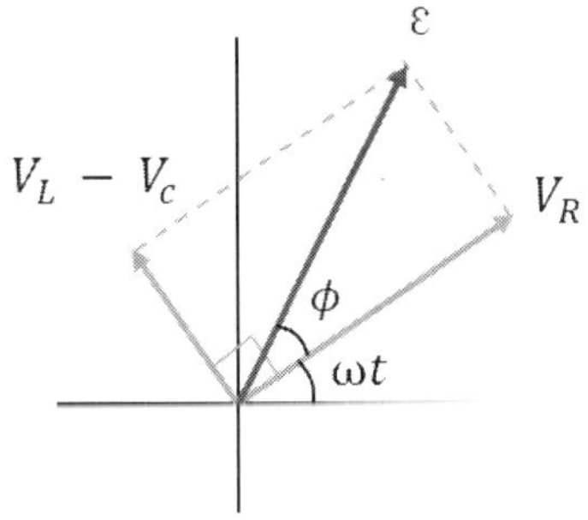

그림 11.13 교류 RLC 회로에서 위상자

소자들의 전압 사이의 관계에 피타고라스 정리를 적용하면

$$\varepsilon^2 = V_R^2 + (V_L - V_C)^2 \tag{5.3}$$

이다. 각 소자의 전압을 전류와 저항의 곱으로 쓰면

$$\varepsilon^2 = (I_R R)^2 + (I_L X_L - I_C X_C)^2 = I^2\left[R^2 + (X_L - X_C)^2\right] \tag{5.4}$$

이다. 위 식은

$$\varepsilon_m = I\sqrt{R^2 + (X_L - X_C)^2} \tag{5.5}$$

가 되고, 전류 I로 정리하면

$$I = \frac{\varepsilon}{\sqrt{R^2 + (X_L - X_C)^2}} \tag{5.6}$$

이다. 식에서 분모를

$$Z = \sqrt{R^2 + (X_L - X_C)^2} \tag{5.7}$$

로 쓰고, 임피던스(impedance)라고 한다. 리액턴스 값을 대입하면

$$Z = \sqrt{R^2 + \left(\omega L - \frac{1}{\omega C}\right)^2} \qquad (5.8)$$

이 된다. 임피던스는 교류회로에서의 저항을 뜻하고, SI 단위는 Ω이다. 식 5.6은

$$I = \frac{\varepsilon}{Z} \qquad (5.9)$$

로 표현되고,

$$I = \frac{\varepsilon}{\sqrt{R^2 + \left(\omega L - \frac{1}{\omega C}\right)^2}} \qquad (5.10)$$

로 표현할 수도 있다.

전류와 전압 사이의 위상각 ϕ는

$$\phi = \tan^{-1}\left(\frac{V_L - V_C}{V_R}\right) = \tan^{-1}\left(\frac{IX_L - IX_C}{IR}\right) \qquad (5.11)$$

이 되어

$$\phi = \tan^{-1}\left(\frac{X_L - X_C}{R}\right) \qquad (5.12)$$

이다.

식 5.10에서 유도형 리액터스와 용량형 리액턴스가 같으면 회로에 흐르는 전류의 진폭이 최대 $I_{\max}$가 된다. 또한, 전원의 진동수에 임피던스가 의존하기 때문에 RLC 회로의 전류도 진동수에 의존한다. 식 5.10에서

$$\omega L = \frac{1}{\omega C} \qquad (5.13)$$

인 조건을 만족하는 진동수를 공명 진동수(resonance frequency)라고 하고 ω_0로 놓으면

$$\omega_0 = \frac{1}{\sqrt{LC}} \qquad (5.14)$$

이다.

교류 RLC 회로를 이해하기 위해서 예에 적용하여 유도형 리액턴스와 용량형 리액턴스 그리고 임피던스를 계산해 보자. 교류 RLC 직렬회로에 저항 45.0 Ω, 인덕터 30.0 mH,

축전기 0.500 μF가 연결되어 있고, 0.100V의 교류전원이 각진동수(ω) 2.00×10^4 rad/s로 인가되었다. 유도형 리액턴스는 $X_L=\omega L$이므로

$$X_L=(2.00\times10^4\ \text{rad/s})(30.0\times10^{-3}\ \text{H}) \tag{5.15}$$

에서, $X_L=600\ \Omega$이다. 용량형 리액턴스는 $X_C=1/\omega C$에서

$$X_C=\frac{1}{(2.00\times10^4\ \text{rad/s})(0.500\times10^{-6}\ \text{F})}=100\ \Omega \tag{5.15}$$

이다. 임피던스는 $Z=\sqrt{R^2+(X_L-X_C)^2}$에서

$$Z=\sqrt{(45.0\ \Omega)^2+(500\ \Omega)^2}=502\ \Omega \tag{5.15}$$

이다.

문제 교류 RLC 회로에서 $R=350\Omega$, $L=280\text{mH}$, $C=25.0\mu\text{F}$이고 $\varepsilon=24.0\text{V}$, $f=60.0\text{Hz}$이다. 1) 유도형 리액턴스 X_L 2) 용량형 리액턴스 X_C 3) 임피던스 Z 그리고 4) 전류진폭 I을 구하라.

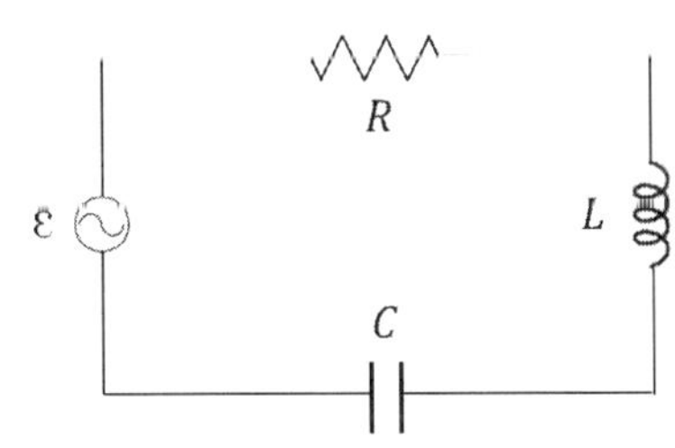

풀 이 1) 유도형 리액턴스는

$$X_L=\omega_d L=(2\pi\times60)(280\times10^{-3})=106\ \Omega$$

이다.

2) 용량형 리액턴스는

$$X_C=\frac{1}{\omega C}=\frac{1}{(2\pi\times60)(25\times10^{-6})}=160\ \Omega$$

이다.

풀 이 3) 임피던스는

$$Z = \sqrt{R^2 + (X_L - X_C)^2} = \sqrt{350^2 + (106 - 106)^2} = 350\ \Omega$$

이다.

4) 전류진폭은

$$I = \frac{V}{Z} = \frac{24.0}{350} = 0.0686\ \text{A}$$

이다.

---

6 교류회로의 전력

◆ 교류 회로에서의 전력

저항에서 소모되는 에너지의 순간적 비율: $P = I^2 R$

$$P = [I\sin(\omega t + \phi)]^2 R = I^2 R \sin^2(\omega t + \phi)$$

평균전력(average power): $P_{avg} = \left[I^2 R \sin^2(\omega t + \phi)\right]_{avg} = I^2 R\left[\sin^2(\omega t + \phi)\right]$

$$P_{avg} = \frac{I^2 R}{2} = \left(\frac{I}{\sqrt{2}}\right)^2 R$$

$\sin^2\theta$의 평균값은 1/2

$$\boxed{P_{avg} = I_{rms}^2 R} \quad \Leftarrow \quad \boxed{I_{rms} = \frac{I}{\sqrt{2}}}$$

제곱평균제곱근(root-mean-square; rms) 값

$$\boxed{I_{rms} = \frac{\varepsilon_{rms}}{Z} = \frac{\varepsilon_{rms}}{\sqrt{R^2 + (X_L - X_C)^2}}} \qquad \boxed{V_{rms} = \frac{V}{\sqrt{2}}}$$

$$\boxed{P_{avg} = \varepsilon_{rms} I_{rms} \cos\phi}$$

$\cos\phi$: 전력인자(power factor, 역률)

교류회로에서 에너지는 교류를 발생시키는 발전기에서 나오는데 교류회로의 전력을 구해 보자. RLC 회로를 고려하면 교류전원에서 나온 에너지 일부는 유도기의 자기장에 저장되고, 일부는 축전기에서 전기장으로 저장된다. 저항에서는 열에너지로 소모하게 된다. 정상

상태에서는 유도기와 축전기에 저장된 평균 에너지는 일정하게 유지된다. 그러므로 교류전원에서 나온 에너지는 저항에서 열에너지로 전환된다. 저항에서 소모되는 에너지의 순간적 비율은 $P = I^2R$ 에서

$$P = [I\sin(\omega t + \phi)]^2 R = I^2 R \sin^2(\omega t + \phi) \tag{6.1}$$

이다. 평균전력(average power) P_{avg}는

$$P_{avg} = [I^2 R \sin^2(\omega t + \phi)]_{avg} = I^2 R[\sin^2(\omega t + \phi)]_{avg} \tag{6.2}$$

이다. $\sin^2\theta$의 평균값은 1/2이므로

$$P_{avg} = \frac{I^2 R}{2} = \left(\frac{I}{\sqrt{2}}\right)^2 R \tag{6.3}$$

이다. 식에서

$$I_{rms} = \frac{I}{\sqrt{2}} \tag{6.4}$$

로 놓으면

$$P_{avg} = I_{rms}^2 R \tag{6.5}$$

이다. $I/\sqrt{2}$을 전류 I의 제곱평균제곱근(root-mean-square; rms) 값이라고 한다. rms 전압 V_{rms}은

$$V_{rms} = \frac{V}{\sqrt{2}} \tag{6.5}$$

이고, rms 기전력은

$$\varepsilon_{rms} = \frac{\varepsilon}{\sqrt{2}} \tag{6.7}$$

이다. 우리나라에서는 가정용 전원에 교류 220 V가 들어오는데 이는 rms 값이다. 전위차의 최댓값은 $\sqrt{2} \times 220$ V에서 311 V이다. 과학이나 공학에서는 최댓값을 쓰지 않고 rms 값을 사용한다.

교류 RLC 회로에서 구한 값 $I = \varepsilon/Z$을 rms 값을 이용하여 다시 쓰면

$$I_{rms} = \frac{\varepsilon_{rms}}{Z} = \frac{\varepsilon_{rms}}{\sqrt{R^2 + (X_L - X_C)^2}} \tag{6.8}$$

이다. 식 6.5를 $I_{rms} = \frac{\varepsilon_{rms}}{Z}$인 관계를 이용하여 다시 쓰면

$$P_{avg} = \frac{\varepsilon_{rms}}{Z} I_{rms} R = \varepsilon_{rms} I_{rms} \frac{R}{Z} \tag{6.9}$$

이다. 그림 11.12에서 위상각 ϕ의 코사인값은 $\cos\phi = V_R/\varepsilon$이다. $V_R = IR$이고, $\varepsilon = IZ$이므로

$$\cos\phi = \frac{R}{Z} \tag{6.10}$$

이다. 식 6.10을 이용하여 식 6.9를 다시 쓰면

$$P_{avg} = \varepsilon_{rms} I_{rms} \cos\phi \tag{6.11}$$

로 평균전력을 재정리할 수 있다. 식에서 $\cos\phi$를 전력인자(power factor, 역률)라고 한다.

보충 과학

• 현대 문명은 양자문명 입니다. 인간 지성의 발달사를 조사해 보고 우리의 미래에 대해서 생각 해보고 토론해 보세요.

◆ 빛의 본성에 대한 논쟁과 양자물리학의 탄생

만물의 근원

탈레스(Thales) B.C. 624?-548/545?

원자가설, 입자설

데모크리토스(Democritus) B.C. 460?-380?

경험적 지료, 피동설

아리스토텔레스(Aristoteles) B.C. 384-322

과학 혁명, 광학 , 빛의 미립자 설

아이작 뉴턴(Isaac Newton)1642-1727

전자기 유도

마이클 패러데이(Michael Farada)y1791-1867

전기와 자기 통합

제임스 클러크 맥스웰(James Clerk Maxwell)1831-1879

◆ 빛의 본성에 대한 논쟁과 양자물리학의 탄생

양자 이론 창시

막스 플랑크(Max Planck)1858-1947

광량자설

알베르트 아인슈타인(Albert Einstein)1879-1955

물질파

루이 드 브로이(Louis de Broglie)1892-1987

원자모형, 코펜하겐 해석

닐스 보어(Niels Bohr)1885-1962

불확정성원리, 행렬역학

베르너 하이젠베르크(Werner Heisenberg)1901-1976

파동역학

에르빈 슈뢰딩거(Erwin Schrödinger)1887-1961

◆ 양자역학과 현대 문명

➢ **양자역학(quantum mechanics, quantum physics, quantum theory):**
- 현대 물리학의 기초 이론
- 분자, 원자, 전자, 소립자 등 미시적인 계의 현상을 다루는 물리학의 한 분야

▪ **양자 이론을 응용한 대표적 기술 : 반도체**
- 디지털문명 → 미시세계(원자, 전자 등)의 현상을 설명하는 양자역학 응용기술

✓ **디지털문명 → 양자문명(quantum civilization)**

에칭 가공된
실리콘 웨이퍼

초대규모 집적회로
Very Large Scale Integration

▪ **차세대 핵심 기술 : 양자 컴퓨터(quantum computer)**
- 양자 역학적인 현상인 **양자 얽힘(entanglement)**과 **중첩(superposition)**을 활용하여 자료를 처리하는 기계

양자컴퓨터
IBM 퀀텀 시스템 원, 2019년
(IBM Quantum System One)

- 정보처리 : 0과 1의 상태를 동시에 갖는 큐비트(qubit) 단위로 처리

✓ **차세대 → 첨단 양자공학 문명을 견인**

보충 문제

01 교류회로에서 인덕터에 걸리는 전압은 $v_{L=} V_L \sin\omega t$ 이다. 인덕터에 흐르는 전류 i_L를 사인함수로 유도하라.

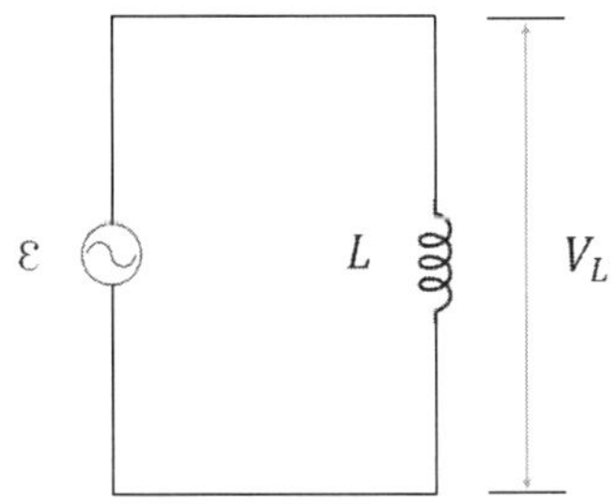

풀이 $i_L = \dfrac{V_L}{\omega L}\sin\left(\omega t - \dfrac{\pi}{2}\right)$

☞ 본문 내용 참조

02 교류회로에서 축전기에 걸리는 전압은 $v_C = V_L \sin\omega t$이다. 축전기에 흐르는 전류 i_C를 사인함수로 유도하라.

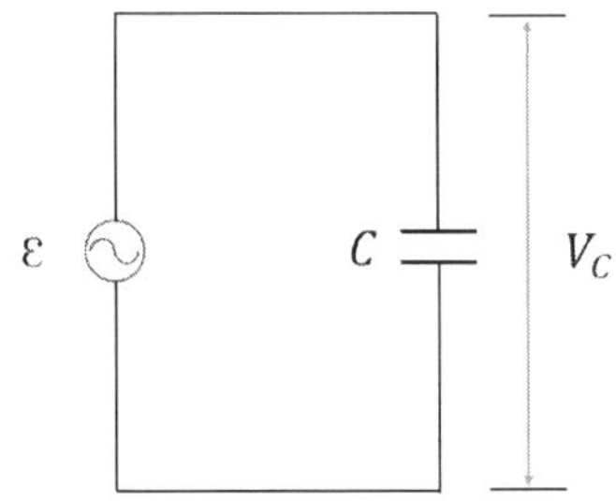

풀이 $i_C = \omega C V_c \sin(\omega t + 90°)$

☞ 본문 내용 참조

03 교류 RLC 직렬회로에서 위상자(phasor)를 보고 임피던스(impedance)를 유도하라.

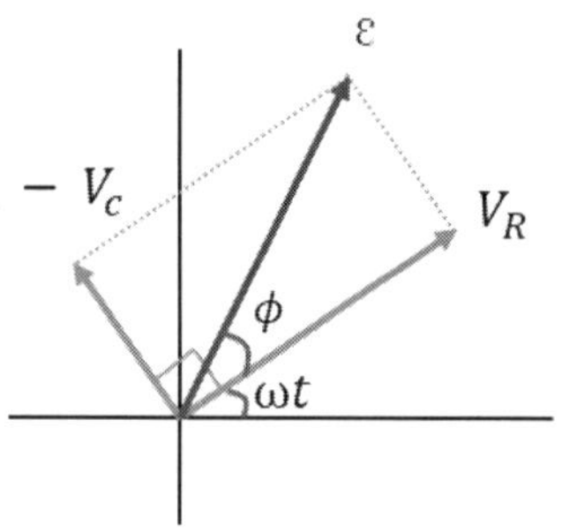

풀이 $Z = \sqrt{R^2 + \left(\omega_d L - \dfrac{1}{\omega_d C}\right)^2}$

☞ 본문 내용 참조

04 교류회로에서 350 Ω 의 저항기가 6.50 μF 의 축전기와 직렬로 연결되어 있다. 저항 양단에 걸리는 전압은 $v_R = (2.40\ \mathrm{V})\sin(2400\,\mathrm{rad/s})t$ 이다. 축전기의 용량형 리액턴스 X_C를 구하라.

풀이 용량형 리액턴스는

$$X_C = \frac{1}{\omega C}$$

이고,

$$X_C = \frac{1}{(2400\ \mathrm{rad/s})(6.50 \times 10^{-6}\ \mathrm{F})} = 64.1\ \Omega$$

이다.

05 축전기의 전기용량은 1.50 μF, 교류전원의 실효 전압은 25.0 V 이다. 교류전원의 주파수가 5.00×10^3 Hz 일 때 용량형 리액턴스를 구하라.

풀이 용량형 리액턴스는

$$X_C = \frac{1}{\omega C}$$

이고, 각진동수는

$$\omega = 2\pi f$$

이므로

$$X_C = \frac{1}{2\pi f C} = \frac{1}{2\pi(5\times 10^3)(1.5\times 10^{-6})}$$

에서

$$X_C = 21.2\ \Omega$$

이다.

06 RLC 회로에 $50.0\ \Omega$ 의 저항, $30.0\ \mathrm{mH}$ 의 인덕터, $0.300\ \mu\mathrm{F}$ 의 축전기가 직렬로 연결되어 있다. 각진동수 $2.00\times 10^4\ \mathrm{rad/s}$ 로 $0.200\ \mathrm{V}$ 의 교류전원이 직렬회로에 인가되었다. 1) 유도형 리액턴스 2) 용량형 리액턴스 3) 임피던스 4) 전압에 대한 전류진폭을 구하라.

풀이 1) 유도형 리액턴스는

$$X_L = \omega L$$

이고

$$X_L = (2.00\times 10^4\ \mathrm{rad/s})\times(30.0\times 10^{-3}\ \mathrm{H})$$

에서

$$X_L = 600\ \Omega$$

이다.

2) 용량형 리액턴스는

$$X_C = 1/\omega C$$

이고

$$X_C = \frac{1}{(2.00\times 10^4\ \mathrm{rad/s})\times(0.300\times 10^{-6}\ \mathrm{F})}$$

에서

$$X_C = 167\ \Omega$$

이다.

3) 임피던스는

$$Z = \sqrt{R^2 + (X_L - X_C)^2}$$

에서

$$Z = \sqrt{(50.0\ \Omega)^2 + (600\ \Omega - 167\ \Omega)^2}$$

이고,

$$Z = 436\ \Omega$$

이다.

4) 전류진폭은

$$I = V/Z$$

에서

$$I = \frac{0.200\ \text{V}}{436\ \Omega} = 4.59 \times 10^{-4}\ \text{A}$$

이고

$$I = 0.459\ \text{mA}$$

이다.

07 교류 RLC 직렬회로에 저항 $40.0\ \Omega$, 인덕터 $22.0\ \text{mH}$, 축전기 $0.400\ \mu\text{F}$가 연결되어 있고, $0.100\ \text{V}$의 교류전원이 각진동수가 $1.00 \times 10^4\ \text{rad/s}$로 인가되었다. 1) 유도형 리액턴스 X_L와 2) 용량형 리액턴스 3) 임피던스 Z를 구하라.

풀이 1) $X_L = 220\ \Omega$

2) $X_C = 250\ \Omega$

3) $Z = 50.0\ \Omega$

08 교류 RLC 회로에서 $R = 280\ \Omega$, $L = 320\ \text{mH}$, $C = 26.0\ \mu\text{F}$이고 $\varepsilon = 18.0\ \text{V}$, $f = 60.0\ \text{Hz}$이다. 1) 임피던스 Z 2) 외부 기전력에 대한 전류의 위상상수 ϕ를 구하라.

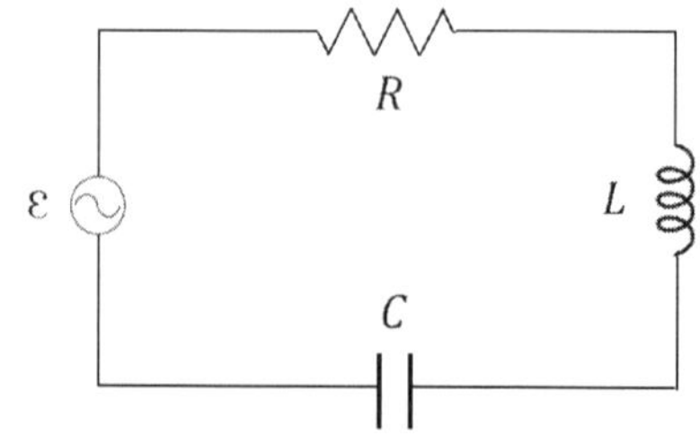

풀이 1) 유도형 리액턴스는

$$X_L = \omega L = (2\pi \times 60)(320 \times 10^{-3}) = 121\ \Omega$$

이다. 용량형 리액턴스는

$$X_C = \frac{1}{\omega_d C} = \frac{1}{(2\pi \times 60)(26 \times 10^{-6})} = 102\ \Omega$$

이다. 임피던스는

$$Z = \sqrt{R^2 + (X_L - X_C)^2} = \sqrt{280^2 + (121 - 102)^2} = 281\ \Omega$$

이다.

2) 위상상수는

$$\phi = \tan^{-1}\left(\frac{X_L - X_C}{R}\right)$$

에서

$$\phi = \tan^{-1}\left(\frac{121 - 102}{280}\right) = 3.88°$$

이다.

보충 심화

• 아래 기호들에 친숙해져 보세요. 의미를 조사해 보고 토론해 보세요. 조금 더 고급과정에서 사용되는 기호들입니다. 부담 없이 알아보세요.

◆ divergence(발산) : $\nabla \cdot \vec{A}$

- 의미 : 벡터장이 정의된 한 점에서
  장이 퍼져 나가는지(원천, source)
  또는 **모이는지(싱크, sink)**의
  정도를 측정하는 연산자
- 기호 : $\nabla \cdot \vec{A}$
  div $\vec{A}$
- 수학적 정의 : $\boxed{\mathrm{div}\vec{A} = \nabla \cdot \vec{A} = \lim_{\Delta v \to 0} \frac{\oint_S \vec{A} \cdot d\vec{S}}{\Delta v}}$
  ✓ 단위체적당 밖으로 유출되는 선속
- 직각 좌표계에서 **발산의 정의** :

$$\boxed{\nabla \cdot \vec{A} = \frac{\partial A_x}{\partial x} + \frac{\partial A_y}{\partial y} + \frac{\partial A_z}{\partial z}}$$

예) $\vec{A} = x\hat{i} + y\hat{j} + z\hat{k}$ 일 때

div $\vec{A}$를 구하라.

해)

$$\nabla \cdot \vec{A} = \left(\hat{i}\frac{\partial}{\partial x} + \hat{j}\frac{\partial}{\partial y} + \hat{k}\frac{\partial}{\partial z}\right) \cdot (x\hat{i} + y\hat{j} + z\hat{k})$$

$$= \left(\hat{i}\frac{\partial}{\partial x}\right) \cdot (x\hat{i}) + 0 + 0$$

$$+ 0 + \left(\hat{j}\frac{\partial}{\partial y}\right) \cdot (y\hat{j}) + 0$$

$$+ 0 + 0 + \left(\hat{k}\frac{\partial}{\partial z}\right) \cdot (z\hat{k})$$

$= 1 + 1 + 1 = 3$ 이다.

[문제] $\vec{A} = x^2\hat{i} + 2y^3z\hat{j} - xz^2\hat{k}$

일 때, div $\vec{A}$를 구하라.

◆ curl(회전) : $\nabla \times \vec{A}$

- 의미 : 벡터장의 회전
  임의 점에서 벡터가 회전하는 정도
- 기호 : $\nabla \times \vec{A}$
  curl $\vec{A}$
- 수학적 정의 :

$$\boxed{\mathrm{curl}\,\vec{A} = \nabla \times \vec{A} = \lim_{\Delta s \to 0} \frac{\oint_L \vec{A} \cdot d\vec{L}}{\Delta s}\,\hat{n}}$$

✓ 크기: 단위 면적당 $\vec{A}$의 최대 순환(circulation)
✓ 방향: 회전하는 면(폐경로)의 법선 방향

- 직각 좌표계에서 **회전의 정의** :

$$\boxed{\nabla \times \vec{A} = \begin{vmatrix} \hat{i} & \hat{j} & \hat{k} \\ \frac{\partial}{\partial x} & \frac{\partial}{\partial y} & \frac{\partial}{\partial z} \\ A_x & A_y & A_z \end{vmatrix}}$$

예) 회전의 발산:

$\vec{A} = A_x\hat{i} + A_y\hat{j} + A_z\hat{k}$ 라 할 때,

$\nabla \cdot (\nabla \times \vec{A})$ 구하라.

해)

i) $$\nabla \times \vec{A} = \begin{vmatrix} \hat{i} & \hat{j} & \hat{k} \\ \frac{\partial}{\partial x} & \frac{\partial}{\partial y} & \frac{\partial}{\partial z} \\ A_x & A_y & A_z \end{vmatrix} = \hat{i}\left(\frac{\partial}{\partial y}A_z - \frac{\partial}{\partial z}A_y\right) - \hat{j}\left(\frac{\partial}{\partial x}A_z - \frac{\partial}{\partial z}A_x\right) + \hat{k}\left(\frac{\partial}{\partial x}A_y - \frac{\partial}{\partial y}A_x\right)$$

ii) $$\nabla \cdot (\nabla \times \vec{A}) = \frac{\partial}{\partial x}\frac{\partial}{\partial y}A_z - \frac{\partial}{\partial x}\frac{\partial}{\partial z}A_y - \frac{\partial}{\partial y}\frac{\partial}{\partial x}A_z - \frac{\partial}{\partial y}\frac{\partial}{\partial z}A_x + \frac{\partial}{\partial z}\frac{\partial}{\partial x}A_y - \frac{\partial}{\partial z}\frac{\partial}{\partial y}A_x$$

iii) i 과 ii 에 의해

$$\boxed{\therefore \nabla \cdot (\nabla \times \vec{A}) = 0}$$

[문제] 기울기의 회전

$\nabla \times (\nabla f)$을 구하라.

◆ Laplacian : $\nabla^2 f$

- 의미 : 기울기의 발산
- 기호 및 계산 : $\nabla^2 f = \nabla \cdot \nabla f$

$$= \left(\hat{i}\frac{\partial}{\partial x} + \hat{j}\frac{\partial}{\partial y} + \hat{k}\frac{\partial}{\partial z}\right) \cdot \left(\hat{i}\frac{\partial f}{\partial x} + \hat{j}\frac{\partial f}{\partial y} + \hat{k}\frac{\partial f}{\partial z}\right)$$

- 직각 좌표계에서 라플라시안의 정의 :

$$\nabla^2 f = \frac{\partial^2 f}{\partial x^2} + \frac{\partial^2 f}{\partial y^2} + \frac{\partial^2 f}{\partial z^2}$$

- **발산 정리 (divergence theorem)**

$$\oint_S \vec{A} \cdot d\vec{S} = \int_v \nabla \cdot \vec{A} dv$$

[Gauss-Ostrogradsky 정리]

의미 : 폐곡면 S를 통해 나가는 **벡터장 A의 총 선속(flux)은** → **A의 발산을 체적 적분**한 것과 같다.

- **스토크스 정리(Stokes's theorem)**

$$\oint_L \vec{A} \cdot d\vec{l} = \int_s (\nabla \times \vec{A}) \cdot ds$$

의미 : 폐경로 L 주위의 **벡터장 A의 총 순환(circulation)은** → **A의 회전을 면적분** 한 것 과 같다.

12장

빛의 본성과 기본 법칙

Flipped Learning	광학의 기초 개념이해
URL	https://youtu.be/rAJqGF7mSEI

◆ 주요 학습 내용

1. 전자기파
2. 빛의 속력 측정
3. 빛의 본성
4. 반사의 법칙
5. 굴절의 법칙
6. 하위헌스의 원리
7. 내부 전반사

학습목표

1. 전자기파의 특성을 파장별로 설명할 수 있다.
2. 빛의 속력 측정 방법에 대해서 설명할 수 있다.
3. 빛의 본성에 대해서 논하고, 파동-입자 이중성에 대해서 설명할 수 있다.
4. 반사의 법칙을 이해하고 문제에 적용할 수 있다.
5. 스넬의 법칙을 이해하고 문제에 적용할 수 있다.
6. 굴절률의 정의를 이해하고 굴절률과 파장 사이의 관계를 유도할 수 있다.
7. 하위헌스 원리를 이해하고 반사의 법칙과 굴절의 법칙을 증명할 수 있다.
8. 내부 전반사 조건을 이해하고 임계각을 유도할 수 있다.

내용요약

- 빛은 파동-입자 이중성을 가지고 있다.
- 광자의 에너지는 진동수에 비례하며 $E = h\nu$와 같이 표현되고, ν는 전자기파의 진동수이고, h는 플랑크 상수로 $h = 6.626 \times 10^{-34}\,\mathrm{J \cdot s}$이다.
- 반사의 법칙은 $\theta_1 = \theta_1'$이고, 입사각 θ_1와 반사각 θ_1'이 같다는 의미이다.
- 스넬의 법칙은 $n_1 \sin\theta_1 = n_2 \sin\theta_2$이고, θ_1은 입사각을 θ_2는 굴절각을 뜻한다.
- 빛의 진동수는 한 매질에서 다른 매질로 입사할 때 변하지 않는다.
- 굴절률의 정의는 $n = \dfrac{c}{v}$이고, 굴절률과 파장 사이의 관계는 $n = \dfrac{\lambda}{\lambda_n}$이다.
- 하위헌스 원리란 파동면의 모든 점은 소파라고 하는 2차 파를 생성하는 점샘으로 생각할 수 있다는 것이다.
- 내부 전반사가 되기 위한 임계각은 $\theta_c = \sin^{-1}\dfrac{n_2}{n_1}$이다.

1 전자기파

◆ 전자기파와 가시광선

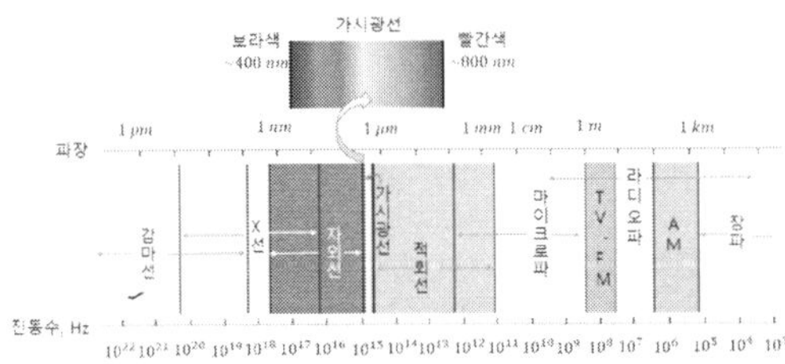

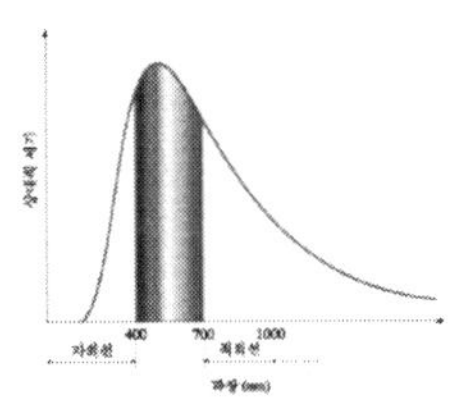

전자기파의 속력: $c = \lambda f$

- **라디오파(radio wave) :**
  파장(λ) : 0.1m ~ 10^4m
  1888년 헤르츠가 발견
  라디오와 텔레비전 통신에 사용

- **마이크로파(microwave) :**
  파장(λ) : 0.3m ~ 10^{-4}m
  레이더, 전자레인지 등

- **적외선(infrared wave) :**
  파장(λ) : 10^{-3}m ~ 10^{-8}m
  물리 치료, 적외선 촬영 등

- **가시광선(visible light) :**
  파장(λ) : 7 × 10^{-7}m ~ 4 × 10^{-7}m
  사람이 인식할 수 있는 파장

- **자외선(ultraviolet wave) :**
  파장(λ) : 4 × 10^{-7}m ~ 4 × 10^{-10}m
  피부 그을림의 원인, 소독 등에 사용됨, 비타민 D 흡수하게 해주는 요인
  생체조직을 파괴 시킬 수 있음
  대부분은 성층권 (stratosphere)에 존재하는 오존(O_3) 분자들에 흡수됨

- **X-선(X-ray) :**
  파장(λ) : 10^{-8}m ~ 10^{-12}m
  의료 분야의 진단용 도구나 암 치료에 사용
  결정 구조 연구, 비파괴 검사 등에도 사용

Wilhelm Conrad Röntgen
1845년 ~ 1923년

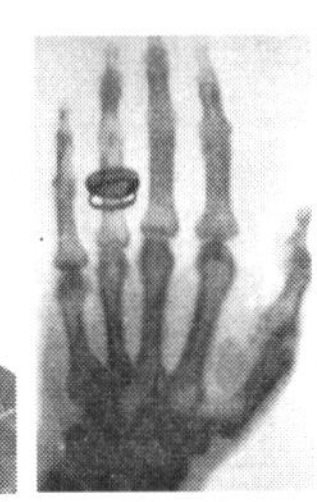

뢴트겐
1895년 발견

- **감마선(gamma ray) :**
  파장(λ) : 10^{-10}m ~ 10^{-14}m
  방사선 핵의 핵 반응 중에 발생
  우주에서 지구의 대기권으로 들어오는 우주선의 성분 중 하나
  투과성이 높으며 파장이 짧기 때문에 유전자 구조에 영향을 미침
  우주탐사에 응용 : 감마선 망원경

빛은 전자기파의 한 부분이다. 전자기파에 대해서 알아보자. 그림 12.1은 전자기파의 스펙트럼(electromagnetic spectrum)이다. 전자기파는 넓은 범위의 파장과 진동수를 가질 수 있고 물질과 상호작용할 때도 파장과 진동수에 의존한다. 전자기파에는 어느 정도의 파장(또는 진동수) 영역마다 이름이 붙어있으나 확실한 경계선으로 구분되어 있는 것은 아니다.

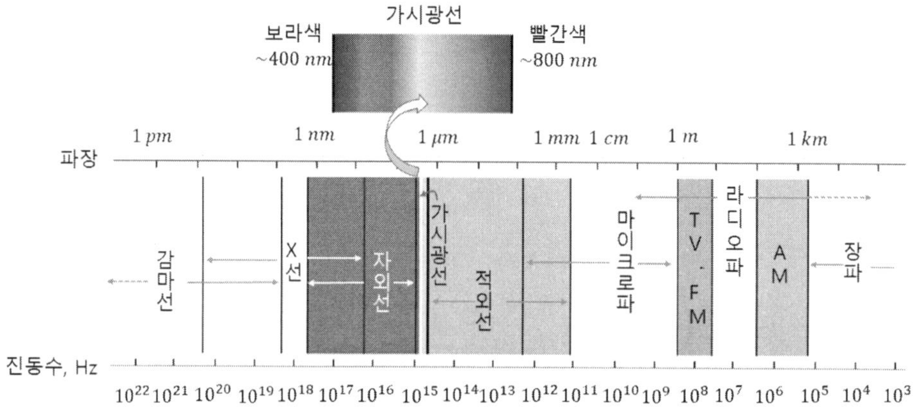

그림 12.1 전자기파의 스펙트럼

1.1 라디오파(radio wave)

라디오파는 파장 λ가 $0.1\,\mathrm{m} \sim 10^4\,\mathrm{m}$ 정도 영역의 전자기파로 1888년경에 헤르츠(Heinrich Hertz)에 의해서 발견되었다. AM, FM과 같은 라디오 통신에 쓰이고 VHF, UHF 텔레비전 통신에도 쓰인다. LC 진동자 같은 전자장치로 발생시킬 수 있다.

1.2 마이크로파(microwave)

마이크로파는 라디오파와 적외선 사이에 있는 전자기파로, 파장은 $0.3\,\mathrm{m}$에서 $10^{-4}\,\mathrm{m}$ 정도이다. 전자레인지 같은 장치로 발생시킬 수 있고, 레이더, 핸드폰, 위성 TV 등에도 이용된다.

1.3 적외선(infrared wave)

적외선은 천문학자 허셀(William Herschel)이 1800년 프리즘을 통하여 나오는 빛의 온도상승을 연구하던 중 발견하였다. 스펙트럼의 빨간색 옆에서 온도가 가장 높아짐을 발견하고 눈에는 보이지 않는 복사선의 존재를 예측하였다. 파장은 10^{-3}m ~ 10^{-8}m 정도로 물리치료, 적외선 촬영 등에 쓰인다. 가시광선보다 파장이 길기 때문(진동수가 낮음)에 이름에 '아래'를 뜻하는 infra라는 접두사가 붙었다.

1.4 가시광선(visible light)

가시광선은 사람의 눈으로 감지할 수 있는 전자기파의 일부분이다. 파장이 700 nm 정도면 빨간색으로 보이고, 400 nm 정도면 보라색으로 보인다. 진동수로는 430 THz ~ 750 THz 정도이다(1T = 10^{12} Hz). 가시광선은 모든 파장의 빛이 혼합되어 있으면 흰색으로 보인다. 그리고 사람의 눈은 초록색(485 ~ 560 nm)영역인 550 nm에서 자장 민감도가 좋다.

1.3 자외선(ultraviolet wave)

자외선은 파장이 가시광선보다는 짧고, X선보다는 긴 전자기파의 영역으로 400 nm ~ 10 nm까지 영역이다. 태양 빛에 노출되면 피부가 그을리는데 태양에서 나오는 자외선의 영향 때문이다. 수증기는 자외선을 대부분 통과시키기 때문에 흐린 날에도 피부가 그을릴 수 있다. 그러나 유리는 자외선의 대부분 흡수한다. 전자기파는 에너지가 높으면 생체 조직을 파괴시킬 수 있으므로 자외선은 미생물을 제거하기 위한 소독기 등에 이용한다. 또한, 자외선은 비타민 D를 흡수하게 해주는 중요한 요소이다. 가시광선보다 파장이 짧기 때문(진동수가 높음)에 이름에 '위'를 뜻하는 ultra라는 접두사가 붙었다.

1.6 X 선(X-ray)

X-선은 파장이 자외선보다 짧은 영역으로 10 ~ 0.01 nm 정도의 전자기파를 뜻한다. X-선은 독일의 물리학자 뢴트겐(Wilhelm Konrad Rontgen)이 1895년 처음 발견하였다. 뢴트겐은 이 발견으로 물리학 분야에서 최초로 노벨 물리학상을 수상하였다. X-선은 높은 에너지로 전자를 가속하여 금속에 충돌시키면 전자의 속도가 급격히 줄어들며 발생한다. 그림 12.2는 뢴트겐이 찍은 사진으로 그의 부인의 반지 낀 손의 모습이다. 이와 같이 투과성이 강한 X-선은 의료 분야와 비파괴 검사 및 고체 속 결정구조 연구 등에 널리 이용된다.

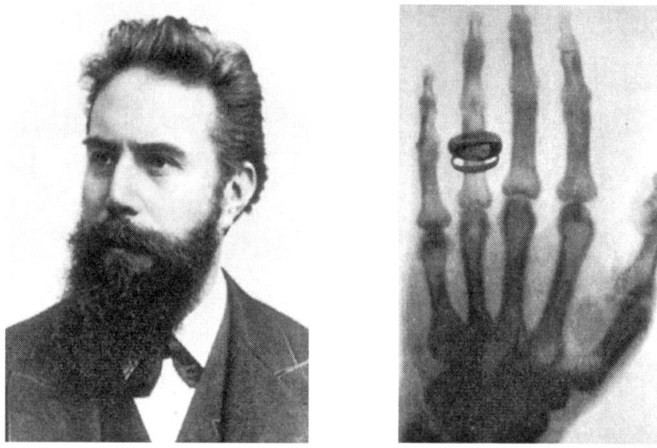

그림 12.2 뢴트겐이 찍은 그의 부인 손의 엑스선 사진

1.7 감마선(gamma ray)

감마선은 프랑스의 물리학자인 빌라드(Paul Ulrich Villard)가 1900년 핵물질 연구 중에 발견했다. 감마선의 파장은 1914년 영국의 물리학자 러더퍼드(Ernest Rutherford)가 산란 실험을 통하여 측정함으로써 전자기복사의 한 형태임을 알아냈고 감마선이라는 이름도 붙였다. 감마선의 파장은 10^{-10} m ~ 10^{-14} m 정도 범위이고 투과성이 아주 높기 때문에 생명체에게 심각한 피해를 줄 수 있다. 의료기기에서 박테리아 제거와 암 치료 등에 활용된다. 또한, 대기권 밖에 올려진 감마선 망원경을 이용하여 우주탐사에도 응용된다.

◆ 우주를 관찰 한다는 것!

▪ 제임스 웹 우주 망원경

발사 : 2021년 12월 25일
과학임무 수행 : 202년 7월 12일

· 용골자리 성운의 우주 절벽 / NASA

2 빛 속도 측정

◆ 빛 속도 측정

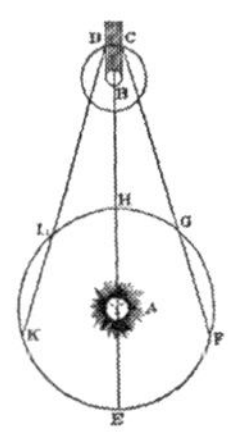

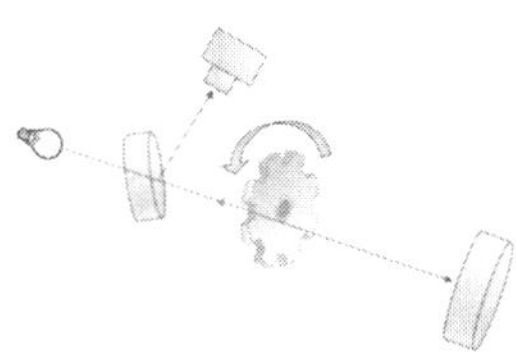

i) 갈릴레이의 시도: 1638년, 10km 거리에서 측정 시도, 실패

ii) 뢰머의 측정법(Roemer's Method): 1675년, 목성의 위성 '이오'의 주기변화, 2.1×10^8 m/s

iii) 피조의 측정법(Fizeau's Method): 1849년, 회전하는 톱니바퀴와 반사거울, 3.15×10^8 m/s

iv) 푸코의 측정법(Foucault Method): 1850년, 회전하는 거울, 2.98×10^8 m/s

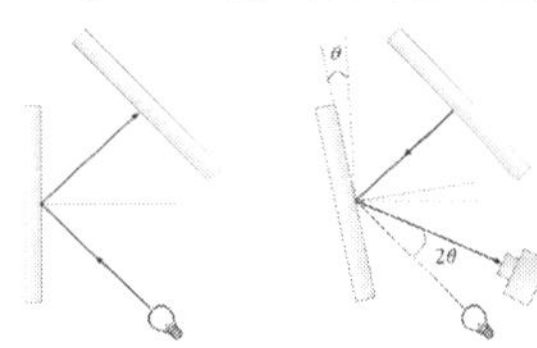

빛 속도는 얼마일까? 또한, 빛 속도는 어떻게 측정했을까? 빛의 속력(speed of light)은 진공에서 299 792 458 m/s로 정확한 값이고 기호로는 c로 표기한다. 옛날의 천문학자들은 빛의 속력이 무한한 것으로 생각하였다. 그러나 빛의 속도가 유한하다고 생각하고 이를 측정하려는 시도들이 있었다. 빛 속도를 측정하려고 시도한 몇몇 실험방법과 결과에 대해서 알아보자.

2.1 갈릴레이(Galileo Galilei, 1564-1642)

1638년 갈릴레이는 덮개로 가린 두 개의 등불을 이용하여 빛 속도를 측정하려는 실험을 진행했다. 갈릴레이는 조수에게 맞은편 산봉우리 위에 올라가서 등불을 켜 놓고 덮개로 가리고 있게 한다. 다른 촛불은 갈릴레이가 가지고 있다가 덮개를 벗기면 이 불빛을 본 순간 조수도 즉시 덮개를 벗기게 하였다. 갈릴레이는 조수로부터 되돌아오는 불빛을 관측할 때까지의 시간차를 측정하여 빛 속도를 측정하려고 하였다. 실험결과 거리가 너무 가까워 빛의 속력은 구하지 못했고, 빛의 속도가 유한하다면 매우 빠를 것이라고 결론지었다.

2.2 뢰머(Ole Roemer, 1644-1710)

1675년 덴마크의 천문학자 뢰머는 목성의 달 이오(Io)를 관측하던 중, 이오가 목성과 지구의 사이에 정렬하는 주기에 규칙적인 변동이 일어난다는 사실을 발견한다. 뢰머는 지구가 목성으로부터 멀어질 때 주기가 길어지고, 목성에 다가갈 때 짧아진다는 사실을 알아낸다. 이러한 현상이 발생하는 이유가 빛의 속도가 일정하기 때문이라고 가정한 뢰머는 빛의 속력을 계산하여 $2.1 \times 10^8 \mathrm{m/s}$ 값으로 발표한다. 현대의 측정값에 비해 1/3(약 26%) 정도 작은 값이지만 빛의 속도를 최초로 정밀하게 측정했다는 의미가 큰 실험이다.

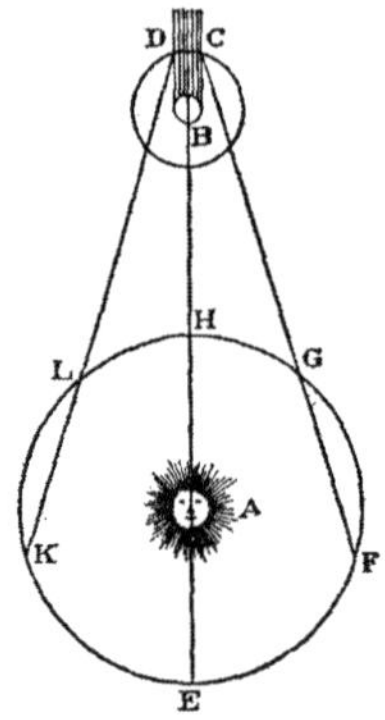

그림 13.3 뢰머의 빛의 속력 측정, Illustration from 1676 [위키]

2.3 피조(Armand Hippolyte Louis Fizeau, 1819-1896)

1849년 프랑스의 물리학자 피조는 회전하는 톱니바퀴와 거울에서 반사되는 빛을 이용하여 빛의 속력을 $3.15 \times 10^8 \mathrm{m/s}$로 상당히 근사하게 측정하였다.

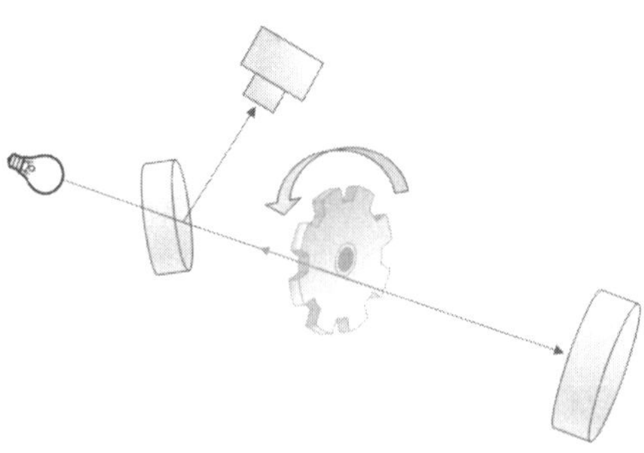

그림 12.4 피조의 빛 속력 측정

2.4 푸코(J. B. L. Foucault, 1819-1868)

1850년대 이후로 피조의 측정방법을 개량하여 프랑스의 물리학자 푸코(J. B. L. Foucault)는 회전하는 톱니바퀴 대신에 회전하는 거울을 이용하여 빛의 속력을 2.98×10^8 m/s로, 더 정확하게 측정하였다. 또한, 이 방법으로 푸코는 물속에서 빛 속도를 측정하여 빛이 공기 중에서보다 물속에서 더 느려진다는 것을 확인하였다. 이는 빛의 본성에 대한 논쟁 중에서 뉴턴이 제시한 빛의 입자설에 심각하게 부정적 영향을 주는 결과였다.

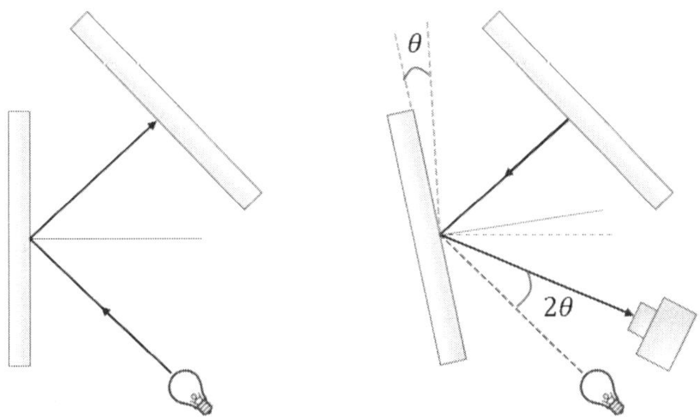

그림 12.5 푸코의 장치

2.5 절대 속도

빛의 속도 측정은 이후 현대에 오면서 더 정밀한 실험이 이루어졌다. 1926년 앨버트 마이컬슨(Albert Abraham Michelson)은 푸코의 회전거울을 이용하여 $2.99796 \pm 4 \times 10^8$m/s 값을 얻었다. 1972년에는 이벤슨(K.M. Evenson)과 동료 과학자들이 레이저 간섭계를 이용하여 정교한 실험을 수행하였고, 빛의 진공 중에서 속력은 $299\,792\,456.2 \pm 1.1$ m/s 라고 결정하였는데 미터에 대한 정의 때문에 오차가 있었다. 1975년 제15회 국제 도량형 총회(Conférence Générale des Poids et Mesures(CGPM))에서 빛의 속력을 299 792 458 m/s로 지정하였다. 1983년에 개최된 17회 CGPM에서는 길이의 단위인 미터를 빛이 진공 중에서 1/299,792,458초 동안 움직인 거리로 지정하며, 길이의 단위가 독립적으로 정의되었고 빛의 속력은 오차를 포함하지 않는 상수가 되었다. 이 정의로 인해서 진공에서의 빛의 속도는 정확히 299,792,458 m/s가 되었다.

◆ 빛의 속력

$C = 299\ 792\ 458 \text{ m/s}$

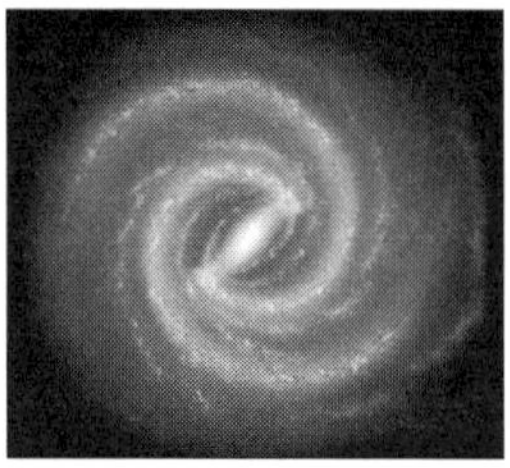

우리은하

ⓒ NASA/JPL-Caltech/ESO/R. Hurt

250만 광년*2

안드로메다 은하(M31)

ⓒ Adam Evans, wikipedia

✓ 별자리 : 안드로메다 자리
이티오피아(Aethiopia)의 국왕 케페우스와
왕비 카시오페이아의 딸

3 빛의 본성

◆ 빛의 본성

1) **빛의 입자론:** 뉴턴은 반사와 굴절의 법칙 등의 여러 가지 빛의 본질에 관하여 알려진 실험적 사실들을 입자론을 근거로 설명

2) **빛의 파동론:**
   - 호이겐스: 빛의 반사와 굴절 법칙을 파동론으로도 설명할 수 있음을 보임
   - 영: 빛의 파동적 본질(간섭 현상)을 처음으로 증명.
   - 맥스웰: 빛은 높은 진동수를 가진 전자기파의 한 형태
   - 헤르츠: 전자기파 발생 시험

3) **빛의 이중성**

   아인슈타인: 광양자(입자) 이론으로 광전효과 설명 $E = hf$

   - **빛의 이중적 성질:** 빛은 경우에 따라 파동처럼 행동하기도 하고 다른 경우에는 입자처럼 움직이기도 한다.

앞에서 논한 것과 같이 수 세기에 걸친 과학자들의 노력으로 빛의 속도는 정확하게 규결되었다. 그러나 또 하나의 빛에 대한 논쟁은 아직도 진행 중이다. 그 질문은 다음과 같다. 빛은 입자일까? 파동일까?

3.1 고대 그리스

그리스의 자연철학자들도 이 문제에 대해서 논했다. 원자론으로 잘 알려진 데모크리토스($\Delta\eta\mu\acute{o}\kappa\rho\iota\tau o\varsigma$, 기원전 460년 무렵~380년 무렵)는 빛은 입자라고 주장하였다. 반면 고대 자연과학 체계를 정립한 아리스토텔레스($A\rho\iota\sigma\tau o\tau\acute{\epsilon}\lambda\eta\varsigma$, 기원전 384 ~322)는 빛은 파동이라고 주장하였다.

3.2 빛의 입자설

빛의 입자설은 17세기 뉴턴(Isaac Newton, 1642-1727)에 와서 더 확고하게 정립된다. 뉴턴은 그의 저서 광학(Optics, 1704)에서 미립자설을 주장하며 빛이 작은 입자들의 흐름이라고 주장하였다. 뉴턴은 입자설을 근거로 빛의 반사와 굴절법칙 등을 설명하였다.

3.3 빛의 파동설

반면 뉴턴과 동시대에 네덜란드의 물리학자 하위헌스(Christiaan Huygens, 1629-1695)와 영국의 물리학자 훅(Robert Hooke, 1635-1703) 등은 빛의 파동설을 주장하였다. 하위헌스는 1678년 빛의 파동성(하위헌스 원리)을 이용하여 반사와 굴절 및 회절현상을 설명할 수 있음을 보여주었고, 1690년 '빛에 관한 논술'을 출판하였다. 훅 또한 빛을 향해 빛을 쏘아도 충돌하지 않고 통과한다는 실험결과를 바탕으로 빛은 파동일 수밖에 없다고 주장하였다. 하지만 이 당시에는 아리스토텔레스 이후 자연과학을 집대성한 뉴턴의 권위 때문에 대다수 유럽의 과학자들은 입자설을 받아들였다.

1801년 빛이 파동임을 증명하는 결정적 실험이 영국의 과학자 영(Thomas Young, 1773-1829)에 의해서 수행된다. 영은 이중슬릿 실험을 통해서 빛의 간섭무늬를 만들었는데 이는 당시의 입자설로는 설명할 수 없는 현상이었다. 또한, 간섭무늬를 이용하여 빛의 파장을 최초로 계산해 냈다.

1865년 스코틀랜드의 물리학자 맥스웰(James Clerk Maxwell, 1831–1879)은 그의 저서 '전자기장의 역학 이론'에서 빛 속도가 전자기파의 속도와 같음을 이론적으로 증명하였고 그 결과 빛은 진동수가 높은 전자기파라고 주장하였다. 1887년 독일의 물리학자 헤르츠(Heinrich Rudolf Hertz, 1857–1894)가 빛 속도가 전자기파의 속도와 같음을 실험적으로 증명하였다. 이렇게 전자기학 이론을 바탕으로 빛의 본성은 파동이라는 것이 확실한 것처럼 보였다.

3.4 빛의 이중성

그러나 1887년 헤르츠는 빛의 전자기파 이론을 증명하는 과정에서 파동론으로는 설명할 수 없는 광전효과(photoelectric effect)라고 하는 새로운 물리현상을 발견한다. 광전효과란 금속표면에 빛을 조사하면 전자가 방출되는 현상이다.

1905년 아인슈타인(Albert Einstein, 1879–1955)은 빛의 파동 에너지가 광자(photon)라고 하는 에너지 덩어리로 되어 있다고 가정을 하고 광전효과 문제를 해결한다. 아인슈타인은 빛에 플랑크(Max Planck, 1858–1947)의 에너지 양자(quantum)의 개념을 도입하여 광자의 에너지가 광자의 진동수에 비례함을 보였다

$$E = h\nu \tag{3.1}$$

식에서 ν는 전자기파의 진동수이고, h는 플랑크 상수로 $h = 6.626 \times 10^{-34}\ \mathrm{J \cdot s}$이다.

1924년 프랑스의 물리학자 루이 드 브로이(Louis de Broglie, 1892–1987)는 빛에 국한되어있던 이중성(duality) 문제를 입자라고 생각해왔던 전자로 확장하여 전자 역시 이중성을 가지고 있다고 착안한 물질파(matter wave) 이론을 고안한다.

$$\lambda = \frac{h}{mv} \tag{3.2}$$

현재의 물리학계는 빛이 입자적 성질과 파동적 성질을 모두 가지고 있다는 파동-입자 이중성(wave-particle duality)을 설명하기 위하여 많은 연구가 진행되고 있다. 닐스 보어(Niels Henrik David Bohr, 1885–1962)와 하이젠베르크(Werner Karl Heisenberg, 1901–1976)가 주축이 된 코펜하겐 해석(Copenhagen interpretation)이 가장 유명한데 상보성 원리(complementarity principle)와 불확정성 원리(uncertainty principle)를 기

반으로 하고 있다. 이 시대부터 양자역학(quantum mechanics)이라는 새로운 물리학의 시대가 열렸다.

문제 진동수 55.0 MHz 인 빛이 진공 속을 진행한다. 1) 파장과 2) 파동의 주기를 구하라. 빛 속도는 $c = 3.00 \times 10^8$ m/s 로 한다.

풀 이 1) 빛의 속도 $c = \lambda f$ 에서

$$\lambda = \frac{c}{f} = \frac{3.00 \times 10^8 \text{ m/s}}{55.0 \times 10^6 \text{ Hz}}$$

파장은 $\lambda = 5.45$ m 이다.

2) 주기는 진동수의 역수이므로

$$T = \frac{1}{f} = \frac{1}{55.0 \times 10^6 \text{ Hz}}$$

에서, $T = 1.82 \times 10^{-8}$ s 이다.

4 반사의 법칙

Flipped Learning	반사와 굴절의 법칙
URL	https://youtu.be/j5cM8kj3pfw

◆ 반사의 법칙

❖ **정반사(specular reflection):** 반사 광선은 서로 평행하게 됨. 반사 광선의 방향은 입사 광선을 포함하고 반사면에 수직인 평면 상에 놓임

❖ **난반사(diffuse reflection):** 거친 면으로부터 반사될 때 반사 광선은 여러 방향으로 흩어짐

➢ **반사의 법칙(law of reflection)**

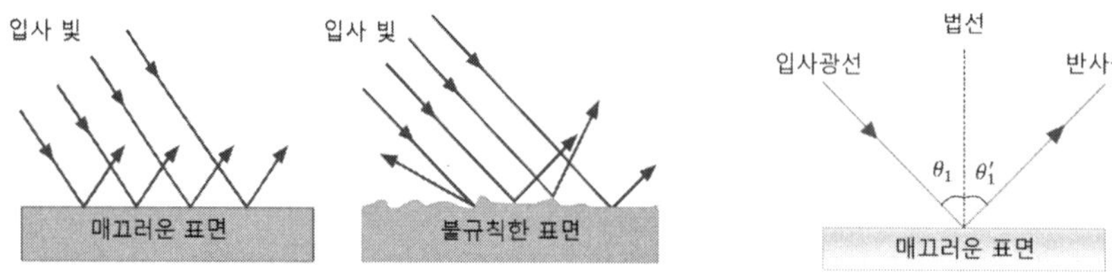

$$\theta_1 = \theta_1{}'$$

광학(optics)은 빛을 연구하는 물리학의 한 분야이다. 빛의 특성을 연구하는 광학은 기하광학(geometrical optics), 파동광학(wave optics) 및 양자광학(quantum optics)으로 나뉜다. 기하광학은 빛의 파동성이나 양자성 등을 무시하고 빛이 광선(ray)이라는 개념을 바탕으로 기하학적으로 연구하는 광학 분야이다. 맥스웰 방정식에서 파장이 짧은 경우에 대한 근사적인 광학 이론이다. 파동광학(물리광학)은 간섭, 회절, 편광 등 빛의 파동적 특성에서 나타나는 현상을 연구하는 분야이다. 양자광학은 빛과 물질의 상호작용을 양자론적으로 해석하는 광학 분야이다. 본 교재에서는 기하광학과 파동광학 입장에서 빛을 해석할 것이다.

4.1 거울 반사와 난반사

그림 12.6의 a와 같이 매끄러운 면에서의 반사를 거울 반사 또는 정반사(specular reflection)라고 한다. 반면에 b에서와같이 불규칙한 면에서의 반사를 난반사(diffuse reflection)라고 한다. 우리 주변에서 보이는 일반적인 반사는 난반사이고 거울 반사는 거울 면이나 광학기기 등에서 볼 수 있다.

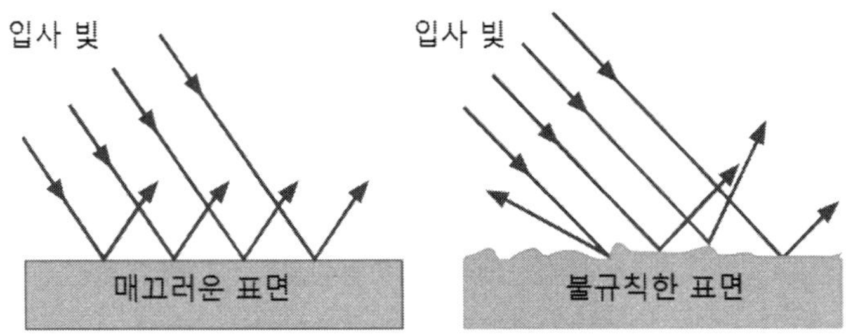

그림 12.6 (a) 거울 반사 (b) 난반사

4.2 반사의 법칙

광선이 공기 중에서 매끄러운 표면에 입사한 경우를 설정해 보자. 반사의 법칙은 그림 12.7과 같이 입사각 θ_1와 반사각 $\theta_1{}'$이 같다는 것이다. 즉,

$$\theta_1 = \theta_1{}' \tag{4.1}$$

이다. 이때 반사광선은 입사광선과 입사면에 대한 법선과 같은 면에 있어야 한다. 법선은 입사광선이 표면에 도달하는 점에서 수직으로 그은 선이다. 식 4.1은 실험과 이론에서 모두 증명할 수 있다.

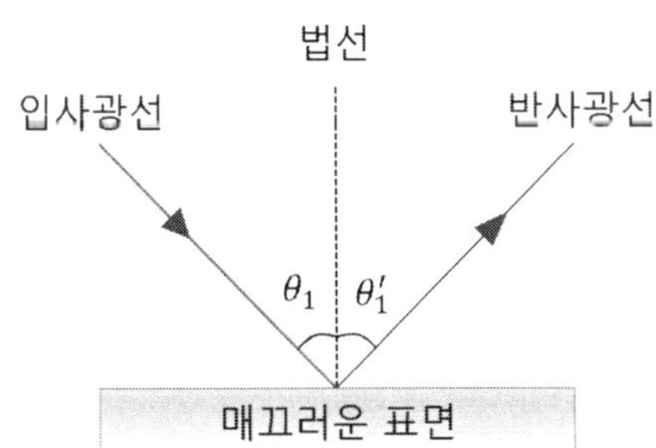

그림 12.7 반사의 법칙

5 굴절의 법칙

◆ 굴절의 법칙

❖ **빛의 굴절 : (Refraction of Light)**

- 한 매질에서 진행 중인 광선이 다른 매질과의 경계면에 닿으면
  → 광선의 일부는 반사되고,
  → 나머지는 두 번째 매질로 진행하며, 경계면에서 꺾이며 굴절(refraction)하게 된다.

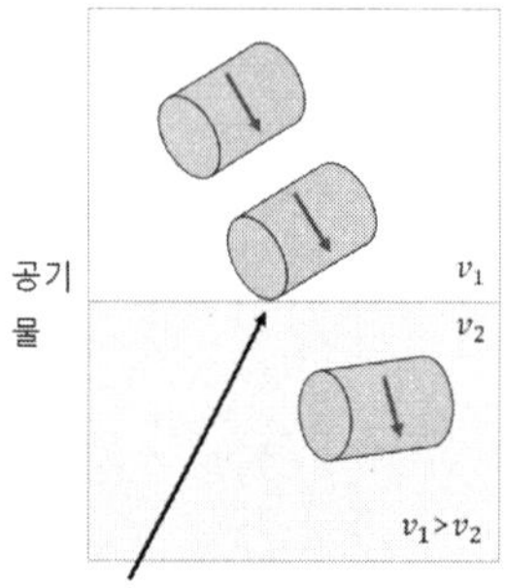

$$\frac{\sin\theta_2}{\sin\theta_1} = \frac{v_2}{v_1} = 상수$$

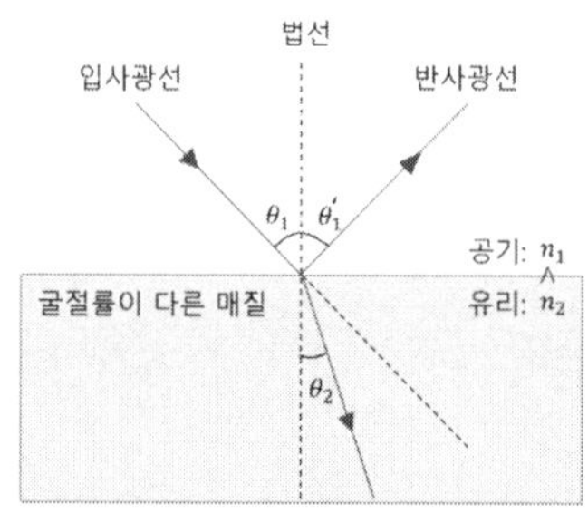

◆ 매질속에서 굴절률

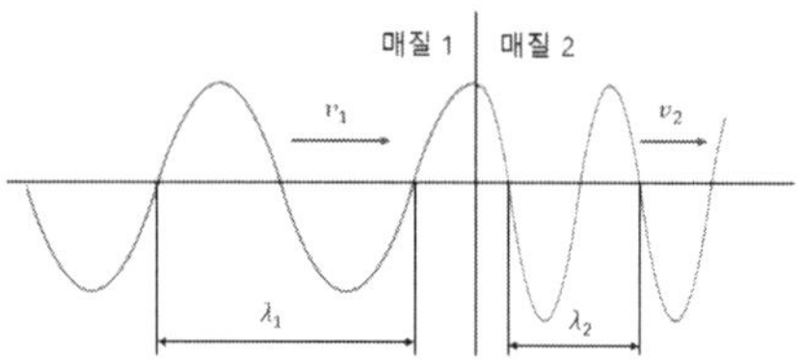

- 빛의 진동수는
  한 매질에서 다른 매질로 입사할 때
  → 변하지 않는다.

- 굴절률 :

$$n = \frac{\text{진공 속에서 빛의 속력}}{\text{매질 속에서 빛의 속력}} = \frac{c}{v}$$

$v = \lambda f$

$f_1 = f_2 = f$

항상 성립해야 함

$[\, v_1 = \lambda_1 f, \quad v_2 = \lambda_2 f \,]$

⇩ 속도 v를 → 빛 속력 c와
→ 굴절률 n으로 다시 쓰면

$$\frac{\lambda_1}{\lambda_2} = \frac{v_1}{v_2} = \frac{c/n_1}{c/n_2} = \frac{n_2}{n_1}$$

$\dfrac{\lambda_1}{\lambda_2} = \dfrac{n_2}{n_1}$: 파장과 굴절률로 정리

⇩ 매질 1 → 공이라고 놓고
매질 2 → 굴절률은 λ_n로 놓음

$n = \dfrac{\lambda}{\lambda_n}$: 매질의 굴절률

그림 12.8과 같이 빛은 두 매질의 경계면을 통과할 때 굴절하게 된다. 이는 그림 12.9와 같은 물체의 운동을 생각해 보면 쉽게 이해할 수 있다. 공기 중에서 물속으로 입사하는 물체는 접촉면에서 속력이 감소하여 방향이 꺾이게 된다. 이 현상을 법칙화한 것이 굴절의 법칙((law of refraction)이다. 굴절의 법칙은 이 현상을 실험적으로 발견한 네덜란드의 과학자 스넬(Willebrord Snellius, 1591-1626)의 이름을 따서 스넬의 법칙(Snell's law)이라고도 한다. 스넬의 법칙은

$$n_1 \sin\theta_1 = n_2 \sin\theta_2 \tag{5.1}$$

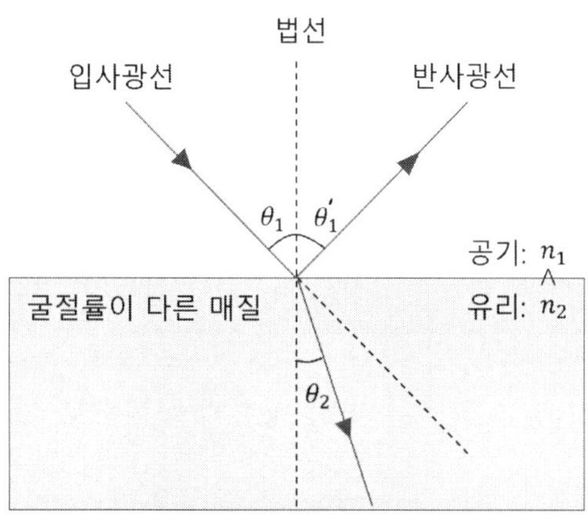

그림 12.8 굴절의 법칙

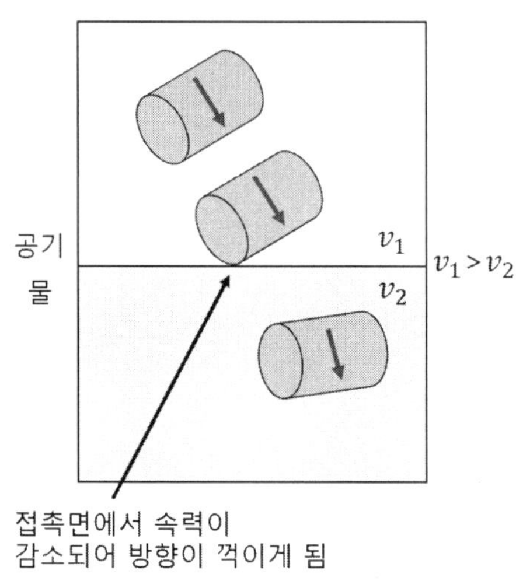

그림 12.9 굴절의 원리

와 같다. 식에서 θ_1 은 입사각을, θ_2 는 굴절각을 의미한다. 이 각도들은 법선과 빛살이 이루는 각도이다. n_1과 n_2는 매질에서의 굴절률((refractive index)을 의미한다. 굴절률이 서로 다른 매질의 경계면에서는 빛은 스넬의 법칙에 따라 휘게 되며, 입사각에 따라 일부는 반사하게 된다.

굴절률은 빛이 매질 속으로 진행할 때 속력이 줄어드는 비율을 뜻한다. 굴절률의 정의는

$$n = \frac{c}{v} \tag{5.2}$$

와 같이 진공 속에서의 빛의 속도를 매질 속에서의 빛의 속도로 나눈 값으로 정의된다. 그러므로 굴절률은 항상 1보다 큰 값을 갖게 된다.

빛의 진동수 f는 한 매질에서 다른 매질로 입사할 때 변하지 않는다. 진동수가 매질의 경계면에서 서로 다르다고 가정을 하면, 경계면에서 파장은 서로 분리된다. 이런 현상은 일어날 수 없으므로 진동수는 변하지 않는다. 그러나 그림 12.10과 같이 파장 λ은 변한다.

굴절률 n과 파장 λ 사이의 관계를 알아보자. 그림 12.10과 같이 매질 1에서 매질 2로 빛이 진행한다고 가정하고, 굴절률은 매질 2가 매질 1보다 더 크다고 하자. 각 매질 속에서 속도 $v = \lambda f$ 와 진동수 $f_1 = f_2 = f$ 는 항상 성립해야 하므로

$$v_1 = \lambda_1 f, \quad v_2 = \lambda_2 f \tag{5.3}$$

이다. 식 5.3에서 첫 번째 식으로 두 번째 식을 나누어주고, 식 5.2를 이용하여 속도 v를 빛 속력 c와 굴절률 n으로 다시 쓰면

$$\frac{\lambda_1}{\lambda_2} = \frac{v_1}{v_2} = \frac{c/n_1}{c/n_2} = \frac{n_2}{n_1} \tag{5.4}$$

이 된다. 여기서 파장과 굴절률로 정리하면

$$\frac{\lambda_1}{\lambda_2} = \frac{n_2}{n_1} \tag{5.5}$$

이다. 식에서 매질 1을 진공($n_1 = 1$)이라고 놓고, 매질 2의 굴절률을 λ_n로 놓으면

$$n = \frac{\lambda}{\lambda_n} \tag{5.6}$$

와 같이 굴절률과 파장 사이의 관계를 구할 수 있다. λ는 진공 중에서 파장을 뜻하고 λ_n은 굴절률이 n인 매질에서 파장을 의미한다.

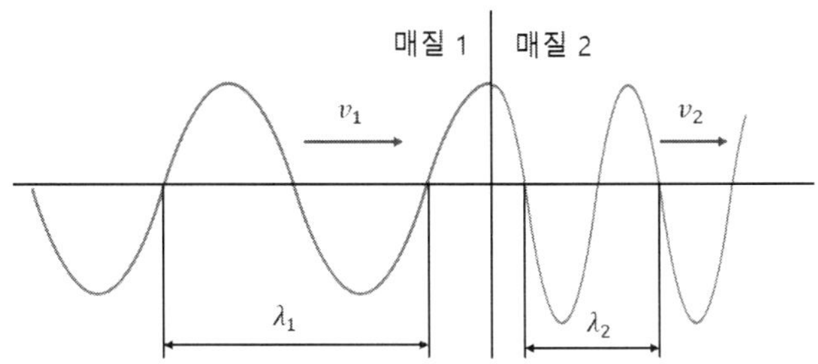

그림 12.10 파장의 변화

문제 굴절률이 n_1인 매질을 진행하는 빛이 굴절률이 n_2인 매질을 통과한다. 매질에 입사한 광선의 각 θ_1과 빠져나온 광선의 각 θ_3의 관계를 스넬의 법칙을 이용하여 유도하라.

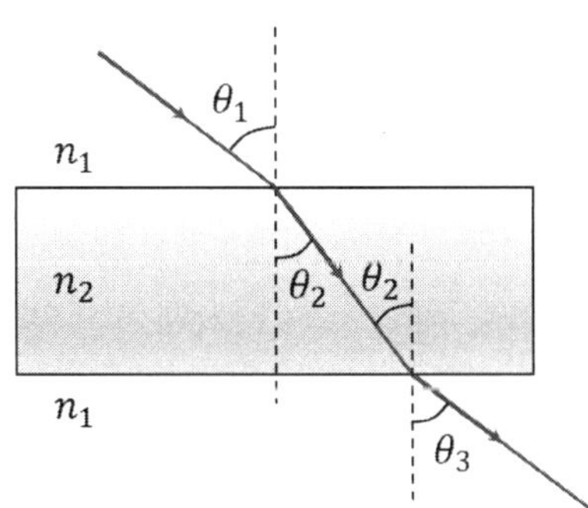

풀 이 스넬의 법칙은

$$n_1 \sin\theta_1 = n_2 \sin\theta_2$$

이다. 문제에 적용하면

$$\sin\theta_2 = \frac{n_1}{n_2}\sin\theta_1$$

$$\sin\theta_3 = \frac{n_2}{n_1}\sin\theta_2$$

이므로, 식을 정리하면

$$\sin\theta_3 = \frac{n_2}{n_1}\left(\frac{n_1}{n_2}\sin\theta_1\right) = \sin\theta_1$$

이 되어

$$\theta_3 = \theta_1$$

이다.

6 하위헌스의 원리

Flipped Learning	하위헌스의 원리
URL	https://youtu.be/CQqAmAAH0qU

반사와 굴절의 법칙을 증명해 보자. 앞 절에서는 실험결과를 바탕으로 반사와 굴절의 법칙을 논했었다. 1678년 하위헌스(Christian Huygens, 1629–1695)가 제안한 빛의 진행을 파면(wave front)의 전달로 해석하는 기하학적인 방법을 이용하여 증명할 수 있다.

6.1 하의헌스의 원리

그림 12.11은 하위헌스 원리의 개략도이다. 하위헌스 원리란 파동면의 모든 점은 소파(wavelet)라고 하는 2 차 파를 생성하는 점샘(point source)으로 생각할 수 있다는 것이다. 또한, 이 소파들은 매질 속에서 파동 속력을 가지고 전파된다. 시간 t가 경과 한 후에 새로운 파면의 위치는 2 차 파동들의 접하는 면이 된다.

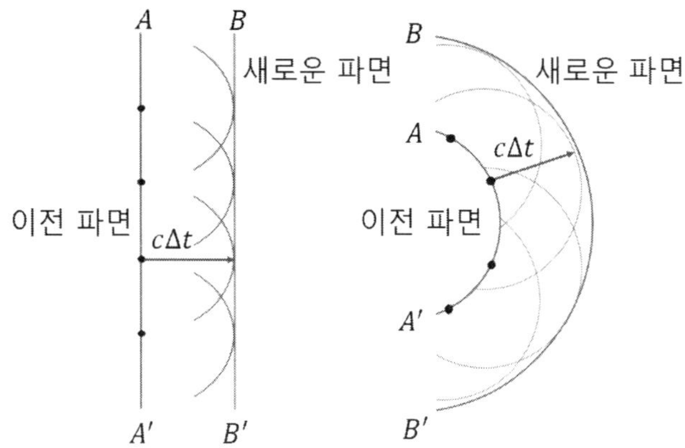

그림 12.11 Huygens 원리

6.2 반사의 법칙

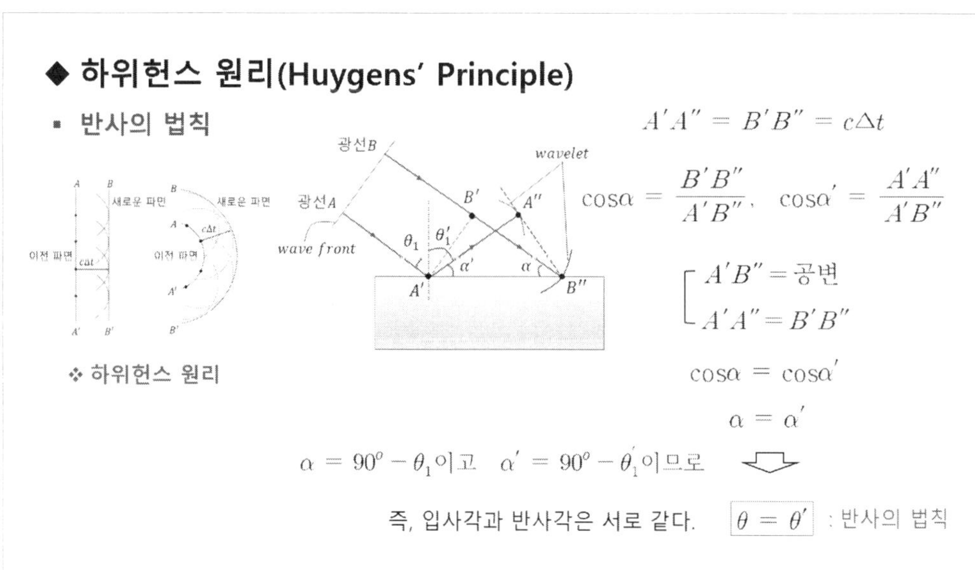

하위헌스의 원리를 이용하여 반사의 법칙을 증명해 보자. 그림 12.12에서 광선 A와 광선 B를 잇는 선분을 광원의 파면이라고 보고 시간이 경과 하는 동안 파면의 이동을 추적해 보자. AB 파면은 같은 시간 동안 $A'B'$까지 진행해 온다. 광선 A는 A'의 위치에서 A''방향으로 소파를 α'의 각도로 보낸다. 동시에 광선 B의 파동은 B'의 위치에서 B''의 위치로 매질의 경계면과 α의 각도로 소파를 보낸다. 광선 A와 B 모두 같은 매질에 속에서

진행하고 있으므로 같은 속도로 움직인다. 즉,

$$A'A'' = B'B'' = c\Delta t \tag{6.1}$$

이다.

그림 12.12의 기하학적 구조에서 두 삼각형 $A'B'B''$과 $A'A''B''$을 비교해 보자. 두 삼각형은 $A'B''$를 공변으로 하고 $A'A''$와 $B'B''$는 서로 길이가 같은 합동 삼각형이다. 두 삼각형 변의 길이 비율을 cos 로 쓰면

$$\cos\alpha = \frac{B'B''}{A'B''}, \quad \cos\alpha' = \frac{A'A''}{A'B''} \tag{6.2}$$

이다. $A'B''$는 공변이고 $A'A'' = B'B''$이므로

$$\cos\alpha = \cos\alpha' \tag{6.3}$$

이고

$$\alpha = \alpha' \tag{6.4}$$

이다. 식에서 $\alpha = 90° - \theta_1$이고 $\alpha' = 90° - \theta_1'$이므로

$$\theta = \theta' \tag{6.5}$$

이다. 즉, 입사각과 반사각은 서로 같다.

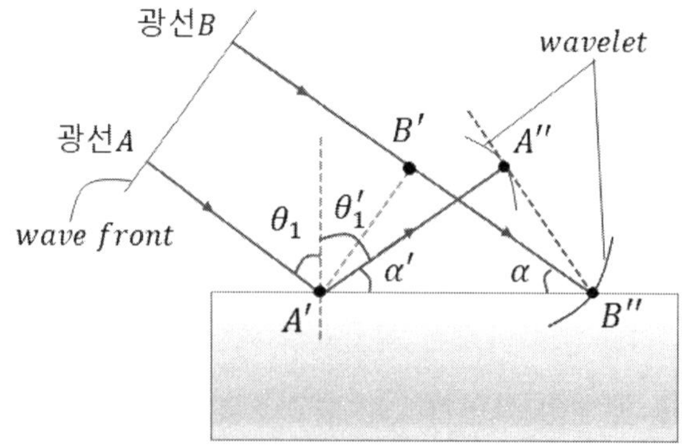

그림 12.12 반사의 법칙

6.3 굴절의 법칙

◆ 하위헌스 원리(Huygens' Principle)

▪ **굴절의 법칙**

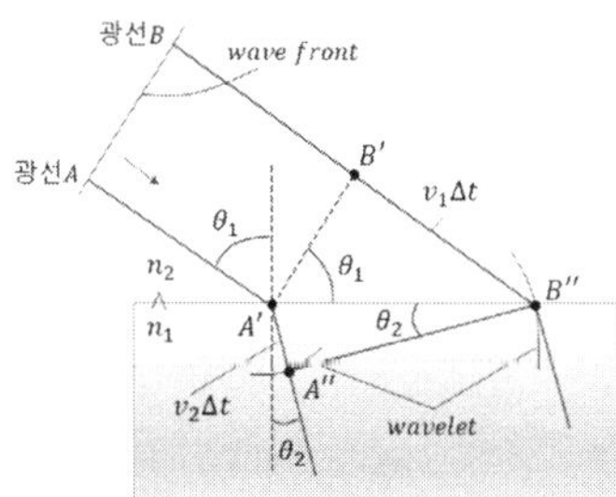

$$\sin\theta_1 = \frac{B'B''}{A'B''} = \frac{v_1\Delta t}{A'B''} \qquad \sin\theta_2 = \frac{A'A''}{A'B''} = \frac{v_2\Delta t}{A'B''}$$

두 식을 나누어 주면

$$\frac{\sin\theta_1}{\sin\theta_2} = \frac{v_1}{v_2} = \frac{c/n_1}{c/n_2} \qquad \left[n = c/v\right]$$

$$\frac{\sin\theta_1}{\sin\theta_2} = \frac{n_2}{n_1}$$

Snell의 법칙 : $n_1\sin\theta_1 = n_2\sin\theta_2$

같은 방법으로 하위헌스 원리를 이용하여 굴절의 법칙(스넬의 법칙)을 유도해 보자. 그림 12에서와 같이 광선 A와 B는 같은 파면 AB로 $A'B'$까지 진행해 온다. 여기까지는 같은 매질을 통과하고 있으므로 두 광선의 속도는 같다. 그러나 광선 A가 A'에서 A''방향으로 소파를 만들며 진행할 때와 광선 B가 B'에서 소파를 발생하여 B''까지 진행할 때는 서로 속도가 다르다. 두 매질의 굴절률은 $n_1 > n_2$이기 때문에 굴절률이 상대적으로 큰 n_1 속에서의 속도가 더 느리다. 즉, 같은 시간 동안 이동한 거리가 더 짧게 된다.

광선 A의 A'에서의 소파의 반지름은 $A'A'' = v_2\Delta t$이고, 광선 B의 B'에서의 소파의 반지름은 $B'B'' = v_1\Delta t$이다. 속도가 서로 다르게 v_1과 v_2로 표시된 것은 매질에서의 빛의 속도가 굴절률에 따라 서로 다르기 때문이다.

그림 12.13에서 두 삼각형 $A'B'B''$과 $A'A''B''$을 비교해 보자. 두 삼각형은 $A'B''$을 공변으로 갖고 있다. 각도 θ_1과 θ_2로 길이를 표현하면

$$\sin\theta_1 = \frac{B'B''}{A'B''} = \frac{v_1\Delta t}{A'B''} \tag{6.6}$$

이고,

$$\sin\theta_2 = \frac{A'A''}{A'B''} = \frac{v_2 \Delta t}{A'B''} \tag{6.7}$$

이다. 두 식을 나누어 주면

$$\frac{\sin\theta_1}{\sin\theta_2} = \frac{v_1}{v_2} = \frac{c/n_1}{c/n_2} \tag{6.8}$$

이다. 식에서 굴절률의 정의 $n = c/v$ 을 이용하였다. 정리하면

$$\frac{\sin\theta_1}{\sin\theta_2} = \frac{n_2}{n_1} \tag{6.9}$$

이다. 이는 스넬의 법칙으로 알려진

$$n_1 \sin\theta_1 = n_2 \sin\theta_2 \tag{6.10}$$

이다.

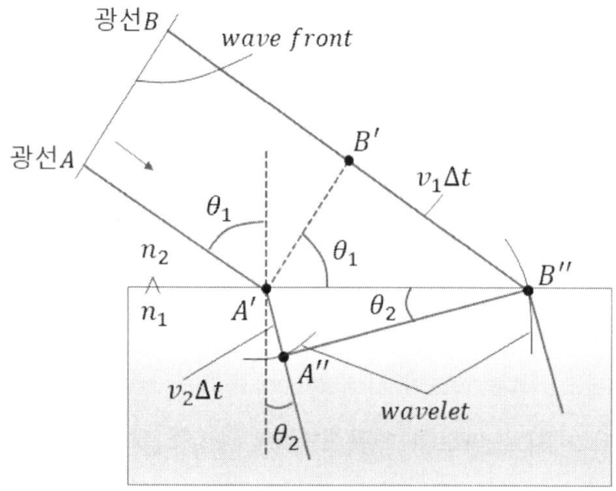

그림 12.13 굴절의 법칙

7 내부 전반사

Flipped Learning	내부 전반사
URL	https://youtu.be/xkHB_EPOrTw

◆ 내부 전반사 (Total Internal Reflection)

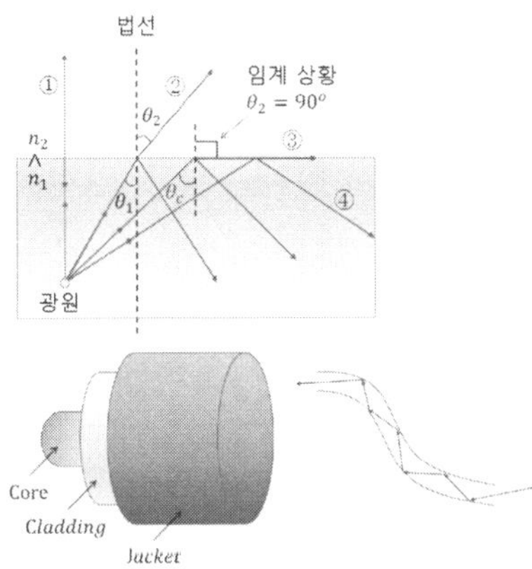

✓ 광섬유의 구조와 빛 도파 모델

$$n_1 \sin\theta_c = n_2 \sin\theta_2$$

$\text{Sin}\theta_c$는 90^o이므로

$$n_1 \sin\theta_c = n_2 \sin 90^o = n_2$$

임계각 θ_c로 정리하면

$$\theta_c = \sin^{-1}\frac{n_2}{n_1}$$

광섬유 속을 빛은 어떤 원리에 의해서 통과해 나가는 것일까? 굴절률이 큰 매질에서 작은 매질로 빛살이 입사할 때 특이한 현상이 발생한다. 이를 내부 전반사(total internal reflection)라고 한다. 내부 전반사하는 조건을 찾아보자.

그림 12.14에서와 같이 굴절률이 다른 두 물질 속에 점광원이 있다. 점광원이 만드는 광선은 굴절률이 큰 쪽 n_1에서 작은 쪽 n_2로 진행한다($n_1 > n_2$). 예를 들어 상대적으로 굴절률이 큰 n_1의 물질을 유리라고 생각하고 굴절률이 작은 n_2의 물질을 공기라고 생각하면 된다.

빛살의 경로를 ①에서 ④까지 관찰해보자. 빛살은 반사와 굴절의 법칙을 따라서 진행함을 알 수 있다. 빛살 ③을 주의 깊게 살펴보자. 빛살 ③ 이후에는 모든 빛이 유리 쪽으로 반사됨을 알 수 있다. 빛살 ③의 입사각을 임계각(critical angle)이라고 하며 θ_c로 쓴다.

임계각을 스넬의 법칙 $n_1\sin\theta_1 = n_2\sin\theta_2$을 이용하여 표현해 보자. 법선을 기준으로 임계각을 θ_c이라 하고 굴절각을 θ_2라 하면 스넬의 법칙에 의해서

$$n_1\sin\theta_c = n_2\sin\theta_2 \tag{7.1}$$

이다. $\sin\theta_2$는 $90°$이므로

$$n_1\sin\theta_c = n_2\sin 90° = n_2 \tag{7.2}$$

이다. 임계각 θ_c로 정리하면

$$\theta_c = \sin^{-1}\frac{n_2}{n_1} \tag{7.3}$$

이다. 정리하면 굴절각이 $\theta = 90°$일 때의 입사각을 임계각 θ_c이라고 하고, 임계각보다 크게 입사한 모든 빛은 내부로 전반사한다. 이것이 광섬유를 이용한 광통신의 기본 원리이다.

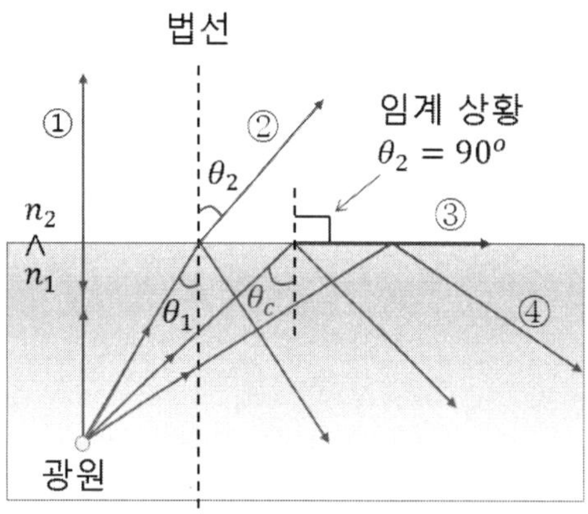

그림 12.14 내부 전반사

그림 12.15는 광섬유(optical fiber)의 구조를 보여준다. 광섬유는 크게 세 부분으로 이루어졌다. 유리 또는 플라스틱으로 구성된 코어(core)와 코어보다 굴절률이 약간 작은 클래딩(cladding)과 보호 피복(jacket)이다. 클래딩의 굴절률이 코어의 굴절률보다 작은 구조로 만들어졌기 때문에 두 물질의 경계면에서 임계각보다 큰 각도로 입사된 빛살은 내부(코어 쪽)로 전부 반사가 된다. 실제 광섬유에서는 광섬유 물질에 의한 흡수와 광섬유 끝단에서의

반사로 손실이 발생한다. 얇은 유리를 이용하여 정보를 전달할 방법을 개척한 찰스 가오 (Charles K. Kao, 1933~)는 2009년 노벨 물리학상을 받았다.

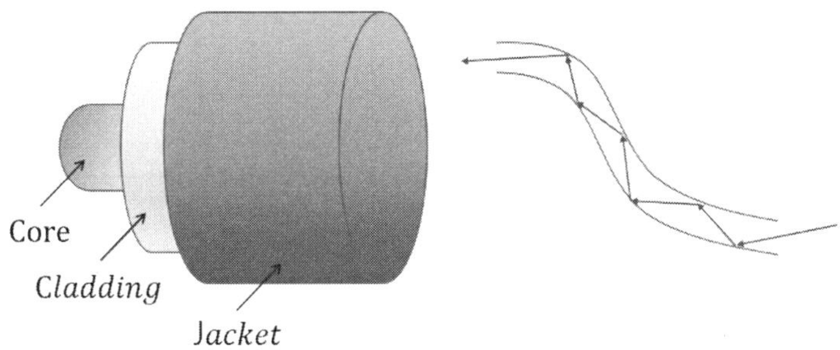

그림 12.15 광섬유의 구조와 빛 도파 모델

문제 굴절률이 다른 유리로 만든 광섬유가 있다. 광섬유의 중심축에 대하여 입사각 θ로 입사한 빛이 코어를 따라서 진행하기 위한 최대 입사각 θ_{max}의 사인값은 얼마인가? 단, $n_1 > n_2$, 공기의 굴절률은 1.0, 굴절각은 α로 한다.

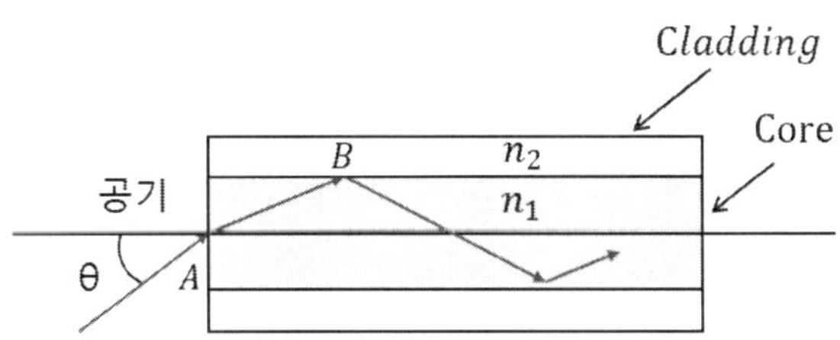

풀 이 공기에서 코어로 입사할 때 A점에서

$$\sin\theta = n_1 \sin\alpha \tag{1}$$

인 조건이 성립한다. B 점에서 전반사가 되어야 하므로 입사각은 $90° - \alpha$이다.

$$n_1 \sin(90° - \alpha) \geq n_2 \sin 90°$$

이고, 정리하면

$$n_1 \cos\alpha \geq n_2 \tag{2}$$

이다. 식 1과 2를 제곱하여 더하면

$$n_1^2 \geq n_2^2 + \sin^2\theta$$

이다. 각도로 정리하면

$$\sin^2\theta \leq n_1^2 - n_2^2$$

이고, 정리하면

$$\sin\theta \leq \sqrt{n_1^2 - n_2^2}$$

이다.

보충 과학

◆ 빛의 본성에 관한 논쟁

원자가설
입자설

데모크리토스(Democritus)
B.C. 460?-380?

경험적 자료
파동설, 빛 속도 무한

아리스토텔레스(Aristotle)
B.C. 384-322

4원소 설 : 불, 공기, 물, 흙
빛 속도 유한

엠페도클레스(Empedokles)
B.C. 490?~430

◆ 빛의 본성에 관한 논쟁

Newton(1704년) : 「광학(Opticks)」
반사와 굴절의 법칙 등, 빛의 본질에 관하여 알려진 실험적 사실들을 → **입자론**을 근거로 설명

Isaac Newton
1642-1727

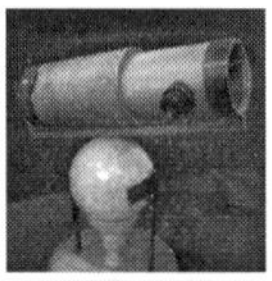

1672년에 만든
뉴턴의 두번째 반사망원경

분산(dispersion) :
빛의 진행속도가 파장에 따라 달라지게 되는 현상

Christiaan Huygens
1629-1695

Huygens(1690년) : 「빛에 관한 논술」
빛의 반사와 굴절 법칙을 → 파동론(하위헌스 원리)로 설명

보충 문제

01 하위헌스 원리를 이용하여 굴절의 법칙을 증명하려고 한다. 1) 시간 경과 후 A', A'', B', B''의 위치와 같은 파면의 위치를 정확하게 그리고, 각도 θ_1와 θ_2을 표하여 그림을 완성하고 2) 완성된 그림을 이용하여 굴절의 법칙을 증명하라.

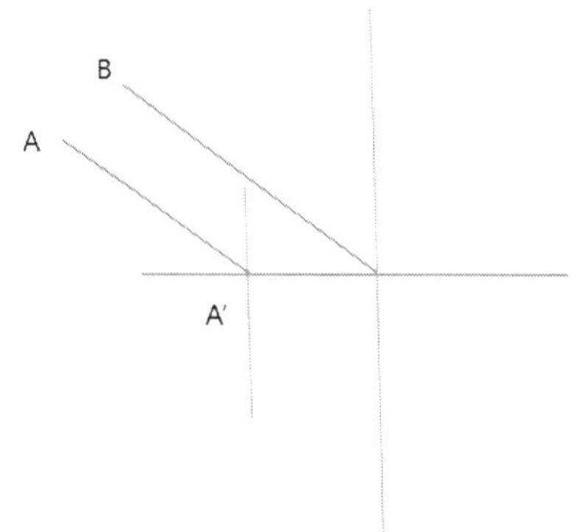

풀이 1) 그림

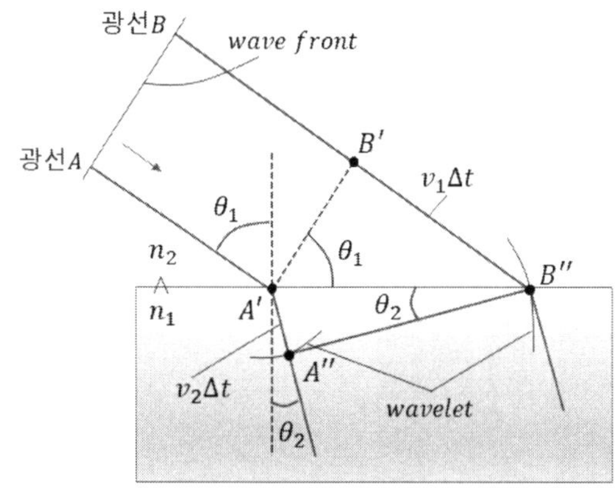

2) 하위헌스 원리

$$n_1 \sin\theta_1 = n_2 \sin\theta_2$$

☞ 본문 내용 참조

02 입사 빛이 공기와 유리의 경계면에서 반사와 굴절을 한다. 공기의 굴절률은 $n_{air} = 1.00$이고, 유리의 굴절률이 n_g이다. 반사와 굴절광선이 서로 직각이 되게 입사각 θ_1을 구하라.

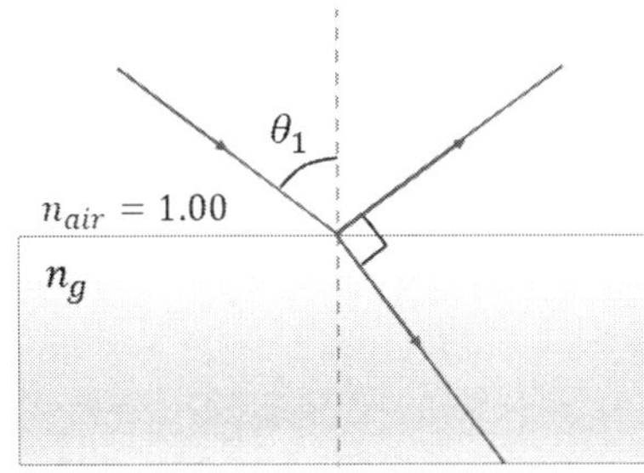

풀이 아래 그림에서 $\theta_1 + \alpha + \theta_2 = 180°$이고, $\alpha = 90°$이므로

$$\theta_2 = 90° - \theta_2$$

이다. 문제 조건에 스넬의 법칙을 적용하면

$$n_{air}\sin\theta_1 = n_g\sin\theta_2 \tag{1}$$

에서, 오른쪽 항은 $n_g\sin(90° - \theta_1) = n_g\cos\theta_1$이므로 식 1에 대입하면

$$n_{air}\sin\theta_1 = n_g\cos\theta_1$$

이다. 정리하면

$$\frac{\sin\theta_1}{\cos\theta_1} = \tan\theta_1 = \frac{n_g}{n_{air}}$$

이고, 공기의 굴절률은 $n_{air} = 1.00$이므로

$$\theta_1 = \tan^{-1}(n_g)$$

이다.

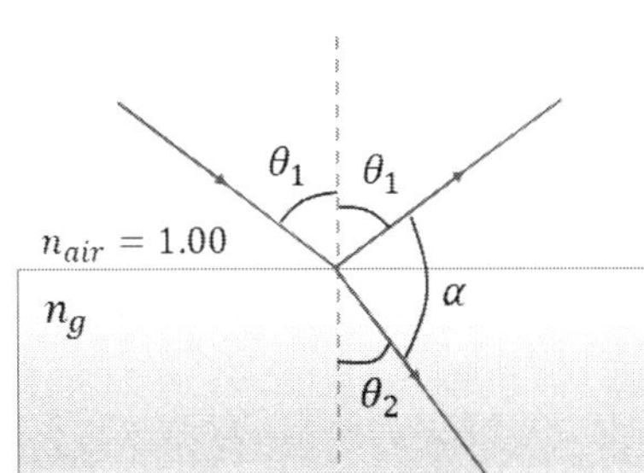

03 내부 전반사가 일어날 임계각을 스넬의 법칙을 이용하여 유도하라.

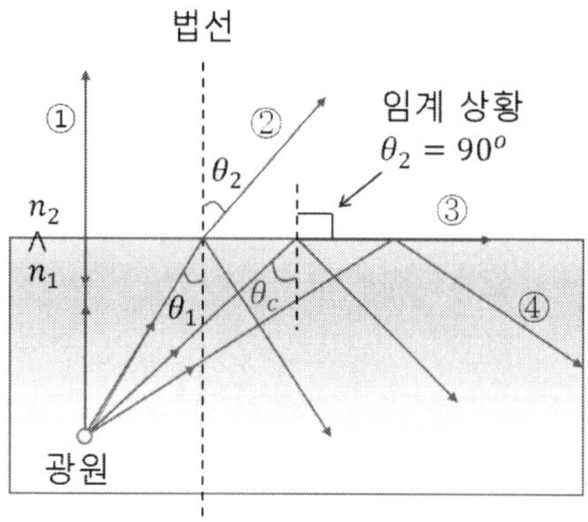

풀이 $\theta_c = \sin^{-1}(\frac{n_2}{n_1})$

☞ 본문 내용 참조

보충 심화

• 빛의 속력 측정 방법에 대하여 조사를 해보고, 현대적인 측정 방법과 비교하여 토론해 보세요.

◆빛 속도 측정

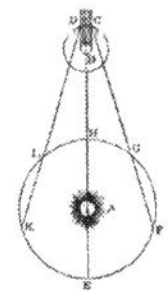

i) **갈릴레이의 시노:** 1638년, 10km 거리에서 측정 시노, 실패

ii) **뢰머의 측정법(Roemer's Method) :** 1675년, 목성의 위성 '이오'의 주기변화, 2.1×10^8 m/s

iii) **피조의 측정법(Fizeau's Method) :** 1849년, 회전하는 톱니 바퀴와 반사거울, 3.15×10^8 m/s

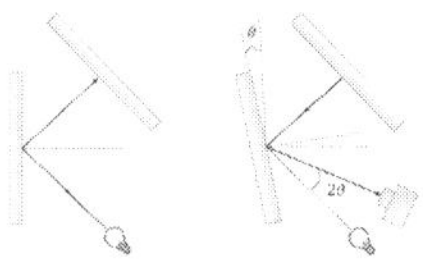

iv) **푸코의 측정법(Foucault Method) :** 1850년, 회전하는 거울, 2.98×10^8 m/s

• 전자기파의 종류를 조사해 보고 활용할 수 있는 분야에 대해서 토론해 보세요.

◆빛의 응용 전자기파

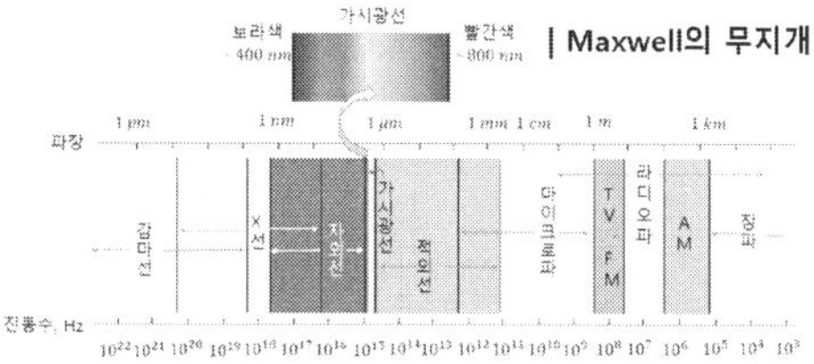

| Maxwell의 무지개 |

1. 라디오파(radio wave)
파장(λ) : 0.1m~10^4m
1888년 헤르츠가 발견
라디오와 텔레비전 통신

2. 마이크로파(microwave)
파장 : 0.3m~10^{-4}m
레이더, 전자레인지 등

3. 적외선(infrared wave)
파장 :10^{-3}m~10^{-8}m
물리 치료, 적외선 촬영 등

4. 가시광선(visible light)
파장 : 7×10^{-7}m~4×10^{-7}m
사람이 인식할 수 있는 파장

5. 자외선(ultraviolet wave)
파장 : 4×10^{-7}m~4×10^{-10}m
피부 그을림의 원인, 소독 등에 사용
비타민 D 흡수하게 해주는 요인
생체조직을 파괴 시킬 수 있음
대부분은 성층권에 존재하는 오존 분자들에 흡수

6. X-선(X-ray)
파장 : 10^{-8}m~10^{-12}m
의료 분야 진단용 도구, 암 치료
결정 구조 연구, 비파괴 검사 등

뢴트겐
1895년 발견

7. 감마선(gamma ray)
파장 : 10^{-10}m~10^{-14}m
방사선 핵의 핵 반응 중에 발생
우주에서 지구의 대기권으로 들어오는 우주선의 성분 중 하나
투과성이 높으며 파장이 짧기 때문에 유전자 구조에 영향을 미침
우주탐사에 응용 : 감마선 망원경

13장

거울과 렌즈에 의한 상

Flipped Learning	상의 형성/종합고찰
URL	https://youtu.be/1XEm7dMf1CY

◆ 주요 학습 내용

1. 상의 형성
2. 평면거울이 만드는 상
3. 거울 방정식과 배율
4. 오목거울에 의한 상
5. 볼록거울에 의한 상
6. 얇은 렌즈 방정식
7. 얇은 렌즈에 의한 상
8. 발산렌즈가 만드는 상

Isaac Newton, 1642 ~1726

학습목표

1. 거울 방정식과 가로 배율 방정식을 유도하고 문제에 적용할 수 있다.
2. 광선을 추적하여 광학 소자에 의해서 형성된 상이 정립인지 도립인지 실상인지 허상인지를 구별할 수 있다.
3. 오목거울과 볼록거울이 만드는 상의 위치와 배율을 계산할 수 있다.
4. 얇은 렌즈 방정식을 유도하고 문제에 적용할 수 있다.
5. 수렴렌즈와 발산렌즈가 만드는 상의 위치와 배율을 계산할 수 있다.

내용요약

- 실상은 물체의 한 점에서 나온 광선이 다시 하나의 점에 모여서 만드는 상이고, 허상은 마치 빛살이 어느 한 점에서 나오는 것처럼 보이는 겉보기상이다.
- 광학 소자에 의해서 만들어진 상이 물체와 같은 방향인 경우, 정립상이라 하고, 물체의 방향과 반대 방향인 경우, 도립상이라고 한다.
- 오목거울은 빛을 모으는 역할을 하므로 수렴거울이라고 하고, 볼록거울은 빛이 반사되므로 발산거울이라고 한다.
- 거울 방정식 또는 얇은 렌즈 방정식은 $\frac{1}{p}+\frac{1}{q}=\frac{1}{f}$이고, 가로 배율 방정식은 $M=\frac{h'}{h}=-\frac{q}{p}$이다.
- 방정식을 적용할 때 부호를 고려해야 한다. 예를 들어 수렴렌즈의 초점거리는 양수이고, 발산렌즈의 초점거리 값은 음수이다.
- 오목거울의 초점거리와 곡률반지름 사이에는 $f=\frac{R}{2}$인 관계가 성립한다.
- 볼록거울의 초점거리는 $f=-\frac{R}{2}$이다.
- 광선들이 주축에 평행하게 입사한 후 한 점에 모이는 볼록렌즈를 수렴렌즈라 하고, 광선들이 한 점에 모이지 않고 퍼져 나가는 오목렌즈를 발산렌즈라 한다.
- 렌즈 제작자의 공식은 $\frac{1}{f}=(n-1)\left(\frac{1}{R_1}-\frac{1}{R_2}\right)$이고, R_1과 R_2는 렌즈 앞면과 뒷면의 곡률반지름이다.

1 상의 형성

Flipped Learning	거울과 렌즈가 만드는 상
URL	https://youtu.be/qhneliPpWyI

그림 13.1과 같이 우리 주변에는 거울과 렌즈를 이용하여 제작한 편리한 도구들이 많이 있다. 작은 세계를 볼 수 있게 해주는 현미경이나, 멀고 거대한 세상을 볼 수 있게 해주는 망원경이 우리 인간의 지적 발달에 지대한 역할을 한 것은 부인할 수 없는 사실이다. 또한, 사진기, 내시경 등은 빛과 광학 소자들의 조합을 이용하여 우리의 생활에 편리함과 건강에 이로움을 준다. 이러한 광학기기들을 이해하기 위해서는 거울과 렌즈가 만드는 상을 이해하는 것이 필수적이다. 이제 거울과 렌즈가 만드는 상을 이해하기 위해서 기초적인 개념들에 대해서 알아보자.

렌즈나 거울이 만들어 내는 상(image)에는 실상(real image)과 허상(virtual image)이 있다. 실상은 물체의 한 점에서 나온 여러 개의 광선이 다시 하나의 점에 모여서 만드는 상이다. 스크린에 실제로 맺히는 상을 생각해 보면 이해하기 쉽다. 허상은 실상처럼 물체의 한 점에서 나온 광선이 한 점에 모이지는 않지만, 마치 빛살이 어느 한 점에서 나오는 것처럼 보이는 겉보기 상을 말한다. 거울에 비친 이미지는 허상이다.

광학 소자들이 만들어 내는 상에는 정립(upright)과 도립(inverted)이라는 개념도 있다. 어떤 광학 소자에 의해서 만들어진 상이 물체와 같은 방향인 경우, 정립상이라 하고, 물체의

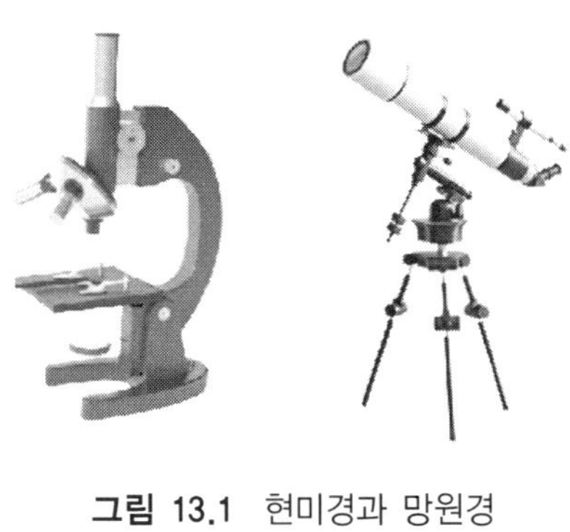

그림 13.1 현미경과 망원경

방향과 반대 방향인 경우, 도립상이라고 한다. 평면거울에 비친 상은 정립상이고 바늘구멍 사진기를 통해 얻은 상은 도립상이다.

◆ 관측: 망원경

갈릴레이 망원경
1609

뉴턴 망원경, 1672

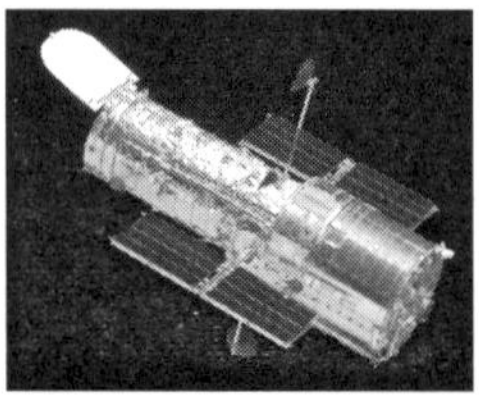

Hubble Space Telescope
2009

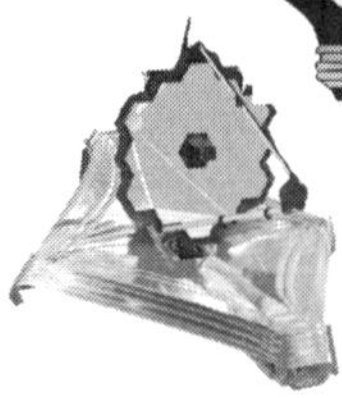

James Webb Space Telescope
2021년 12월 25

2 평면거울이 만드는 상

◆ 평면 거울이 만드는 상

1) **물체 거리(object distance) P** : 평면 거울로부터 물체가 있는 O까지의 거리

2) **상 거리(image distance) q** : I를 O에 있는 물체의 상(image)이라 하며, I가 위치하는 거울에서의 거리

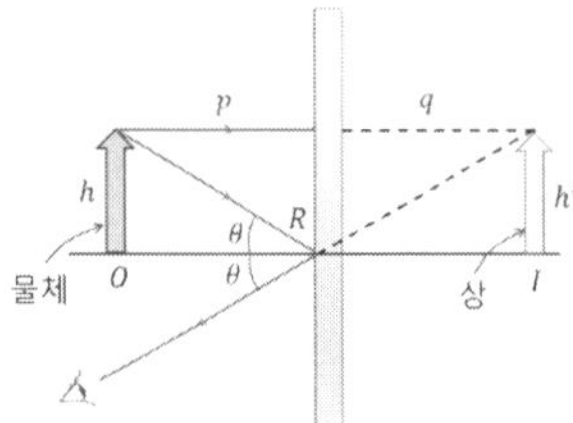

1. **거울 앞에 물체가 있을 때, 상은 거울 뒤의 같은 거리에 생김**
2. **상은 물체와 같은 크기 이고**
3. **허상이며 정립이다.**

➢ **거울 방정식 :** $\frac{1}{p}+\frac{1}{q}=\frac{1}{f}$

➢ **상의 가로 배율 방정식 (lateral magnification) :** $M = \frac{\text{상의 크기}}{\text{물체의 크기}} = \frac{h'}{h} = -\frac{q}{P}$

거울은 입사한 빛살을 산란시키지 않고 일정한 방향으로 반사한다. 평면거울이 만드는 상에 대해서 생각해 보자. 물체의 각 점에서 나오는 광선은 무한히 많다. 그러나 그림 2와 같이 두 개의 광선만 이용하여 상이 어디에 생기는지 결정할 수 있다. 첫 번째 광선은 물체의 꼭대기 P 점에서 시작하여 거울에 수직으로 입사 후 다시 같은 경로를 따라 되돌아가는 광선이다. 두 번째 광선은 비스듬한 경로로 입사하여 반사법칙에 따라 거울 면에서 반사된 광선이다. 거울 앞에 있는 관찰자에게는 두 개의 광선이 거울 뒤 P'에서 나오는 것처럼 보인다.

평면거울로부터 물체(object)까지의 거리를 p 라하고 상(image)까지의 거리를 q 라고 하자. 물체의 크기는 h 라하고 상의 크기는 h'이라고 하자. 그림 13.2에서 두 삼각형 PQR와 $P'QR$은 서로 합동이다. 그러므로 물체에서 거울까지 거리 p와 상부터 거울까지의 길이 q은 서로 같다. 또한, 물체의 크기 h와 상의 크기 h'도 같다. 이 사실에서 가로 배율(lateral magnification) M을 정의할 수 있는데

$$M = \frac{h'}{h} = -\frac{q}{p} \tag{2.1}$$

이다. 이 식은 거울의 종류와 관계없이 일반적으로 적용된다. 평면거울인 경우, 물체의 크기 h와 상의 크기 h'이 같으므로 $M = +1$이다. 배율이 양수라는 의미는 평면거울이 만드는 상이 정립임을 뜻한다. 또한, 평면거울은 좌우 반전(left-right reversal)인 상을 만드는 것이 아니라 앞뒤 반전(front-back reversal)인 상을 만든다.

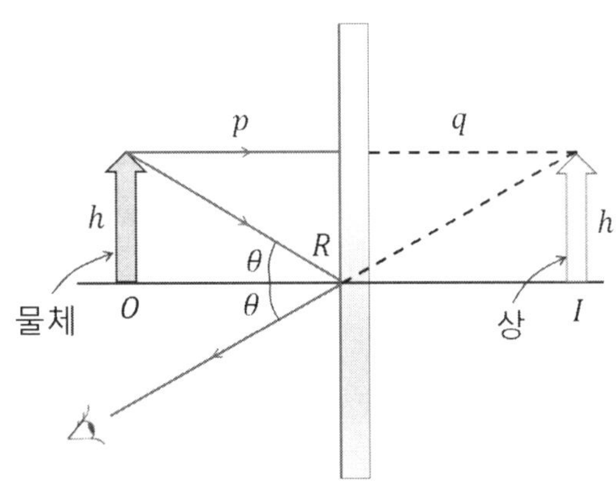

그림 13.2 평면거울이 만드는 상

3 거울 방정식과 배율

Flipped Learning	구면 거울이 만드는 상
URL	https://youtu.be/1_anOn9G6ys

◆구면 거울에 의한 상

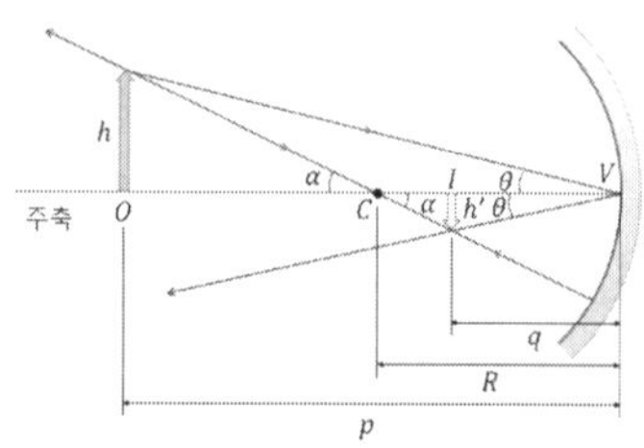

- **곡률 반지름** : R
- **곡률 중심** : 점 C
- 구면부의 중앙점 : 점 V
- **거울의 주축(principal axis)** : C와 V를 연결하는 직선
- **상점(image point)** : O에서 나와 발산하는 여러 광선이 거울에서 반사된 후 수렴하는 점 I

1. 배율 방정식

$$\frac{h}{p} = \tan\theta = -\frac{h'}{q} \Rightarrow M = \frac{h'}{h} = \frac{-q\tan\theta}{p\tan\theta} = -\frac{q}{p}$$

2. 거울 방정식

$$\frac{-h'}{R-q} = \tan\alpha = \frac{h}{p-R}$$

$$\frac{h'}{h} = -\frac{R-q}{p-R}$$

$$\frac{q}{p} = \frac{R-q}{p-R}$$

$$\frac{1}{p} + \frac{1}{q} = \frac{2}{R} \Rightarrow \frac{1}{p} + \frac{1}{q} = \frac{1}{f}$$

$$f = \frac{R}{2}$$

구면 거울(spherical mirror)이 만드는 상에 대해서 생각해 보자. 구면 거울에 의해서 생기는 물체와 상 사이의 관계를 알아보고 배율과 거울 방정식을 유도해 보자. 구면 거울에는 두 종류가 있는데, 오목거울(convex mirror)과 볼록거울(concave mirror)이다. 오목거울은 평면거울을 공의 안쪽 표면처럼 오목하게 구부려 만든 거울로 빛을 모으는 역할을 하므로 수렴거울(converging mirror)이라고도 한다. 볼록거울은 빛이 바깥쪽 볼록한 면에 반사가 되도록 도금한 거울을 말한다. 볼록거울은 발산거울(diverging mirror)이라고도 하는데 빛살이 볼록거울 면에서 반사될 때, 마치 거울 뒷면의 한 점에서 나오는 것처럼 발산하기 때문에 붙은 이름이다.

구면 거울 중 오목거울을 이용하여 거울 방정식(mirror equation)을 유도해 보자. 그림

13.3과 같이 오목거울의 곡률반지름은 R, 곡률의 중심은 C, 거울의 중앙점을 V라 하자. 이제 두 개의 빛살을 이용하여 기하학적 구조를 생각해 보자. 삼각형 OAV와 IVB에서 각 θ의 탄젠트 값은

$$\frac{h}{p} = \tan\theta = -\frac{h'}{q} \tag{3.1}$$

이다. 오른쪽 항에 음의 부호가 붙은 것은 상이 뒤집혀 있기 때문이다. 물체의 크기 h와 상의 크기 h' 사이의 배율 M은

$$M = \frac{h'}{h} = \frac{-q\tan\theta}{p\tan\theta} = -\frac{q}{p} \tag{3.2}$$

이다.

이번에는 삼각형 IBC와 IBV에서 α에 대한 탄젠트 값을 구하면

$$\frac{-h'}{R-q} = \tan\alpha = \frac{h}{p-R} \tag{3.3}$$

이다. 식을 정리하면

$$\frac{h'}{h} = -\frac{R-q}{p-R} \tag{3.4}$$

이다. 식 3.2와 식 3.4에서

$$\frac{q}{p} = \frac{R-q}{p-R} \tag{3.5}$$

이다. 식을 정리하면

$$\frac{1}{p} + \frac{1}{q} = \frac{2}{R} \tag{3.6}$$

이다. 이 식을 거울 방정식(mirror equation)이라고 한다. 거울의 초점거리(focal length)와 곡률반지름 사이에는

$$f = \frac{R}{2} \tag{3.7}$$

인 관계가 성립한다. 식 3.6을 초점거리를 이용해서 다시 쓰면

$$\frac{1}{p} + \frac{1}{q} = \frac{1}{f} \tag{3.8}$$

이다.

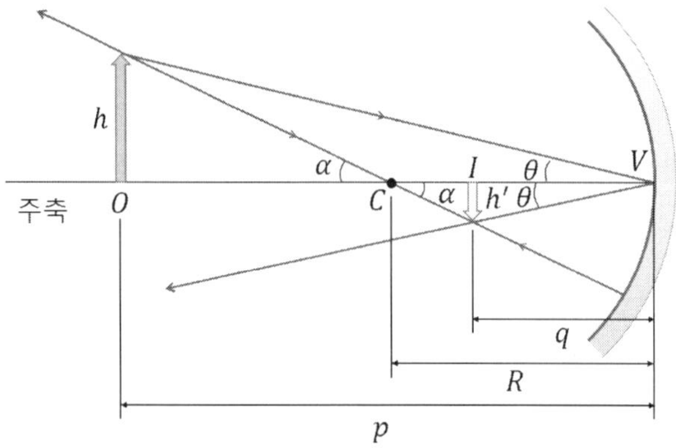

그림 13.3 거울 방정식

4 오목거울에 의한 상

◆ 오목-볼록 거울에 의한 상

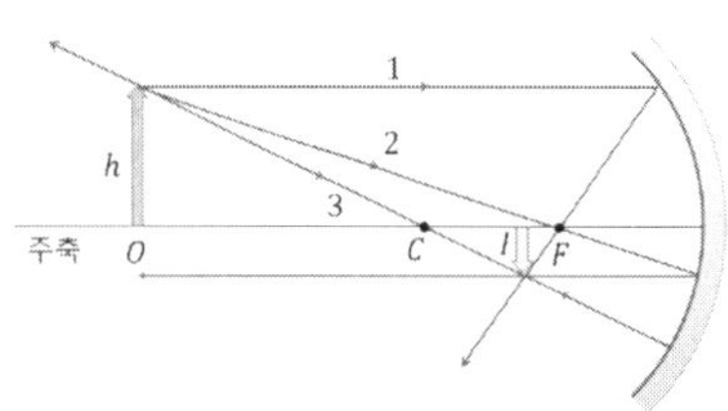

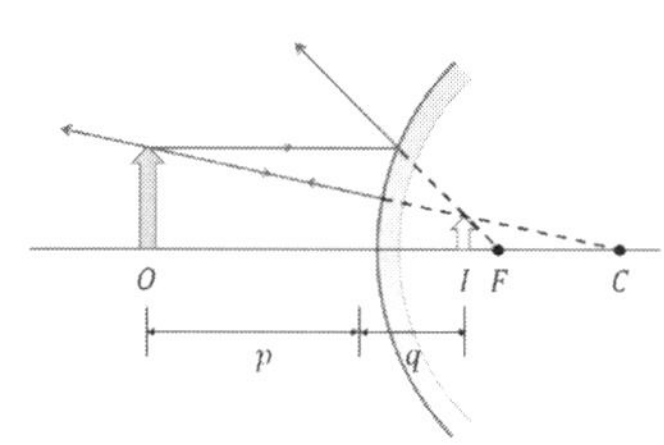

◆ 오목 거울의 초점거리: $f = \frac{1}{2}R$

◆ 볼록 거울의 초점거리: $f = -\frac{1}{2}R$

- **광선 1:** 주축에 평행하게 입사한 광선 → 반사 후 초점을 지나 감
- **광선 2:** 거울의 중심으로 입사한 광선 → 입사광선과 같은 각도로 반사됨
- **광선 3:** 초점을 통과하여 입사한 광선 → 반사 후 주축에 평행하게 반사됨
- **광선 4:** 곡률 반지름 C를 통과하여 입하한 광선 → 반사 후 입사 경로로 되돌아 감

그림 13.4와 같이 네 개의 광선을 이용하여 오목거울이 만드는 상을 추적해 보자. 이와 같이 광선을 그려서 광학 소자들이 만드는 상을 알아내는 그림을 광선 도표(ray diagram)라고 한다.

- 광선 1: 주축에 평행하게 입사한 광선은 반사 후 초점을 지나게 그린다.
- 광선 2: 거울의 중심으로 입사한 광선은 입사광선과 같은 각도로 반사되게 그린다.
- 광선 3: 초점을 통과하여 입사한 광선은 반사 후 주축에 평행하게 그린다.
- 광선 4: 곡률반지름 C를 통과하여 입사한 광선은 반사 후 입사 경로로 되돌아가게 그린다.

이 네 개의 광선 중에서 두 개 이상의 광선을 추적하여 반사된 빛살이 만드는 교차점을 찾아 주축으로부터 화살표를 그리면 오목거울이 만드는 상이 된다. 그림 13.4의 경우에 오목거울은 도립실상을 거울 앞쪽에 만든다. 이와 같은 방법을 응용하여 볼록거울이 만드는 상도 찾을 수 있다.

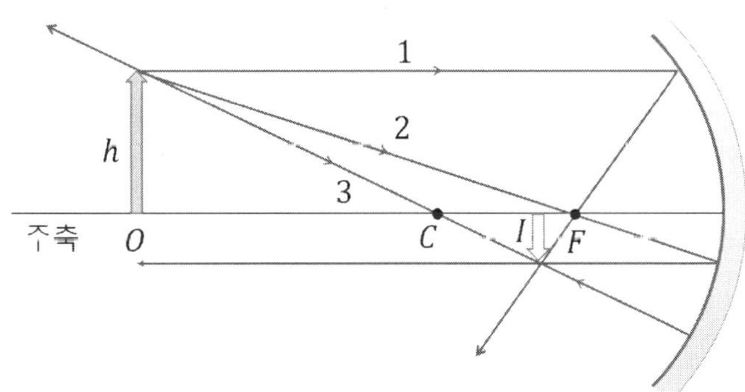

그림 13.4 광선 추적

오목거울이 만드는 상을 예에 적용하여 숙지해 보자. 광축으로부터 높이가 3.50 cm인 물체가 곡률반지름이 15.0 cm인 오목거울로부터 10.0 cm 되는 곳에 있는 경우, 상의 위치와 상의 높이를 계산해 보자. 어떻게 계산할 수 있을까?

거울 방정식은 식 3.8에서

$$\frac{1}{p} + \frac{1}{q} = \frac{1}{f} \tag{4.1}$$

인데, 조건에서는 초점거리를 알 수가 없다. 초점거리는 곡률반지름에서 구할 수 있는데 오목거울이므로

$$f = \frac{R}{2} \tag{4.2}$$

이고, 7.5 cm 이다. 곡률반지름에서 초점거리를 계산할 때는 거울의 수렴과 발산 여부를 확인하고 양과 음의 값을 결정해야 한다. 수렴하면 (+) 이고, 발산하면 (−) 다. 대입하며 상의 위치는

$$\frac{1}{q} = \frac{1}{7.50\ \text{cm}} - \frac{1}{10.0\ \text{cm}} \tag{4.5}$$

에서

$$q = \frac{(7.50\ \text{cm} \times 10.0\ \text{cm})}{(10.0\ \text{cm} - 7.50\ \text{cm})} = 30.0\ \text{cm} \tag{4.4}$$

이고, 양의 값을 가지므로 상은 실상이다. 상의 높이는 가로 배율 공식

$$M = \frac{h'}{h} = -\frac{q}{p} \tag{4.5}$$

에서 계산할 수가 있는데, 먼저 배율을 계산하면

$$M = -\frac{q}{p} = -\frac{30.0\ \text{cm}}{10.0\ \text{cm}} = -3.00 \tag{4.6}$$

이다. 어떤 의미일까? 실제 물체보다 3배 큰 도립상이 생긴다는 의미이다. 상의 높이는

$$h' = -3.00 \times 3.5\ \text{cm} = -10.5\ \text{cm} \tag{4.7}$$

이다.

문제 곡률반지름이 8.40 cm 인 오목거울로부터 높이 3.00 cm 인 물체가 6.50 cm 되는 곳에 있다. 1) 상의 위치 q와 2) 상의 높이 h'을 구하라. 3) 위 문제에서 구한 상은 a) 정립인지 도립인지, b) 실상인지 허상인지 답하라.

풀 이 곡률반지름과 초점과의 관계

$$f = \frac{R}{2}$$

에서, 초점은 $f = 4.20\,\text{cm}$ 이다.

1) 거울 방정식에서

$$\frac{1}{6.50} + \frac{1}{q} = \frac{1}{4.20}$$

이고, $q = 11.9\,\text{cm}$ 이다.

2) 배율 방정식에서

$$M = -\frac{11.9}{6.50} = -1.83$$

이다.

3) 상은 도립실상이다.

5 볼록거울에 의한 상

그림 13.5는 볼록거울이 만드는 상에 대한 광선도표이다. 이용한 광선은 주축에 평행으로 입사한 광선과 볼록거울의 곡률반경 C로 입사한 광선을 이용하여 광선추적을 하였다. 주축과 평행하게 입사한 광선은 볼록거울에서 반사가 되는데 마치 거울 내부의 초점 F에서 빛살이 나온 것과 같은 경로로 반사가 된다. 그리고 곡률반경 C로 입사한 광선은 왔던 경로로 되돌아간다. 거울 내부에서의 경로는 그림 13.5와 같이 점선으로 그리면 된다. 상은 두 점선이 만나는 점으로 주축에서 수직으로 화살표를 그려주면 된다. 볼록거울이 만드는 상은 정립허상으로 거울의 안쪽에 위치한다.

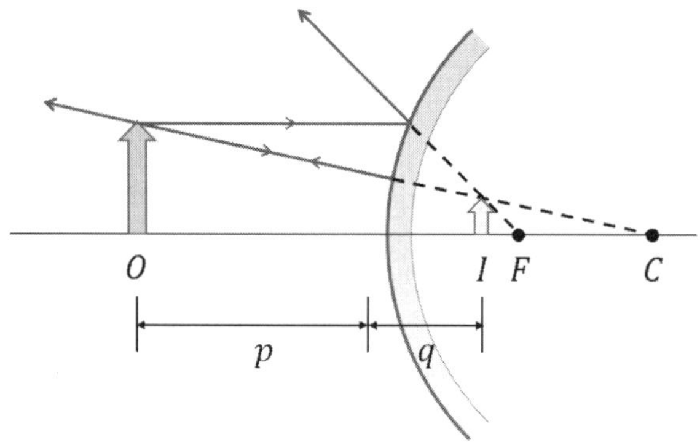

그림 13.5 볼록거울에 의한 상

문제 초점거리가 6.50 cm인 볼록거울(발산거울) 앞으로 15.0 cm되는 곳에 높이 2.50 cm의 물체가 놓여있다. 상의 위치를 구하라.

풀 이 거울 방정식에서

$$\frac{1}{p}+\frac{1}{q}=\frac{1}{f}$$

이고,

$$\frac{1}{15.0}+\frac{1}{q}=\frac{1}{-6.50}$$

이다. 상의 위치는

$$q=\frac{-6.50\times 15.0}{15.0+6.50}=-4.53\ \mathrm{cm}$$

이다.

6 얇은 렌즈 방정식

◆ 얇은 렌즈 방정식(thin lens equation)

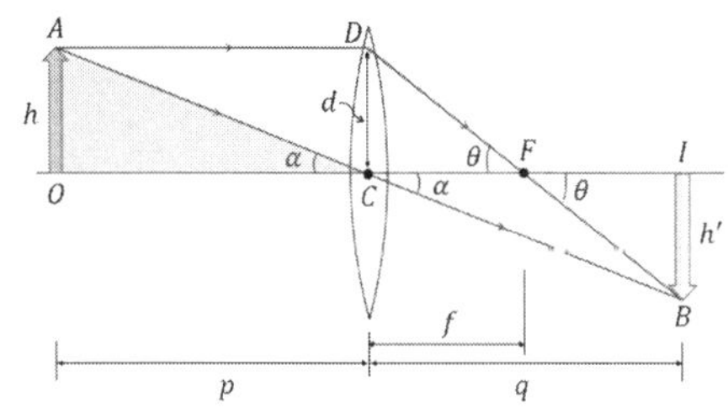

1. 배율 방정식

$$\frac{h}{p} = \tan\alpha = -\frac{h'}{q} \Rightarrow \boxed{M = \frac{h'}{h} = -\frac{q}{p}}$$

2. 거울 방정식

$$\frac{d}{f} = \tan\theta = -\frac{h'}{q-f}$$

$$\frac{h}{f} = \tan\theta = -\frac{h'}{q-f}$$

$$\frac{h'}{h} = -\frac{q-f}{f}$$

$$\frac{q}{p} = \frac{q-f}{f} \Rightarrow \boxed{\frac{1}{p} + \frac{1}{q} = \frac{1}{f}}$$

얇은 렌즈 방정식(thin lens equation)을 유도해 보자. 얇은 렌즈라고 가정한 이유는 렌즈가 두께를 갖게 되면 빛의 경로를 변화시키는 등 다양한 수차(aberrations)가 발생하게 되는데 이러한 복잡한 현상을 제거하고 단순화시키기 위해서다. 그림 13.6과 같이 두 개의 빛살을 이용하여 기하학적 구조를 생각해 보자. 삼각형 OAC와 IBC에서 각 α의 탄젠트 값은

$$\frac{h}{p} = \tan\alpha = -\frac{h'}{q} \tag{6.1}$$

이다. 물체의 크기 h와 상의 크기 h' 사이의 배율 M은

$$M = \frac{h'}{h} = -\frac{q}{p} \tag{6.2}$$

이다.

이번에는 삼각형 CDF와 IFB에서 θ에 대한 탄젠트 값을 구하면

$$\frac{d}{f} = \tan\theta = -\frac{h'}{q-f} \tag{6.3}$$

이다. 식에서 선분 CD 사이의 높이 d는 물체의 크기 h와 같으므로

$$\frac{h}{f} = \tan\theta = -\frac{h'}{q-f} \tag{6.4}$$

이다. 정리하면

$$\frac{h'}{h} = -\frac{q-f}{f} \tag{6.5}$$

이고, 식 6.2에 의해서

$$\frac{q}{p} = \frac{q-f}{f} \tag{6.6}$$

이다. 정리하면

$$\frac{1}{p} + \frac{1}{q} = \frac{1}{f} \tag{6.7}$$

이다. 이 식을 얇은 렌즈 방정식이라고 한다. 얇은 렌즈에서 배율과 상과 초점 사이의 관계는 거울 방정식과 본질적으로 같은 식임을 알 수 있다. 이 방정식은 수렴렌즈와 발산렌즈에 모두 사용할 수 있다. 단 적용할 때 부호를 고려해야 한다. 예를 들면 수렴렌즈의 초점거리는 양수이고, 발산렌즈의 초점거리 값은 음수이다.

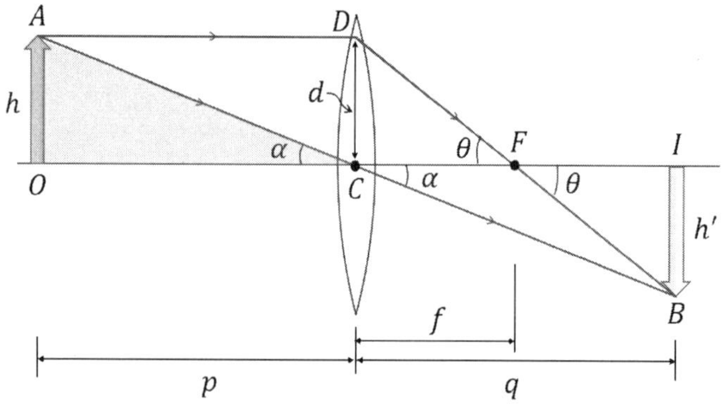

그림 13.6 얇은 렌즈 방정식

얇은 렌즈의 굴절률이 n이라 하고 공기 중에 있는 경우 초점거리는

$$\frac{1}{f} = (n-1)\left(\frac{1}{R_1} - \frac{1}{R_2}\right) \tag{6.8}$$

로 주어진다. 이 식을 렌즈 제작자의 공식(lens maker's equation)이라고 한다. R_1과 R_2는 렌즈 앞면(물체 쪽)과 뒷면의 곡률반지름이다.

수렴렌즈가 만드는 상을 예에 적용하여 숙지해 보자. 초점거리 10.0 cm 인 수렴렌즈가 물체의 상을 형성하였다. 물체까지 거리가 5.00 cm 일 때 상의 위치와 배율을 계산해 보자. 얇은 렌즈 방정식

$$\frac{1}{p} + \frac{1}{q} = \frac{1}{f} \tag{6.9}$$

에서,

$$\frac{1}{5.00\ \text{cm}} + \frac{1}{q} = \frac{1}{10.0\ \text{cm}} \tag{6.9}$$

이고, 상의 위치는 $q = -10$ cm 이다. q가 음수이므로 상은 물체와 같은 쪽에 생기고 허상이다. 배율은

$$M = \frac{h'}{h} = -\frac{q}{p} \tag{6.9}$$

에서

$$M = -\left(\frac{-10.0\ \text{cm}}{5.00\ \text{cm}}\right) = 2.00 \tag{6.9}$$

이다. 배율 M이 양수이므로 상은 정립이고 물체 크기의 2배이다. 정리하면 상은 정립이고 허상이 형성된다.

문제 높이가 1.20 cm 인 물체가 수렴렌즈에서 65.0 cm 인 곳에 있다. 렌즈의 초점거리는 100 mm 이다. 1) 렌즈와 상 사이의 거리 q와 2) 상의 크기 h'를 구하라.

풀 이 1) 얇은 렌즈 방정식에서

$$\frac{1}{p} + \frac{1}{q} = \frac{1}{f}$$

이고, 상의 위치는

$$\frac{1}{q} = \frac{1}{10} - \frac{1}{65}$$

에서

$$q = \frac{650}{55} = 11.8\ \text{cm}$$

이다.

2) 상의 크기를 구하기 위해서는 배율을 먼저 구해야 하는데

$$M = -\frac{11.8}{65} = -0.182$$

이고,

$$h' = (1.20)(-0.182) = -0.218\text{ cm}$$

이다.

7 수렴렌즈가 만드는 상

Flipped Learning	얇은 렌즈가 만드는 상
URL	https://youtu.be/al0nwQ1yNAs

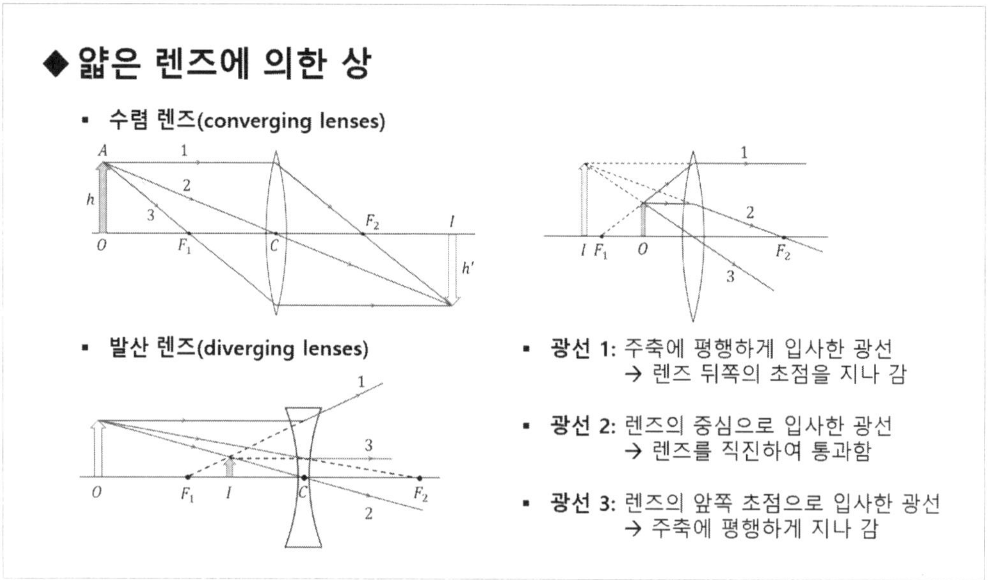

렌즈가 만드는 상에 대해서 알아보았다. 물체와 상 사이의 관계를 알아보고 배율 방정식과 얇은 렌즈 방정식을 유도해 보았다. 렌즈는 주축을 공유하고 양쪽으로 굴절 구면을 갖고 빛이 통과할 수 있는 투명한 물체를 말한다. 보통 얇은 렌즈(thin lens)는 유리나 플라스틱으로 만들 수 있다.

렌즈는 두 종류가 있다. 수렴렌즈(converging lenses)와 발산렌즈(diverging lenses)다. 수렴렌즈란 광선들이 주축에 평행하게 입사한 후 한 점에 모이는 볼록렌즈를 말한다. 발산렌즈는 광선들이 한 점에 모이지 않고 퍼져 나가는 오목렌즈를 말한다.

그림 13.7과 같이 세 개의 광선을 이용하여 수렴렌즈가 만드는 상을 추적해 보자.

- 광선 1과 같이 주축에 평행하게 입사한 광선은 굴절하여 렌즈 뒤쪽의 초점을 지나간다.
- 광선 2는 렌즈의 중심으로 입사한 광선이다. 이 광선은 굴절되지 않고 렌즈를 직진하여 통과한다.
- 광선 3과 같이 렌즈의 앞쪽 초점으로 입사한 광선은 렌즈에서 굴절하여 주축에 평행하게 지나간다.

세 빛살이 교차하는 지점에 상이 생긴다. 수렴렌즈가 만드는 상은 도립실상이고 렌즈의 뒤쪽에 위치한다.

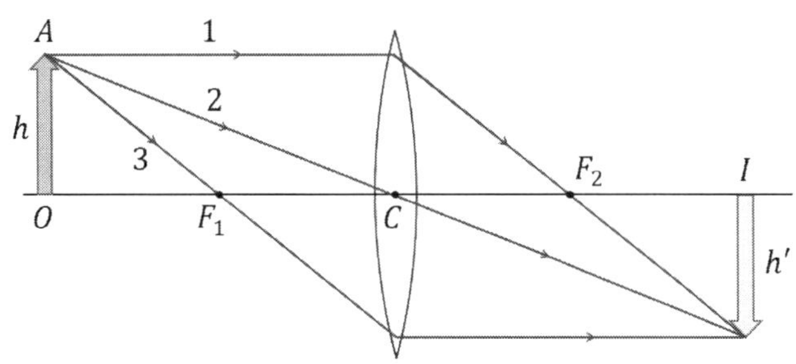

그림 13.7 수렴렌즈에 의한 상

이번에는 수렴렌즈에서 물체의 위치가 렌즈의 앞쪽 초점거리 F_1과 물체 사이에 있다고 한다면 상은 어떻게 될까? 그림 13.8과 같이 상은 물체의 뒤쪽에 확대된 정립허상이 생긴다. 이 원리를 이용하여 확대경을 제작할 수 있다.

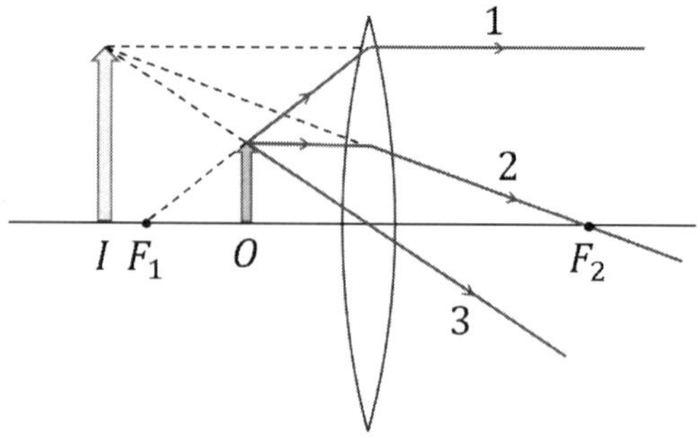

그림 13.8 수렴렌즈에 의한 상

8 발산렌즈가 만드는 상

그림 13.9와 같이 세 개의 광선을 이용하여 발산렌즈가 만드는 상을 추적해 보자.

- 광선 1과 같이 주축에 평행하게 들어간 빛살은 발산렌즈에서 굴절한다. 굴절하는 방향은 렌즈 앞 초점 F_1에서 빛이 나온 것 같이 직진하게 된다.
- 광선 2와 같이 렌즈의 중심으로 입사한 빛살은 경로의 변화 없이 직진한다.
- 광선 3과 같이 렌즈 뒤의 초점을 향해 입사한 광선은 주축에 평행하게 렌즈에서 굴절된다.

발산렌즈가 만드는 상은 정립허상이고, 앞 초점과 물체 사이에 놓이게 된다.

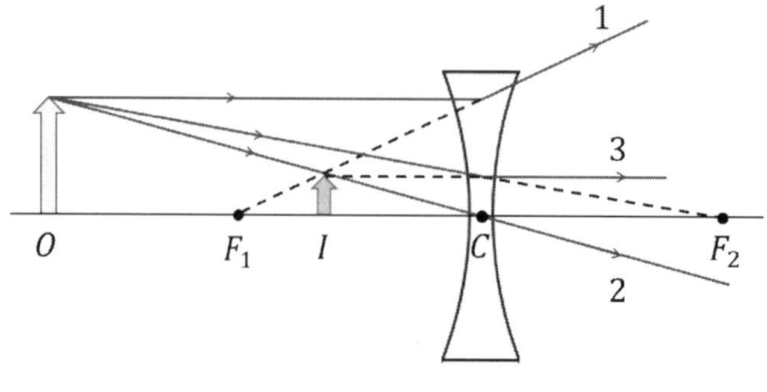

그림 13.9 발산렌즈에 의한 상

발산렌즈에 의해 형성되는 상을 예를 들어 직접 작도해 보자. 초점거리가 13.0 cm 인 발산렌즈를 상정하고 물체까지의 거리는 7.50 cm 라고 하자. 이런 조건에서 형성되는 상을 어떻게 작도할 수 있을까? 먼저 상이 생기는 위치와 배율을 계산해야 한다. 상이 생기는 위치는

$$\frac{1}{7.50 \text{ cm}} + \frac{1}{q} = -\frac{1}{13.0 \text{ cm}} \tag{8.1}$$

에서 $q = -4.76 \text{ cm}$ 이다. 음수이므로 허상이다. 배율은

$$M = -\frac{-4.76 \text{ cm}}{7.50 \text{ cm}} = 0.634 \tag{8.2}$$

이고, 양수이고 1보다 작으므로, 상은 정립이고 그 크기는 물체보다 작은 것을 알 수 있다. 이 정보를 이용하여 광선 추적곡선으로 발산렌즈가 만드는 상을 작도하면 그림 13.10과 같다.

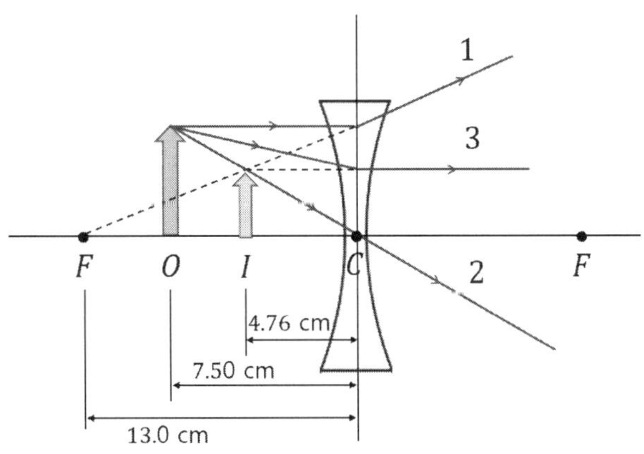

그림 13.10 발산렌즈에 의한 상 작도

문제 초점거리 10.0 cm 인 발산렌즈(오목)가 물체의 상을 형성하였다. 물체 거리가 5.00 cm 일 때 1) 상의 위치 q 와 2) 배율 M을 계산하고 3) 상이 정립인지 도립인지, ii) 실상인지 허상인지 결정하라.

풀 이 1) 얇은 렌즈 방정식에서

$$\frac{1}{2.00} + \frac{1}{q} = \frac{1}{-10.0}$$

이고,

$$q = -3.33\,\text{cm}$$

이다. q가 음수이므로 허상이다.

2) 배율 방정식에서

$$M = -\frac{-3.33}{5.00} = 0.666$$

이다. 배율 M이 양수이고 1보다 작으므로, 상은 정립이고 물체보다 작다.

3) 상은 정립이고 허상이다.

◆ 망원경의 종류_갈릴레이식 망원경_케플러식 망원경

❖ 굴절망원경 :
- 빛이 렌즈를 통과할 때 굴절되는 특성을 이용해 빛을 모을 수 있도록 만듦
- 접안렌즈에 따라 갈릴레이식과 케플러식 이 있음

Galileo Galilei, 1564년~1642년

*갈릴레이식 굴절 망원경
- 대물렌즈 : **볼록렌즈**
- 접안렌즈 : **오목렌즈**로 구성

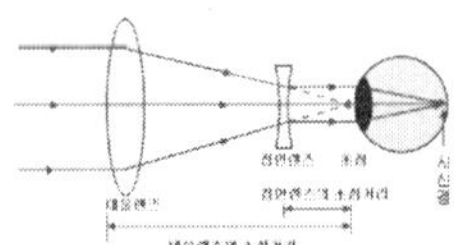

- 장점 : 상이 **정립(똑바로)**으로 보임
- 단점 : **시야(볼 수 있는 영역)가 좁음**, **색수차**가 생김
- 용도 : 오페라 관람용 망원경, 측지용 등.
  그러나 천문용으로는 잘 이용되지 않음

Johannes Kepler, 1571년~1630년

*케플러식 굴절 망원경
- 대물렌즈 : **볼록렌즈**
- 접안렌즈 : **볼록렌즈**로 구성

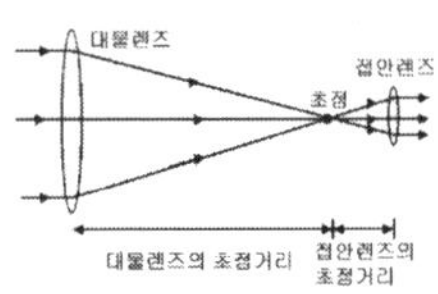

- 장점 : **시야가 넓은**
- 단점 : 상이 **도립(꺼꾸로)**보임, **색수차**가 생김
- 용도 : 천문관측 및 지상관측 용

[참조: 한국천문연구원]

◆ 망원경의 종류_뉴턴식 망원경_카세그레인식 망원경

❖ 반사망원경 :
- 렌즈 대신에 거울을 이용해서 상을 맺는 광학 망원경
- 오목 거울을 이용하여 물체로부터 오는 빛을 반사 시켜, **확대시킨 상**을 접안 렌즈(볼록 렌즈)로 봄

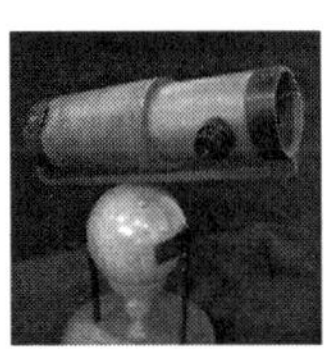

Isaac Newton, 1642~1727

*뉴턴식 반사 망원경
- 주경 : **포물면의 오목거울**
- 부경 : 주경의 초점 앞에 45도 **평면 반사거울**

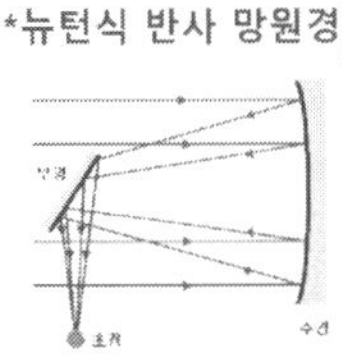

- 장점 : **제작이 간단함** → 가격이 저렴
  초점 거리를 비교적 짧게 만들 수 있음
  사진 촬영 등에 유리함
- 단점 : **코마수차**가 나타남
- 용도 : 교육용, 아마추어용 등

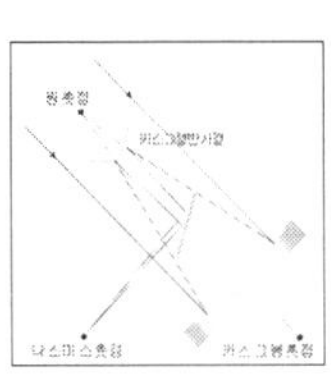

*카세그레인식 망원경
- 주경 : 뉴턴식과 같이 **포물면**, **중심에 구멍**
- 부경 : 주경의 초점 위치에 **쌍곡면**

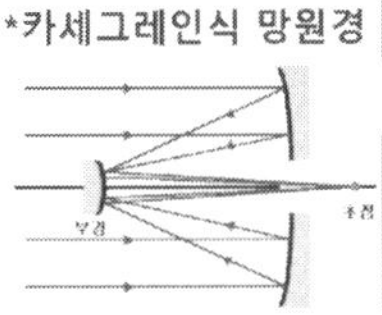

- 장점 : **뉴턴식에 비해 경통 길이가 짧음**
  무게 균형을 맞추기 용이
- 단점 : **코마수차** 나타남
- 용도 : 분광측광, 광전측광 등

[참조: 한국천문연구원]

◆ 렌즈의 수차(Lens Aberrations)

- 수차(aberrations) : 이론으로 예측되는 이상적인 상과 실제 상(불완전한 상)과의 차이를 수차 (aberrations)라고 함

> 상을 맺을 때 한점에서 나온 빛이 광학계를 통한 다음 → **한점에 모이지 않고**
> → 영상이 빛깔이 있어 보이거나 일그러지는 현상

> 거울과 렌즈를 포함하는 광학계의 근본적인 문제 중의 하나로
> → 주로 **렌즈의 모양과 형태의 결함**으로
> → 완전하지 못한 상이 형성되는 것

- 색 수차 :
파장이 다른 광선들이 렌즈에서 굴절된 후 → **각기 다른 점에 초점을 맺기 때문**에 일어나는 수차

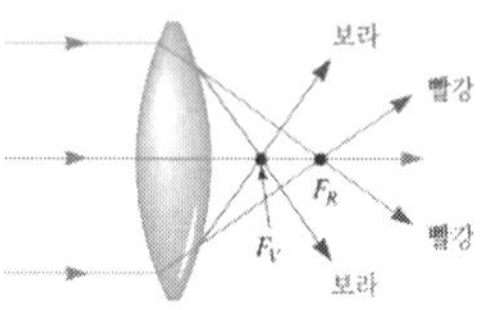

- 구면 수차 :
렌즈 또는 거울의 **주축에서 멀리 떨어져 입사하는 광선**들의 초점이 → **렌즈의 중심을 지나는 광선의 초점과 다르기 때문**에 일어나는 수차

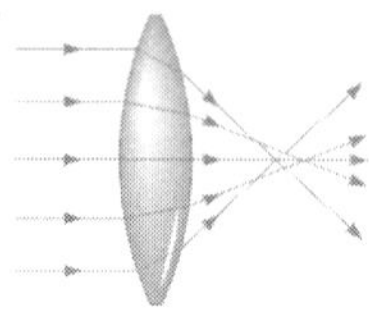

- 코마(혜성형 수차) :
광축에 평행하지 않는 빛이 들어오는 경우 생기는 수차

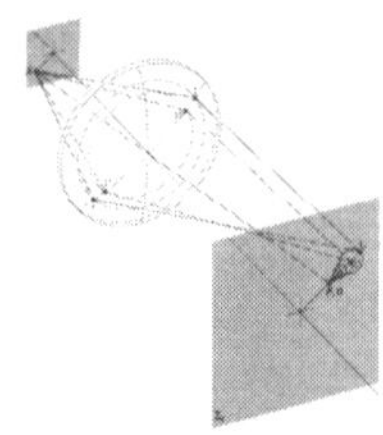

보충 문제

01 그림을 참조하여 거울 방정식을 유도하라.

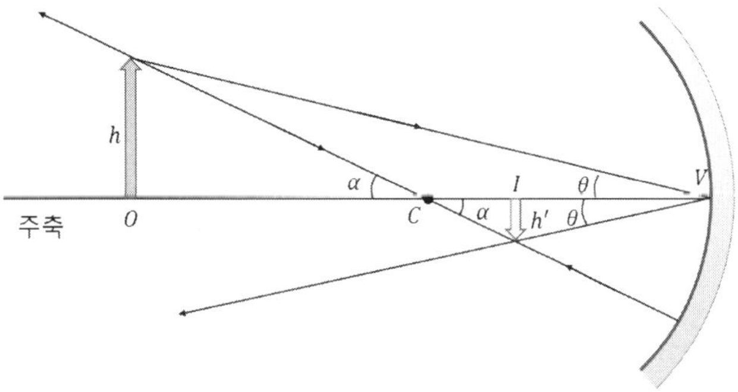

풀이 $\dfrac{1}{p}+\dfrac{1}{q}=\dfrac{1}{f}$

☞ 본문 내용 참조

02 오목렌즈에 의한 상을 3개의 광선으로 추적하여 그려라.

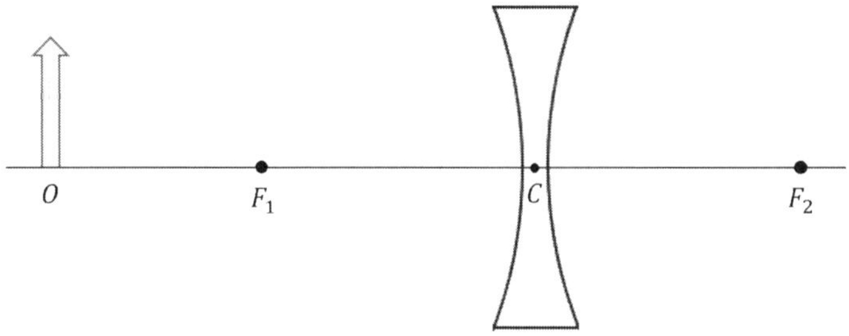

풀이

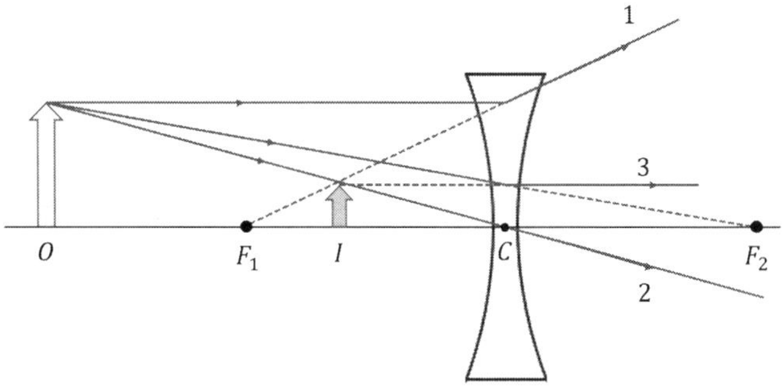

03 볼록거울에 의한 상을 3개의 광선으로 추적하여 그려라.

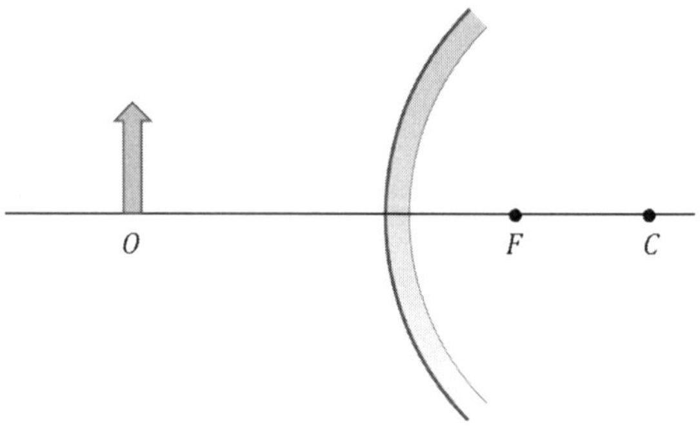

풀이

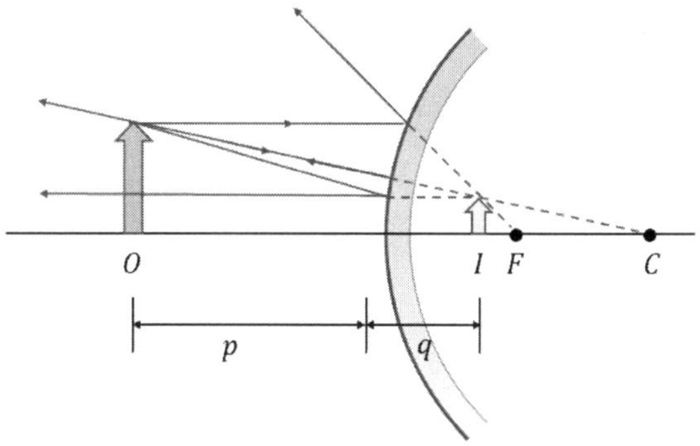

04 초점거리가 20.0 cm 인 볼록거울을 이용하여 뒤쪽 10.0 cm 되는 곳에 상을 형성하려고 한다. 1) 물체의 위치 p와 2) 배율 M을 구하라. 3) 상은 a) 정립인지 도립인지, b) 실상인지 허상인지 답하라.

풀이 1) 거울 방정식에서

$$\frac{1}{p}+\frac{1}{-10}=\frac{1}{-20}$$

이고,

$$p=20\,\text{cm}$$

이다.

2) 배율 방정식에서

$$M=-\frac{-10}{20}=0.5$$

이다.

3) 상은 정립이고 허상이다.

Flipped Learning	얇은 렌즈가 만드는 상의 위치와 배율 구하기
URL	https://youtu.be/aajFlscX7To

05 초점거리 15.0 cm인 수렴렌즈가 물체의 상을 형성하였다. 물체 거리가 8.00 cm일 때 1) 상의 위치 q와 2) 배율 M을 구하라. 3) 상은 a) 정립인지 도립인지, b) 실상인지 허상인지 답하라.

풀이 1) 얇은 렌즈 방정식에서

$$\frac{1}{8.00}+\frac{1}{q}=\frac{1}{15.0}$$

이고,

$$q=-17.1\,\text{cm}$$

이다. q에 대해서 풀면 q가 음수이므로 상은 물체와 같은 쪽에 생기고 허상이다.

2) 배율 방정식에서

$$M=-\frac{-17.1}{8}=2.14$$

이다. M이 양수이고 1보다 크기 때문에 상은 정립이다.

3) 상은 정립이고 허상이다.

06 초점거리 10.0 cm인 발산렌즈(오목)가 물체의 상을 형성하였다. 물체 거리가 30.0 cm일 때 상의 위치 q를 구하라.

풀이 얇은 렌즈 방정식에서

$$\frac{1}{30.0}+\frac{1}{q}=\frac{1}{-10.0}$$

이고,

$$q=-7.50\text{ cm}$$

이다. 음수이므로 허상이다

07 초점거리 $0.50\,\text{cm}$인 오목렌즈가 물체의 상을 형성하였다. 물체 거리가 $20.0\,\text{cm}$일 때 1) 상의 위치 q와 2) 배율 M을 구하라. 3) 상은 a) 정립인지 도립인지, b) 실상인지 허상인지 답하라.

풀이 1) 얇은 렌즈 방정식에서

$$\frac{1}{20} + \frac{1}{q} = \frac{1}{-5}$$

이고,

$$q = -4.00\ \text{cm}$$

이다.

2) 배율 방정식에서

$$M = -\frac{-4.00}{20.0} = 0.20$$

이다.

3) 상은 정립이고 허상이다.

08 높이 $2.50\ \text{cm}$인 물체가 곡률반지름이 $10.0\ \text{cm}$인 오목거울로부터 $8.00\ \text{cm}$ 되는 곳에 있다. 상 높이 h'을 구하라.

풀이 거울 방정식

$$\frac{1}{p} + \frac{1}{q} = \frac{1}{f}$$

에서, 곡률반지름과 초검 사이의 관계는

$$f = \frac{R}{2}$$

이므로, 물체의 위치는

$$\frac{1}{q} = \frac{1}{f} - \frac{1}{p}$$

$$\frac{1}{q} = \frac{1}{5} - \frac{1}{8}$$

에서

$$q = \frac{(5 \times 8)}{(8-5)} = 13.3\ \text{cm}$$

이고, 상은 실상이다.

배율은

$$M = -\frac{q}{p} = -\frac{13.3}{8} = -1.66$$

이므로, 상의 높이는

$$h' = -1.66 \times 2.5 = -4.15 \text{ cm}$$

이고, 도립이다.

09 점 거리 15.0 cm 인 수렴렌즈가 물체의 상을 형성하였다. 물체 거리가 8.00 cm 일 때 3개의 광선을 추적하여 상의 무습을 그리고 상위 위치와 배율을 기록하라.

풀이 상이 생기는 위치는

$$\frac{1}{8} + \frac{1}{q} = \frac{1}{15}$$

에서

$$q = -17.1 \text{ cm}$$

이다. 음수이므로 상은 물체와 같은 쪽에 생기고 허상이다. 배율은

$$M = -\frac{-17.1}{8} = 2.14$$

이다. 배율이 양수이고 1보다 크기 때문에 상은 정립이고 물체 크기의 두 배보다 약간 크다. 이 정보를 이용하여 광선 추적곡선으로 그리면

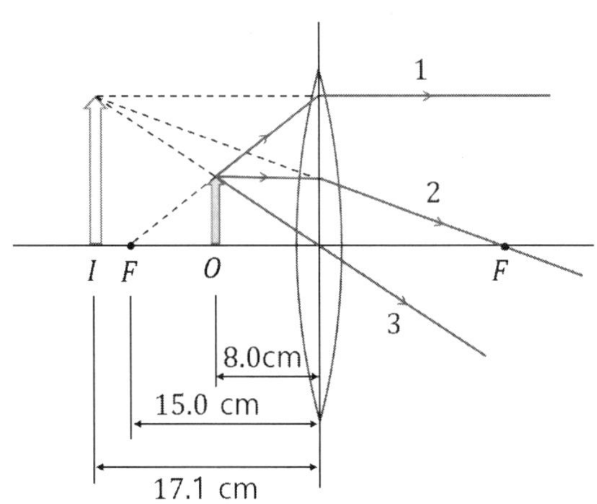

이다.

보충 심화

• 렌즈를 조합하면 망원경이나 현미경을 제작할 수 있습니다. 또는 기존 상용 과학기기를 이용하여 크고 멀리 있는 세상이나 가까이에 있으나 작은 세상을 관찰해 보고, 관찰 결과와 측정 장비를 개선할 수 있는 방법에 대해서 토론해 보세요.

◆ 달_망원경 촬영

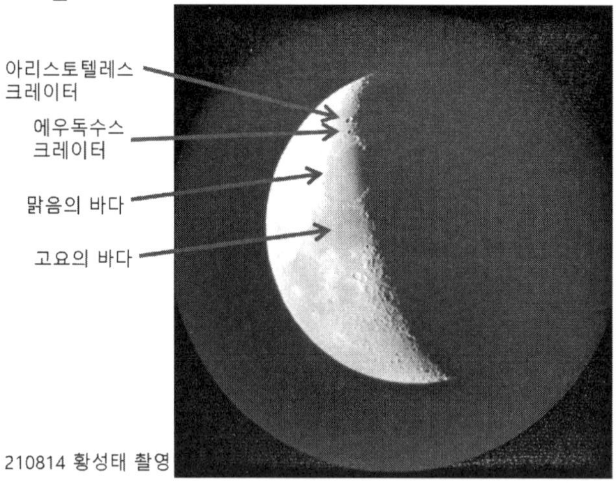

210814 황성태 촬영

• 슈미트-카세그레인
- 초점거리 : 1500mm
- 접안렌즈 : 25mm
- 배율 60배
- 현재 상현달 임 (좌우 바뀜)

✓ **슈미트-카세그레인 망원경** (Schmidt-Cassegrain) :
- 반사-굴절 망원경
- 보정판을 통과해 모인 빛을 반사경 뒤쪽으로 보내줌으로써 같은 초점거리를 가진 일반 반사망원경에 비해 경통의 크기를 줄인 망원경

◆ 로버트 훅 마이크로그라피아(Micrographia)

Robert Hooke
1635~1703

1680년에 그려진 초화 속 인물이 로버트 훅으로 추정

➢ 후크의 법칙

$$F = kx$$

• 로버트 훅이 사용했던 현미경

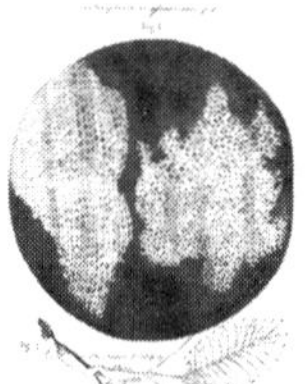

• 코르크의 얇은 조각이 벌집과 같은 형태임을 보고
✓ '작은 방'이라는 뜻의 라틴어에서
✓ 세포(cell)라는 용어를 최초로 사용함

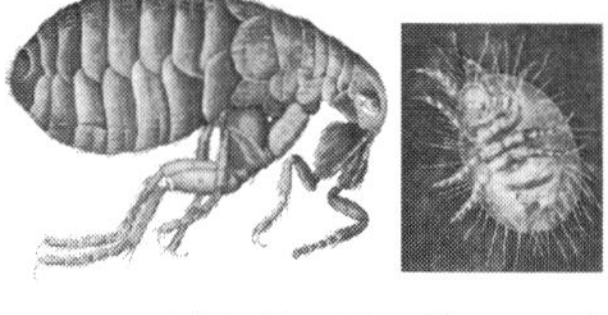
[벼룩, 진드기 그림, 1665년]

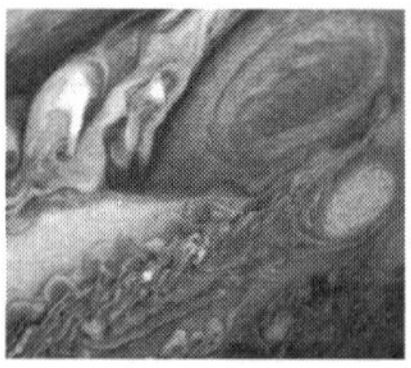
[목성의 대적점 발견. 1665년]

14장

파동광학

Flipped Learning	영(Young)의 이중슬릿 실험에 대한 이해와 빛의 파장 구하기
URL	https://youtu.be/QzCkPCkv1Qg

◆ 주요 학습 내용

1. 영의 간섭 실험
2. 회절
3. 편광
4. 말뤼스의 법칙
5. 브루스터의 법칙

학습목표

1. 파동의 보강간섭과 상쇄간섭을 이해하고 설명할 수 있다.
2. 영(Young)의 이중슬릿 실험 구조를 이해하고 설명할 수 있다.
3. 영의 이중슬릿 실험에서 파장에 관한 식을 유도하고 광원의 파장을 계산할 수 있다.
4. 회절을 이해하고 간섭과 비교하여 설명할 수 있다.
5. 편광현상을 이해하고 말뤼스(Malus)의 법칙을 유도할 수 있다.
6. 말뤼스의 법칙을 이용하여 빛의 세기를 계산할 수 있다.
7. 브루스터(Brewster)의 각을 유도하고 문제에 적용할 수 있다.

내용요약

- 간섭과 회절을 파동의 주요 특성이다.
- 파동이 간섭현상을 보이기 위해서는 결맞음성과 단색성이 있어야 한다.
- 이중슬릿 실험에서 경로차는 $\delta = r_2 - r_1 = d\sin\theta$ 이고, 경로차가 파장의 정수배일 때 보강간섭이 일어난다.
- 보강간섭 조건은 $d\sin\theta_{bright} = m\lambda$이고, 이때 차수는 $m = 0, \pm 1, \pm 2, \cdots$이다.
- 상쇄간섭 조건은 $d\sin\theta_{dark} = \left(m + \frac{1}{2}\right)\lambda$이다.
- 이중슬릿 실험을 이용하여 광원을 파장을 구하는 식을 유도해 보면 $\lambda = \frac{dy}{Lm}$이다.
- 이중슬릿 실험에서 밝은 무늬까지 거리는 $y_{bright} = L\frac{m\lambda}{d}$에서 계산할 수 있다.
- 회절에서 상쇄간섭이 일어날 조건은 $\sin\theta_{dark} = \pm m\frac{\lambda}{a}$이다.
- 비편광된 빛이 편광판을 통과하게 되면 특정 방향의 전기장 성분은 통과하고, 이에 수직한 방향의 성분은 흡수되어 통과하지 못하게 된다.
- 절반의 규칙은 $I = \frac{1}{2}I_0$이다.
- 코사인 제곱 규칙은 $I = I_0\cos^2\theta$이다.
- 절반의 규칙과 코사인 제곱 규칙으로 편광된 빛의 세기를 논한 식을 말뤼스의 법칙이라 하고 $I = I_{\max}\cos^2\theta$이다.
- 비편광된 빛이 경계면에서 반사될 때, 조건 $\theta_B + \theta_r = 90^o$에서 완전편광이 되는데 이때의 각도를 브루스터 각이라 하고, $\theta_B = \tan^{-1}n_2$이다.

1 영의 간섭 실험

Flipped Learning	영의 간섭 실험
URL	https://youtu.be/WrOZKuP2q3Y

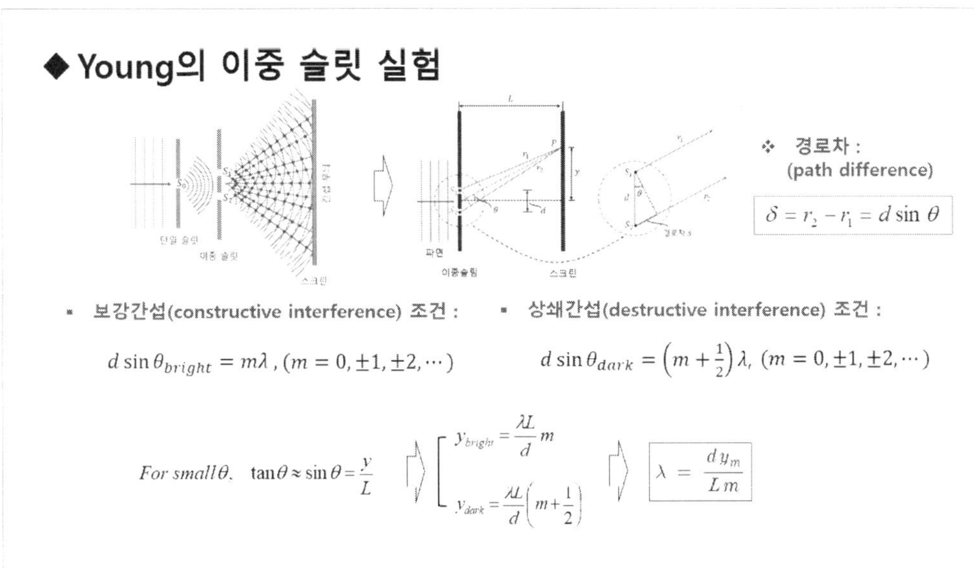

빛의 본성에 대한 논쟁이 한창이던 때 빛이 파동임을 증명하는 중요한 실험이 1801년 영(Thomas Young, 1773-1829)에 의해서 수행된다. 영은 처음으로 광원에서 간섭무늬를 만들고 광원의 파장 또한 측정하였다.

자연광에서 간섭현상은 쉽게 관찰되지 않는다. 이유는 파동이 간섭현상을 보이기 위해서는 결맞음성(coherence)과 단색성(monochromatic)이 있어야 하기 때문이다. 결맞음성은 가간섭성이라고도 하는데 광원이 시공간적으로 일정한 위상을 갖고 있어야 한다는 의미이다. 단색성은 단일파장의 빛이어야 한다는 뜻이다. 태양이나 촛불 또는 전등에서 나오는 빛은 결맞음성이 없는 빛이다. 대표적인 결맞은 빛은 레이저(Laser)로 레이저를 이용하면 간섭현상을 쉽게 관찰할 수 있다. 그림 14.1은 영의 실험도면이다. 영은 두 개의 결맞은 빛살을 만들기 위해서 광원에서 나오는 빛을 단일 슬릿을 이용하여 두 개의 이중 슬릿으로 보냈다.

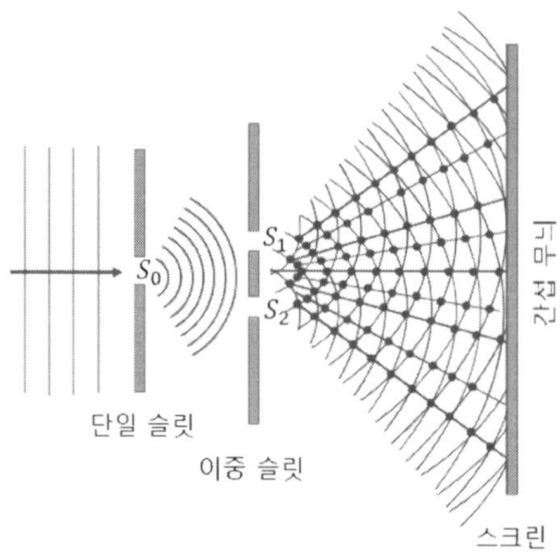

그림 14.1 Young의 실험

이제 간섭무늬 사이의 거리와 빛의 파장을 구해보자. 그림 14.2에서 거리 d는 슬릿 S_1과 S_2 사이의 간격이다. 즉, 슬릿 간격이다. 이중 슬릿과 스크린 사이의 거리는 L이다. 슬릿 간격과 스크린까지 거리 사이에는 $L \gg d$인 관계가 있으므로, 두 슬릿을 통과한 광선은 점 P에 도달할 때까지 서로 평행한 경로를 따라 진행하는 것으로 볼 수 있다. 슬릿 S_1에서 점 P까지 도달거리를 r_1이라 하고 슬릿 s_2에서 점 P까지 도달거리를 r_2라 할 때, 두 광선의 이동 거리상에 거리 차가 발생하는데 이를 경로차(path difference)라고 하며 δ로 표시한다.

두 실틈을 통과한 광선이 점 P에 도달할 때, 두 광선의 경로차 δ는

$$\delta = r_2 - r_1 = d\sin\theta \tag{1.1}$$

이다. 경로차 δ가 파장의 정수배일 때 보강간섭(constructive interference)이 일어난다. 밝은 무늬가 나타나는 보강간섭 조건은

$$\delta = d\sin\theta_{bright} = m\lambda, \ (m = 0, \pm 1, \pm 2, \cdots) \tag{1.2}$$

이다. 식에서 m은 차수(order number)라고 한다. 경로차가 파장의 반정수배이면 어두운 무늬가 나타나게 되는데, 이를 상쇄간섭(destructive interference)이라고 한다. 상쇄간섭 조건은

$$\delta = d\sin\theta_{dark} = \left(m + \frac{1}{2}\right)\lambda,\ (m = 0, \pm 1, \pm 2, \cdots) \tag{1.3}$$

이다. 예를 들어 중심축에서 두 번째 밝은 무늬 $m=2$까지 각은 다음과 같이 구해진다.

$$d\sin\theta_{bright} = 2\lambda \quad \Rightarrow \quad \theta_{bright} = \sin^{-1}\left(\frac{2\lambda}{d}\right) \tag{1.4}$$

또한, 중심축에서 두 번째 어두운 무늬 $m=2$까지 각은

$$d\sin\theta_{dark} = \left(2 + \frac{1}{2}\right)\lambda = 2.5\lambda \quad \Rightarrow \quad \theta_{dark} = \sin^{-1}\left(\frac{2.5\lambda}{d}\right) \tag{1.5}$$

와 같이 구할 수 있다. 이를 각 위치(angular position)라고 한다.

스크린의 중앙 O에서 y축으로 떨어진 간섭무늬의 거리를 알아보자. 이를 선 위치(linear position)라고 한다. θ가 작다고 가정하면

$$\tan\theta \approx \sin\theta = \frac{y}{L} \tag{1.6}$$

인 관계가 성립한다. 이 식을 보강간섭 조건식에 대입하면

$$d\frac{y_{bright}}{L} = m\lambda \tag{1.7}$$

이다. 정리하면

$$y_{bright} = L\frac{m\lambda}{d} \tag{1.8}$$

이다. 어두운 무늬까지 거리도 상쇄조건에 대입하여 정리하면

$$y_{dark} = L\frac{(m + 1/2)\lambda}{d} \tag{1.9}$$

임을 알 수 있다.

스크린의 중앙에서 무늬까지의 거리 y를 알면 빛의 파장 λ를 구할 수 있다. 즉,

$$\lambda = \frac{dy}{Lm} \tag{1.10}$$

이다.

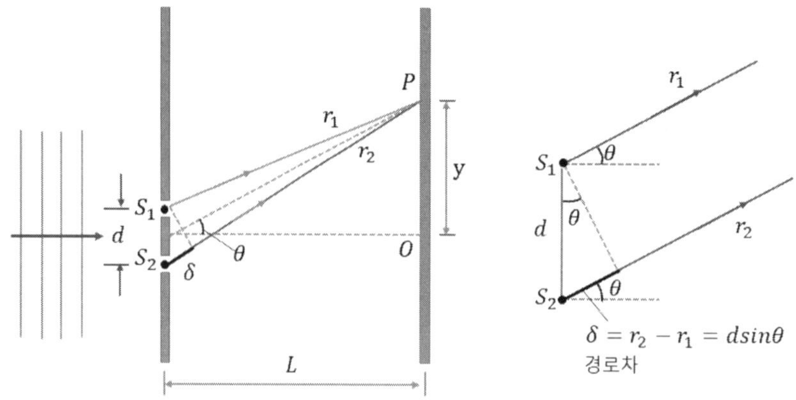

그림 14.2 이중 슬릿

그림 14.3은 간섭무늬를 찍은 사진이다. 슬릿 사이의 간격은 $d = 0.125 \times 10^{-3}$ m와 $d = 0.250 \times 10^{-3}$ m이다.

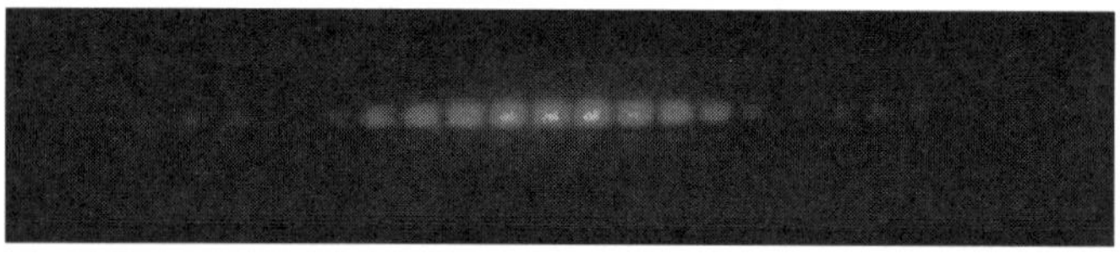

(a) $d = 0.125 \times 10^{-3}$ m

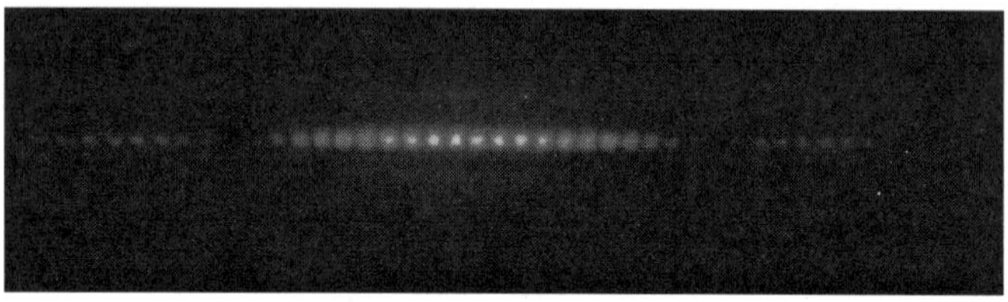

(b) $d = 0.250 \times 10^{-3}$ m

그림 14.3 간섭무늬

간섭무늬를 이용해 조사한 광원의 파장을 구해보자. 이중슬릿에 광원을 조사하였다. 이중슬릿의 슬릿 간격은 3.20×10^{-5} m이고, 스크린과 1.80 m 떨어져 있다. 실험결과 3차 밝은 간섭무늬가 중심선에서 9.50 cm에 있다. 조사한 광원의 파장을 어떻게 알 수 있을까? 영의 이중슬릿 실험에서 광원의 파장을 구하는 식 1.10을 이용하면 된다. 광원의 파장은

$$\lambda = \frac{(3.20\times10^{-5})(9.50\times10^{-2})}{(1.80)(3)} \tag{1.11}$$

에서, $\lambda = 563\times10^{-9}\mathrm{m} = 563\ \mathrm{nm}$이다.

이번에는 무늬 사이의 거리를 구해보자. 파장 680 nm인 레이저를 이용하여 간섭무늬를 만들었다. 슬릿으로부터 3.50 m 떨어진 곳에 스크린이 설치되어 있다. 슬릿 사이의 간격은 0.06 mm일 때, 첫 번째 밝은 무늬와 세 번째 밝은 무늬 사이의 거리를 구해보자. 영의 실험에서 간섭무늬 사이의 거리는 식 1.8을 이용하여 구할 수 있다.

$$y_3 - y_1 = (3-1)\frac{680\times10^{-9}}{6\times10^{-5}}(3.50\,\mathrm{m}) \tag{1.12}$$

에서, $\Delta y = 793\times10^{-4}\mathrm{m}$이다.

영이 실험을 성공한 1801년에는 결맞은 빛살을 만들 수 없어서 실험이 매우 어려웠다. 현대에는 레이저가 개발되어 쉽게 실험할 수 있다. 주변에서 구할 수 있는 레이저 포인터를 이용해서 레이저의 파장을 구해보길 바란다. 슬릿은 연필 깎는 칼로 종이를 두 줄로 흠집을 내서 쉽게 만들 수 있다. 단, 슬릿 간격은 그림 14.3에서 알 수 있듯이 가까워야 한다.

문제 간격이 0.220 mm인 평행한 두 슬릿에 파장 650 nm인 빛을 비추었더니 슬릿에서 2.20 m 떨어진 스크린에 간섭무늬가 나타난다. 간섭무늬의 중앙 극대에서 두 번째 밝은 무늬까지의 거리 Δy를 구하라.

풀 이 파장을 구하는 식은

$$\lambda = \frac{dy}{Lm}$$

이다. 간섭무늬 사이의 거리에 대한 식으로 변경하면

$$\Delta y = \frac{\lambda L m}{d}$$

이고,

$$\Delta y = \frac{(650\times10^{-9})(2.20)(2)}{0.220\times10^{-3}} = 0.013\,\mathrm{m}$$

이다.

2 회절

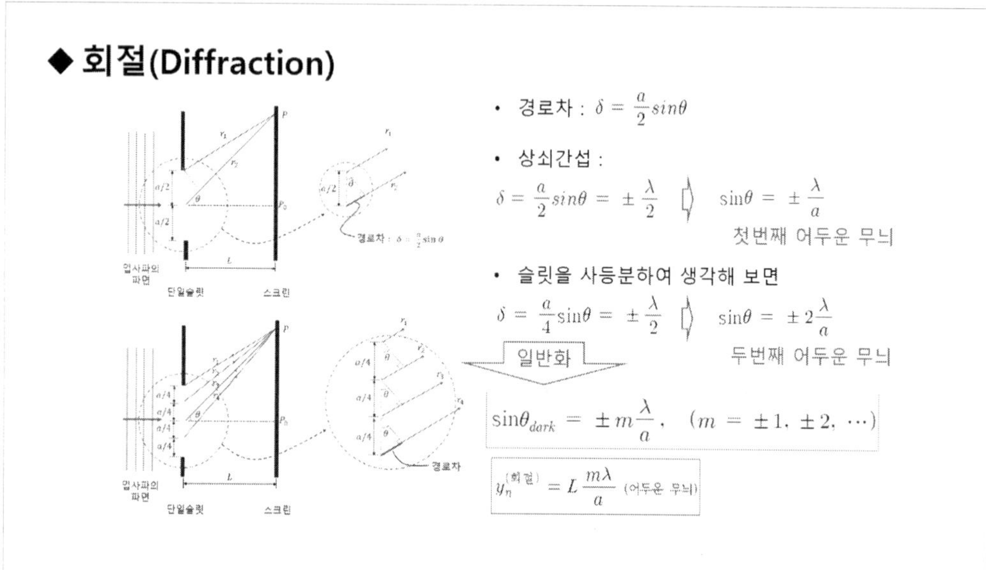

빛살이 좁고 가는 실틈을 통과하게 되면 회절(diffraction)하게 된다. 그림 14.4와 같이 슬릿을 반으로 나누어 회절 무늬를 분석해 보자. 슬릿을 통과한 후 파동의 위상은 서로 동일하다. 중앙에서 나오는 빛살 r_2와 위쪽 끝단에서 나온 r_1을 비교해 보면 경로차는

$$\delta = \frac{a}{2}\sin\theta \tag{2.1}$$

임을 알 수 있다. 경로차가 반 파장 $\lambda/2$이면 위상차가 $180°$가 되어 상쇄 간섭하게 된다. 또한, 단일 슬릿 너비 a의 $1/2$만큼 떨어져 있는 두 점에서 나온 파동도 위상차가 $180°$가 되어 상쇄 간섭하게 된다. 그러므로 위쪽 절반을 통과하여 나온 파동과 아래쪽 절반을 통과하여 나온 파동은

$$\delta = \frac{a}{2}\sin\theta = \pm\frac{\lambda}{2} \tag{2.2}$$

인 조건에서 상쇄간섭을 일으키게 된다. 정리하면

$$\sin\theta = \pm\frac{\lambda}{a} \tag{2.3}$$

에서 첫 번째 어두운 무늬가 나타난다.

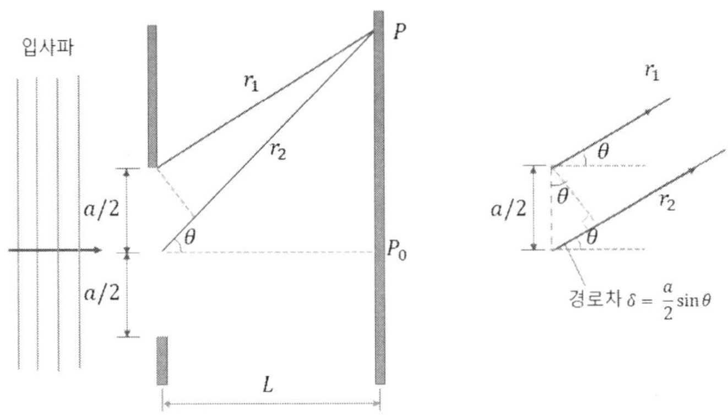

그림 14.4 회절

그림 14.5와 같이 슬릿을 사 등분 하여 생각해 보면

$$\delta = \frac{a}{4}\sin\theta = \frac{\lambda}{2} \tag{2.4}$$

와 같이 되고, 정리하면

$$\sin\theta = \pm 2\frac{\lambda}{a} \tag{2.5}$$

에서 두 번째 어두운 무늬가 스크린의 위와 아래에 나타난다. 같은 방법으로 육 등분 하면

$$\sin\theta = \pm 3\frac{\lambda}{a} \tag{2.6}$$

에서 세 번째 어두운 무늬가 나타난다. 일반적인 식으로 쓰면 상쇄간섭이 일어날 조건은

$$\sin\theta_{dark} = \pm m\frac{\lambda}{a},\ (m = 0, \pm 1, \pm 2, \cdots) \tag{2.7}$$

이다.

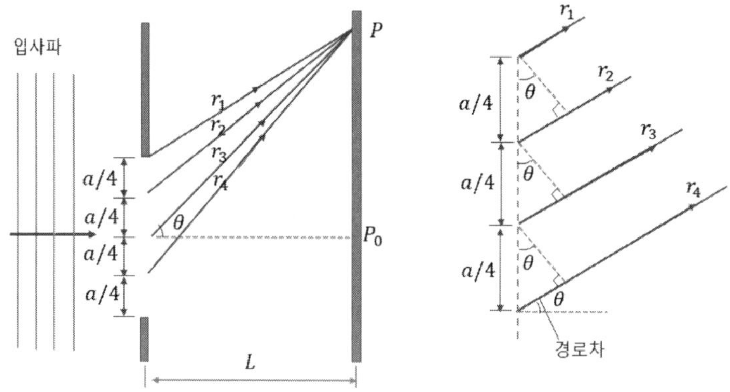

그림 14.5 회절

그림 14.6은 단일 슬릿 간격 $a = 0.08 \times 10^{-3}\,\mathrm{m}$ 일 때의 회절 패턴이다. 중앙에 넓고 밝은 무늬가 있고 주변에 어두운 무늬와 밝은 무늬가 교차하며 나타난다.

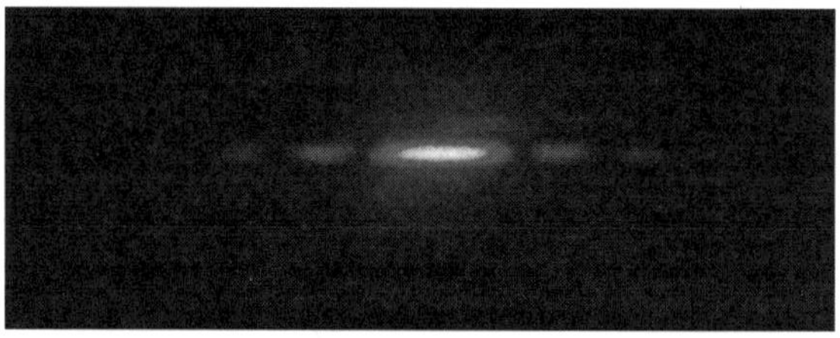

그림 14.6 회절 무늬, $a = 0.08 \times 10^{-3}\,\mathrm{m}$

문제 지름이 a 인 단일슬릿(aperture)에 파장 $\lambda = 650\,\mathrm{nm}$ 인 광원 조사하였다. $\theta = 20°$ 에서 첫 번째 어두운 무늬(극소)가 일어나기 위한 a 를 구하라. 2) $\theta = 20°$ 에서 첫 번째 밝은 무늬(극대)가 일어나는 파장 λ'을 구하라.

풀 이 1) 첫 번째 어두운 무늬(극소)는

$$a = \frac{m\lambda}{\sin\theta}$$

에서

$$a = \frac{(1)(650\,\mathrm{nm})}{\sin 20°} = 1900\,\mathrm{nm}$$

이다.

2) 첫 번째 밝은 무늬(극대)가 일어나는 파장은

$$\lambda' = \frac{a\sin\theta}{1.5}$$

에서

$$\lambda' = \frac{(1900\ \mathrm{nm})(\sin 20°)}{1.5} = 433\ \mathrm{nm}$$

이다.

3 편광

Flipped Learning	편광과 말뤼스의 법칙(Mauls's Law)
URL	https://youtu.be/okhuluyRAOM

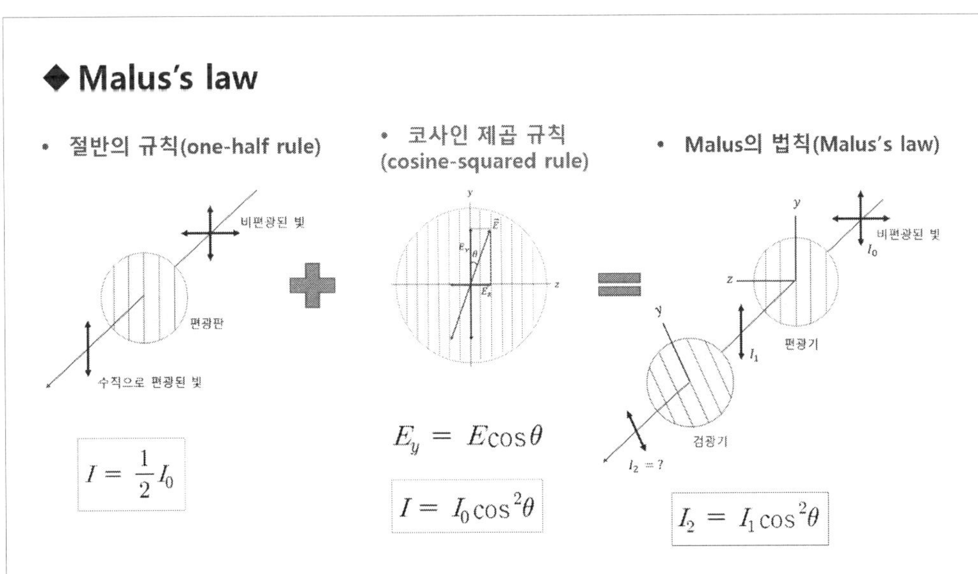

3.1 편광

파동에는 종파와 횡파가 있다. 종파는 진동 방향과 진행하는 방향이 같다. 횡파는 진동 방향과 진행하는 방향이 서로 수직이고, 진동하는 면이 셀 수 없이 많다. 그림 14.7a는 비편광(unpolarized) 또는 막편광(polarized randomly)된 빛의 전기장 진동을 수직인 진행 방향에서 본 그림이다. 전기장 벡터는 진행 방향에 수직인 어떠한 방향도 가질 수 있다. 태양이나 전구 등에서 나오는 빛은 모두 비편광 되어있다. 그림 14.7b는 a의 모든 전기장 벡터를 y 성분과 z 성분으로 나누어 합한 모습이다. 비편광 된 빛은 진동 평면이 서로 수직인 두 개의 편광 된 파동의 중첩으로 나타낼 수 있다. y축과 z축 위의 화살표는 전기장의 알짜 y성분과 알짜 z성분의 진동을 나타낸다.

전기장 벡터 $\vec{E}$가 일정한 방향으로 진동하는 경우, 이 빛을 선형편광(linearly polarized) 되었다고 한다. 선형편광 된 빛을 만드는 방법은 비편광 된 빛에서 한 평면으로 진동하는 전기장 벡터를 제외하고 나머지 파동을 모두 제거하여 만든다.

또한 부분편광(partially polarized) 된 빛도 있는데 부분편광 된 빛은 그림 14.7b와 같이 한 쌍의 화살표를 그릴 때 서로 다른 크기로 그려주면 된다.

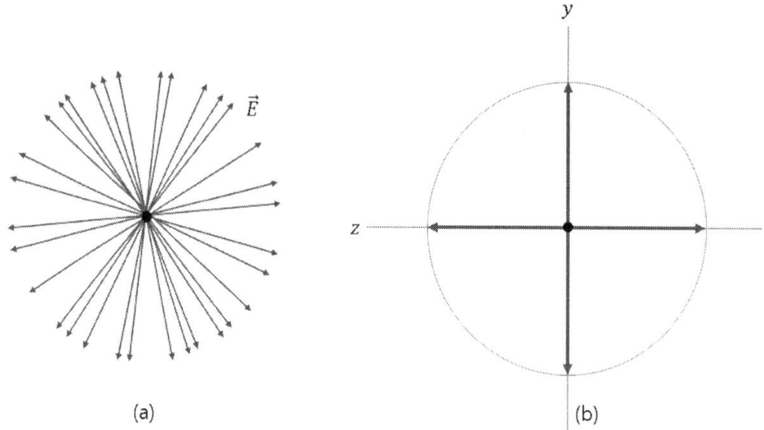

그림 14.7 비편광 된 빛

3.2 편광판

비편광 된 빛을 편광판(polarizing sheet)을 이용하며 편광된 빛으로 만들 수 있다. 1932년 랜드(Edwin Land, 1909–1991)는 긴 사슬 모양의 분자들을 플라스틱에 섞어서 폴라로이드라고 하는 편광판을 제작했다. 비편광 된 빛이 이 편광판을 통과하게 되면 특정 방향의 전기장 성분은 통과하고 이에 수직 방향의 성분은 분자에 흡수되어 통과하지 못하게 된다. 그래서 빛이 편광판을 통과하게 되면 편광판의 편광방향과 평행한 전기장 성분만 남게 된다. 즉, 편광판의 편광방향으로 편광된다.

4 말뤼스의 법칙

Flipped Learning	말뤼스(Mauls)의 법칙과 응용문제
URL	https://youtu.be/3L-vKFPnxgU

4.1 절반의 규칙(one-half rule)

그림 14.8과 같이 비편광 된 빛이 편광판을 통과한 경우 빛에는 어떤 변화가 일어날까? 편광판의 편광방향을 y축이라 하면 비편광 된 빛은 편광판을 통과하면서 z축성분은 흡수가 되고 y축성분만 투과하게 된다. 초기 입사 빛의 세기를 I_0라 할 때 절반이 흡수되어 편광된 빛살의 세기 I는

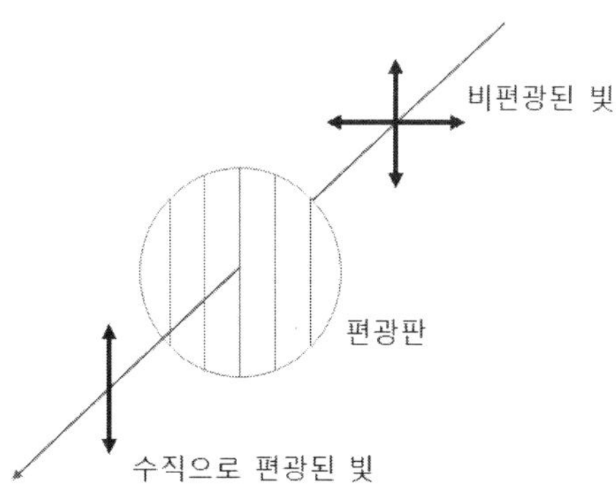

그림 14.8 전반의 규칙

$$I = \frac{1}{2} I_0 \tag{3.1}$$

이 된다. 이 식을 절반의 규칙(one-half rule)이라고 한다.

4.2 코사인 제곱 규칙

이제 그림 14.9와 같이 이미 편광된 빛의 전기장 $\vec{E}$가 편광판의 y축과 θ의 각도를 가지고 입사하는 경우를 생각해 보자. 편광판에 입사하는 전기장 $\vec{E}$는 편광판의 편광방향 기준으로 두 개의 성분으로 나눌 수 있다. 편광판과 수직인 성분 E_z는 흡수되어 투과하지 못하고, E_y 성분은 평행하므로 투과한다. 투과한 성분 E_y는

$$E_y = E\cos\theta \tag{3.2}$$

이다. 빛의 세기는 전기장의 제곱에 비례하므로 투과 빛의 세기는 E_y^2에 비례한다. $E_y^2 = E^2\cos^2\theta$에서 초기 입사 빛의 세기를 I_0라고 하면 I_0는 E^2에 비례하므로

$$I = I_0 \cos^2\theta \tag{3.3}$$

이다. 이 식을 코사인 제곱 규칙(cosine-squared rule)이라고 한다.

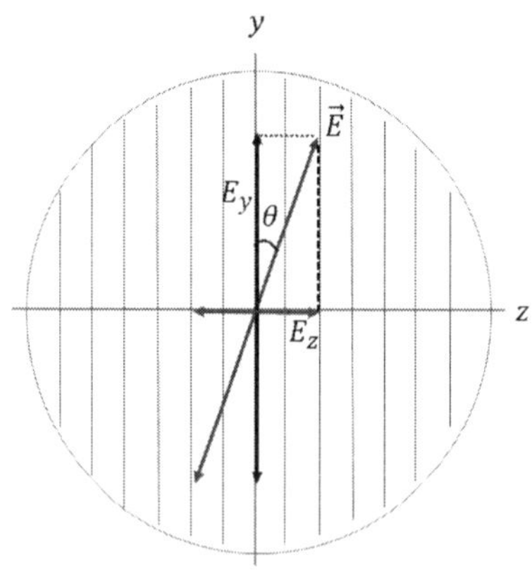

그림 14.9 코사인 제곱 규칙

4.3 말뤼스의 법칙

그림 14.10과 같이 비편광 된 빛이 편광기(polarizer)와 검광기(analyzer)를 통과한 후의 세기 I_2는 어떻게 구하면 될까. 초기 비편광된 빛의 세기를 I_0라하고 편광기와 검광기는 각도 θ만큼 회전하여 있다고 하자.

먼저 비편광 된 빛이 편광기를 통과하면 절반의 규칙에 의해서 $I_1 = \frac{1}{2}I_0$가 된다. 세기가 절반으로 줄어들고 선형평광 된 빛이 검광기를 통과하게 되면 코사인 제곱 규칙에 의해서

$$I_2 = I_1 \cos^2\theta \tag{3.4}$$

가 된다. 일반식을 쓰면

$$I = I_{max} \cos^2\theta \tag{3.5}$$

과 같다. I_{max}는 검광판으로 입사한 편광된 빛의 세기이다. 이와 같이 절반의 규칙과 코사인 제곱 규칙으로 편광된 빛의 세기를 논한 식을 말뤼스의 법칙(Malus's law)이라고 한다.

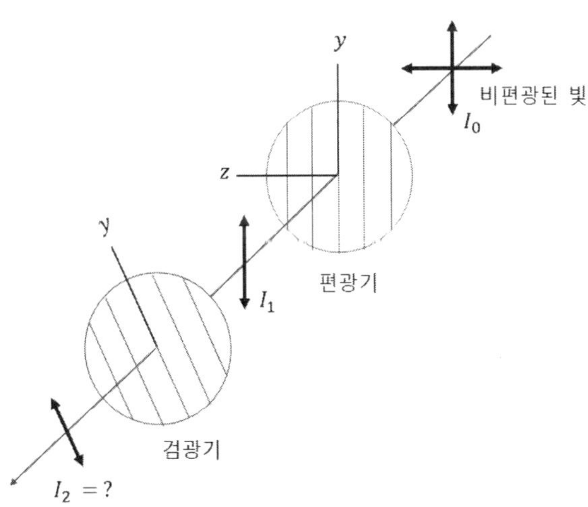

그림 14.10 Malus의 법칙

말뤼스의 법칙을 이용하여 편광판을 통과한 빛살의 세기를 계산해 보자, 편광판을 투과하기 전 빛의 세기가 $I_0 = 5.40\ \mathrm{W/m^2}$이었다. 편광자와 검광자의 투과축이 이루는 각도가 60°일 때 두 번째 편광판(검광자)을 투과한 빛의 세기를 구해보자. 말뤼스의 법칙은 절반의 규칙과 코사인 제곱 규칙으로 되어있다. 우선 절반의 규칙에서

$$I_1 = \frac{I_0}{2} = 2.7\ \mathrm{W/m^2} \tag{3.6}$$

이고, 다시 코사인 제곱 규칙을 적용하면

$$I_2 = (2.7\ \mathrm{W/m^2})\cos^2 60 \tag{3.7}$$

이 되어, $I_2 = 0.675\ \mathrm{W/m^2}$이다. 또는

$$I_2 = I_1 \cos^2 60 = \frac{I_1}{4} = \frac{I_0}{8} \tag{3.8}$$

이렇게 계산해도 같은 결과가 나온다.

문제 편광기와 검광기의 투과축이 이루는 각도는 $60°$이다. 편광판을 투과하기 전 빛의 세기가 $I_0 = 2.0\ \mathrm{W/m^2}$이다. 두 번째 편광판(검광기)을 투과한 빛의 세기를 구하라.

풀 이 절반의 규칙에서

$$I_1 = \frac{I_0}{2}$$

이고, 코사인 제곱 규칙에서

$$I_2 = I_1 \cos^2 60 = \frac{I_1}{4} = \frac{I_0}{8}$$

이다. 정리하면

$$I_2 = 0.25\ \mathrm{W/m^2}$$

이다.

4 브루스터의 법칙

Flipped Learning	편광과 브루스터의 법칙(Brewster's Law)
URL	https://youtu.be/2DN7CXH2DXA

◆ Brewster's Law

- **조건:** 반사광과 굴절광이 90도를 이룰 때
- **현상:** 편광방향이 입사면에 대해서 나란한 빛은 전혀 반사 되지 않는 현상
- **결과:** 반사광의 편광방향이 입사면에 수직하게 선편광 됨

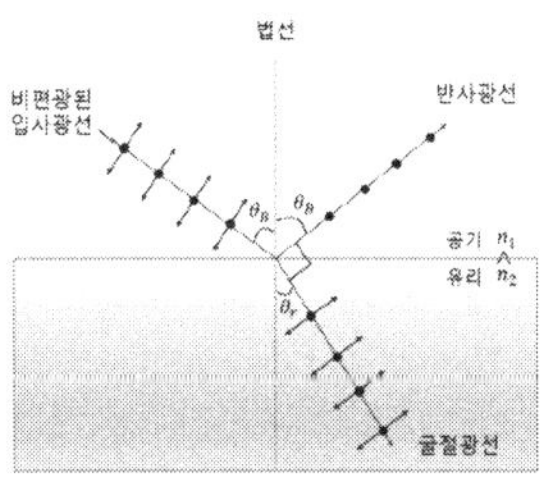

- **브루스터 각(Brewster's angle): θ_B**

$$\boxed{\theta_B + \theta_r = 90^o}$$

$$n_1 \sin\theta_B = n_2 \sin\theta_r$$

$$n_1 \sin\theta_B = n_2 \sin(90^0 - \theta_B)$$

$$n_1 \sin\theta_B = n_2 \cos\theta_B$$

$$\frac{n_2}{n_1} = \frac{\sin\theta_B}{\cos\theta_B} = \tan\theta_B$$

$$\boxed{\theta_B = \tan^{-1}\frac{n_2}{n_1}}$$

편광된 빛이 매질이 다른 경계면으로 입사한 반사광선과 굴절광선의 편광은 어떻게 될까? 반사광선과 굴절광선의 각도가 90°일 때 특이한 편광상태가 됨을 1812년 브루스터(David Brewster, 1781-1868)가 실험적으로 발견하였다.

비편광 된 빛이 경계면에서 반사될 때 입사되는 각도 따라서 반사광의 편광상태는 변한다. 즉, 입사각이 0°이면 반사광은 편광되지 않고, 적당한 각도로 입사하면 어느 정도 편광된다. 그리고 그림 14.11과 같이 특정한 각도

$$\theta_B + \theta_r = 90° \tag{4.1}$$

로 입사할 때는 반사 빛은 완전 편광된다. θ_B는 법선과 이루는 반사광선의 각도 이고 θ_r은

법선과 이루는 굴절광선의 각도이다. 그렇다면 반사광선과 굴절광선의 각도가 90°가 되게 만들려면 어떻게 하면 될까? 입사광선의 각도를 조절하면 반사광선의 각도와 굴절광선의 각도를 조절할 수 있다. 그림 14.11에서 입사면과 지면에 수직인 편광은 점으로 표시하였고, 입사면과 지면에 평행한 편광은 화살표로 표시하였다. 두 편광성분의 크기는 입사광선이 비편광 되어있으므로 서로 같다.

스넬의 법칙을 적용하면

$$n_1 \sin\theta_B = n_2 \sin\theta_r \tag{4.2}$$

이다. 여기에 식 4.1을 대입하면

$$n_1 \sin\theta_B = n_2 \sin(90° - \theta_B) \tag{4.3}$$

이다. $\sin(\alpha - \beta) = \sin\alpha\cos\beta - \cos\alpha\sin\beta$이므로

$$n_1 \sin\theta_B = n_2 \cos\theta_B \tag{4.4}$$

이고,

$$\frac{n_2}{n_1} = \frac{\sin\theta_B}{\cos\theta_B} = \tan\theta_B \tag{4.5}$$

이다. 브루스터 각(Brewster's angle) θ_B는

$$\theta_B = \tan^{-1}\frac{n_2}{n_1} \tag{4.6}$$

이고, 이 식을 브루스터 법칙(Brewster's law)이라고 한다. 만약 빛이 공기에 입사하는 경우를 가정해 보면 공기의 굴절률을 근사적으로 $n_1 = n_{air} \approx 1$이라고 하고, $n_2 = n$로 바꾸어 쓰면, 브루스터 각은

$$\theta_B = \tan^{-1} n_2 \tag{4.7}$$

가 된다.

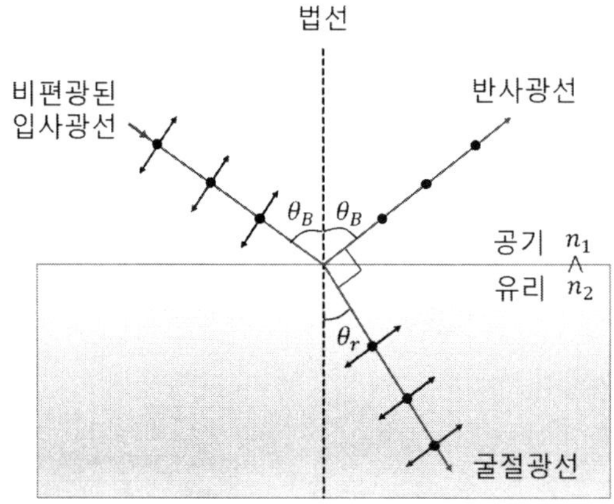

그림 14.11 Brewster 각

문제 빛살이 공기 중에서 물로 입사하고 있다. 반사광선의 완전편광 되었을 때, 물속으로 투과(굴절)되는 빛의 굴절각을 구하라. 공기의 굴절률은 $n_a = 1.00$, 물의 굴절률은 $n_w = 1.33$이다.

풀 이 브루스터 각

$$\theta_B = \tan^{-1}\frac{n_2}{n_1}$$

이고, 문제에 적용하여 각도를 구하면

$$\theta_B = \tan^{-1}\left(\frac{n_w}{n_a}\right) = \tan^{-1}\left(\frac{1.33}{1.00}\right) = 53.1^\circ$$

이다.

반사광선과 굴절광선은 서로 수직이어야 함으로

$$\theta_B + \theta_r = 90^\circ$$

에서

$$\theta_r = 90^\circ - 53.1^\circ = 36.9^\circ$$

이다.

보충 과학

◆ 빛의 본성에 관한 논쟁

Young(1801년) :「이중 슬릿 실험」

파동성 첫 증명

빛의 파동적 본질인 → 간섭 현상을 처음으로 증명

Thomas Young
1773년~1829년

• 간섭 패턴

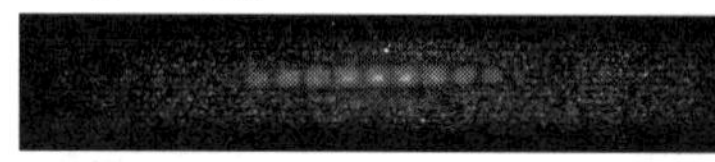

• 회절 패턴

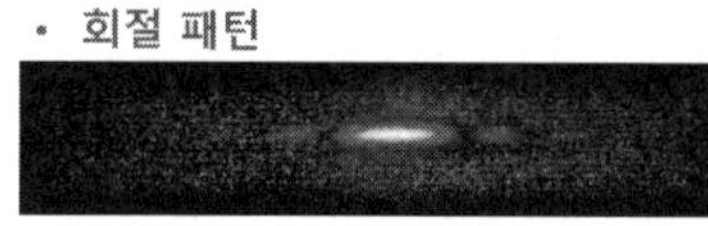

• 빛의 파장에 관한 식 유도 함

$$\lambda = \frac{d y_m}{L m}$$

◆ 빛의 본성에 관한 논쟁

Maxwell(1864년):「전자기장에 대한 역학이론」

빛은 높은 진동수를 가진

→ 전자기파의 한 형태로 봄

전자기 유도 법칙

Michael Faraday
1791-1867

James Clerk Maxwell
1831-1879

Hertz(1887년) :「전자기파 발생」

실험 성공

Heinrich Rudolf Hertz
1857-1894

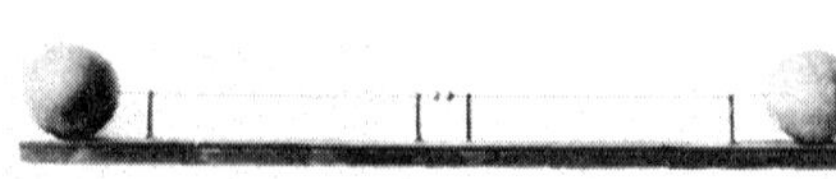

Hertz의 첫 번째 무선 송신기

◆ 빛의 본성에 관한 논쟁

- **빛에 에너지 양자(quantum) 개념 도입**
  - Einstein(1905년) : 「**빛의 생성과 변형에 관한 발견적 관점에서** → 에너지는 **불연속적인 양자로만** 교환된다고 제안 → 광전효과 설명

Albert Einstein
1879-1955

- 노벨 물리학상, 1921년

- **물질파(matter wave)**
  - Louis de Broglie(1924년) : 양자 역학의 **파동-입자 이중성(wave-particle duality)** 개념에 결정적인 이론 도입

Louis Victor Pierre Raymond de Broglie
1892-1987

- 노벨 물리학상, 1929년

> **빛의 이중성(duality)** : 빛은 경우에 따라 **파동처럼** 행동하기도 하고, 다른 경우에는 **입자처럼** 움직이기도 한다.

보충 문제

01 촛불 두 개로는 간섭패턴을 만들 수 없다. 빛의 간섭을 관측하기 위한 대표적인 조건 두 가지를 써라.

풀이 1) 가간섭성(coherent)

2) 단색광원(monochromatic) or 단일파장

☞ 본문 내용 참조

02 경로차 $\delta = r_2 - r_1 = d\sin\theta$를 이용하여 빛의 파장을 구하는 식 λ을 유도과정을 쓰고 답하라.

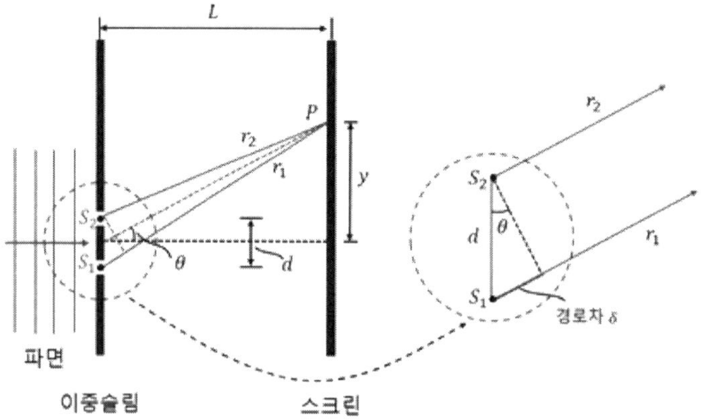

풀이 $\lambda = \dfrac{dy}{Lm}$

☞ 본문 내용 참조

03 파장이 $6.80 \times 10^{-7}\,\mathrm{m}$인 빛을 이용하여 간섭무늬를 얻었다. 네 번째 어두운 띠의 위치까지 두 빛의 경로 차 δ를 구하라. 단, 슬릿간격에 비해서 스크린까지의 거리가 멀다.

풀이 어두운 무늬의 경로차는

$$\delta = d\sin\theta_{dark} = \left(m + \frac{1}{2}\right)\lambda,\ (m = 0, \pm 1, \pm 2, \pm 3, \cdots)$$

이다. 첫 번째 어두운 무늬는 차수 $m = 0$에서 생긴다. 네 번째 어두운 무늬의 차수는 $m = 3$이므로

$$\delta = \left(3 + \frac{1}{2}\right)\lambda = \frac{7}{2}\lambda$$

이다. 광원의 파장을 대입하면

$$\delta = \frac{7}{2}(6.80 \times 10^{-7}\,\mathrm{m})$$

에서, 경로차는 $\delta = 23.8 \times 10^{-7}\,\mathrm{m}$이다.

04 영의 실험에서 슬릿부터 $1.90\,\mathrm{m}$ 떨어진 곳에 스크린이 설치되어 있다. 첫 번째 밝은 무늬와 네 번째 밝은 무늬 사이의 거리를 구하라. 슬릿 사이의 간격은 $0.0550\,\mathrm{mm}$이고 광원의 파장은 $650\,\mathrm{nm}$이다.

풀이 무늬 사이의 거리는

$$y_4 - y_1 = (4-1)\frac{650 \times 10^{-9}}{0.055 \times 10^{-3}}(1.90\,\mathrm{m})$$

에서, $\Delta y = 0.0674\,\mathrm{m}$이다.

05 이중 슬릿 실험을 이용한 간섭실험에서 광원의 파장을 구하려 한다. 슬릿 사이의 간격이 $0.25\,\mathrm{mm}$이고, 슬릿과 스크린 사이의 거리가 $2.00\,\mathrm{m}$이다. 간섭무늬의 중심으로부터 $9.50\,\mathrm{mm}$인 곳에서 두 번째의 밝은 무늬가 나타났다고 할 때 사용한 광원의 파장을 구하라.

풀이 영의 이중 슬릿 실험에서 광원의 파장을 구하는 식은

$$\lambda = \frac{dy}{Lm}$$

이다. 값을 대입하면

$$\lambda = \frac{(0.25 \times 10^{-3}\,\mathrm{m}) \times (9.50 \times 10^{-3}\,\mathrm{m})}{(2.00\,\mathrm{m})(2)}$$

이고, 정리하면 파장은 $\lambda = 594 \times 10^{-9}\,\mathrm{m} = 594\,\mathrm{nm}$ 이다.

06 이중 슬릿 간격이 $0.200\ \mathrm{mm}$이고, 슬릿과 스크린 사이의 거리는 $1.00\ \mathrm{m}$이다. 무늬의 중심으로부터 $7.50\ \mathrm{mm}$인 곳에서 m번째 밝은 무늬가 관찰되었다. 사용한 광원의 파장은 $500\ \mathrm{nm}$이다. 차수 m을 구하라.

풀이 파장을 구하는 식

$$\lambda = \frac{dy}{Lm}$$

에서, 차수는

$$m = \frac{y_m d}{\lambda D}$$

이다. 상숫값을 대입하면

$$m = \frac{(7.5 \times 10^{-3}\ \mathrm{m}) \times (0.20 \times 10^{-3}\ \mathrm{m})}{(500 \times 10^{-9}\ \mathrm{m})(1.0\ \mathrm{m})}$$

에서, 차수는 $m = 3$이다.

07 스크린이 이중슬릿인 광원으로부터 $1.50\ \mathrm{m}$ 떨어져 있다. 두 슬릿 사이의 거리는 $3.20 \times 10^{-5}\ \mathrm{m}$이다. 측정 결과 2차 밝은 간섭무늬가 중심선에서 $5.50\ \mathrm{cm}$에 있다. 이웃한 밝은 간섭무늬들 사이의 거리를 구하라.

풀이 사용한 빛의 파장을 구하면

$$\lambda = \frac{dy}{mL} = \frac{(3.20 \times 10^{-5})(5.50 \times 10^{-2})}{(2)(1.50)} = 587\,\mathrm{nm}$$

이다. 이웃한 밝은 무늬들 사이 거리는

$$\Delta y = y_{m+1} - y_m = \frac{\lambda L}{d}(m+1) - \frac{\lambda L}{d}(m) = \frac{\lambda L}{d}$$

에서

$$\Delta y = \frac{(587 \times 10^{-9})(1.50)}{3.20 \times 10^{-5}} = 0.0275\ \mathrm{m}$$

이다.

08 두 개의 편광판이 일직선상에 상대 각도 45°로 배열되어 있다. 처음 입사한 빛의 세기를 I_0라 할 때, 편광판 두 개를 통과한 후의 빛의 세기를 구하라.

풀이 코사인 제곱 규칙을 이용하여 정리하면

$$I_2 = \frac{I_0}{2} cos^2 45°$$

이다. $\cos 45°$는 $1/\sqrt{2}$이므로

$$I_2 = \frac{I_0}{2}(\frac{1}{\sqrt{2}})^2$$

이고

$$I_2 = \frac{1}{4} I_0 = 0.25 I_0$$

이다.

09 편광판을 투과하기 전 빛의 세기가 $I_0 = 2.50\,\mathrm{W/m^2}$이었다. 편광자와 검광자의 투과축이 이루는 각도가 45도일 때 두 번째 편광판(검광자)를 투과한 빛의 세기를 구하라.

풀이 첫 번째 편광자를 통과하면

$$I_1 = \frac{1}{2} I_0 = 1.25\,\mathrm{W/m^2}$$

이고, 두 번째 검광자를 통과한 세기는

$$I_2 = (1.25)\left(\frac{\sqrt{2}}{2}\right)^2 = 0.625\,\mathrm{W/m^2}$$

이다.

10 첫 번째 편광판의 편광방향은 y축과 평행하고, 두 번째 편광판의 방향은 반시계방향으로 y축과 60°의 각을 이루며, 세 번째 편광판의 방향은 x축과 평행하다. 1) 세 편광판을 모두 통과한 후, 빛의 세기는 처음 세기 I_o의 얼마인지 구하라. 2) 두 번째 편광판을 제거하면 위 문제 조건에서 세 번째 편광판을 통과한 세기를 구하라.

풀이 1) 절반의 규칙과 코사인 제곱 규칙에서

$$I_1 = \frac{1}{2} I_o, \quad I_2 = I_1 \cos^2 60°$$

이다. 문제에 적용하면

$$I_3 = I_2 \cos^2 30° = \left(I_1 \cos^2 60°\right) \cos^2 30°$$

에서

$$I_3 = \left(\frac{I_0}{2}\right) \frac{1}{4} \frac{3}{4} = \frac{3}{32} I_0$$

이고,

$$I_3 = 0.0938 I_0$$

이다.

2) 두 번째 편광판을 제거한 경우, 첫 번째 편광판과 세 번째 편광판이 만드는 각이 90°가 되므로, 세기는

$$I_3 = \left(\frac{I_0}{2}\right) \cos^2 90° = 0$$

이다.

11 편광현상인 브루스터(Brewster) 각 θ_B을 스넬의 법칙을 이용하여 유도하라.

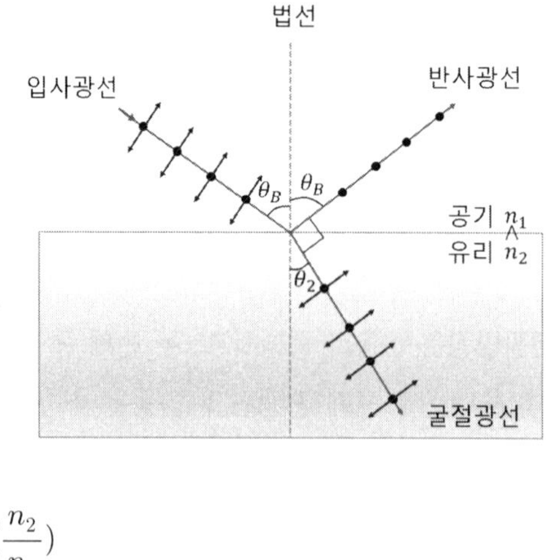

풀이 $\theta_B = \tan^{-1}(\frac{n_2}{n_1})$

☞ 본문 내용 참조

12 밀도가 일정한 소금물 위에 빛이 반사되고 있다. 공기의 굴절률을 $n_a = 1.00$이고 소금물의 굴절률은 $n_w = 1.54$이다. 반사광선이 완전 편광되었을 때 소금물 속으로 굴절되는 빛의 굴절각을 구하라.

풀이 브루스터 각 θ_B는

$$\theta_B = \tan^{-1}\frac{n_2}{n_1}$$

이다. 문제의 조건 값을 대입하면

$$\theta_B = \tan^{-1}\frac{n_w}{n_a} = \tan^{-1}\frac{1.54}{1.00}$$

에서, $\theta_B = 57.0°$이다. 완전편광이 되었으므로 반사광은 서로 수직이다.

$$\theta_B + \theta_r = 90°$$

에서

$$\theta_r = 90° - 57.0°$$

이므로 굴절각은 33.0°이다.

보충 심화

• 마이컬슨–몰리 실험은 역사상 중요한 실험 중의 하나입니다. 아인슈타인의 특수 상대성 이론과도 관계가 있습니다. 실험목적과 실험구조 그리고 의미에 대해서 조사해 보고 토론해 보세요.

◆ 빛의 속력 측정_마이컬슨-몰리 실험

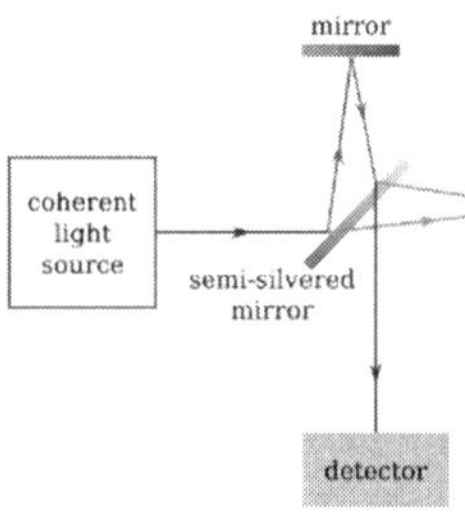

© Benjamin D. Esham, wikipedia

- 1887년,
- 앨버트 마이컬슨과 에드워드 몰리 (케이스 웨스턴 리저브 대학교)
- 1907년, 노벨 물리학상 수상

• **마이컬슨-몰리 실험**

- 물리학의 **역사상 가장 중요한 실험 중 하나**
- 실험의 결과 : 광학적 **에테르 이론을 부정**하는 최초의 유력한 증거가 됨

• 아래 사진 속 인물들은 빛을 이용한 천문학과 역학 혁명을 바탕으로 현대 과학을 완성해 간 역사상 가장 위대했던 과학자들입니다. 업적과 생애를 조사해 보고 서로 연결된 고리에 대해서 토론해 보세요.

◆ 과학의 혁명을 이끈 인물

❖ 뉴턴의 만유인력의 법칙
Newton's Law of Universal Gravitation

❖ 일반 상대성이론
Theory of General Relativity

Klaudios Ptolemaios
AD 100~170년경)

Nicolaus Copernicus
1473-1543

Tycho Brahe
1546~1601

Johannes Kepler
1571~1630

Galileo Galilei
1564~1642

Isaac Newton, 1642~1726

$$F = G\frac{m_1 m_2}{r^2}$$

Albert Einstein1879~1955

$$G_{\mu\nu} = 8\pi G T_{\mu\nu}$$

부록 A 기초 상수표

물리 상수	기호	계산용 값	값	단위	상대오차 (ppm)
진공중의 빛의 속력	c	3.00×10^{8}	299 792 458	m/s	exact
진공투자율($4\pi\times10^{-7}$)	μ_0	1.26×10^{-6}	$1.25663706143\times10^{-6}$	N/A^2, H/m	exact
진공유전율	ε_0	8.85×10^{-11}	$8.85418781762\times10^{-12}$	F/m	exact
기본 전하량	e	1.60×10^{-19}	1.60217653×10^{-19}	C	0.085
전자 질량	m_e	9.11×10^{-31}	9.1093826×10^{-31}	kg	0.17
		5.49×10^{-4}	$5.4857990945\times10^{-4}$	u	0.00044
양성자 질량	m_p	1.67×10^{-27}	1.6726171×10^{-27}	kg	0.17
		1.007	1.00727646688	u	0.00013
	m_p/m_e	1840	1836.15267261		0.00046
중성자질량	m_n	1.68×10^{-27}	1.67492728×10^{-27}	kg	0.17
		1.009	1.00866491560	u	0.00055
뮤온 질량	m_μ	1.88×10^{-28}	1.88353140×10^{-28}	kg	0.17
수소 원자 질량	m_{1H}	1.0078	1.007825035	u	0.011
헬리움 원자 질량	m_{He}	4.0026	4.0026032	u	0.067
전자의 비전하	$-e/m_e$	-1.76×10^{11}	-1.75882012×10^{11}	C/kg	0.086
플랑크 상수	h	6.63×10^{-34}	6.6260693×10^{-34}	J s	0.17
		4.14×10^{-15}	4.13566743×10^{-15}	eV s	0.085
	$h=h/2\pi$	1.05×10^{-34}	1.05457168×10^{-34}		0.17
		6.58×10^{-16}	6.58211915×10^{-16}	eV s	0.085
전자 콤프턴 파장	λ_C	2.43×10^{-12}	$2.426310238\times10^{-12}$	m	0.0067
몰 기체 상수	R	8.31	8.314472	J/mol K	1.7
아보가드로 상수	N_A	6.02×10^{23}	6.0221415×10^{23}	mol^{-1}	0.17
볼츠만 상수	k	1.38×1010^{-23}	1.3806505×10^{-23}	J/K	1.7

부록 B 개정된 SI 단위

◆ 개정된 SI 단위

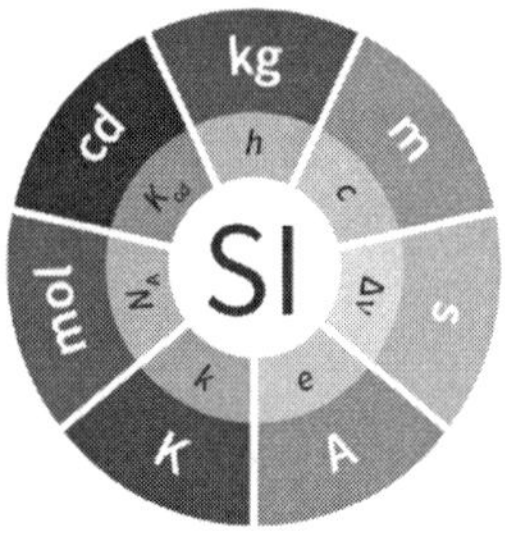

[BIPM 제공]
www.bipm.org/en/si-download-area/graphics-files.html

물리량	명칭	기호
길이	미터(meter)	m
시간	초(second)	s
질량	킬로그램(kilogram)	kg
전류	암페어(ampere)	A
열역학적 온도	켈빈(kelvin)	K
물질의 량	몰(mol)	mol
광도	칸델라(candela)	cd

➢ **초(s)** : 1초는 온도가 0K인 세슘-133 원자의 바닥 상태에 있는 두 초미세 준위 사이의 전이에 대응하는 복사선의 9 192 631 770주기의 지속 시간이다.

➢ **미터(m)** : 1미터는 빛이 진공에서 1/299 792 458 초 동안 진행한 경로의 길이이다.

➢ **킬로그램(kg)** : 1킬로그램은 질량의 단위이며 플랑크 상수h 가 정확히 $6.626\ 070\ 15 \times 10^{-34}$ J·s ($J = kg{\cdot}m^2{\cdot}s^{-2}$)이 되도록 하는 값이다.

[참조:위키]

물리학에서 자연현상을 이해하기 위해서는 다양한 방법의 측정이 이루어져야 한다. 측정은 물리적인 양과 연관되어 있는데 물리량은 숫자와 단위(unit)로 나타낼 수 있는 양으로 속도, 가속도, 힘 등을 말한다. 그런데 이러한 물리량은 보다 기본적인 양들로 나타낼 수가 있다. 이 책의 주제인 고전역학에서 세 가지 기본량은 시간, 길이, 질량이고 다른 물리량들은 이들 사이의 조합으로 표현할 수 있다. 좀 더 단순하게 생각해 보면 단위는 어떤 물리량의 크기를 표현하기 위해 도입한 기준인 것이다. 이러한 측정의 표준을 정하기 위하여 1960년 제11차 국제도량형총회(CGPM)는 SI 단위계라고 하는 기본량들에 대한 표준을 세웠다. SI 단위계에서 길이, 시간, 질량의 기본단위는 각각 미터(m), 초(s), 킬로그램(kg)이다. 부가적으로 다른 SI 단위들은 전류, 온도, 물질량 그리고 광도가 있다. SI 단위는 암페어(A), 켈빈(K), 몰(mole), 칸델라(cd)이다. 이들 단위 중 하나의 예를 들어 보면 5 kg 은 질량이라는 물리량을 나타내는 단위이고 1 kg 의 5배라는 의미이다.

1. SI 단위란?

SI 단위계란 불어 Le Systeme International d'Unites에서 온 약어로 "국제단위계"를 나타낸다. 이는 현재 세계 대부분의 국가에서 채택하여 국제 공동으로 사용되고 있는 단위계이며, 우리가 "미터계"(또는 "미터법")라고 부르고 사용해 온 단위계가 현대화된 것이라고 생각하면 된다. 1790년경 프랑스 혁명 시기에 "십진 미터법"이 프랑스에서 발명되어 SI 단위계의 시초가 되었고 이 단위계로부터 하부 단위계가 생겨났다. 우리나라에서도 사용하던 센티미터, 그램, 초에 바탕을 둔 CGS계도 1874년 과학 분야에 도입된 단위계의 한 예이다. 단위에 표준을 정하기 위하여 미터협약(Meter Convention, 또는 미터조약 Meter Treaty라고도 부름)이 17개국을 중심으로 1875년 조인되었고 이 미터법이 국제적인 단위 체계로 발전하게 되었다. "국제단위계"라는 명칭과 그 약칭 "SI"는 1960년 제11차 국제도량형총회(CGPM)에서 채택 결정된 것이다.

이러한 역사가 있는 SI 단위는 2018년 11월 16일 프랑스 베르사유에서 개최된 제26차 국제도량형총회에서 네 가지 기본단위가 재정의 되었다. 재정의 된 기본단위는 킬로그램(kg), 암페어(A), 켈빈(K), 몰(mol)이고, 세계측정의 날(WMD, World Metrology Day)인 2019년 5월 20일부터 공식 시행된다. 세계측정의 날이란 프랑스 파리에서 1875년 5월 20일 17개국이 미터협약을 체결한 것을 기념하여 지정한 날로, 매년 각국의 표준기관들이 세계측정의 날에 단위와 표준의 중요성을 알리고자 행사를 개최하고 있다.

| 제26차 국제도량형총회(2018년 11월 16일, 프랑스 베르사유) 기본단위 중 킬로그램(kg), 암페어(A), 켈빈(K), 몰(mol) 등 단위에 대해 최종 의결함 |
[사진 제공: 한국표준과학 연구원]

2. SI 기본단위

전 세계가 공통으로 상용할 수 있는 SI 단위의 특징은 몇 가지 기본단위를 바탕으로 이들의 곱이나 비의 형식으로 모든 물리량을 나타낼 수 있다는 점이다. SI 단위는 일관성 있는 체계를 갖추고 있는데 오직 SI 단위 끼리만의 곱하기와 나누기로 구성된 단위의 체계여서 다른 체계와 혼합할 때 공식 내의 인자들이 없어지게 된다. 이는 1 외의 다른 수치적 인자가 필요 없다는 의미이다. 그래서 정해진 규칙만 알고 적용하면 배우고 이용하기가 편리하다. 그림 1.1은 새로 제정된 SI 단위로 재정의를 알리기 위해 제작한 SI Illustration이다.

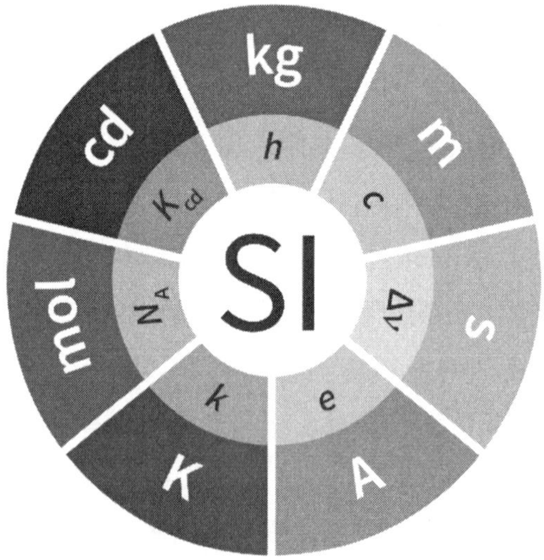

그림 1.1 SI 단위 재정의를 알리기 위해 제작한 SI Illustration
해당 단위를 정의하는 상수 포함(BIPM 제공)
www.bipm.org/en/si-download-area/graphics-files.html

SI 단위 중에서 가장 기본이 되는 일곱 개의 단위를 기본단위라고 하는데 독립적인 차원을 갖고 있으며 물리적인 실험에 의해서 정의되었다. 표 B.1에 SI 기본단위의 명칭 및 기호를, 표 B.2에 SI 단위를 정의하는 7개 상수와 이 상수들이 정의하는 7개 단위를 정리하였다. 이러한 정의들은 과학과 기술의 발달에 따라 바뀌어 왔고, 4년 또는 6년마다 파리에서 개최되는 국제도량형총회에 의해서 결정된다. 각 기본단위의 현재 정의를 살펴보면 아래와 같다. 기본단위의 정의는 한국표준과학연구원(www.kriss.re.kr)의 정의를 따랐다.

1) 시간의 단위(초, 기호: s)

초(기호: s)은 시간의 SI 단위이다. 초는 세슘-133 원자의 섭동이 없는 바닥 상태의 초미세 전이주파수 Δv_{Cs}를 Hz 단위로 나타낼 때 그 수치를 9 192 631 770으로 고정함으로써 정의된다. 여기서 Hz는 s^{-1}과 같다.

| NIST-F1, source of the official time of the United States |

2) 길이의 단위(미터, 기호: m)

미터(기호: m)은 길이의 SI 단위이다. 미터는 진공에서 빛의 속력 c를 $m \cdot s^{-1}$단위로 나타낼 때 그 수치를 299 792 458로 고정함으로써 정의된다. 여기서 초(기호: s)는 세슘 전이 주파수 Δv_{Cs}를 통하여 정의된다.

| 1889년 6월부터 1960년 3월까지 미터의 정의로 사용되었던 국제 미터 원기(原器), 백금-이리듐 미터바 |

3) 질량의 단위(킬로그램, 기호: kg)

▶ **새로 제정된 정의**

킬로그램(기호: kg)은 질량의 SI 단위이다. 킬로그램은 플랑크상수 h를 J · s단위로 나타낼 때 그 수치를 $6.626\,070\,15 \times 10^{-34}$으로 고정함으로써 정의된다. 여기서 J · s는 $kg \cdot m^2 \cdot s^{-1}$과 같고, 미터(기호: m)와 초(기호: s)는 c와 Δv_{Cs}를 통하여 정의된다.

기존 정의

"킬로그램(kilogram)은 질량의 단위이며, 국제 킬로그램원기의 질량과 같다"(1901년 제 3차 CGPM). 여기서 질량의 단위라고 강조한 것은 그간 흔히 중량(무게)의 뜻과 혼동되어서 사용되어 왔기 때문에 이를 중지시키고 질량을 뜻함을 명백하게 하기 위한 것이다. 이 원기는 프랑스 국제 도량형국에 보관되어있다. 백금-이리듐 합금으로 제작된 1 kg의 원기로 높이와 지름이 각각 3.9 cm인 원통이다.

| 국립표준기술연구소에 보관 중인 백금(90%)과 이리듐(10%) 합금으로 이루어진 1kg 원기(原器)의 모습 |

4) 전류의 단위 (암페어, 기호: A)

▶ **새로 제정된 정의**

암페어(기호: A)는 전류의 SI 단위이다. 암페어는 기본전하 e를 C 단위로 나타낼 때 그 수치를 $1.602\,176\,634 \times 10^{-19}$으로 고정함으로써 정의된다. 여기서 C는 A · s와 같고, 초(기호: s)는 Δv_{Cs}를 통하여 정의된다.

기존 정의

"암페어(ampere)는 무한히 길고 무시할 수 있을 만큼 작은 원형단면적을 가진 두 개의 평행한 직선 도체가 진공 중에서 1미터 간격으로 유지될 때, 두 도체 사이에 미터 당 2×10^{-7}뉴턴(N)의 힘이 생기게 하는 일정한 전류이다"(1948년 제9차 CGPM).

5) 열역학적 온도의 단위(켈빈, 기호: K)

▶ 새로 제정된 정의

켈빈(기호: K)은 열역학 온도의 SI 단위이다. 켈빈은 볼츠만 상수 k를 $J \cdot K^{-1}$단위로 나타낼 때 그 수치를 $1.380\,649\times10^{-23}$으로 고정함으로써 정의된다. 여기서 $J \cdot K^{-1}$은 $m^2 \cdot s^{-2} \cdot K^{-1}$과 같고, 킬로그램(기호: kg), 미터(기호, m)와 초(기호, s)는 h, c와 Δv_{Cs}를 통하여 정의된다.

기존 정의

"켈빈(kelvin)은 열역학적 온도의 단위로 물의 삼중점의 열역학적 온도의 1/273.16이다"(1967년 제13차 CGPM).

6) 물질량의 단위(몰, 기호: mol)

▶ 새로 제정된 정의

몰(기호: mol)은 물질량의 SI 단위이다. 1 몰은 정확히 $6.022\,140\,76\times10^{23}$개의 구성요소를 포함한다. 이 숫자는 mol^{-1} 단위로 표현된 아보가드로 상수 N_A의 고정된 수치로서 아보가드로수라고 부른다. 어떤 계의 물질량(기호: n)은 명시된 구성요소의 수를 나타내는 척도이다. 구성요소란 원자, 분자, 이온, 전자, 그 외의 입자 또는 명시된 입자들의 집합체가 될 수 있다.

기존 정의

몰은 탄소 0.012킬로그램에 있는 원자의 개수와 같은 수의 구성요소를 포함한 어떤 계의 물질의 양이다. 몰을 사용할 때에는 구성요소를 반드시 명시해야 하며 이 구성요소는 원자, 분자, 이온, 전자, 기타 입자 또는 이 입자들의 특정한 집합체가 될 수 있다(1971년 제 14차 CGPM). 몰의 정의에서 탄소 12는 바닥상태에서 정지해 있으며 속박되어 있지 않은 원자를 가리킨다. 또한 이 정의는 몰의 단위를 가진 양의 특성을 부여하는 점에 주의하여야 한다.

7) 광도의 단위(칸델라, 기호: cd)

칸델라(기호: cd)는 어떤 주어진 방향에서 광도의 SI 단위이다. 칸델라는 주파수가 540×10^{12} Hz인 단색광의 시감효능 K_{cd}를 $\text{lm} \cdot \text{W}^{-1}$ 단위로 나타낼 때 그 수치를 638으로 고정함으로써 정의된다. 여기서 $\text{lm} \cdot \text{W}^{-1}$는 $\text{cd} \cdot \text{sr} \cdot \text{W}^{-1}$ 또는 $\text{cd} \cdot \text{sr} \cdot \text{kg}^{-1} \cdot \text{m}^{-2} \cdot \text{s}^{3}$과 같고, 킬로그램(기호: kg), 미터(기호, m)와 초(기호, s)는 h, c와 Δv_{Cs}를 통하여 정의된다.

표 B.1 SI 기본단위

물리량	명칭	기호
길이	미터(meter)	m
시간	초(second)	s
질량	킬로그램(kilogram)	kg
전류	암페어(ampere)	A
열역학적 온도	켈빈(kelvin)	K
물질의 량	몰(mol)	mol
광도	칸델라(candela)	cd

표 B.2 SI의 7개 정의된 상수와 그들이 정의하는 7개 단위

정의 상수	기호	수치	단위
세슘의 초미세 전이 주파수	Δv_{Cs}	9 192 631 770	Hz
진공에서의 빛의 속력	c	299 792 458	$m \cdot s^{-1}$
플랑크 상수	h	$6.626\ 070\ 15 \times 10^{-34}$	$J \cdot s$
기본전하	e	$1.602\ 176\ 634 \times 10^{-19}$	C
볼츠만 상수	k	$1.380\ 649 \times 10^{-23}$	$J \cdot K^{-1}$
아보가드로 상수	N_A	$6.022\ 140\ 76 \times 10^{23}$	mol^{-1}
시감효능	K_{cd}	683	$lm W^{-1}$

3. SI 보조단위

현재 순전히 기하학적으로 정의된 2개의 단위가 보조단위로 인정되어 있고, 표 B.3에 나타나 있다. 이들 각각의 정의는 다음과 같다.

표 B.3 SI 보조단위

양	SI단위	
	명칭	기호
평면각	라디안	rad
입체각	스테라디안	sr

4. SI 유도단위

유도단위는 기본단위나 보조단위를 간단히 물리법칙에 의해 대수적인 관계식으로 결합하여 나타내는 것이다. 이 유도단위의 표현에는 기본단위나 보조단위 외의 다른 인자가 나타나지 않으며, 이 때문에 SI단위가 일관성을 갖게 되고, 또한 계산할 때 다른 환산인자를 필요로 하지 않는다.

표 B.4 특수명칭을 가진 SI 유도단위

양	SI단위		
	명칭	기호	기본이나 보조단위 또는 다른 유도단위로 표시
진동수, 주파수	헤르츠(hertz)	Hz	s^{-1}
힘	뉴턴(newton)	N	kg·m/s^2
압력, 응력	파스칼(pascal)	Pa	N/m^2
에너지, 일, 열량	줄(joule)	J	N·m
일률, 전력	와트(watt)	W	J/s
전하량	쿨롬(coulomb)	C	A·s
전위, 압력, 기전력	볼트(volt)	V	J/C, W/A
전기용량	페럿(farad)	F	C/V
전기저항	옴(ohm)	Ω	V/A
전기전도도	지멘스(siemens)	S	Ω^{-1}, A/V
자기력선속	웨버(weber)	Wb	V·s
자기력선속밀도	테슬라(tesla)	T	Wb/m^2
인덕턴스	헨리(henry)	H	Wb/A
섭씨온도	섭씨도(degree Celius)	°C	K
광선속	루멘(lumen)	lm	cd·sr
조명도	럭스(lux)	lx	lm/m^2
방사능	베크렐(becquerel)	Bq	s^{-1}
흡수선량, 비에너지투여, 케르마, 흡수선량지수	그레이(gray)	Gy	J/kg
선량당량, 선량당량지수	시버트(sievert)	Sv	J/kg

① 기본단위로 표시된 SI 유도단위

양	SI단위	
	명칭	기호
넓이	제곱미터	m^2
부피	세제곱미터	m^3
속력, 속도	미터 매 초	m/s
밀도, 질량밀도	킬로그램 매 세제곱미터	kg/m^3

② 보조단위를 사용하여 형성한 SI 유도난위

양	SI단위	
	명칭	기호
각속도	라디안 매 초	rad/s
각가속도	라디안 매 초제곱	rad/s^2
복사도	와트 매 스테라디안	W/sr

③ 특별한 명칭으로 표시된 SI 유도단위

양	SI단위		
	명칭	기호	기본이나 보조단위 또는 다른 유도단위로 표시
힘의 모멘트	뉴턴 미터	N·m	$m^2 \cdot kg \cdot s^{-2}$
표면장력	뉴턴 매 미터	N/m	$kg \cdot s^{-2}$
열용량, 엔트로피	줄 매 켈빈	J/K	$m^2 \cdot kg \cdot s^{-2} \cdot K^{-1}$
전자기장의 세기	볼트 매 미터	V/m	$m \cdot kg \cdot s^{-3} \cdot A^{-1}$

5. 접두어

측정을 하다보면 엄청 큰 수 또는 작은 수를 만나게 된다. 이 경우 10의 거듭제곱을 이용하면 편리하다. 예를 들어 '나노과학' 이라는 용어에서 나노(nano)는 10의 거듭제곱을 나타내는 접두어이다. 즉 10^{-9}을 뜻한다. 표 B.5에 10의 거듭제곱에 관한 접두어와 약자들을 나열하였다.

표 B.5 SI 단위의 접두어

크기	접두어	기호	크기	접두어	기호
10^{24}	요타(yotta)	Y	10^{-24}	욕토(yocto)	y
10^{21}	제타(zetta)	Z	10^{-21}	젭토(zepto)	z
10^{18}	엑사(exa)	E	10^{-18}	아토(atto)	a
10^{15}	페타(peta)	P	10^{-15}	펨토(femto)	f
10^{12}	테라(tera)	T	10^{-12}	피코(pico)	p
10^{9}	기가(giga)	G	10^{-9}	나노(nano)	n
10^{6}	메가(mega)	M	10^{-6}	마이크로(micro)	μ
10^{3}	킬로(kilo)	k	10^{-3}	밀리(milli)	m
10^{2}	헥토(hecto)	h	10^{-2}	센티(centi)	c
10^{1}	데카(deka)	da	10^{-1}	데시(deci)	d

1) SI 접두어의 사용법

① 일반적으로 접두어는 크기 정도(order of magnitude)를 나타내는데 적합하도록 되어야 한다. 따라서 유효숫자가 아닌 영(0)을 없애고, 계산할 때 10의 멱수로 나타내는 대신에 접두어를 적절하게 사용할 수 있다.

보기 12300 mm는 12.3 m가 되고, 12.3×10^3 m는 12.3 km가 된다.

② 어떤 양을 한 단위와 수치로 나타낼 때 보통 수치가 0.1과 1000 사이에 오도록 접두어를 선택한다. 다만 다음의 경우는 예외로 한다.

ⓐ 넓이나 부피를 나타낼 때 헥토, 데카, 데시, 센티가 필요할 수 있다.

보기 제곱헥토미터(hm^2), 세제곱센티미터(cm^3)

ⓑ 같은 종류의 양의 값이 실린 표에서나 주어진 문맥에서 그 값을 비교하거나 논의할 때에는 0.1에서 1000의 범위를 벗어나도 같은 단위를 사용하는 것이 좋다.

ⓒ 어떤 양을 특정한 분야에서 쓸 때 관례적으로 특정한 배수가 사용된다.

보기 기계공학도면에서는 그 값이 0.1에서 1000 mm의 범위를 많이 벗어나도 mm가 사용된다.

③ 복합단위의 배수를 형성할 때 한 개의 접두어를 사용하여야 한다. 이 때 접두어는 통상적으로 분자에 있는 단위에 붙여야 되는데 다만 한 가지 예외의 경우는 kg이 분모에 올 경우이다.

보기 V/m(0) : mV/mm(X), pF(0) : μ μF(X)

④ 두 개나 그 이상의 접두어를 나란히 붙여쓰는 복합 접두어는 사용할 수 없다.

보기 1 nm(0) : 1 m μm(X), 1 pF(0) : μμF(X)

만일 현재 사용하는 접두어의 범위를 벗어나는 값이 있다면, 이때는 기본단위와 10의 멱수로 표시하여야 한다.

⑤ 접두어를 가진 단위에 붙는 지수는 그 단위의 배수나 분수 전체에 적용되는 것이다.

보기 $1cm^3 = (10^{-2}m)^3 = 10^{-6}m^3$

$1ns^{-1} = (10^{-9}s)^{-1} - 10^{9}s^{-1}$

$1mm^2/s = (10^{-3}m)^2/s = 10^{-6}m^2/s$

2) SI단위 명칭의 사용법

필요에 따라 영어 명칭을 사용할 때가 있는데 이때 몇 가지 유의하여야 할 점은 다음과 같다.

① 단위 명칭은 보통명사와 같이 취급하여 소문자로 쓴다. 다만 문장의 시작이나 제목 등의 문법상 필요한 경우는 대문자를 쓴다.

보기 3newtons이며 3Newtons가 아니다.

② 일반적으로 영어 문법에 따라 복수형태가 사용되며(보기 : henry의 복수는 henries로 씀), lux, hertz, siemens은 불규칙 복수형태로 단수와 복수가 같다.

③ 접두어와 단위 명칭 사이는 한 칸 뛰지도 않고 연자부호(hypen) '-'를 쓰지 않는다.

보기 kilometer (○) : kilo-meter (×)

"megohm, kilohm, hectare"의 세 가지 경우는 접두어 끝에 있는 모음이 생략된다. 이외의 모든 단위 명칭은 모음으로 시작되어도 두 모음을 모두 써야 하며 발음도 모두 해야 한다.

부록 C 바꿈인자표

길 이	cm	m	in	ft	mi
1 cm	1	0.01	0.3937	0.03281	6.214×10^{-6}
1 m	100	1	39.37	3.281	6.214×10^{-4}
1 in	2.540	0.0254	1	0.0833	1.578×10^{-5}
1 ft	30.48	0.3048	12	1	1.894×10^{-4}
1 mi	1.69×10^{5}	1609	6.336×10^{4}	5280	1
넓 이	**cm^2**	**m^2**	**in^2**	**ft^2**	**a**
1 cm^2	1	0.0001	0.155	1.076×10^{-3}	2.6417×10^{-4}
1 m^2	10^{4}	1	1550	10.76	0.01
1 in^2	6.452	6.452×10^{-4}	1	0.006954	6.452×10^{-6}
1 ft^2	929.0	0.0929	144	1	9.29×10^{-4}
1 a	10^{6}	100	1.55×10^{5}	1.076×10^{3}	1
부 피	**cm^3**	**m^3**	**in^3**	**ft^3**	**gal**
1 cm^3	1	10^{-6}	0.06102	3.531×10^{-5}	2.6417×10^{-4}
1 m^3	10^{6}	1	6.102×10^{4}	35.31	2.6417×10^{2}
1 in^3	16.39	1.639×10^{-5}	1	5.787×10^{-4}	4.329×10^{-3}
1 ft^3	28320	0.02832	1728	1	7.480
1 gal	3.7854×10^{3}	3.7854×10^{-3}	2.31×10^{3}	0.1337	1
질 량	**g**	**kg**	**slug**	**oz**	**lb**
1 g	1	0.001	6.853×10^{-5}	3.527×10^{-2}	2.205×10^{-3}
1 kg	1000	1	6.853×10^{-2}	35.27	2.205
1 slug	1.459×10^{4}	14.59	1	514.8	32.17
1 oz	28.35	2.835×10^{-2}	1.943×10^{-3}	1	6.259×10^{-2}
1 lb	453.6	0.4536	3.108×10^{-2}	16	1

열전도계수	$kcal/m^2\cdot h\cdot ℃$	$Btu/ft^2\cdot h\cdot ℉$	$J/m^2\cdot h\cdot ℃$	$W/(m^2\cdot K)$
	1	0.2048	4187	1.163
	4.882	1	2.044×10^{4}	5.678
	2.389×10^{-4}	4.893×10^{-5}	1	2.778×10^{-4}
	0.8598	0.1761	3599	1

압 력	kgf/cm^2	bar	pa	atm	mH_2O	mHg	lb/in^2
1 kgf/cm^2	1	0.98066 5	0.980665E5	0.9678	10.000	0.7356	14.22
1 bar	1.0197	1	10^5	0.9869	10.197	0.7501	14.50
1 pa	1.0197×10^{-5}	10^{-5}	1	0.9869×10^{-5}	1.0197×10^{-4}	7.501×10^{-6}	1.450×10^{-4}
1 atm	1.0332	1.01325	1.01325×10^5	1	10.33	0.760	14.70
1 mH_2O	0.10000	0.09806	9.80665×10^3	0.09678	1	0.07355	10422
1 mHg	1.3595	1.3332	1.332×10^5	1.3158	13.60	1	19.34
1 lb/in^2	0.07031	0.06895	6.895×10^3	0.06805	0.7031	0.05171	1

부 피 유 량	L/s	L/min	m^3/s	m^3/min	m^3/h	ft^3/s
1 ℓ/s	1	60	10^{-3}	0.06	3600	0.03532
1 ℓ/min	0.01666	1	1.66666×10^{-5}	10^{-3}	0.06	0.00059
1 m^3/s	10^3	6×10^4	1	60	3600	35.31
1 m^3/min	16.6666	10^3	1.66666×10^{-2}	1	60	0.5885
1 m^3/h	2.77777×10^{-4}	16.666	2.77777×10^{-4}	1.66666×10^{-2}	1	0.00981
1 ft^3/s	28.32	1.69833×10^3	2.832×10^{-2}	1.69833	101.9	1

일 에너지 열량	J	kgf · m	kW · h	kcal	fr · lbf	Btu
	1	0.10197	2.778×10^{-7}	2.389×10^{-4}	0.7376	9.480×10^{-4}
	9.807	1	2.724×10^{-6}	2.343×10^{-3}	7.233	9.297×10^{-3}
	3.6E6	3.671×10^5	1	860.0	2.655×10^6	3413
	4186	426.9	1.163×10^{-3}	1	3087	3.968
	1.356	0.1383	3.766×10^{-7}	3.239×10^{-4}	1	1.285×10^{-3}
	1055	107.6	2.930×10^{-4}	0.2520	778.0	1

열 전 도 율	kcal/m · h · ℃	Btu/fr · h · ℉	W/(m · K)
	1	0.6720	1.163
	1.488	1	1.731
	0.8600	0.5779	1

일 률	kW	kgf · m/s	PS	HP	kcal/s	ft · lbf/s	Btu/s
	1	101.97	1.3596	1.3405	0.2389	737.6	0.9480
	9.807×10^{-3}	1	1.333×10^{-2}	1.315×10^{-2}	2343×10^{-3}	7.233	9.297×10^{-3}
	0.7355	75	1	0.9859	0.1757	542.5	0.6973
	0.746	76.07	1.0143	1	0.1782	550.2	0.7072
	4.186	426.09	5.691	5.611	1	3087	3.968
	1.356×10^{-3}	0.1383	1.843×10^{-3}	1.817×10^{-3}	3.239×10^{-4}	1	1.285×10^{-3}
	1.055	107.6	1.434	1.414	0.2520	778.0	1

비 열	J/(kg · K)	kcal/(kg · ℃)	Btu/(lb · °F)
1 J/(kg · K)	1	2.3885×10^{-4}	2.3885×10^{-4}
1 kcal/(kg · ℃)	4.1868×10^{3}	1	2.3885×10^{-4}
1 Btu/(lb · °F)	4.1868×10^{3}	1	1

길 이

단 위	cm	m	in	ft	yd	mile	자(尺)	間	정(町)	里
1 cm	1	0.01	0.3937	0.0328	0.0109	–	0.033	0.0055	0.00009	–
1 m	100	1	39.37	3.2808	1.0936	0.0006	3.3	0.55	0.00917	0.00025
1 in	2.54	0.254	1	0.0833	0.0278	–	0.0838	0.0140	0.0002	–
1 ft	30.48	0.3048	12	1	0.3333	0.00019	1.0058	0.1676	0.0028	–
1 yd	91.438	0.9144	36	3	1	0.0006	3.0175	0.5029	0.0083	0.0002
1 mile	160930	1609.3	63360	5280	1760	1	5310.8	885.12	14.752	0.4098
1 자	30.303	0.303	11.93	0.9942	0.3314	0.0002	1	0.1667	0.0028	0.00008
1 間	181.818	1.818	71.582	5.965	1.9884	0.0011	6	1	0.0167	0.0005
1 정	10909	109.091	4294.9	357.91	119.304	0.0678	360	60	1	0.0278
1 里	392727	3927.27	154619	12885	4295	2.4403	12960	2160	36	1

무 게

단 위	g	kg	ton	그레인	온 스	lb	돈	근	관
1 g	1	0.001	0.000001	15.432	0.03527	0.0022	0.26666	0.00166	0.000266
1 kg	1000	1	0.001	15432	33.273	2.20459	266.666	1.6666	0.2666
1 ton	1000000	1000	1	–	35273	2204.59	266666	1666.6	266.666
1 그레인	0.06479	0.00006	–	1	0.00228	0.00014	0.01728	0.00108	0.000017
1 온스	28.3495	0.02835	0.000028	437.4	1	0.06525	7.56	0.0473	0.00756
1 lb	453.592	0.45359	0.00045	7000	16	1	120.96	0.756	0.12096
1 돈	3.75	0.00375	0.000004	57.872	0.1323	0.00827	1	0.00625	0.001
1 근	600	0.6	0.0006	9259.556	21.1647	1.32279	160	1	0.16
1 관	3750	3.75	0.00375	57872	132.28	8.2672	1000	6.25	1

부 피

단 위	홉	되	말	cm^3	m^3	L	in^3	ft^3	yd^3	gal
1 홉	1	0.1	0.01	180.39	0.00018	0.18039	11.0041	0.0066	0.00023	0.04765
1 되	10	1	0.1	1803.9	0.00180	1.8039	110.041	0.0637	0.00234	0.47656
1 말	100	10	1	18039	0.01803	18.039	1100.41	0.63707	0.02359	4.76567
1 cm^3	0.00554	0.00055	0.00005	1	0.000001	0.001	0.06102	0.00003	0.00001	0.00026
1 m^3	5543.52	554.325	55.4352	1000000	1	1000	61027	35.3165	1.30820	264.186
1 ℓ	5.54352	0.55435	0.05543	1000	0.001	1	61.027	0.03531	0.00130	0.26418
1 in^3	0.09083	0.00908	0.0091	16.387	0.000016	0.01638	1	0.00057	0.00002	0.00432
1 ft^3	156.966	15.6666	1.56966	28316.8	0.02831	28.3169	1728	1	0.03703	7.48051
1 yd^3	4238.09	423.809	42.3809	7645.11	0.76451	764.511	46656	27	1	201.974
1 gal	20.9833	2.0983	0.20983	3785.43	0.00378	3.78543	231	0.16368	0.00495	1

넓 이

단 위	평방자	평	단보	정보	m^2	a(아르)	ft^2	yd^2	acre
1 평방자	1	0.02778	0.00009	0.000009	0.09182	0.00091	0.98841	0.10982	–
1 평	36	1	0.00333	0.00033	3.3058	0.03305	35.583	3.9537	0.00081
1 단보	10800	300	1	0.1	991.74	9.9174	10674.9	1186.1	0.24506
1 정보	108000	3000	10	1	9917.4	99.174	106794	11861	2.4506
1 m^2	10.89	0.3025	0.001008	0.0001	1	0.01	10.764	1.1958	0.00024
1 a	1089	30.25	0.10083	0.01008	100	1	1076.4	119.58	0.02471
1 ft^2	1.0117	0.0281	0.00009	0.000009	0.092903	0.000929	1	0.1111	0.000022
1 yd^2	9.1055	0.25293	0.00084	0.00008	0.83613	0.00836	9	1	0.000207
1 acre	44071.2	1224.12	0.40806	0.40806	4046.8	40.468	43560	4840	1

온 도

섭씨(℃) → 화씨(°F)	°F = {(9/5)×℃}+32
화씨(°F) → 섭씨(℃)	℃ = (5/9)×(°F−32)

부록 D 원소 주기율 표

주기	1A	2A	3A	4A	5A	6A	7A	8	8
1	1 $_{1}$H 수 소 Hydrogen 1.0079Ⓖ 1								
2	1 $_{3}$Li 리 튬 Lithium 6.94(1) 1	2 $_{4}$Be 베릴륨 Beryllium 9.01218 2, 2							
3	1 $_{11}$Na 나트륨 Sodium 22.98977 2, 8, 1	2 $_{12}$Mg 마그네슘 Magnesium 24.305 2, 8, 2							
4	1 $_{19}$K 칼 륨 Sodium 39.09(8) 2, 8, 1	2 $_{20}$Ca 칼 슘 Calcium 40.08 2, 8, 8, 2	3 $_{21}$Sc 스칸듐 Scandium 44.9559 2, 8, 9, 2	4,3 $_{22}$Ti 타탄늄 Titanium 47.9(0) 2, 8, 10, 2	5,4,3,2 $_{23}$V 바나듐 Vanadium 59.941(4) 2, 8, 11, 2	6,3,2 $_{24}$Cr 크 롬 Chromium 51.996 2, 8, 13, 1	7,6,4,2,3 $_{25}$Mn 망 간 Manganese 54.9380 2, 8, 13, 2	2,3 $_{26}$Fe 철 Iron 55.84(7) 2, 8, 14, 2	2,3 $_{27}$Co 코발트 Cobalt 58.9332 2, 8, 15, 2
5	1 $_{37}$Rb 루비듐 Rubidium 85.467(8) 2, 8, 18, 8, 1	2 $_{38}$Sr 스트론튬 Strontium 87.62 2, 8, 18, 8, 2	3 $_{39}$Y 이트륨 Yttrium 88.9059 2, 8, 18, 9, 2	4 $_{40}$Zr 지르코늄 Zirconium 91.22 2, 8, 18, 10, 2	5,3 $_{41}$Nb 니오브 Niobium 92.9064 2, 8, 18, 12, 1	6,5,4,3,2 $_{42}$Mo 몰리브덴 Molybdenum 95.9(4) 2, 8, 18, 13, 1	7 $_{43}$Tc 테크네튬 Technetium — 2, 8, 18, 14, 1	2,3,4,6,8 $_{44}$Ru 루테늄 Ruthenium 101.0(7) 2, 8, 18, 15, 1	2,3,4 $_{45}$Rh 로 듐 Rhodium 102.9055 2, 8, 18, 16, 1
6	1 $_{55}$Cs 세 슘 Cesium 132.9054Ⓛ 2, 8, 18, 18, 8, 1	2 $_{56}$Ba 바 륨 Barium 137.3(4) 2, 8, 18, 18, 8, 2	3 $_{57}$La 란 탄 Lanthanum 138.905(5) ** 2, 18, 18, 8, 9, 2	4 $_{72}$Hf 하프늄 Hafnium 178.4(9) 2, 8, 18, 32, 10, 2	5 $_{73}$Ta 탄탈 Tantalum 180.947(9) 2, 8, 18, 32, 11, 2	6,5,4,3,2 $_{74}$W 텅스텐 Wolfram 183.8(5) 2, 8, 18, 32, 12, 2	7,6,4,2,-1 $_{75}$Re 레 늄 Rhenium 186.207 2, 8, 18, 32, 13, 2	2,3,4,6,8 $_{76}$Os 오스뮴 Osmium 190.2 2, 8, 18, 32, 14, 2	2,3,4,6 $_{77}$Ir 이리듐 Iriduim 192.2(2) 2, 8, 18, 32, 17
7	1 $_{87}$Fr 프랑슘 Francium — 2, 8, 18, 32, 18, 8, 1	2 $_{88}$Ra 라 듐 Radium 226.0254 2, 8, 18, 32, 18, 3, 2	3 $_{89}$Ac 악티늄 Actinium — 2, 8, 18, 32, 18, 9, 2						

금 속

전 이 원 소

<기호 설명>

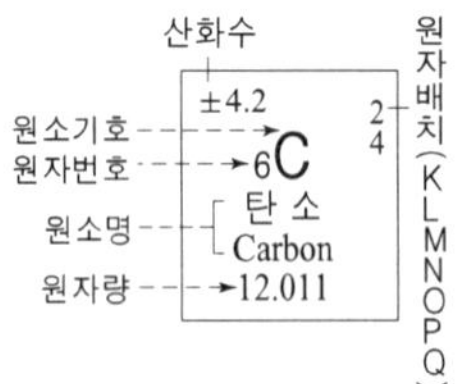

* 란타니드 계열	3,4 $_{58}$Nb 세 륨 Cerium 140.12 2, 8, 18, 20, 8, 2	3,4 $_{59}$Pr 프라세오디뮴 Praseodymium 95.9(4) 2, 8, 18, 21, 8, 2	3 $_{60}$Nd 네오디늄 Neodynium 144.2(4) 2, 8, 18, 22, 8, 2	3 $_{61}$Pm 프로메튬 Prometheum — 2, 8, 18, 23, 8, 2	2,3,4 $_{62}$Sm 사마륨 Samarium 150.4 2, 8, 18, 24, 8, 2
** 악티니드 계열	4 $_{90}$Th 토 륨 Thorium 232.0381 2, 8, 18, 32, 18, 10, 2	5,4 $_{91}$Pa 프로트악티늄 Protactinium 231.0359 2, 8, 18, 32, 20, 9, 2	6,5,4,3 $_{92}$U 우라늄 Uranium 238.029 2, 8, 18, 32, 21, 9, 2	6,5,4,3 $_{93}$Np 넵투늄 Neptunium 237.0482 2, 8, 18, 32, 22, 9, 2	6,5,4,3 $_{94}$Pu 플루토늄 Plutonium — 2, 8, 18, 32, 23, 9, 2

반 도 체

비 금 속

	1B	2B	3B	4B	5B	6B	7B	0
								0 2He 헬 륨 Helium 4.00260 Ⓖ 2
			3 5B 붕 소 Boron 10.81 2 3	±4.2 6C 탄 소 Carbon 12.011 2 4	±3,5,4,2 7N 질 소 Nitrogen 14.0067 Ⓖ 2 5	−2 8O 산 소 Oxygen 15.999(4) Ⓖ 2 6	−1 9F 플로오르 Fluorine 18.99840 Ⓖ 2 7	0 10Ne 네 온 Neon 20.17(9) Ⓖ 2 8
			3 13Al 알루미늄 Aluminum 26.98154 2 8 3	4 14Si 규 소 Silicon 28.08(6) 2 8 4	±3,4,5 15P 인 Phosphorus 30.07376 2 8 18 32 12 2	6,3,4,-2 16S 황 Sulfur 32.06 2 8 18 32 13 2	±1,4,5,6,7 17Cl 염 소 Chlorine 35.453 Ⓖ 2 8 7	0 18Ar 아르곤 Argon 39.94(8) Ⓖ 2 8 8
2,3 28Ni 니 켈 Nickel 58.70 2 8 16 2	2,1 29Cu 구 리 Copper 63.54(6) 2 8 18 1	2 30Zn 아 연 Zine 65.38 2 8 18 2	3 31Ga 갈 륨 Gallium 69.72 2 8 18 3	4 32Ge 게르마늄 Germanium 72.5(9) Ⓛ 2 8 18 4	±3,5 33As 비 소 Arsenic 74.9216 2 8 18 5	6,4,-2 34Se 셀 렌 Selenium 78.9(6) 2 8 18 6	±1,4,5 35Br 브 롬 Bromine 79.904 Ⓛ 2 8 18 7	0 36Kr 크립톤 Krypton 83.80 Ⓖ 2 8 18 8
3,4 46Pd 팔라듐 Palladium 106.4 2 8 18 18	1 47Ag 은 Silver 107.868 2 8 18 18 1	2 48Cd 카드뮴 Cadmium 112.40 2 8 18 18 2	3 49In 인 듐 Indium 114.82 2 8 18 18 3	4,2 50Sn 주 석 Tin 118.6(9) 2 8 4	±3,5 51Sb 안티몬 Antimony 121.7(5) 2 8 18 18 5	6,4,−2 52Te 텔루륨 Tellurium 127.6(0) 2 8 18 18 6	±1,4,5,7 53I 요오드 Iodine 126.9045 2 8 18 18 7	0 54Xe 크세논 Xenon 131.30 Ⓖ 2 8 18 18 8
2,4 78Pt 백 금 Platinum 195.0(9) 2 8 18 32 17 1	3,1 79Au 금 Gold 196.9665 2 8 18 32 18 1	2,1 80Hg 수 은 Mercury 200.5(9) Ⓛ 2 8 18 32 18 2	3,1 81Tl 탈 륨 Thallium 204.3(7) 2 8 18 32 18 3	4,2 82Pb 납 L ad 207.2 2 8 18 32 18 4	3,5 83Bi 비스무트 Bismuth 208.9804 2 8 18 32 18 5	4,2 84Po 폴로늄 Polonium — 2 8 18 32 18 6	— 85At 아스타틴 Astatine — 2 8 18 32 18 7	0 86Rn 라 돈 Radon — Ⓖ 2 8 18 32 18 8

3,2 63Eu 유로퓸 Europium 151.96 2 8 18 25 8 2	3 64Gd 가돌리늄 Gadolinium 157.2(5) 2 8 18 25 9 2	3,4 65Tb 테르븀 Terbium 158.9254 2 8 18 27 8 2	3 66Dy 디스프로슘 Dysprosium 162.5(0) 2 8 18 28 8 2	3 67Ho 홀 뮴 Holmium 164.9304 2 8 18 29 8 2	3 68Er 에르븀 Erbium 167.2(6) 2 8 18 30 8 2	3,2 69Tm 툴 륨 Thulium 168.9342 2 8 18 31 8 2	3,2 70Yb 이테르븀 Ytterbium 173.0(4) 2 8 18 32 8 2	0 71Lu 루테튬 Lutetium 174.97 2 8 18 32 9 2
6,5,4,3 95Am 아메리슘 Americium — 2 8 18 32 24 9 2	3,1 96Cm 큐 륨 Curium — 2 8 18 32 25 9 2	4,3 97Bk 버클륨 berkelium — 2 8 18 32 26 9 2	3 98Cf 칼리포르늄 Califomium — 2 8 18 32 27 9 2	— 99Es 아인시타이늄 Einsteinium — 2 8 18 32 28 9 2	— 100Fm 페르뮴 Fermium — 2 8 18 32 29 9 2	— 101Md 멘델레븀 Mendelevium — 2 8 18 32 30 9 2	— 102No 노벨륨 Nobelium — 2 8 18 32 32 8 2	— 103Lw 로렌슘 Lawrencium — 2 8 18 32 32 9 2

※ 단, 104 · 105 · 106은 생략했음.

부록 E 금속의 물리적인 성질

1) 원 소

원자 번호 Z와 원소 기호		원소명 (물질명)	밀도 ρ (20°C) [g/cm^3]	탄성률 [10^{10}N/m^2=10^{11} dyn/cm^2] Young률 Y	음속 υ [m/s]	선팽창계수 a (0°~100°C) [10^{-5}K^{-1}]	비열 (20℃) [kJ/kg·K]	(20℃) [cal/g·K]	녹는점 [C]	녹음열 [k.J/kg]	녹음열 [cal/g]	열전도도 [10^2w/m.K]	(20℃) [cal/cm·s·K]	저항률 ρ (20℃) [$10^{-2}\Omega$ mm^2/m]	저항의 온도계수 [10^{-3}k^{-1}]	원자 번호 Z
	Z															
30	Zn	아 연	7.14	9.3	3700	2.62	0.39	0.092	419	112	27	1.1	0.26	5.8	3.7	30
13	Al	알루미늄	2.70	7.0	5100	2.4	0.90	0.21	658	390	93	2.2	0.52	2.7	4.3	13
51	Sb	안 티 몬	6.67	7.8	3400	1.1	0.21	0.050	630	163	39	0.18	0.042	41.7	4.7	51
92	U	우 라 늄	18.7	13	–	–	0.12	0.028	1130	–	–	–	–	–	–	92
48	Cd	카 드 뮴	8.64	7.1	2310	3.2	0.23	0.055	321	57	13.7	0.92	0.22	7.46	4.2	48
20	Ca	칼 슘	1.55	2.0	–	2.2	0.65	0.16	840	328	79	–	–	4.5	3.3	20
79	Au	금	19.3	8.0	1740	1.4	0.13	0.031	1093	66	15.8	3.0	0.72	2.21	4.0	79
47	Ag	은	10.50	7.9	2610	1.9	0.23	0.056	961	105	25	4.2	1.01	1.59	3.8	47
24	Cr	크 롬	7.1	2.5	–	0.85	0.45	0.11	1890	≈300	≈70	0.43	0.10	2.8	–	24
27	Co	코 발 트	8.8	21	4720	1.3	0.42	0.10	1490	260	62	0.70	0.17	6.8	6.6	27
80	Hg	수 은	13.55	–	–	18(체팽창)	0.14	0.033	−38.9	1107	2.8	–	–	95.8	0.89	80
50	Sn	주 석	7.31	5.5	2600	2.7	0.23	0.054	232	59	–	0.65	0.16	11.5	4.6	50
74	W	텅 스 텐	19.3	36	–	0.43	0.13	0.032	3370	≈200	≈50	1.7	0.41	5.51	4.5	74
73	Ta	탄 탈	16.6	19	3400	0.65	0.14	0.033	2996	–	–	0.54	0.13	15.5	3.1	73
26	Fe	철	7.86	22	5130	1.2	0.45	0.107	1540	276	66	0.75	0.18	10.5	6.6	26
29	Cu	구 리	8.93	12	3560	1.6	0.39	0.092	1083	205	49	3.9	0.93	1.72	3.9	29
11	Na	나 트 륨	0.97	–	–	7.1	1.25	0.30	98	115	27	1.3	0.31	4.6	5.5	11
82	Pb	연	11.34	1.5	1320	2.9	0.13	0.031	327	24.7	5.9	0.34	0.093	20.7	4.2	82
28	Ni	니 켈	8.9	20	4970	1.3	0.45	0.108	1450	300	72	0.70	0.17	7.8	6.7	28
78	Pt	백 금	21.37	16.5	2690	0.90	0.13	0.032	1773	110	26	0.71	0.17	10.8	3.8	78
83	Bi	창 연	9.8	3.2	1800	1.3	0.12	0.029	271	54	14	0.09	0.021	119	4.5	83
4	Be	베 릴 륨	1.84	30	–	1.2	1.07	0.40	1350	–	–	1.7	0.40	6.3	0.4	4
12	Mg	마그네슘	1.74	4.4	4600	2.6	1.02	0.25	651	209	50	1.7	0.41	4.6	4.0	12
42	Mo	몰리브텐	10.2	–	–	0.49	0.26	0.062	2620	–	–	1.4	0.33	5.7	4.0	12

2) 합 금

												성분중량비
알루미늄청동(5% Al)	8.1	12	-	1.8	0.42	0.10	1060	—	—	0.84	0.20	94.6 Cu,5 Al,0.4Mn
듀랄루민	2.8	7.2	-	2.4	0.93	0.22	≈650	—	—	1.6	0.38	3~4Cu, 0.5Mg, 0.25~1 Mn.나머지 Al
주철	7.2 ~ 5.7	10	-	1.1	0.50	0.12	≈1200	—	—	0.3~0.5	0.07~0.12	4C까지
인발	8.1	14.5	-	0.20	0.50	0.12	1450	—	—	0.16	0.039	64Fe, 36Ni
놋쇠(황동)	8.4	10.5	-	2.1	0.38	0.091	915	—	—	0.15	0.27	73Cu. 37Zn
양은(18% Ni)	8.7	12 ~ 15	-	1.7	0.40	0.096	1100	—	—	0.23	0.055	60Cu, 18Ni, 22Zn
연철	7.6	22	-	-	—	−0.11	—	—	—	0.6	0.14	0.04~0.4C
강철(0.85% C)	7.8	20	-	1.15	0.46	0.091	≈1350	—	—	≈0.45	≈0.11	0.85C
석청동(10% Sn)	8.9	10 ~ 12	-	1.9	0.38		1010	—	—	0.46	0.11	90.75Cu, 8Sn, 0.25P

부록 F 여러 가지 물질의 굴절률

액체와 광학재료의 굴절률

원소 파장[nm]	Hg 404.66	Hg 435.83	H 468.13	He 587.56	H 656.27	He 706.52
에틸알모올	1.3792	1.3698	1.3662	1.3618	1.3591	1.3585
칼륨암염(시루빈)	1.50994	1.50457	1.49820	1.49033	1.47709	1.48551
암염	1.56664	1.56055	1.55333	1.54437	1.54062	1.53882
광학유리 FK5	1.49894	1.49593	1.49227	1.48749	1.48535	1.48410
BK7	1.53024	1.52669	1.52238	1.51680	1.51432	1.51289
K5	1.53783	1.53338	1.52860	1.52249	1.51982	1.51829
F2	1.65063	1.64202	1.63208	1.62004	1.61503	1.61227
SE10	1.77578	1.67197	1.74648	1.72825	1.72085	1.71682
수정 常광선	1.557061	1.553772	1.549662	1.544289	1.541873	1.540598
異常광선	1.56667	1.56318	1.55896	1.55339	1.55089	1.54957
이황화탄소	1.6934	1.6742	1.64225	1.62804	1.61820	1.6136
피리진	1.5399	1.5313	1.5219	1.5095	1.5050	1.5028
벤젠	1.5318	1.52319	1.51320	1.50155	1.49680	1.4943
방해석 常광선	1.68137	1.67522	1.66786	1.65850	1.65441	1.65228
異常광선	1.49693	1.49417	1.49080	1.48648	1.48462	1.48371
형석 CaF_2	1.4441512	1.439494	1.437297	1.433872	1.432483	1.431778
물	1.342742	1.340201	1.337123	1.333041	1.331151	1.33014

금속의 굴절률 (복소수 굴절률 $n^*=n-ik$의 실수부분 n과 허수부분 k 및 반사율 R[%])

금속	n	k	R[%]
Cu	0.14	3.35	95.6
Ag	0.05	4.09	98.9
Au	0.21	3.24	92.9

금속	n	k	R[%]
Al	0.97	6.0	90.3
Na	0.05	2.48	97.1
K	0.05	1.62	94.3

금속	n	k	R[%]
Hg	1.39	4.32	77.2
Ca	1.25	6.6	89.7

공기(15 °C, 101.3 kPa)의 굴절률

파장(μm)	−30 °C	0 °C	+30 °C
0.2	38 406	34 187	30 802
0.3	34 522	30 756	27 711
0.4	33 509	29 828	26 875
0.5	33 060	29 428	26 514
0.6	32 824	29 218	26 325
0.7	32 684	29 093	26 213
0.8	32 594	29 013	26 140
0.9	32 533	28 959	26 091
1.0	32 489	27 920	26 056
2.0	32 351	28 797	25 946
3.0	32 326	28 775	25 925
4.0	32 317	28 767	25 918
5.0	32 314	28 763	25 915
6.0	32 311	28 761	25 913
7.0	32 309	28 760	25 912
8.0	32 309	28 759	25 912
9.0	32 308	28 759	25 911
10.0	32 308	28 758	25 911
12.0	32 307	28 758	25 910
14.0	32 307	28 757	25 910
16.0	32 306	28 757	25 910
18.0	32 306	28 757	25 910
20.0	32 306	28 757	25 910
∞	32 305.7	28 756.5	25 909.2

혼자 공부하는 대학물리학 II

초판 1쇄 인쇄 | 2024년 3월 1일
초판 1쇄 발행 | 2024년 3월 2일

지은이 | 황성태
펴낸이 | 조승식
펴낸곳 | (주)도서출판 **북스힐**

등 록 | 1998년 7월 28일 제22-457호
주 소 | 서울시 강북구 한천로 153길 17
전 화 | (02) 994-0071
팩 스 | (02) 994-0073

홈페이지 | www.bookshill.com
이메일 | bookshill@bookshill.com

정가 21,000원

ISBN 979-11-5971-537-2

Published by bookshill, Inc. Printed in Korea.

본 저서는 한성대학교 교내 학술연구비 지원 과제임